山西省文物局文物保护科学和技术研究课题项目

（20-8-14-1400-270）

山西古建筑保护研究70年

山西省古建筑与彩塑壁画保护研究院　编

科学出版社
北京

内 容 简 介

本书是为庆祝中华人民共和国成立70周年而精选的山西国保级古建筑研究综述性论文合集，共30余篇。内容涉及了山西唐、五代、宋辽金、明清各时期中最具历史、科学与艺术价值的国保级古建筑，对每一处古建筑的历史沿革、研究综述、保护大事记等方面进行总结梳理，其中许多论文均为原创性和首次发表，代表了目前山西省在古建筑保护与研究领域的最新学术研究成果。本书图文并茂，生动直观，具有较高的学术价值，是研究山西古建筑保护及其管理等方面十分重要的参考资料。

本书适合建筑学、历史学、考古学、文化遗产保护等领域的专业人员以及古建筑爱好者参考阅读。

图书在版编目（CIP）数据

山西古建筑保护研究70年 / 山西省古建筑与彩塑壁画保护研究院编. — 北京：科学出版社，2022.8
ISBN 978-7-03-071138-0

Ⅰ. ①山… Ⅱ. ①山… Ⅲ. ①古建筑—文物保护—山西 Ⅳ. ①TU-87

中国版本图书馆CIP数据核字(2021)第271541号

责任编辑：孙　莉　吴书雷 / 责任校对：邹慧卿
责任印制：肖　兴 / 封面设计：张　放 / 内文设计：文物出版社印刷厂有限公司

科学出版社 出版
北京东黄城根北街16号
邮政编码：100717
http://www.sciencep.com

北京汇瑞嘉合文化发展有限公司 印刷

科学出版社发行　各地新华书店经销

*

2022年8月第　一　版　开本：889×1194　1/16
2022年8月第一次印刷　印张：18
字数：500 000

定价：380.00元

（如有印装质量问题，我社负责调换）

序 言

山西表里山河，历史悠久，钟灵毓秀，是中华文明的发祥地之一。从史前时期的尧、舜、禹时代，到20世纪初的清朝，勤劳勇敢的山西人民在这块桑叶形的膏腴之地上，创造了辉煌的历史文化，留下了丰厚的古文化遗存。各时期的古遗址、古墓葬、古建筑（古寺庙、古塔、古楼、古戏台、古民居）等遍布全省各地。据统计（以2011年第三次全国文物普查结果为据），山西不可移动文物在册登记数量为53875处。山西平遥古城、大同云冈石窟和佛教圣地五台山已被列入世界文化遗产名录。全省现有全国重点文物保护单位531处，国保单位数量位居全国之首。山西省级文物保护单位779处。这些数据支撑着山西文物大省的地位。

在5万余处保存下来的不可移动文物中，古建筑总量为28027处，占全省不可移动文物总量的50%以上，其中近半数的古建筑为木构建筑，涉及的类型有城池、衙署、园林、寺观、庙堂、戏台、楼阁、古塔、民居等，现存建筑实例从唐至清，从官式至民间无一不有。众多类型中最能体现其历史、艺术、科学和文化价值的当属寺庙类建筑。以木构建筑为例，全国仅存的唐代木构建筑3座和五代木构建筑4座，全部分布于山西省境内。其次宋代木构建筑有52座、辽代木构建筑有3座、金代木构建筑约有100余座，元代木构建筑约有430余座。按比例计，山西的宋辽金木构建筑占全国同期总量的75%以上，元代木构建筑占全国同期总量的80%以上。这些古建筑无论是建造技术还是附着于建筑中的彩塑、壁画、琉璃、雕刻等艺术品凸显了其独特的价值，被称为“中国古建筑宝库”“中国东方艺术博物馆”。

除此以外，分布在山西各地的宋辽金古建筑因自然地理条件、地域文化和历史发展变化等不同因素，其建造技艺也呈现出了迥异的地方风格。晋北地区以朔州、大同为主，古建筑特点以官式建筑见长，具有时代早、等级高、规模大的特点；晋南地区以长治、晋城、运城为主，古建筑分布不仅地域广，且宋金建筑数量多，被誉为“宋金建筑之乡”，建筑特点以民间建筑见长，具有规模小、价值大、品位高、建筑材料简约的特点；晋中地区以太原、晋中、阳泉为主，古建筑无论官式、还是民间建筑，在建筑构造与体量上，既不同于晋北官式建筑的宏伟，也与晋南民间建筑的小巧有所不同，它的构造与体量介于晋北、晋南之间，既不显张扬，也不感到局促，而是在朴实中显现出局部华丽之特点，构造稳健、外形舒展。鉴于此，山西的古建筑也以“数量众多、类型丰富、时代序列完整、价值内涵独特、地域风格显著”等特点享誉神州。

70 年来，一代代文物人坚守为国家、为民族保护文物建筑的初心，坚定扛起保护传承中国古代建筑技术的重任，沿着中国营造学社梁思成等老一辈建筑学家开创的“以古建为师，以匠工为师，以古籍为师”的中国文物建筑保护之路，以精卫填海、愚公移山的苦心和毅力，把一处处历史悠久、价值无尚，但经战乱人祸摧残成千疮百孔的寺庙、古城、民居、楼阁、高塔变成了红墙碧瓦、雕梁画栋、绿树成荫、环境优美的旅游研学打卡地。经过几代人数十年的努力，摸清了山西文物建筑的家底，建立起对文物建筑原真保护的工作流程和维修施工方法，克服困难保存和维修了数以千计的古建筑，为中国建筑史留下了浓重之笔墨。

2020 年以来，山西省古建筑与彩塑壁画保护研究院的科研工作得到了新一届省文物局党组的大力支持。为了对 70 年来山西古建筑保护事业做一次系统全面的总结，引导青年学者深入到古建筑的保护研究工作中来，真正了解山西古建筑特点、书写山西古建筑历史、植根于古建筑研究中，使保护工作薪火相传，我院决定出版《山西古建筑保护研究 70 年》系列丛书。丛书计划分册出版，目前完成的书稿为第一辑，共收录了山西第一至八批全国重点文物保护单位 30 余处，就其梗概、历史沿革、保护工程和研究成果等做全面梳理，以期对山西古建筑保护成就的宏扬，激励后人在延续前辈文物建筑保护研究理论方法的基础上，面对未来，勇于创新，坚定信心，夯实基础，知难而进，为文物保护事业做出更大贡献。

目　录

山西古建筑保护 70 年历程综述

刘宝兰

山西是中国古建筑博物馆，中国宋金以前的古建筑 75% 以上保存在山西。1934 年，梁思成先生入晋考察，成为山西古建筑研究的发轫开端。新中国建立后，几代文物工作者在国家文物局和省委省政府的领导下，筚路蓝缕，苦心经营，以保护古建筑为天职，为国家、为民族、为后代原汁原味地保存了数以万计的古建筑文化遗产。特别是进入新时代以来，习近平总书记 5 年 3 次莅临山西，每次都深入到文物保护单位实地考察，指示我们：历史文化遗产是不可再生、不可替代的宝贵资源，要始终把保护放在第一位。要永远保持对人民的赤子之心。要敬畏历史、敬畏文化、敬畏生态，努力为人民创造更美好、更幸福的生活。我们要牢记总书记的嘱托，提升文化自信，努力与时俱进，全方位推进文物保护利用和文化遗产的保护传承，立足文物古建讲好中华文明故事，为山西的文物保护和文化事业的发展竭尽全力。

山西古建筑保护是中国建筑史的重要组成部分。回望山西的古建筑保护工作，可以用“查、修、研”三字给予概括。通过“查”——使山西古建筑“数量众多、类型丰富、时代序列完整”的独有特点成为定论，确立了山西文物大省的地位；通过“修”——使山西古建筑恢复了“该有的历史面貌和尊严”，保全了中国建筑史实物例证的半壁江山；通过“研”——让世人知晓了山西古建筑的精美价值，获得了“中国古建筑宝库”“东方彩塑艺术博物馆”之美誉。70 年来，山西文物工作者是“查、修、研”文物保护工作的主要践行者。在此，回顾历程，一为缅怀前辈伟绩，是他们辛勤而卓越的劳动，将中国传统建筑带入到了现代文化体系，并成功转型成为支撑中华民族精神信仰的独特物象；二是激励后人奋进，在延续前辈古建筑保护研究理论方法的基础上，坚定信心，夯实基础，面向未来，勇于创新，为古建筑的保护与传承做出无愧于时代的贡献。

一　通过近一个世纪的大调查普查，我们终于建立起了山西古建筑遗产的家底清册

1900 年前后，以日本人为主的学者对中国古建筑开启了调查。20 世纪 30 年代初至中期，以中国营造学社梁思成先生为核心的中国古建筑研究组先后 4 次对山西雁北、忻州、晋中、吕梁、临汾等区域的多处古建筑实物进行调查，开创了中国建筑基础调查、建筑历史研究和建造技术、绘画、雕塑艺术研究的先河。1937 年发现的山西五台佛光寺唐代建筑，成为中国古建筑研究史上的重要里程碑。中华人民共和国成立后，国家和山西省人民政府在山西文物基础调查方面投入了大量人力和物力，通过 4 次区域调查、3 次全国性普查、十多次的专项调查，逐步摸清了山西文物家底数量和保存现状等，建立了现存中国古建筑实例图谱，为古建筑的保护与研究奠定了坚实基础。

（一）区域性调查

1950 年至 1956 年，国家文化部和山西省人民政府共组织了 4 次区域性文物调查。1950 年 7 月至 8 月、1952 年 9 月，国家文化部先后两次组织国家专家对山西大同、朔州、忻州及五台山地区和太原市部分文物进行调查。历经 40 天，完成了大同云冈石窟、华严寺、善化寺、朔州崇福寺、应县木塔、忻州代县鼓楼、五台山佛光寺、显通寺、太原晋祠等 20 余处古建筑的实地勘察、记录、图纸绘制等工作，汇编成了《雁北文物勘察团报告》。1951 年和 1954 年，山西省文教厅和省政府文物管理委员会组织省内调查组，对五台、河曲、广灵、原平、岚县、稷山、永济、寿阳、文水、曲沃、新绛、繁峙、阳曲等 20 多个县的文物进行了调查，发现了 43 处重要古建筑，中国现存最早的唐代木构建筑——南禅寺就是在 1954 年的调查中发现的，具有划时代意义。

（二）全国性普查

在山西境内开展的全国性文物普查共有 3 次。第一次文物普查（以下简称“一普”）时间为 1956 年至 1958 年。1956 年 4 月，国务院颁布《关于在农业生产建设中保护文物的通知》，首次提出进行全国范围内的文物普查。为积累经验，文化部首选山西作为普查试点，由国家文化部主持，由受过国家文化部专业培训的山西省 30 余名业务骨干和全国 9 省选派出的文物干部组成普查工作队，选择晋南的曲沃、闻喜、夏县、安邑（现属运城市）、晋东南的潞安（现长治市，也曾称上党或潞州）、平顺、长治、高平、晋城等 9 个县（市）开展了实地调查，历时 105 天，共发现重要文物 830 项，其中古建筑 127 项，石刻及石窟 362（通）个。仅在潞安（现长治市）、平顺、高平、晋城就发现古建筑 73 座，砖石塔 20 座，桥梁 4 座，经幢、石窟 20 余处，此次调查不仅初步形成了晋东南是山西省古建筑存量较多的地区这一共识性定论，同时为全国培养了一批专业化的普查队伍。

1957 年，在 1956 年山西普查的基础上，启动了在全国范围内的首次文物大普查。山西的文物普查工作是由山西省独立开展，至 1958 年秋普查工作结束，共踏查了 100 多个市县，登记各类不可移动文物 3100 处，征集可移动文物六、七千件。这次普查工作为山西以后有计划、有重点地开展保护管理工作奠定了重要基础，为顺利公布山西省第一批全国重点文物保护单位和第一、二批山西省级文物保护单位提供了重要支撑。1957 年、1959 年山西省人民委员会公布省级文物保护单位 1721 项。1961 年 3 月 4 日国务院公布了第一批全国重点文物保护单位，其中山西的国保单位为革命纪念建筑 2 项、古遗址 2 项、古建筑 9 项，共计 13 项，其中古建筑占到全省国保单位的 69%。1965 年 5 月 24 日，山西省人民委员会为了突出重点保护，在 1957 年、1959 年公布的两批省级文物保护单位中，遴选了 124 项作为调整后的第一批省级文物保护单位重新公布，其余下放为县级文物保护单位。

124项中，有革命遗址及革命纪念建筑物8项、古遗址35项、古墓葬20项、石窟寺4项、古建筑及历史纪念建筑物51项、石刻及其他6项，古建筑占首批省保单位的41%。

第二次文物普查（以下简称“二普”）时间为1981—1986年。是继1956年“一普”25年后开展的又一次全国性大普查。“二普”的成果是通过编辑国家“九五”科研项目——《中国文物地图集》各省（市、自治区）分册来体现的。1988年，按照国家文物局的统一部署，山西开始编写《中国文物地图集·山西分册》，1993年形成初稿。通过对各地资料的汇总分析，发现调查资料存在执行标准不一、统计信息不全等问题，1994—1997年，组织省、市专业科研单位对古文化遗址、古墓葬、古建筑及长城遗存重新调查和复核，增补了大量新的资料。历经17年的普查和复查，共登记各类不可移动文物31401处，其中古遗址2639处、古墓葬1666处、古脊椎动物及古人类化石地点360处、古建筑及历史纪念建筑物18118处（含木构建筑9059处、古塔485座，元代戏台6座、明清戏台2881座，其余为纪念建筑、牌坊、砖石建筑、古桥等5687处）、石窟寺300处、革命遗址及革命纪念建筑物1466处、石刻及其他6852处，战国至明清长城存有约2500千米。除此之外对唐至清彩塑数量、壁画面积、碑碣等附属文物进行了统计，计有彩塑12712尊、寺观壁画23052平方米、各类碑碣11294通（方）。调查人员共填写普查登记表32933份，记录文字材料6030份，绘图11842张，拍摄照片46292张，拓片5386份，其他材料741份。这次普查与“一普”相比，成果显著，分类统计合理，使山西古建筑的家底基本得以澄清，为山西文物大省地位的确立奠定了坚实基础。

第三次文物普查（以下简称“三普”）始于2007年4月，终于2011年12月。这次普查是由国务院统一部署，省委、省政府高度重视的文物保护基础性工程，政策性强，涉及面广，文物理念新，要求分类细而全，技术含量高，时间节点明确。业务层面，由山西省文物局牵头组织，市县文物部门联动配合，全面落实国务院文件精神，历时5年，在全省各级部门的全力配合下，高质量地完成了全省的第三次全国文物普查工作。共调查登记不可移动文物53875处，其中古遗址13477处、古墓葬4298处、古建筑28027处、石窟寺及石刻1112处、近现代重要史迹及代表性建筑6715处、其他246处。这次普查中新发现不可移动文物36365处。全省调查数据共形成数据包119个，数据包所占空间为1011 GB，共有电子文件463195个，其中文本文件数58163个，照片等附件文件数409224个。除登记表、附表外，共收录各类图纸161444张，平均每处文物3张；照片247780幅，平均每处文物4.6幅。另外，在实地调查期间，全省共采集各类标本38123件。

第三次文物普查与第一、二次文物普查工作相比，具有登记数量多、信息量大，新发现多、类型丰富，科学计量、认定准确，专业度高、技术性强，资料齐全、保存完整等特点。古建筑由原来的 18118 处增加到了 28027 处，特别是新发现的民居类古建筑数量大增，进一步扩充了山西“中国古代建筑宝库”的内涵，近现代重要史迹及代表性建筑由原来的 1466 处增加到了 6715 处，使山西近现代社会发展史、革命史的资料更加丰富，将 20 世纪文化遗产纳入文物视野，成为文物的保护范畴。

（三）专项调查和核查

随着社会发展，一些本身相对脆弱的文物极易受各种因素的影响而损毁消失。为掌握文物保存现状，实现文物动态化管理，落实党中央、国务院加强对各类文物保护的重要指示批示，山西省分别于 2005 年、2007 年、2020 年、2021 年、2022 年对南部早期木构建筑、全省长城、石窟寺、革命文物、受灾文物及低级别文物、石刻、彩塑、壁画等进行了专项调查、核查，大大夯实和丰富了山西省文物的数量、质量和家底。

1. 山西南部早期木构建筑的调查

2005 年 9—12 月，山西省文物局组织开展了对长治、晋城、临汾、运城元以前木构建筑保存现状专项调查工作，并遴选出四市 105 处国家级木构建筑，编制了《山西南部早期木构建筑调查报告》，并纳入国家“十一五”文物保护的重点工程。山西南部 105 处国家级文物保护单位从本体、环境方面得到极大改善，成为中华人民共和国成立以来国家针对山西开展的最大规模的集中文物专项保护工程。

2. 长城资源调查

2007 年至 2011 年，由国家文物局组织，长城沿线 15 省共同启动了长城资源调查。山西共调查各时代长城 2500 余千米，2012 年 5 月国家文物局认定山西现存长城 1412.8 千米，共有长城遗迹 4266 处。其中长城墙体 768 段，关堡 364 座，单体建筑 3107 座，相关遗存 27 处。涉及战国、秦、汉、北魏、东魏、北齐、隋、五代、明等历史时期。分布于大同市、朔州市、忻州市、吕梁市、阳泉市、晋中市、长治市、晋城市等 8 市 39 县（市、区）。其中认定山西明长城 470 段，总长度 896.53 千米，单体建筑 3081 处，关堡 344 座，相关遗存 27 处，分布在 6 市 25 县。

3. 石窟寺资源调查

2020 年 10 月—2021 年 4 月，国务院要求开展石窟寺资源调查。经过调查，山西省共有石窟寺 279 处，摩崖造像 206 处，合计共 485 处，其中复查 413 处，补录 18 处，新发现 54 处。

2021 年以来，山西省文物局还组织各级文物部门开展了红色文化遗址、革命文物、受灾文物、低级别文物、石刻及彩塑壁画等调查核查工作。这些专项调查核查工作是在第三次全国文物普查工作基础上，为实时掌握文物保存现状，建立动态数据管理进行的重要专项文物普查工作。

综上所述，70 年来，通过对文物不断开展的调查普查，山西省的文物家底得以澄清，文物特点及价值内涵得到进一步提升，文物保护的范围不断扩大、级别不断提高。1982 年至今，山西被国务院公布为全国重点文物单位的共有 8 批 531 处，被山西省人民政府公布为省级文物保护单位的共 6 批 779 处，被市、县人民政府公布为市、县级文物保护单位的共 12466 处。通过 70 年来的文物调查普查，山西省古建筑的数量、特征、时代和价值逐步为世人所知。为研究古建筑所处的社会、历史和文化积累了大量资料，为决策部门评估文物保护的级别、开展保护修缮、划定保护范围、配备管理资源、精准决策保护、实施动态监管等奠定了重要基础。

二 通过近 70 年的抢救保护维修，我们终于使国、省保古建筑脱离危险，转危为安

收藏于山西大地上的古建筑是国家民族的宝贵财富，是祖先留给山西历史自信、文化自信的精神解码器，是山西转型发展、创新发展和绿色发展的启航备用金。70年前，刚刚回到人民手中的山西，面对从战乱、兵燹中幸存下来的众多破败沧桑的古建筑，山西省各级人民政府及文保机构没有退缩，他们克服重重困难，想尽一切办法，有如创造了“右玉精神”的右玉人一样，70 年如一日，将挽救和抢救古建的原真价值作为最高信念，为山西、为国家保存下来大量原真的古建筑。据统计，截止到 2022 年上半年，地上文物保护修缮工程实施项目共计 1657 余处（次），国家和省政府共投入经费 38.89 亿元，其中古建筑的保护修缮工程经费占地上文物总投入的 82.5%。

70 年来，山西的古建筑保护修缮工程主要经历了以下几个阶段：

（一）探索和成长阶段（1951 年至 1978 年）

1951 年，山西省人民政府成立了山西省文物管理委员会（简称文管会），负责山西境内文物保护工作的领导和管理。面对历史悠久、数百上千年风雨侵蚀的古建筑，多数已是基沉屋漏，摇摇欲坠，文物工作者任务艰巨，责任重大。1952 年至 1954 年，在对古建筑开展调查的同时，也对已发现的重要古建筑进行抢修加固和修缮保护。这个时期，主要对太原晋祠鱼沼飞梁及献殿、五台佛光寺文殊殿进行了落架大修，对大同九龙壁实施向南移 28 米的迁建工程，对朔州崇福寺观音殿、大同善化寺普贤阁、交城玄中寺、五台显通寺无量殿、五台延庆寺正殿、晋城景德桥、潞城原起寺、晋城青莲寺正殿等 20 处古建筑进行了重点维修或抢修加固。基本做到了修修补补，不塌不漏，使重点古建筑的安全问题得到了有效控制。

1957 年到 1966 年的永乐宫搬迁，是这个时期山西古建筑保护的亮点与高峰。永乐宫是一座集元代建筑、绘画、雕塑诸艺术于一体的重要古建筑群，占地面积 86800 余平方米，壁画面积 1005 平方米。殿内彩画、泥塑、木雕、琉璃等文物悉数珍贵，文物价值极高，1961 年公布为首批全国重点文物保护单位。

这次搬迁是配合黄河三门峡水库建设的文物异地保护工程。1959 年，国家文化部文物局委派北京古建筑修整所（现中国文化遗产研究院前身）祁英涛同志担任项目主持。同年山西省为此成立了“山西省永乐宫迁建委员会”，选派干部 30 余人，工人 600 余人，承担所有迁建事项的协调与配合工作。工程实施分三个阶段，即工程准备、拆卸搬运和复建阶段。这是中华人民共和国成立以来对文物实施的第一项迁建工程。工程从一开始就面临各种挑战，其中大面积的壁画搬迁是所有技术中遇到的最大难题。壁画年代久远、结构脆弱，想要毫无损伤的将其揭取、搬运、安装等实属不易。在寻求国外援助被拒的情况下，国务院决定实施自主搬迁。由专家、工匠和艺术家组成的工作团队，边试验边总结，随时改进工作方法，更正方案措施，施工中发现问题及时研究并落实在方案中，使得壁画搬迁方案逐步完善。为保证揭取、搬运壁画时的安全性，技术人员与工匠们自发研制了许多设备和工具，最终完成了壁画的保护工程工作。永乐宫的搬迁是中华人民共和国成立以来，我国规模最大、时间最早的古建筑保护工程之一。永乐宫的迁建在我国建筑史上是一个创举。这次迁建，为山西培养和汇聚了一批具有文物工程管理素养、完整贯彻文物维修精神、施工经验丰富、操作能力堪称一流的能工巧匠，特别是使用传统方式，对永乐宫大型壁画的揭取保护，异地上墙复位的技术成功，是独立自主、自力更生精神在文物工作中的最佳体现，不仅为国家节约了大量资金，而且取得了很好的效果和成功经验，为山西古建筑保护事业的传承发展打下了良好基础。

1960 年至 1970 年，是国家经济最困难的十年，尽管如此，国家依然拨款支持山西古建筑保护。于 20 世纪 60 年代初期，对云冈石窟 1、2 窟、平遥文庙大成殿、洪洞广胜寺飞虹塔等进行了实验加固和保护修缮。1966 年至 20 世纪 70 年代初，受“文化大革命”影响，山西的文物保护工作基本处于停滞状态。1972 年，尽管国家财力不足，但在周恩来总理的亲切关怀和重视下，每年拨款 50 多万用于地上文物的保护修复。此时期顺利进行了地上文物三大维修工程，一是云冈石窟的窟顶裂隙灌浆加固工程，二是对我国最早的木构建筑南禅寺唐代大殿进行了修复工程，三是洪洞广胜寺上寺后大殿、西配殿的修缮工程。

1973 年，云冈石窟风化严重，山体裂隙发育，岩石多处错位，窟内渗水严重，险情迫在眉睫。周恩来总理针对云冈的保护做出了“三年内要修好”的重要指示，文物工作者本着“恢复原状，保持现状”的原则，采用化学加固办法，加固大小裂隙 200 余条，腐蚀空洞部位 20 多处，粘接石刻和顶板破碎部位 13 处，修凿窟顶防渗排水渠 3 条，全长 160 多米。工程历时 2 年完工，圆满地完成了云冈石窟的保护任务。后期在 20 世纪 80 年代、90 年代，云冈石窟的维修保护仍在继续。但不可否认的是，20 世纪 70 年代的加固维修经验和实践总结，对云冈石窟及石质文物保护理念的形成具有重要作用和意义。

1972年至1974年修复南禅寺大殿。此项工作在国家文物局指导下，由祁英涛主持，柴泽俊等同志组织施工。修缮一开始就将“研究性修缮”纳入到了保护工程中，凡修缮中的一切复原都有所本，每增加一个构件都要有出处，每变化一个尺寸都要有根据。正是以实事求是和认真负责的态度，使南禅寺大殿的保护修缮工程成为当时最优质的工程之一，得到了国家文物局的表扬和时任国家文物局局长王冶秋同志的赞扬。通过南禅寺大殿的修复工程，不仅提高了专业工作者的技术能力，同时也淬炼了一批以研究的眼光、实证的精神和一丝不苟的工作态度武装起来的专业古建筑保护队伍。他们在以后的古建筑保护工作中发挥了重要作用，成为山西以及全国古建筑保护中的重要骨干力量。

这个时期，除进行云冈石窟加固工程、南禅寺大殿落架修缮以及对广胜寺进行了全面大修外，还局部修缮了大同善化寺，抢险加固了应县木塔，全面维修了五台山菩萨顶、殊像寺、临汾魏村牛王庙元代戏台等工程。

芮城永乐宫壁画揭取、加固和安装工程、云冈石窟石质文物保护和南禅寺大殿落架修缮工程，是这一时期古建筑维修史上的三项重大工程。在1978年国务院召开的全国科学大会上，三项工程的科研成果受到大会奖励，这是对山西省古建筑保护工作成绩的充分肯定。

（二）自立与成熟阶段（1979年至1999年）

1979年至1999年，改革开放为山西文物保护事业迎来了良好的发展机遇。这一时期的地上文物保护修缮共420余处（次），工程实施量是20世纪50年代至70年代的12倍以上，国家和山西省共拨付文物保护经费1.12亿，其中国拨经费6500余万元，省拨经费4700余万元。

1979年，为顺应改革新形势下文物保护事业的发展，山西省委省政府对文物机构实行改革，将文物管理委员会改为山西省文物局，按文物类型和专业人员技能分设山西省考古研究所（现为山西省考古研究院）、山西省古建筑保护研究所（现为山西省古建筑与彩塑壁画保护研究院）、山西省博物馆（现为山西博物院）等直属事业单位，共同担负起山西文物的保护使命。机构的升格，平台的加大，带来了文物事业的全面发展。这一时期，地上文物的保护主体由原来的古建组变成了专业所，专业人才数量、结构不断加大和完善。在继承传统建筑的维修保护技术及工艺的基础上，更加注重古建筑保护的科学性和文物修复技术的提高。这个时期山西古建筑维修保护工程重点，依据国家改革开放总体形势的发展和文物保护实际需要，放在了大同至运城旅游线的文物开放单位及宋辽金以前残损严重的木结构建筑和历史文化名城中的文物保护单位上。修缮性质主要以抢险加固、局部维修、重点修缮为主，日常维护与落架修缮为辅，个别地上文物实施迁移保护。

20世纪80年代至90年代是山西地上文物保护修缮的重要时期，修缮对象主要以国、省级文物保护单位为主，修缮性质以抢险加固、局部修缮为主，个别项目采取了落架大修和迁建工程。对朔州崇福寺弥陀殿、太原晋祠圣母殿、绛县太阴寺大雄宝殿、运城池神庙西大殿、右玉宝宁寺大殿、文水则天庙大殿、临汾尧庙广运殿等实施了落架大修，对长子法兴寺和太原晋祠景清门实施了迁移保护工程。对其余400余项国、省级文物保护单位依其不同残损分别采取了抢险加固、局部修缮或全面揭瓦等保护措施。有的针对其所处自然地理环境给予危岩体加固或适当环境整治，如浑源悬空寺危岩加固等。

这一阶段保护修缮与20世纪50年代至70年代有所不同，主要体现在专业技术人才与技术手段提高等方面。一些青年专业技术人员通过技能培训参与到了文物保护工程中来，他们在实践中，一边学习和总结前辈保护修缮工作成果，一边摸索和积累新时期文物保护方法，在柴泽俊、吴克华、张殿卿、郝启德等前辈的指导下，逐步掌握了施工经验和传统工艺技术，新老文物工作者"传、帮、带"的学术氛围逐渐形成。另一方面是加深了对保存"原状"修缮原则的理解，并能通过在工程中坚守"四原"（即原结构、原形制、原工艺、原材料）的修复方法，实现了文物最大可能的保留"原状"。更为重要的是通过实践，提出了针对建筑不同残损确立不同修缮性质的理念，如日常维护、一般揭瓦、重点揭顶、局部落架、落架大修和迁建工程等，为后来文物保护工程提出"最小干预"原则及制定《文物保护工程管理办法》提供了依据。

这一时期的亮点工程主要以朔州崇福寺弥陀殿修缮工程和晋祠圣母殿修缮工程为代表。崇福寺的弥陀殿由于年久失修、历次地震等原因，殿基深陷、建筑后倾、梁架、斗栱等构件腐朽折损严重、瓦顶塌陷不平、脊兽倾倒、殿顶漏雨、塑像侧扭折损。尽管中华人民共和国成立后曾对此进行过3次抢险加固，但终因构件受自然、战火等因素影响，残损在不断加剧。1986年保护修缮设计方案经国家文物局专家会议论证通过后，工程付诸实施，1991年10月竣工，历时5年多，耗资348万元。弥陀殿的修缮攻克了三大技术难题：一是解决了弥陀殿众多残损严重构件如柱子、梁架和斗栱等加固后原物继用的难题；二是解决了大面积壁画揭取加固困难大的问题；三是解决了殿内金刚塑像严重倾斜的难题。修复后的弥陀殿原构件加固后使用率达到构件总数的93%，成为古建筑"修旧如旧"的典范。

晋祠圣母殿落架大修自1993年开始施工，至1996年竣工，历时4年，耗资515万元。凭借近半个世纪实施大型文物保护工程的经验，项目顺利实施，工程中遇到的各种困难均迎刃而解。修复方法依然采用"坚持最小干预、原物继用"的原则，使修复后的圣母殿原物继用构件占到构件总数的95%以上，不仅实现了"修旧如旧"的效果，而且是文物修缮保持"原状"的工程范例。这一时期，应用传统匠作工艺实施各类古建筑保护工程达400多项，使山西传统的古建筑维修经验做法不断完善并得以传承发展，成为山西省传统匠作工艺全面应用在古建筑修复上的成熟时期。

这一时期，出台了《山西省文物保护实施办法》以及《山西省实施〈中华人民共和国文物保护法〉办法》，使古建筑保护工作实现了有法可依。同时，《山西省文物建筑施工单位资质管理实施办法》《山西省文物建筑勘察设计单位资格认证管理暂行办法》等配套办法的出台，对做好文物保护工作、提高古建筑保护工程设计与施工的质量，起到了积极有效的促进作用。20世纪90年代起，根据改革的总体要求，山西文物工程体系中引入了设计、施工和监督相互制约机制，研究部门承担规划、设计、研究任务，公司化的古建筑保护工程队伍承担施工，山西省文物局古建筑维修质量监督站负责工程质量监督，形成了规划设计、施工维修和质量监督三方相互制约的机制。使古建筑的修缮和管理得到进一步规范，工程质量有了明显提高。

（三）繁荣与发展阶段（2000年至2021年）

进入21世纪，随着国家对文物保护投入的大幅度增加和市场化改革力度的不断推进，古建筑的维修保护政策走向了更加开放和社会化。古建筑保护工程的管理机制、责任体系、资质管理、工程队伍都发生了新的变化，细分出了针对建筑、彩塑、壁画等文物主体的保护内容和规划、设计、施工、监理、数字化、三防（消防、安防、技防）等多个工程类别。古建筑工程保护修复队伍不断壮大，市场化程度越来越高。据统计，2000年至2011年，山西实施了地上文物保护工程515项（古建筑保护修缮367项、彩塑壁画保护工程19项、三防工程78项、数字化保护工程16项、近现代重要史迹及代表性建筑保护工程19项、石窟寺保护工程4项、长城12项）。共投入保护经费5.43亿元（国拨经费4.43亿元，省拨经费1亿元），古建筑保护经费占总经费的78.6%；2012年至2022年，共实施地上文物保护工程1142项（古建筑保护修缮769项、彩塑壁画保护工程40项、三防工程127项、数字化保护项目26项、近现代重要史迹及代表性建筑保护工程125项、石窟寺保护工程15项、长城40项）。共投入保护经费33.46亿元（国拨经费25.24亿元，省拨经费8.22亿元），古建筑保护经费占总经费的79.3%。由此可知，进入新世纪的20多年来，特别是党的“十八大”以来，党中央和习总书记高度重视文化遗产保护。

这一时期从国家到地方，文物保护的法律法规不断完善，保护原则、保护理念、保护技术及手段不断更新，社会力量参与文物保护的热情高涨，文物保护工程分类实现多元化、科技化，使文物保护进入了全方位的发展与繁荣期。古建筑保护理念由过去对单体建筑零星分散的保护转变为对文物保护单位、建筑群或集中分布片区的整体保护。保护技术与手段也由过去传统技术手段转变为传统与科技手段相结合。保护主体由原来仅依靠文物部门的自身力量转变为与其他相关行业相结合，使得多学科的交流变得越来越广泛。保护工程由单一的保护修缮转变为预防性保护、数字化保护手段并用。这一时期具有影响力的保护项目有五台山世界文化遗产申报、平遥古城保护、云冈石窟窟檐保护、佛光寺维修保护设计、应县木塔系列保护修缮、山西南部早期建筑保护工程等。

山西南部元以前早期建筑保护工程于“十五”期间展开调查，“十一五”至“十二五”期间共完成 105 处早期建筑保护工程，历时 10 年，国家共投入专项保护经费 5.95 亿。该工程是国家首次主动开展的区域性古建筑全面整体维修保护的专项工程。工程实施中，许多项目均改变了原先单打独斗的方式，与高校及相关科研团队开展广泛合作，科技保护手段不断注入于工程。实施后的高平二郎庙、陵川小会岭二仙庙、万荣稷王庙、平顺天台庵等保护工程被评为“全国十佳文物保护工程”“全国优秀文物维修工程”“全国优秀古迹遗址保护项目”。此外，预防性保护工程的典型案例有佛光寺东大殿、应县木塔、永乐宫、万荣飞云楼、平遥文庙大成殿、双林寺、镇国寺等，通过对文物本体的监测，以及质量管理、监测评估和调控干预，达到抑制环境因素对古建筑的危害和长久保存文物的目的。为了全方位记录地上文物的全息信息，为灾备、传承、研究、展示提供翔实数据，应用科学技术赋能古建筑研究，对佛光寺、双林寺、镇国寺、广胜寺、蒲县东岳庙、晋祠等 42 处古建筑实施了数字化记录保护。广泛运用无人机、三维激光扫描仪等科技设备及现代化信息技术全方位深化对古建筑价值特色的认知。

三　通过近 70 年的调查研究，我们终于勾勒出山西古建筑的文化谱系

古建筑承载着已逝时代的历史、宗教、艺术、信仰、民俗等多层次系统化的社会密码，识读这个密码，是需要将研究全方位立体化贯穿到其中的各个阶段。因此，对古建筑的研究从调查就已开启，其后的规划、设计、修缮、彩绘、妆銮都是在对文物进行不同层次和角度的研究。所以，每一位调查者、设计者和施工者，对古建筑以专业的手法、谨慎的态度和无我的虔诚去开启每一次的面对，就是对古建筑研究的开始。70 年来，几代文物人通过基础综合研究、技术应用研究和学术交流合作等方式，逐步构建起山西古建筑及附属文物完整的文化序列和谱系。

（一）基础综合研究

70 年开展的基础综合研究，主要体现在对山西古代建筑史、区域古建筑分布、建筑年代断定、营造工艺演变、附属文物艺术特色、宗教文化信仰等方面。1990 年至 2010 年，形成的主要研究成果有《中国古

建筑术语词典》《山西古建筑通览》《山西省古建筑木结构模型》《山西寺观壁画》《山西琉璃》《山西佛寺壁画》《中国古建筑丛书·山西古建筑》《山西古建筑文化综论》《山西明代建筑》《山西内蒙古建筑》《长治五代建筑考证》《襄汾古建筑群》等。在第二次全国文物普查成果的基础上，形成了《山西通志·文物志》《中国文物地图集·山西分册》等。同时，在《文物》《文物世界》（原《文物季刊》）《古建园林技术》《五台山研究》《晋阳学刊》和《中国文物报》《山西日报》等全国各类专业学术期刊和报纸上发表学术论文320余篇。这些基础性研究著书对世人了解山西文物、获取相关知识、提升大众文物保护意识发挥了重要作用。

（二）技术应用研究

从中华人民共和国成立至今，古建筑保护修缮工程一直是山西省各级文物部门文物事业的重中之重。迄今山西省古建筑保护修缮工程实施项目共计1600余处（次），在对古建筑开展大量测绘、修缮工作基础上，先后出版了《柴泽俊古建筑修缮文集》《文物保护工程典型案例》《山西古建筑修缮工程案例》《晋祠圣母殿修缮工程报告》《朔州崇福寺弥陀殿修缮工程报告》《汾西师家沟古建筑群修缮工程报告》，完成了《晋城二仙庙修缮工程竣工报告》《泽州岱庙修缮工程竣工报告》《大阳汤帝庙修缮工程竣工报告》等修缮工程技术报告，完整记录了山西重点古建筑的形制特征、匠作技艺、历史沿革、保护历程、文化内涵等。

（三）学术交流合作

70年来，山西因古建筑使我们与建筑研究大家结缘，也因古建筑与众多国内外文物研究实力强劲的高校、科研团队相识，他们在文物保护领域发挥了各自应有的作用。通过走出去和请进来的方式，使山西文物人在省内外古建筑的保护中屡立新功，1988年至2008年，先后参与承担西藏布达拉宫实地考察修缮方案制定和保护工程设计、重庆三峡库区部分古建筑的搬迁工程勘察设计、中央电视台河北涿州影视基地仿唐建筑、昆明世界园艺博览会山西“槐香园”设计施工、海南邱浚故居、山海关保护工程、内蒙古和甘肃部分重点古建筑设计、上海世界博览会山西馆部分建筑设计。特别是2008年5月12日四川汶川遭遇特大地震，按照国家文物局与山西省文物局的部署，对地震中损毁的古建筑进行抢修，参与编制了黑水县芦花会议会址和东部松潘县古城墙修缮设计方案，并获得优秀设计奖。

2004年至2006年，与美国全球遗产基金会就五台佛光寺东大殿修缮项目进行合作，双方多次互派专家进行文物考察和学术交流，增进了山西文物保护与海外文化的合作交流。2007年与韩国文化财建造物研究室研究人员共同对山西长治、大同、运城、忻州等地区元以前木构建筑进行调查，就两国古建筑风格特征之异同及修缮保护方法进行了广泛交流，双方合作出版《中国山西省古建筑》一书（中韩文对照、韩国出版）。近年来，与清华大学、北京大学、浙江大学、太原理工大学及多个科研院所在古建筑木材检测、建筑考古研究、数字化保护、木结构研究等领域开展合作，双方就合作目的、教育方向和培训计划达成了多项共识，以期为青年学者开劈新的研究方式、更新保护理念与手段打下良好基础。

70 年山西古建筑文物保护成就令人欣喜，得到了社会各界的认可，但也应清醒地认识到山西的古建事业在诸多方面仍存不足。首先，不同保护级别、不同地区间古建筑的保护利用仍存在不平衡、不到位的问题；其次，全国重点文物保护单位、省级文物保护单位中的古建筑虽已得到妥善保护，但少部分市、县级文物保护单位、大部分低级别古建筑的保存状况堪忧，仍需尽早脱险，部分附属于古建筑内的彩塑、壁画等文物保存状况较差，本体环境仍未摆脱生产生活的侵扰；再次，文物建筑研究尚未形成系统化理论，研究队伍缺乏导师级和高层次领军人才，对建筑考古、文物保护关键技术、文物科技创新等重点领域研究工作仍需加强；最后，对古建筑价值特色的提炼和总结仍有较大欠缺，缺乏对其实施特色化展示利用的手段，讲好文物故事的方法不多，在活化利用方面尚未走出为大众普遍认可的路径。

四 结　语

习总书记讲，文物承载灿烂文明，传承历史文化，维系民族精神。只有将其保护好、传下去，才能实现其承载、传承和维系的历史使命。因此，70 年来几代文物人的坚持、守望和奉献，就是为了将这些珍贵的古建筑维护好、保护好，让子孙后代能够不断沐浴民族的荣光，感悟中华文明的伟大精神。

70 年的风雨兼程，我们终于澄清了山西这座古建筑宝库的家底，进入中国文物信息平台的登录数量达到 28000 余处，占山西不可移动文物的半壁江山；山西现存宋辽金以前的古建筑 155 座，占全国同期古建筑的 75%；山西现存元代以前的古建筑 430 余座，占全国同类古建筑的 80%；山西现存古戏台 1600 余座，古民居 9300 余处，现存寺观壁画 12000 余平方米、彩塑 24000 余尊……这些数字是 70 年来山西文物人以上穷碧落下黄泉的精神，用脚一步步丈量山西大地求得的重要结果。70 年的修缮保护，山西的国家级和省级古建筑的完好率已达到 92% 以上。

桃李无言，下自成蹊。检视 70 年山西古建筑的保护成果，善莫大焉，功莫大焉！但面对数量众多的古建筑，在未来的征程中，保护和研究工作注定将是任重道远。

南　禅　寺

宋　阳

南禅寺位于山西省忻州市五台县阳白乡李家庄村西侧土岗上，是一处历史悠久、内涵丰富的乡村佛寺（图一）。寺内大殿为国内已知现存最古老的木结构建筑，在我国古代建筑遗产中有着极其重要的地位。1961 年，南禅寺大殿被国务院公布为第一批全国重点文物保护单位。

一　文物概况

南禅寺地处五台山台顶外围，附近村庄和农田围绕，周边山峦环抱，西面小银河流过，环境宜人。寺院坐北朝南，现由正院、东院及后院组成[1]，以内外围墙分隔，占地面积约 5800 平方米[2]（图二）。南禅寺现存文物建筑分布在正院及东院内，分别为大殿、观音殿、菩萨殿、龙王殿及阎王殿[3]，其中

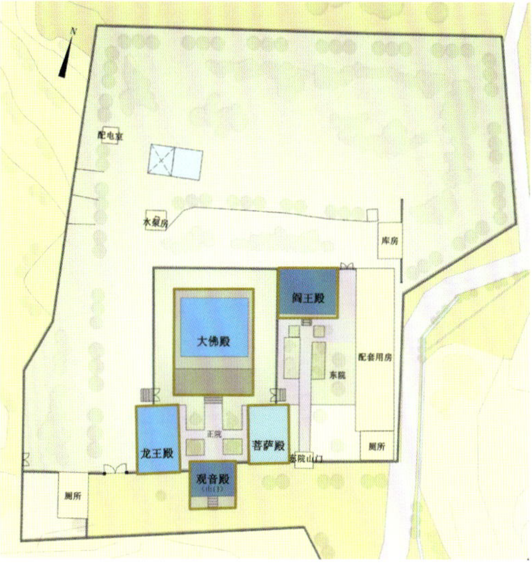

图二　南禅寺现状总平面图

（来源：山西省古建筑与彩塑壁画保护研究院提供，高建军绘制）

图一　南禅寺全景

（来源：李小屯摄，自南向北）

大殿为唐代遗构，余为明、清遗构。寺内还存有彩塑、壁画、题记、碑碣等文物[4]。

南禅寺大殿是寺内主殿，又称大佛殿，唐建中三年（782年）重建，砖石台基，殿前筑有月台[5]（图三）。殿身面阔三间，进深四椽，平面近方形，单檐歇山顶，举折平缓。殿周施檐柱十二根[6]，侧脚、生起明显，柱头有卷杀。柱间用阑额相联系，不设普拍枋，转角处阑额不出头[7]。殿内梁架彻上露明造，四椽栿通达前后檐，栿上施"缴背"，再上为驼峰、大斗、捧节令栱，承托平梁和平槫，平梁两端施托脚斜撑，平梁之上仅施叉手与捧节令栱承托脊枋和脊槫[8]（图四）。大殿斗栱用材颇大[9]，柱头斗栱五铺作双杪偷心造，栱头卷杀皆为五瓣，每瓣均内顱[10]，无补间铺作。柱头正心上方尚存皿板之制[11]。大殿前檐当心间装板门两扇，两次间安破子棂窗[12]。殿内中央佛坛[13]上现存唐代彩塑14尊、塑像底座2个[14]，各像比例适度，面相丰满，与敦煌莫高窟唐代彩塑如出一辙[15]，是我国现存寺庙唐塑中的珍品（图五-1、2）。大殿西山墙内原有壁画现存放于龙王殿内。南禅寺大殿结构简洁，风格质朴，展现了唐代建筑风貌，是研究我国古代建筑史、艺术史、技术史的珍贵例证。

二 历史沿革

南禅寺创建年代不详，大殿重修于唐德宗建中三年（782年）[16]，其后在唐武宗灭佛时幸免于难[17]。宋元祐元年（1086年），南禅寺大殿曾经历一次大修[18]，对殿内造像也应有过一定的补塑补装。元至正三年（1343年），对大殿内文殊、普贤菩萨塑像进行过一定的重新装藏和装銮[19]。到了明代，嘉靖年间（1522—1566年）寺僧妙法曾重修殿宇、钟楼、僧舍[20]；万历九年（1581年），寺僧性才新建净业殿三间，并与各村众"绘轴十王一堂"，万历十二年（1584年）完成[21]。清代，乾隆二十九年（1764年）[22]、嘉庆十二年（1807年）[23]、嘉庆二十五年（1820年）[24]、同治十一年（1872年）、同治十二年（1873年）[25]，对南禅寺内建筑及塑像进行了不同程度的维修。1936年，大殿殿顶后部塌漏，后檐墙坍塌，村人又予再修[26]。

1953年，山西省文物调查组在五台县李家庄村发现南禅寺[27]，文物部门[28]随即组织勘察团前往勘察，证实该寺大殿确是唐代建筑，它的修建年代比佛光寺还要早七十五年[29]（图六）。从此，历史文化积淀深厚的南禅寺迎来了新的发展阶段。

三 文物保护工作

南禅寺自1953年发现以来，国家和地方各级政府、文物部门对其保护工作给予高度重视，通过加强文物"四有"工作、进行日常保养维护、组织开展抢险加固、保护修缮工程等多方面措施，使南禅寺得到了较为全面、规范的保护和管理。

（一）文物日常保护管理

南禅寺在发现后即设立了专门的机构进行保护管理[30]。南禅寺大殿于1961年成为全国重点文物保护单位，其后树立了保护标志，建立了记录档案，

图三 南禅寺大殿

（来源：自摄，自南向北）

图四 南禅寺大殿内梁架

（来源：自摄，自东向西）

图五 -1　南禅寺大殿释迦像及供养菩萨像

（来源：柴泽俊、柴玉梅《山西古代彩塑》，文物出版社，2008 年，第 186 页图版二，摄于部分彩塑被盗前）

图五 -2　南禅寺大殿胁侍菩萨像

（来源：崔元和《五台山寺院造像稽考》，三晋出版社，2019 年，第 235 页图 4-3）

图六　南禅寺历史照片（20 世纪 50 年代）

（来源：高天《南禅寺大殿修缮与新中国初期文物建筑保护理念的发展》，《古建园林技术》，2011 年第 2 期，第 16 页，照片为中国文化遗产研究院藏）

划定了保护范围和建设控制地带[31]。多年来，南禅寺的保护管理机构[32]坚持进行文物日常和季节性的保养维护[33]，规范管理制度，做好安全巡查，完善安消防设施[34]，及时处理相关隐患，并在文物勘察研究、保护规划[35]、保护修缮、展示利用、环境绿化等方面积极开展工作。其间虽发生过大殿以外佛像被清理、歹徒抢劫盗窃部分文物的事件[36]，但文物工作者始终辛勤付出，为南禅寺文物的保存延续提供了坚强保障。

（二）抢险支撑和加固工程

1. 南禅寺大殿建筑抢险支护加固

南禅寺在发现后即进行了临时性的维修[37]，之后受 1964 年和 1966 年周边地区地震影响，南禅寺大殿东次间砖券坍塌、整体梁架明显倾斜，构件脱榫、劈裂严重[38]，五台县文保所[39]在大殿内外用 15 根木柱[40]进行临时支撑加固（图七）。在当时的背景下，由于时间、技术、经费等条件限制，对南禅寺大殿采取这种可逆性的临时抢险加固措施，虽不能从根本上解决建筑险情问题，但在一定程度上维护了大殿的整体安全，为以后的修缮工作留下了准备时间。

图七　南禅寺大殿临时支护历史照片

（来源：高天《南禅寺大殿修缮与新中国初期文物建筑保护理念的发展》，《古建园林技术》，2011 年第 2 期，第 17 页。照片为中国文化遗产研究院藏）

2. 南禅寺基址抢险加固

由于附近农田引水灌溉，导致南禅寺东南两侧因水土流失形成崖坎且逼近寺基[41]，对文物安全造成威胁。20 世纪 70—80 年代，文物部门先是砌筑片石戗柱保护，险情加剧后又砌筑石坝、护坡进行围护[42]，同时培育松柏，保护地形现状[43]。这种抢险加固是为了防止水土流失加剧、保护寺院基址安全及周边地形环境而采取的措施，至今寺前石坝护坡巍然而立，仍有效发挥着其保护作用。

（三）保护修缮工程

1. 南禅寺大殿修缮工程

鉴于南禅寺大殿的残损状况[44]，1972 年国务院下达《关于云冈石窟等三项全国重点文物保护单位急需抢修保护问题的批复》，同意对南禅寺大殿进行修缮[45]。山西省文物工作委员会组织力量，在国家文物局文物保护科技研究所的指导和帮助下[46]，结合 1954 年的初步修缮方案[47]，对南禅寺进行了实地勘测、发掘、绘图以及方案设计[48]。1973 年 8 月，国家文物局组织多位专家前往南禅寺实地考察，并对设计方案进行商讨审定[49]。经过前期准备工作，南禅寺大殿修缮工程于 1974 年 8 月获国家文物局核准付诸施工，1975 年 8 月工程全部告竣[50]，随后顺利通过验收并获得认可[51]（图八 -1、2）。

工程遵照《文物保护管理暂行条例》[52]中“恢复原状或者保存现状的原则”，对南禅寺大殿实施落架翻修，以保存现状为主，个别部分有充分科学依据的予以复原，同时将寺内其他建筑及围墙也进行了适当的修整[53]。工程主要内容包括加固和修缮复原两部分[54]：

加固部分是在保留原有构件的前提下采用加固措施[55]。整体结构方面，主要对柱间框架、檩条、主要梁枋结点进行加固[56]，同时在檐墙内增设地栿和十字木斜撑，以增强整体结构的稳定性和抗震性能。木构架加固方面，针对四椽栿、丁栿、额枋、斗栱、檐柱等部分劈裂、弯垂严重的木构件，主要采取铁活加固与化学加固[57]相结合方法，并将弯垂部分尽量矫正。

复原部分主要有：通过发掘所见原台明、月台、散水旧基[58]，判断出原檐出，并根据原尺度、做

图八-1　南禅寺大殿修缮前正立面图
（来源：山西省古建筑与彩塑壁画保护研究院提供，刘宪武绘制，1972年）

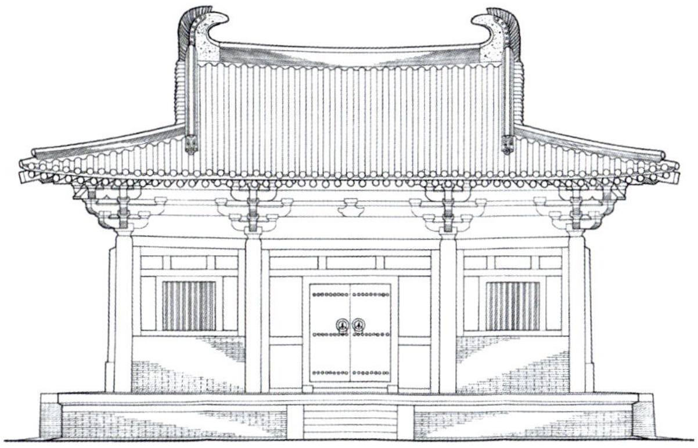

图八-2　南禅寺大殿修缮后正立面图
（来源：山西省古建筑与彩塑壁画保护研究院提供，柴泽俊绘制，1975年）

法复原台明、月台和檐出，并将压在原有台明上的清构伽蓝殿、罗汉殿予以拆除；经过结构判断、力学计算和现场模拟试验，在叉手部分取消了驼峰、蜀柱和大斗等后加的构件，恢复了唐代大叉手的原样，并在叉手底部加钢筋拉杆以减小叉手向外的水平推力；另外参照早期建筑式样，对大殿门窗及椽径、屋面瓦件、屋脊、鸱尾等部分进行了恢复。

南禅寺大殿修缮是20世纪70年代在当时文物保护法规和理念认知框架下进行的保护工程。工程以“恢复原状”为最高目标[59]，遵循严谨的修缮方法和程序，进行了有一定依据的复原修缮，尽量保留了大殿主体结构原有式样、尺度和构件[60]，恢复了大殿的唐制风格。此次修缮采用传统工艺进行加固、修复，并首次在木构古建筑修缮工程中应用环氧树脂进行化学加固[61]，科学的记录和研究贯穿始终[62]，同时注意采取有效措施保护构件和塑像等文物的安全。南禅寺大殿修缮工程为我国古建筑文物保护修缮提供了宝贵的经验，是我国古代建筑遗产保护史上重要的工程实践之一。

2. 南禅寺山门、东西配殿修缮工程

经国家文物局批复同意[63]，2017年7—9月，实施了南禅寺山门、东西配殿修缮工程[64]，内容包括对其台明、地面、柱子、墙体、构架、木基层、屋面、装修等部分进行“现状整修”。工程遵循“不改变文物原状”、“最小干预”等文物保护原则，通过科学合理的保护措施修缮三座文物建筑的各种残损病害，排除险情和隐患，使其结构恢复整体安全稳定的状态。

四　相关研究

南禅寺作为我国珍贵的古建筑遗产，几十年来，学者们从不同的角度和层面对其开展调查和研究，取得了较为丰硕的成果，有助于更加深刻的理解和认识南禅寺所蕴含的历史文化信息及其价值。

（一）综合性调查与研究

自1953年以来，国家及省级文物部门多次派遣专业人员对南禅寺进行调查，掌握了文物本体及周边环境的基本情况，获取了较为详细的勘察测绘资料，成为文物修缮设计和保护管理的重要依据。

同时，南禅寺的整体研究也得到开展。早在1954年，陈明达、祁英涛等先生即撰文对南禅寺的布局、沿革、建筑时代、大殿形制结构及附属文物等基本情况进行了介绍[65]，并指出大殿“是国内现存最早的一座木构建筑”[66]。其后，柴泽俊等先生结合修缮发现，对南禅寺整体情况，尤其是大殿的建筑结构、塑像等进行了更为细致的论述[67]。

还有学者从美学、佛教文化等角度对南禅寺、佛光寺进行结合研究[68]。近年来，相关研究除对南禅寺整体情况进一步补充或修正外，也对寺名和性质等过去未曾重点关注过的一些问题进行了探讨[69]。

（二）文物专题研究

1. 南禅寺建筑及保护工程研究

南禅寺的文物建筑是其价值的核心载体，也是学者们的重点研究对象。尤其是南禅寺大殿，作为国内现存最早的唐代木构建筑，在有关中国古代建筑史的综合论著中多有述及[70]。在专业研究方面，张十庆、段智钧等学者从建筑学角度出发，结合《营造法式》等文献记载，对南禅寺大殿本身的建筑尺度用材[71]、整体构架[72]、细部构造[73]、建筑技术[74]等方面展开了细致研究，进一步揭示了大殿所体现的唐代建筑形制和结构特点。李会智等学者则将南禅寺大殿与佛光寺东大殿等现存唐代建筑实例进行横向对比研究[75]，或将其置于古建筑发展的纵向体系中研究[76]，加深了对于唐代木构建筑营造和发展特征的系统性认识。此外，曹汛先生通过对南禅寺大殿唐代题记干支纪日的分析，认为题记有误且经后人修改，并对大殿的重建年代提出了独特见解[77]，后有学者对此进行了辨析[78]，为南禅寺建筑的年代学研究提供了新的思考方向和认知。

学者们还对20世纪70年代的南禅寺大殿修缮工程进行了总结和研究。祁英涛先生将工程前期为大殿脊饰复原设计收集的资料进行了梳理研究[79]。柴泽俊先生撰写的竣工技术报告，从修缮方法、加固措施、修缮中的发现、壁画修复等方面对南禅寺大殿修缮工程进行了全面总结[80]。两位先生还结合修缮前的情况，对大殿修缮概况及主要技术措施进行了详细论述[81]，并总结了修复工程相关经验，强调恢复原状要经过细致研究及精确测绘[82]。近年来，高天、查群等学者又从新中国初期文物保护理念的发展[83]、修缮方案对比研究[84]等角度，对大殿修缮理念及工程措施演变进行了论述。随着文物保护实践的深入，对于南禅寺大殿修缮也有了新的认知，作为亲历者的祁英涛、柴泽俊先生都曾对大殿全面“恢复原状”的复原修缮进行总结和反思[85]，促进了业界对于文物原状、复原修缮及修缮中现代技术应用等方面的思考[86]，推动了古建筑保护理念的发展。

2. 南禅寺附属文物及其他研究

南禅寺所存的彩塑、壁画等附属文物也颇受研究者重视。其中关于南禅寺大殿彩塑的研究较多，柴泽俊、崔元和、赵云旗等学者细致描述了每尊塑像的形貌特征，对塑像本身进行分析[87]，或与敦煌、佛光寺唐塑开展对比研究[88]。相关研究重点关注南禅寺彩塑的塑绘重装历史及样式风格[89]、造像题材[90]、配置关系[91]、文化影响[92]、保护利用[93]等方面，对其所展现的唐代造像风貌及艺术特点有了更深刻的认识。南禅寺大殿壁画在修缮发现时，专家们认为其内容为“地狱变”，绘画水平不高，可能为元代作品[94]。后有学者对壁画内容等进行了专门研究，认为其最初绘制时间是唐代[95]。李裕群研究员则从形制特征、年代等方面对南禅寺内旧藏的北魏小石塔进行研究[96]，为这件文物留存了重要资料。

此外，还有学者在南禅寺消防改造电气设计[97]、寺庙保护与利用[98]等方面进行探讨，也具有一定的参考价值。

五　结　　语

南禅寺集唐至清的建筑、塑像、题记、碑刻等文物于一身，展现了不同时代的历史、艺术、文化风貌，是我国古代劳动人民智慧的结晶。保护好、传承好这一宝贵的文化遗产，对延续历史文脉、坚定文化自信有着重要意义。多年来，文物工作者在南禅寺文物保护、管理、利用、研究等方面做出了积极探索，取得了一定成绩，但也存在着一些问题和差距。在新时代的条件下，应当坚持保护第一，改革创新，进一步有效保障南禅寺文物安全，完善管理机制，做好活化利用，拓展文物研究深度和广度，使南禅寺的保护管理工作迈入更加科学、全面、专业、先进的新阶段，更好地发挥出文物价值。

注　释

[1] 正院呈一进四合院式布局，中轴线上存观音殿、大殿，两侧为菩萨殿、龙王殿。东院最北端为阎王殿，东侧现为管理用房和厕所，最南端为便门，后院设库房、配电室、消防水池等设施。

[2] 肖迎九、韩若冰等：《五台县南禅寺大殿文物保护规划文本（初稿）》，山西省古建筑设计有限公司，2017 年 7 月，第 2 页。

[3] 观音殿，即现山门，清代建筑；面阔三间，进深四椽，单檐硬山顶，平面长方形；梁架为前三架梁对后单步梁通檐用三柱，后出廊结构。菩萨殿，即东配殿，又称文殊殿，清代建筑；面阔三间，进深四椽，单檐硬山顶，平面长方形；梁架为后四架梁对前单步梁通檐用三柱，前出廊结构。龙王殿，即西配殿，明代建筑；面阔三间，进深四椽，单檐悬山顶，平面长方形；梁架为后四架梁对前单步梁通檐用三柱，前出廊结构；斗栱共七攒，内外均为三踩，其上承托耍头与随檩枋节点。阎王殿，位于东院最北端，面阔三间，进深五椽，单檐悬山顶，平面长方形；梁架为后五架梁对前单步梁通檐用三柱，前出廊结构。

[4] 大殿等文物建筑内存有唐、宋、元等时代题记；寺内现存多为明清碑碣；原有小石塔现被盗不存。

[5] 大殿是现存唐代殿宇前设月台的唯一实例，现存月台是根据发掘修缮恢复的。

[6] 大殿檐柱西山墙抹棱方柱三根，可能为创建时原物，其余皆为圆柱。

[7] 柴泽俊、刘宪武：《南禅寺》，《文物》，1980 年第 11 期，第 77 页。

[8] 大殿平梁之上的构造为汉唐古制，五代以后不复出现，现存为修缮时复原。

[9] 大殿斗栱用材约合宋《营造法式》中二等材尺度。

[10] 这种做法曾见于北齐、隋间石窟窟檐及墓葬石刻中，现存木构建筑中仅此一例。

[11] 大殿柱头正心于泥道栱之上叠架柱头枋两层，第一层隐刻泥道慢栱，第二层于柱头铺作处设驼峰、皿板、散斗，承压槽枋，这种皿板之制曾见于汉代石室、北魏石窟雕刻和日本奈良法隆寺建筑之上，南禅寺大殿皿板在我国现存的木构实物中尚属稀有实例。

[12] 大殿现存前檐装修为 20 世纪 70 年代修缮复原的样式。

[13] 佛坛为倒凹形，坛周雕刻有叠涩花边和莲瓣，束腰壸门内刻有花纹图案和跑兽，应为唐代遗存。

[14] 大殿内塑像具体排布为：主像释迦结跏趺坐于束腰须弥座上，两侧分别为阿难、迦叶二弟子和二胁侍菩萨；文殊、普贤二菩萨分别骛狮、象侍于佛左右，前有獠蛮及二仰望童子像，原有牵狮拂菻像被盗不存；再前面两隅为二侍立菩萨和二金刚。释迦前原有二供养菩萨蹲跪于仰莲台座之上，现因被盗仅余底座。

[15] 柴泽俊、柴玉梅著：《山西古代彩塑》，文物出版社，2008 年，第 9 页。

[16] 南禅寺在现存相关古代州府县志和佛教经籍中未见任何记载，其古代历史沿革信息仅能从寺内现存题记、碑碣记载等入手探寻。大殿当心间西缝平梁下唐代墨书题记“因旧名旹大唐建中三年岁次壬戌月居戊申丙寅朔庚午日癸未时重修殿法显等谨志”，为大殿重修年代之证，也说明其始建年代应在此之前。

[17] 唐武宗灭佛，又称“会昌法难”，指唐武宗会昌年间（841—846 年）推行一系列灭佛政策，会昌五年（845 年）达到高潮，使境内佛寺大都遭到毁坏，会昌六年（846 年）唐宣宗即位后即废止了相关灭佛政策。关于南禅寺在此次灭佛事件中得以幸存的原因，学者们认为可能是由于其地处偏僻山村且规模不大，不易引起注意；或因建筑工匠为附近村民，不愿毁坏自己的劳动成果；或因当地迷信思想影响较深而不去毁坏佛寺等。

[18] 由大殿内当心间东缝四椽栿下书题记“维岁次丙寅元佑元年三月十一日竖柱樣枋……”可知，此次维修可能更换了部分柱子等构件，但总体上看基本保留了唐代原构。有学者推断此次大修的原因与地震有关。

[19] 崔元和：《五台山南禅寺唐代造像稽考与解读》，《法音》，2019 年第 2 期，第 46 页。大殿当心间东缝四椽栿侧面悬挂一木匾上有“粧藏……文殊普贤……至正三年……”等字样可证。

[20] 据现存明万历十二年（1584 年）《古刹新建净业绘轴十王设会立碑记》相关记载推断。

[21] 明万历年间的修建历史见于寺内明万历十二年（1584 年）《古刹新建净业绘轴十王设会立碑记》相关记载。

[22] 据现存清乾隆二十九年（1764 年）《南禅寺重修圆觉庙碑记》记载，在当时寺内建筑“栋折”“榱崩”“垣圮”“甍裂”的情况下，李家庄与郭家寨两村合力募资对其进行修葺，在原址原构的前提下整修殿宇，并对塑像补塑金身。

[23] 据现存清嘉庆十二年（1807 年）布施人名石碣可知，当时由郭家寨、李家庄两村募资对寺内观音殿进行过重修。

[24] 据现存清嘉庆二十五年（1820 年）《补修南禅寺碑记》记载，当时由郭家寨、李家庄及周边村庄的村众捐资募化三百余金，对南禅寺殿宇及神像进行维修。

[25] 据现存清同治十二年（1873 年）《重修诸殿碑记》及功德碑记载，同治十一年（1872 年）村众助钱二百九十余吊，维修大佛殿、罗汉殿、伽蓝殿、东禅房；同治十二年（1873 年）又助钱一百六十余吊，维修南观音殿及山门。

[26] 柴泽俊：《山西古建筑文化综论》，文物出版社，2013 年，第 284 页。

[27] 当时寺内除大殿外，尚有龙王殿、伽蓝殿、罗汉殿、文殊殿、观音殿和东院的阎王殿、禅房等建筑物。

[28] 主要为当时的中央人民政府文化部社会文化事业管理局、北京文物整理委员会。

[29]《山西五台县发现一千一百多年的唐代木构建筑——南禅寺》，《文物参考资料》，1954 年第 1 期，第 89 页。

[30] 1953 年，由山西省人民政府文物管理委员会直接领导，成立了五台山古迹保养所，对南禅寺、佛光寺等五台县几处重要文物进行保护。

[31] 南禅寺现行保护区划为山西省人民政府《关于公布太原晋阳古城遗址等 102 处全国重点文物保护单位保护范围的通知》（2002 年 8 月）所公布。

[32] 南禅寺的保护管理机构几经变更：最初为五台山古迹保养所；1979 年山西省古建筑保护研究所成立，后设南禅寺文物保护管理所；2020 年，山西省古建筑与彩塑壁画保护研究院整合成立，下设佛光寺南禅寺保护利用部具体负责佛光寺、南禅寺的日常工作。

[33] 保养维护是南禅寺文物保护中的基础性工作，主要包括清除文物建筑屋面杂草植物、及时修补破损瓦面、定期检查安消防设施、进行日常清扫维护文物及其环境整洁、做好日常巡查记录等。

[34] 2008 年实施南禅寺消防工程。2020 年南禅寺安全技术防范工程顺利完成实施。

[35] 受文物管理机构委托，北京清华城市规划设计研究院文化遗产保护研究所编制了《山西省五台山十一处寺庙文物保护总体规划纲要》（吕舟主持），其中包括南禅寺，2009 年得到国家文物局批复；山西省古建筑设计有限公司编制了《五台县南禅寺大殿文物保护规划》（项目负责肖迎九、项目组长韩若冰），目前初稿已完成。

[36] 1970 年左右，五台山为修筑工事将各庙 63 名僧人遣送至南禅寺生活，寺内除大殿外的佛像全部被清理，现已无存；1999 年南禅寺大殿内三

尊唐塑及塑像内经书被歹徒劫走（此次被盗事件相关记述，参见《世间瑰宝 亚洲最古老的建筑——南禅寺》，《山西日报》，2010年6月7日，第B04版）；2011年寺内一座北魏小石塔被盗。这些令人惋惜的事件使南禅寺遭受了难以弥补的损失。

[37] 柴泽俊、刘宪武：《南禅寺》，《文物》，1980年第11期，第76页。

[38] 祁英涛、柴泽俊：《南禅寺大殿修复》，《文物》，1980年第11期，第62页。

[39] 张兵：《五台山南禅寺》，《文史月刊》，2016年第1期，第60页提到进行此次支护的为县文保所。

[40] 郑庆春：《五台南禅寺大殿修复工程》，山西省文物局编：《山西文物建筑保护五十年（初编）》，2006年，第501—502页。

[41] 柴泽俊：《山西古建筑文化综论》，文物出版社，2013年，第257页。

[42] 70年代伴随着大殿修缮工程，在寺周砌筑片石坝以保护寺基。80年代在寺周再次修砌石坝、护坡。

[43] 柴泽俊：《山西古建筑文化综论》，文物出版社，2013年，第257页。

[44] 大殿修缮前，建筑梁架歪闪、檐柱倾斜、木构件劈裂等残损较为严重，外貌被后世改动较大，比如檐头锯短，门窗拆改，台明缩小等。

[45] 1966年抢险支护后，受“文化大革命”影响，直到1971年末专家们再次考察并将南禅寺残损严重的情况反馈上报才促成了国家的批复。

[46] 柴泽俊：《五台南禅寺大殿修缮复原工程设计书》，《柴泽俊古建筑文集》，文物出版社，1999年，第353页。

[47] 北京文物整理委员会在1953年测绘勘察的基础上，曾于1954年提交了南禅寺勘察报告及大殿修复计划初步草案，提出了复原修缮意见，但限于当时各种条件，复原方案并未实行。

[48] 高天：《南禅寺大殿修缮与新中国初期文物建筑保护理念的发展》，《古建园林技术》，2011年第2期，第17页。

[49] 这次前往考察的有杨廷宝、莫宗江、刘致平、陈明达、卢绳、罗哲文、陶逸仲等十余位古建筑专家，在南禅寺现场对维修方案中的工程性质、侏儒柱、装修、槛墙、鸱尾、缴背梁加固等问题进行了讨论。在此基础上，1974年上半年对方案进行了修改和补充，确定后正式上报国家。

[50] 柴泽俊：《南禅寺大殿修缮工程竣工技术报告》，《柴泽俊古建筑文集》，文物出版社，1999年，第361页。

[51] 南禅寺大殿修缮工程竣工后，国家文物局王冶秋局长亲自带队进行验收，效果良好。1978年，工程获山西省革命委员会科技二等奖，其木构件加工保护技术项目获同年全国科学大会奖。

[52] 《文物保护管理暂行条例》是1961年颁布的新中国第一部综合性文物保护法规，是当时进行文物保护工作的法律依据，南禅寺大殿修缮也在此法规的基本框架下进行。

[53] 祁英涛、柴泽俊：《南禅寺大殿修复》，《文物》，1980年第11期，第71页。

[54] 此外，还进行了一些维修措施，如：通过油饰断白对木构件进行防护，原状保护早期彩画痕迹，刷掉外檐清代彩画；对柱础之下和檐墙一周的基础部分予以重筑；对修缮过程中发现的西山墙内壁画揭取后加固保存等。除大殿外，修缮工程还揭瓦修缮了南禅寺东配殿，砌筑了小围墙，恢复了山门和门前月台踏道，重抹了寺周围墙，砌筑了保护寺基的片石堤坝等。

[55] 郑庆春：《五台南禅寺大殿修复工程》，山西省文物局编：《山西文物建筑保护五十年（初编）》，2006年，第503页。

[56] 主要通过加钉铁板、铁扒锯、铁箍等传统加固方式。

[57] 此次修缮中的化学加固主要应用环氧树脂。

[58] 1972年6月至8月，在殿周和院内进行了发掘，觅得原有台明、月台、散水旧基，进一步弄清了方砖、条砖规格和砌筑方法，为殿基和檐出的复原找到了依据。

[59] 高天：《南禅寺大殿修缮与新中国初期文物建筑保护理念的发展》，《古建园林技术》，2011年第2期，第16页。

[60] 据祁英涛、柴泽俊先生记述，此次修缮中，大殿东南角一根柱子因糟朽更换，还更换了二根缴背梁，添配缺欠的一根后檐明间的阑额，其余主要梁枋构件都经加固处理后继续使用。

[61] 杨新：《古建筑保护中现代技术的介入和发展》，中国文物保护技术协会编：《中国文物保护技术协会第四次学术年会论文集》，科学出版社，2007年，第186页。

[62] 此次修缮各阶段都进行了摹绘、记录和拍照等仔细的记录工作，还发现了平梁上蜀柱结构非唐制、大殿的宋政和元年题字、斗栱阑额上的早期彩画痕迹等。

[63] 详见国家文物局《关于南禅寺山门、东西配殿修缮工程的批复》（文物保函〔2015〕148号）。

[64] 南禅寺山门、东西配殿，即观音殿、菩萨殿、龙王殿，其修缮工程于2013年通过立项，山西省古建筑设计有限公司编制修缮方案（卢宝琴、陈海荣等勘测，史国亮、卢宝琴等设计，陈海荣文稿撰写），2015年国家文物局批复同意修缮。工程由山西省古建筑保护研究所组织实施，山西省古建筑设计有限公司负责勘察设计，施工单位为山西省古建筑保护工程有限公司，监理单位为延安中安工程监理有限公司。

[65] 根据目前的资料，《山西五台县发现一千一百多年的唐代木构建筑——南禅寺》（《文物参考资料》1954年第1期），一文对南禅寺的发现情况进行了简要报道，而《两年来山西省新发现的古建筑》（《文物参考资料》1954年第11期）一文则首次对南禅寺进行了图文并茂的全面介绍。

[66] 祁英涛、杜仙洲、陈明达：《两年来山西省新发现的古建筑》，《文物参考资料》，1954年第11期，第40页。

[67] 柴泽俊、刘宪武：《南禅寺》，《文物》，1980年第11期，第76—77页。

[68] 张映莹：《五台山二唐寺谈美》，《五台山研究》，1995年第3期，第32—34页；文峰：《佛国瑰宝“二唐寺”》，《佛教文化》，1998年第4期，第41—42页。

[69] 赵林恩：《世间瑰宝南禅寺》，《五台山研究》，2010年第1期，第49—56页。

[70] 著作有《中国古代建筑史（第二版）》（刘敦桢主编，中国建筑工业出版社，1984年）、《中国古建筑学术讲座文集》（山西省古建筑保护研究所编，中国展望出版社，1986年）、《中国古代建筑（修订本）》（罗哲文主编，上海古籍出版社，2001年）等；学位论文有《唐代建筑研究补阙》（孟小良，陕西师范大学硕士论文，2015年）、《唐宋时期柱与建筑结构关系初探》（李陆斌，西安建筑科技大学硕士论文，2017年）等。

[71] 张十庆：《古代建筑的尺度构成探析（一）——唐代建筑的尺度构成及其比较》，《文博》，1991年第2期，第30—33页；段智钧：《南禅寺大殿大木结构用尺与用材新探》// 王贵祥主编：《中国建筑史论汇刊·第壹辑》，清华大学出版社，2009年，第83—99页。

[72] 山西省古建筑保护研究所编：《山西古建筑木结构模型》，北京燕山出版社，1989年，第19—21页。

[73] 李会智：《古建筑角梁构造与翼角生起略述》，《文物季刊》，1999

年第 3 期，第 48—51 页；于倬云、周苏琴：《中国古建筑抗震性能初探》，《故宫博物院院刊》，1999 年第 2 期，第 1—8 页。

[74] 邓其生：《中国古代建筑基础技术》，《建筑技术》，1980 年第 2 期，第 61—64 页；龙萧合：《传统木作营造中梁栿拼合技术探析》，《古建园林技术》2013 年第 2 期，第 46—50 页；常亚平、高正：《山西早期建筑技术特征初探》，《中国文物报》，2015 年 10 月 13 日第 008 版。

[75] 张霞、张放陶：《唐代木构建筑的“双璧”——南禅寺大殿和佛光寺大殿》，《山西科技》，2007 年第 1 期，第 22、25 页。

[76] 李会智：《山西现存早期木结构建筑区域特征浅探（上）》，《文物世界》，2004 年第 2 期，第 22—29 页；李会智：《山西唐至清宗教木构建筑梁架结构演化及图解（上）》，《文物世界》，2016 年第 1 期，第 39—43 页。

[77] 曹汛：《中国建筑史基础史学与史源学真谛》，《建筑师》，1996 年总第 69 期，第 63—68 页及《建筑史的伤痛（续）》，《建筑师》，1996 年总第 134 期，第 108—114 页。

[78] 陈涛：《五台山南禅寺大殿建造年代辨析》，《建筑与文化》，2010 年第 6 期，第 82—84 页。

[79] 祁英涛：《中国古代建筑的脊饰》，《文物》，1978 年第 3 期，第 62—70 页。这篇文章至今仍是中国古建筑脊饰研究方面的重要文献。

[80] 柴泽俊：《南禅寺大殿修缮工程竣工技术报告》，《柴泽俊古建筑文集》，文物出版社，1999 年，第 361—372 页。

[81] 祁英涛、柴泽俊：《南禅寺大殿修复》，《文物》，1980 年第 11 期，第 61—75 页。

[82] 祁英涛：《古建筑的维修》，《古建园林技术》，1985 年第 3 期，第 28—34 页。

[83] 高天：《南禅寺大殿修缮与新中国初期文物建筑保护理念的发展》，《古建园林技术》2011 年第 2 期，第 15—19 页。

[84] 查群：《中国文化遗产的早期保护实践（一）——南禅寺大殿两次修缮方案对比研究》，《中国文化遗产》，2018 年第 1 期，第 78—86 页。

[85] 祁英涛先生在《古建筑的维修》一文中就指出在大殿修复中对于脊兽的原状是把握最小的，可能与原状差别较大，“这是我们自己也不能满意的”。柴泽俊先生在《山西古建筑文化综论》一书中也提到“全面性复原工程，不应予以倡导和推广，而应严格控制”。

[86] 例如：杨子荣《论山西元代以前木构建筑的保护》（《文物季刊》1994 年第 1 期，第 62—67 页）、杨新《古建筑保护中现代技术的介入和发展》（中国文物保护技术协会编：《中国文物保护技术协会第四次学术年会论文集》，科学出版社，2007 年，第 185—190 页）等文中的相关探讨。

[87] 赵云旗：《论南禅寺的雕塑艺术》，《五台山研究》，1987 年第 6 期，第 33—40 页。柴泽俊、柴玉梅著：《山西古代彩塑》，文物出版社，2008 年，第 6—10 页。

[88] 谭树桐：《敦煌唐塑和南禅寺彩塑艺术的比较研究（摘要）》，《敦煌研究》，1988 年第 2 期，第 77—79 页。负安志：《中国古代建筑的瑰宝——南禅寺与佛光寺彩塑艺术分析》，《文博》，1989 年第 5 期，第 31—39 页。孙志虹：《南禅古韵 佛光新风——试论唐代及后世佛寺彩塑风格的演变》，《荣宝斋》，2009 年第 4 期，第 24—39 页。

[89] 崔元和：《五台山南禅寺唐代造像稽考与解读》，《法音》，2019 年第 2 期，第 46—50 页。

[90] 崔元和：《五台山南禅寺唐代护国文殊与新样文殊造像解读》，《法音》，2019 年第 3 期，第 14—18 页。

[91] 石嘉忻：《形制与空间：基于南禅寺雕塑的配置关系研究》，《艺术研究》，2020 年第 4 期，第 10—11 页。

[92] 仲丛惠：《传统文化视域下中国唐代彩塑的“外化逸风”——南禅寺彩塑造像考证》，《中国美术研究（第 31 辑）》，上海书画出版社，2019 年，第 63—69 页。

[93] 杨宝：《五台南禅寺彩塑保护与利用》，《文物世界》，2015 年第 2 期，第 42—45 页。

[94] 祁英涛、柴泽俊：《南禅寺大殿修复》，《文物》，1980 年第 11 期，第 70—71 页。

[95] 武丁、姚智泉：《山西省南禅寺壁画年代研究》，《中国文房四宝》，2014 年第 2 期，第 498—499 页。

[96] 李裕群：《五台山南禅寺旧藏北魏金刚宝座塔》，《文物》，2008 年第 4 期，第 82—89 页。

[97] 郝建平：《五台山南禅寺消防改造电气设计》，《山西建筑》，2012 年第 24 期，第 141—142 页。

[98] 金巍：《旅游视域下古寺庙的保护与利用探析——以五台县南禅寺为例》，《忻州师范学院学报》，2017 年第 5 期，第 83—86 页。

佛 光 寺

杨晓芳

佛光寺位于山西省五台县豆村镇北六公里的佛光山腰，属于南台西麓。据《古清凉传》《广清凉传》等记载，佛光寺为北魏孝文帝时宕昌王所立，是佛教圣地五台山现存最古老的寺庙之一。佛光寺历史上几经兴衰，北魏至唐曾有多位高僧在此活动，是当时声名远播的著名寺院，到了近代，寺院逐渐荒凉不为人知。1937 年 6 月，梁思成、林徽因等营造学社成员，循着敦煌莫高窟第 61 窟五代壁画《五台山图》的指引，发现了佛光寺并确定东大殿为唐代建筑，国内必有唐构的信念在此得到实证。佛光寺穿越一千多年的风雨，重新走入人们的视野，改写了中国建筑史，影响深远，至今回响（图一）。

1961 年，国务院公布佛光寺为第一批全国重点文物保护单位。2009 年，五台山以文化景观列入世界文化遗产名录，佛光寺作为 10 处申报点的核心寺庙，是五台山世界遗产地的重要组成部分。

一 文物概况

佛光寺坐东朝西，背靠佛光梁，遥望峨岭，南北两山夹护，环境清幽，风貌古朴。寺内建筑高低层叠，分布在逐渐升高的三级平台上。由山门进入第一层平台，南侧有清代建筑伽蓝殿，北侧有金代建筑文殊殿；拾级而上，第二层平台北侧存明代建筑“香风花雨楼”；第二、第三平台之间由陡耸的台阶相连，东大殿即立于第三层平台之上。大殿外东南角矗立着祖师塔，南北两侧为低矮的明清建筑关帝殿、万善堂（图二）。

寺内最重要的建筑为东大殿，由晚唐高僧愿诚募化、长安女弟子宁公遇等捐资，于大中十一年（857 年）重建。东大殿面阔七间、进深四间，单檐庑殿顶，坡度举折和缓，广檐翼出，气势雄厚，古风苍苍（图三、图四）。檐下柱头斗栱为双杪双下昂七铺作，古朴雄大，高度近柱身的一半。檐柱侧脚、生起明显，

图一 佛光寺全景

（来源：梁思成《记五台山佛光寺的建筑》，《梁思成全集》第 4 卷，中国建筑工业出版社，2001 年，第 410 页）

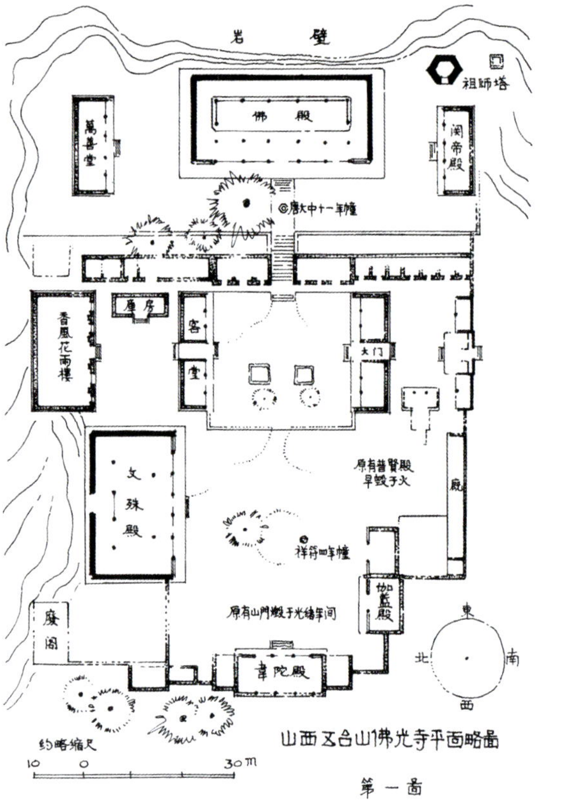

图二 佛光寺平面图

（来源：梁思成《记五台山佛光寺的建筑》，《梁思成全集》第 4 卷，中国建筑工业出版社，2001 年，第 371 页）

图三 佛光寺东大殿旧照

（来源：梁思成摄，1937 年）

图四 佛光寺东大殿现状

（来源：自摄，2021 年）

前檐柱柱础为雕刻精美的宝装莲花，平面柱网布局为檐柱与内柱各一圈相套，这种柱网构成的内外槽平面布局到宋代《营造法式》中被称为“金厢斗底槽”。殿内梁架以平闇为界分为上下两层，平闇之下月梁如虹，制作精良，平闇之上梁架只稍经砍削，未加修饰，平梁之上采用巨大的叉手承托脊槫，是国内现存最早的叉手实例之一（图五、图六）。殿内佛坛巨大，存唐代彩塑 34 尊，虽经后代彩绘重装，但体态、面貌、衣纹唐风依旧，佛像法相庄严，菩萨婀娜多姿，场面宏阔，令人震撼，是我国为数不多的唐代彩塑实例（图七）。大殿前槽栱眼壁、主尊佛坐背后等处还保存有珍贵的唐代壁画，殿内梁栿及门板上存有多处唐代墨书题记。纵观全殿，诚如梁思成先生在《记五台山佛光寺的建筑》中所述：“佛殿建筑物，本身已经是一座唐构，乃更在殿内蕴藏着唐代原有塑像、绘画和墨迹，四种艺术萃聚在一处，在实物遗迹中诚然是件奇珍”[1]。佛光寺东大殿是我国现存规模最大、结构保存完整且未经大的改动、时代最早的殿堂式建筑，因而被梁思成称为“国内古建筑之第一瑰宝”。

佛光寺中重要的木构建筑还有文殊殿。文殊殿坐北朝南，面宽七间，进深八椽，单檐悬山顶。殿内使用减柱造扩大空间，仅余四根内柱，是减柱造的代表。前后槽均用长跨三间的额枋，后槽在两层额枋间又以侏儒柱、合楷、绰幕枋、叉手组成近似人字柁架的构架，减轻上层荷载，是其建筑结构中的大胆尝试。文殊殿于金天会十五年（1137 年）重建，规模仅次于东大殿，是五台山现存各寺中最大的配殿。殿内保存有金代文殊菩萨骑狮像及胁侍菩萨像等共 7 尊、明代五百罗汉壁画 100 余平方米（图八）。

祖师塔在大殿外东南角，平面呈六角形，高约 8 米，共两层。一层中空，正面辟券门，门额上用

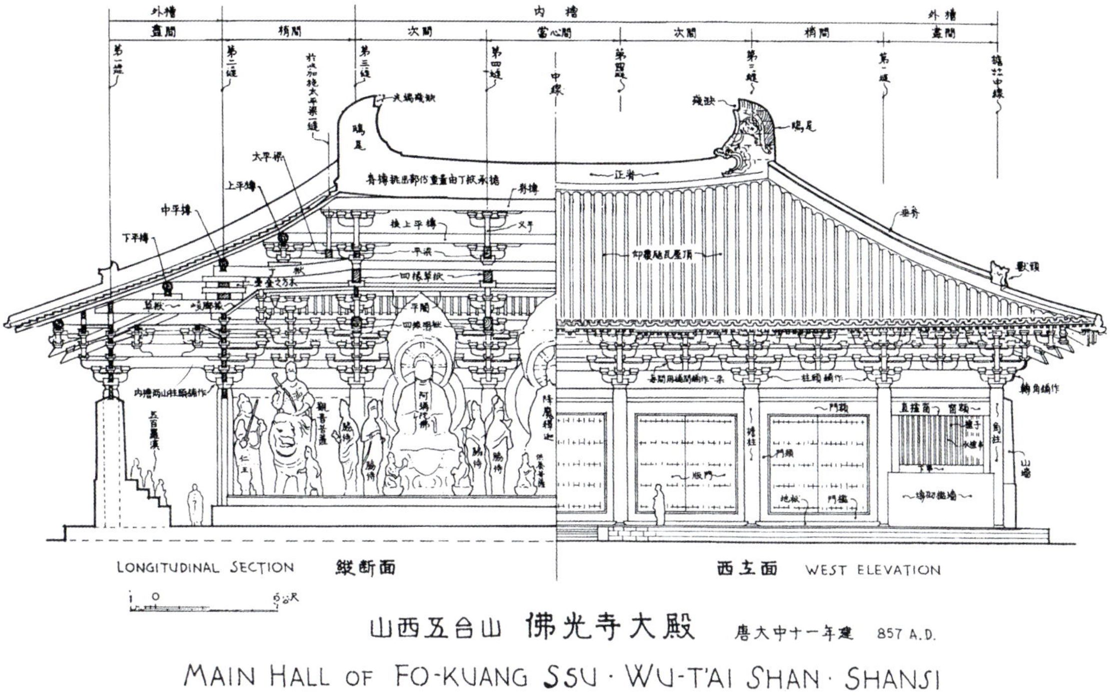

图五 佛光寺东大殿正立面及剖面图

（来源：梁思成《记五台山佛光寺的建筑》，《梁思成全集》第 4 卷，中国建筑工业出版社，2001 年，第 377 页）

图七 东大殿唐代彩塑

（来源：张映莹、李彦主编《五台山佛光寺》，文物出版社，2010 年，第 101 页）

图六 东大殿唐代叉手

（来源：山西省古建筑保护研究所编《佛光寺》，三晋出版社，2013 年，第 20 页）

火焰形券面装饰。二层倚柱柱头、柱中、柱脚都用仰覆莲瓣捆束，具有古印度风格。此塔造型奇特，是佛光寺内现存时代最早的建筑，也是我国现存最古老的砖塔之一（图九）。

此外，寺院内还保存有唐大中十一年（857 年）经幢、乾符四年（877 年）经幢、明正统九年（1444 年）经幢三座，唐至清碑刻、塔铭等 21 块，明代钟鼓等附属文物。

图八　文殊殿
（来源：自摄，2021 年）

图九　祖师塔
（来源：自摄，2021 年）

寺外东山坡上有三座唐塔，分别为唐天宝十一年（752 年）无垢净光塔、贞元十一年（795 年）无名和尚塔及一座覆钵形墓塔；寺西北塔坪现存四座墓塔，一座为唐代解脱禅师塔、一座为金泰和五年（1205 年）杲公和尚塔、一座金代砖塔、一座明代砖塔[2]。

二　历史沿革

（一）北朝时期

据《古清凉传·古今胜迹》记载："南台。灵境寂寞，故人罕经焉。台西有佛光山，下有佛光寺，孝文所立。"[3]

据《广清凉传·释五台诸寺方所》记载，"佛光寺，燕宕昌王所立。四面林峦，中心平坦。宕昌王巡游礼谒，至此山门，遇佛神光，山林遍照，因置额名佛光寺。"[4]

关于佛光寺的创建者，严耕望在《魏晋南北朝佛教地理稿》中认为"盖宕昌王获孝文勅许而兴建，故得通称孝文耳。"[5] 对于佛光寺创建的具体年代目前虽有争议，但由宕昌王创建于北魏孝文帝时期

（467—499 年）是基本一致的。

北周建德三年（574 年），周武帝下令“初断佛、道二教，经像悉毁，罢沙门、道士，并令还民”[6]，这一“灭佛”事件波及到佛光寺。

（二）隋唐五代时期

唐初，佛光寺迎来由当时的高僧解脱禅师主持的第一次复建重修。据《古清凉传·古今胜迹》记载：“昔有大隋开运，正教重兴，凡是伽蓝，并任复修。时五台县昭果寺解脱禅师，于此有终焉之志，遂再加修理。”[7] 宋《广清凉传》明确了此次重修的具体时间：“唐正（贞）观七年（633 年），五台县昭果寺解脱禅师重加修建。”[8]

根据无垢净光塔出土释迦佛像题记，该塔建于唐天宝十一年（752 年）。

根据寺院后山无名和尚塔（也叫大德方便和尚塔、锁子骨和尚塔）所嵌塔铭，无名和尚（722—794 年）晚年途经佛光寺传法，在此入寂，僧众在贞元十一年（795 年）为其在大殿后山修建墓塔。

据《广清凉传》载，乘方禅师“即解脱禅师之孙也。……礼念六时，行道无息，绍其高躅，再修梵宫。台殿横空，等级相次。……肉身犹在，有碑，居寺西一里。”[9] 乘方禅师生卒年不详，主持佛光寺的年代文献中没有记载。但作为解脱和尚的法孙，年代相距不会太远。在其主持下，佛光寺规模继续扩大，出现了“等级相次”的高差变化，寺院规模应已扩展至第三层平台。[10]

据《宋高僧传》载，法兴禅师“来寻圣迹，乐止林泉，隶名佛光寺。……既修功德，建三层七间弥勒大阁，高九十五尺。……大和二年（828 年）春正月……端坐入灭。建塔于寺西北一里所”[11]。据法兴禅师入寂时间推算，他建造弥勒阁的年代大约在唐元和、长庆年间（806—824 年）之间[12]。

据长庆四年塔铭记载，唐长庆四年（824 年）僧众于寺西北建塔一座。

唐武宗会昌五年(845 年)下令灭佛，寺宇被毁，僧人流散，佛光寺遭受到第二次“灭法”破坏。

公元 846 年唐宣宗继位，次年改年号为大中，并复兴佛法，佛光寺在愿诚主持下逐渐复兴。据《广清凉传》载：“宣宗皇帝即位，重兴佛寺，山门再选，召师（指愿诚）为其首，特许修营佛光一寺”[13]。大中十一年(857 年)东大殿建成，并于殿前立《佛顶尊胜陀罗尼经》经幢，唐乾符四年（877 年），愿诚于文殊殿前立经幢。

据《宋高僧传》记载，行严（愿诚之师）“以大中三年（849 年）右胁而灭，建塔寺西一里云”[14]；愿诚“光启三载（887 年）……右胁曲肱，寂然长往。建塔树碑寺之西北一里也。”[15] 以上在唐代佛光寺活动的乘方、法兴、行严、愿诚四位高僧，均明确记载葬于寺西（北），目前寺西北塔坪四座砖塔，根据形制判断仅一座唐塔，该塔归属还有待进一步发现和考证。

至五代时期关于佛光寺的文献记载较少，敦煌遗书关于五台山的文献中有两条记载。

敦煌遗书 S0397《往五台山行记》载：“（佛光寺）兼有大佛殿七间，中间三尊，两面文殊普贤菩萨。弥勒阁三层七间，七十二贤，万菩萨，十六罗汉。解脱和尚真身塔、锁子骨和尚塔，云是文殊、普贤化现。”[16] 据杜斗城《敦煌五台山文献校录研究》，这条文献年代不早于后唐长兴二年(931 年)，下限或为北汉时期，但不会晚于北宋初年，应是五代文献[17]。

敦煌遗书 P3931《印度普化大师游五台山启文》记载：“奔趋佛光寺，音乐喧天，幡花覆地。礼弥勒之大像，游涅盘之巨蓝。焚香解脱师前，圣贤虔礼于楼上，宿于常住。”[18]。据李正宇《印度普化大师五台山巡礼记》考证，此文献作于五代后唐明宗至末帝时期（926—936 年）[19]。

以上两条记载说明，弥勒阁至五代僧人游访佛光寺时仍然存在，“会昌灭法”（845 年）之前所建弥勒大阁和之后所建东大殿共存过一段时间，学界关于东大殿建于弥勒大阁基础上的说法有待商讨。

（三）金元明清至近代

1. 金元时期

有关佛光寺宋代沿革的文字材料缺失，寺内仅存宋元祐四年（1089 年）游记残碑一块[20]。金元时期佛光寺的历史沿革主要见于碑刻或纪年木牌，材料较少，缺坏较多。据原在文殊殿东次间、梢间后金柱由额下皮木牌所记，金天会十五年（1137 年）重修文殊殿。[21] 据东大殿前檐外槽心间北缝明乳栿下木牌所记，金天德三年（1151 年）对大殿等进行了重修[22]。据《造杲公唯识戒师和尚预修之塔》塔铭，金泰和五年（1205 年）在寺之西北塔坪建杲公和尚塔。

据文殊殿殿顶琉璃脊刹题记“至正拾壹年八月初五日南台佛光寺常住崇（重）修匠人王世荣□□”，元至正十一年（1351 年）补配了文殊殿琉璃，东大殿琉璃鸱吻胚胎、釉色和造型与文殊殿一致，也是同时期补配。

2. 明代

经历元末明初战乱，佛光寺逐渐荒废。明初本随和尚，号照菴，自宣德四年（1429 年）访台主持佛光寺，至天顺元年（1457 年）圆寂，积极地重建、维修、添置，是影响佛光寺现存格局的重要高僧，主要活动有：

东大殿前檐下铁钟记载，明宣德五年（1430 年）本随在“正殿并文殊殿内发新塑造罗汉五百尊”；东大殿前檐外槽北次间北缝乳栿下纪年木牌记载，宣德九年（1434 年）本随与弟子明月堂主持重修东大殿，明间板门题记“宣德九年四月为始重修大佛殿……本年七月二十七日工毕……”也是此次维修的佐证。

至明正统五年（1440 年），佛光寺庙貌鼎新，获御赐“佛光真容禅寺”牌匾；正统九年（1444 年），于祖师塔南侧立陀罗尼经幢一座；天顺二年（1458 年）本随禅师圆寂一年后，由主持真恩等立《圆寂随公照庵德行之碑》，并为其“茶毘建塔，盤石而銘”。

至明中后期，又由寺僧、信众等进行了规模不等的维修。东大殿前檐下《重修佛光寺补塑罗汉之碑》记载，明嘉靖三十七年（1558 年）年由住持普成对寺内罗汉彩塑、壁画进行了补塑补绘；明万历四年（1576 年），佛光庄信佛男弟子刘太知于大佛殿前檐心间内槽栱眼壁绘制壁画。

万历四十二年（1614 年），会首福祥、御马监太监卢永寿和张然重题“佛光真容禅寺”牌匾。殿内前槽梁栿下保存有五块明天启二年（1622 年）纪年木牌，记载了当时由会首福祥组织、周边村落信众捐资对东大殿进行了维修；至崇祯五年（1632 年）《新勒寺僧讳福详号瑞云重修殿宇庄严圣象碑记》载再次“饬整古廟佛像，複修天王大殿”。

明崇祯年间（1628—1644 年）普贤殿被火焚毁。

3. 清代至近代

保留下来的清代碑刻、木牌题记较多，记录了清代较为频繁的重修活动，主要组织者为寺院主持。

清康熙十七年（1678 年），重修伽蓝殿；康熙二十八年（1689 年）重修关帝殿；康熙五十一年（1712 年）重修关帝殿；康熙六十年（1721 年）重修伽蓝殿、文殊殿等。

清雍正四年（1726 年）御赐“佛光古刹”牌匾；雍正十一年（1733 年）重修关帝殿。

清乾隆九年（1744 年）重妆东大殿佛坛塑像；次年重修大殿罗汉像；清乾隆三十三年（1768 年），重修东大殿；乾隆五十八年（1793 年），重修文殊殿。

清嘉庆二十三年（1818 年）、同治元年（1862 年），分别对伽蓝殿、关帝殿进行了屋顶维修；光绪十九年（1893 年）彩饰文殊殿；光绪二十五年（1899 年）重修伽蓝殿；光绪年间（1875—1908 年）天王殿毁于火灾。

1922 年至 1925 年间，大殿彩塑由寺僧组织进行了重妆。

1937 年，营造学社梁思成、林徽因、莫宗江、纪玉堂一行发现并调查了佛光寺。

1953 年，山西省成立五台山古迹保养所，佛光寺开始由专职文物保护机构管理。

三 保护工作

（一）东大殿的保护工作

东大殿是佛光寺的核心建筑，根据寺内碑刻、题记记载，结合已有勘察研究成果，可知历史上对其保护维修未曾间断，“目前所知的佛光寺东大殿修缮活动共 17 次，平均每隔 68 年对东大殿或其陈设进行一次重修，约每 200 年进行一次较大的修缮工程”[23]。

由于佛光寺东大殿独一无二的文物价值，自 1937 年发现以来，对其修缮保护一直采取非常审慎的态度和策略，除屋顶勾抿、拔草、防雨止漏等日常养护工作和局部支顶加固、抢险维修等工程外，尚未进行过中、大型修缮工程。已进行的保护工作主要有以下几个方面：

1. 后山崖体治理

1950年7月，雁北文物考察团对佛光寺进行了勘察，判断东大殿木构架保存尚好，暂无坍塌之忧，但后檐受山洪侵扰，屋顶局部漏雨，存在潜在威胁[24]。1954年后山山洪下泄，明间后墙被冲毁，并殃及罗汉30尊，同年对后墙进行了抢修，抽换倒塌的檐柱。1983年于东大殿后崖斩山取石，使山崖与大殿间距扩至5米宽。2016年对东大殿后坡危岩进行了加固治理[25]。

2. 屋面日常养护

夏季集中雨水冲刷是威胁东大殿安全的主要因素，佛光寺工作档案中记录了对其屋顶维修勾抿等养护记录。如1951年"东大殿着重保养瓦面"、1952年6月对东大殿进行了维修[26]。1999年拆修大殿后檐明间瓦顶，修补增添椽子，添加栈板，局部重宽屋面。

但日常养护并未能彻底解决东大殿面临的雨水威胁，随着屋顶木基层损坏、底瓦泥酥解，屋瓦局部变形严重，漏雨现象较以前更加广泛和严重。2007年连阴雨导致殿内漏雨，原山西省古建筑保护研究所（以下简称"山西古建所"）向上级主管部门报送了《佛光寺东大殿预防漏雨抢修报告》。2017年8月底，东大殿屋顶再次出现漏雨情况，山西古建所立即组织进行抢险遮盖，并实施屋面勾抿等措施，及时控制了漏雨情况，至今尚未再次发生漏雨情况。

3. 勘察测绘与抢险支护

据佛光寺档案记录，在20世纪五六十年代，对于东大殿的大规模修缮一直在做准备，如一直有计划的储备木材；1972—1973年，由中央、省内及文管所40多人组成队伍对佛光寺和南禅寺进行实地勘测，带队为祁英涛、罗哲文，当时南禅寺修缮工程即将启动，此次勘察目的也是为两座唐代建筑的修缮进行测绘记录；1975—1978年对佛光寺东大殿和伽蓝殿进行了维修；1983年编制了佛光寺维修工程计划。

1986年，山西古建所对东大殿进行了测绘；2004年，再次对佛光寺东大殿进行了勘察测绘，并初步制定了修缮设计方案，但考虑到东大殿的极端重要性，出于审慎考虑并未实施。

2005年起，由山西古建所委托清华大学建筑设计研究院、清华城市规划设计研究院文化遗产保护研究所，对佛光寺东大殿建筑进行详细的测绘勘察，该项目是"我国第一次将三维激光扫描应用于木结构建筑的结构安全评估"，项目成果为《佛光寺东大殿建筑勘察研究报告》。此次勘察"是为了确定佛光寺东大殿目前结构状态的安全性，为可能的修缮工作做准备"。通过勘察将东大殿列为"Ⅲ类（残损）建筑"，即承重结构中关键部位的残损点或其组合已影响结构安全和正常使用，有必要采取加固或修理措施，但尚不致立即发生危险，并得出"必须进行修缮工程才能清除东大殿大木结构隐患，恢复建筑健康状态"的结论[27]。

2014年，根据国家文物局批复，山西古建所委托北京国文琰文化遗产保护中心有限公司对佛光寺东大殿进行数字化勘察，重点针对东大殿塑像、壁画、题记、附属文物等，通过采取多种勘察手段，提取信息，进一步厘清、细化佛光寺东大殿建置沿革。

2015年5月，山西古建所、山西省古建筑设计有限公司编制完成《山西省五台县佛光寺东大殿保存现状勘测复查报告与修缮保护工程设计方案》，其中绝大部分修缮措施并未实施，但针对存在严重安全隐患的后檐翼角，实施了防护支顶工程，现由两根方形立柱支护，使其维持稳定状态（图十）。

4. 监测与预防性保护

在对东大殿修缮工程尚无完备或者是万无一失的设计方案之前，只有通过持续不断的监测才能预测分析大殿结构变形规律和变形程度、部位，避免不可挽回的危险发生，同时也能够积累修缮工程必要的数据。因此2017年8月，国家文物局批复同意佛光寺东大殿文物本体及环境监测设计方案。2018年由北京国文琰文化遗产保护中心有限公司开展实施，主要监测内容为东大殿的结构变形测量、文物本体及文物环境监测，建立监测系统，总结数据变化规律，发现异常数据、分析异常原因，以便能采取合理措施，及时降低或消除大殿面临的风险，达到预防性保护的目的。

（二）文殊殿的保护工作

中华人民共和国成立以来，文殊殿共进行过两

图十 大殿翼角支护
（来源：自摄，2021 年）

次保护修缮工程。雁北文物考察团于 1950 年到访佛光寺时，所见文殊殿保存情况极差，梁栿劈裂下沉、柱网倾斜沉陷、屋顶严重漏雨、台基残损不堪[28]。因此于 1953 年开展了文殊殿第一次修缮，此次工程由祁英涛、陈明达等组成的北京文物整理委员会工程组进行了检查，对工程施工做法提出了一些意见[29]。四十余年后，文殊殿屋顶漏雨、墙体开裂、壁画下部酥碱脱落严重（尤其是东山墙壁画），梁架、柱子、斗栱结构均有不同程度残损，并有多处需要支顶维持，鉴于其结构的不稳定性和文物的重要性，经国家文物局批准，第二次修缮于 1999 年 9 月开始，2002 年 8 月竣工。

文殊殿保护工程采取"佛像原地保护，揭去殿顶，局部落架加固构件，揭取壁画，修复加固的方案"，对台明与基础、柱子、阑额、普拍枋、斗栱、梁架进行了维修、加固、局部构件更换。殿内壁画共 160 平方米，分布在东西山墙和后墙，对其揭取修复是一项精细而复杂的工程，过程中根据壁画裂缝和人物分布情况，分 21 块揭取，避开人物面部和重要图形，只割竖缝，一缝到底。加固、安装、修补、做旧，依次进行。经过永乐宫壁画搬迁及其他壁画保护工作的开展，其时已经积累了一定的壁画保护经验，是文殊殿壁画保护工作能够顺利进行的基础之一[30]。

（三）墓塔的保护工作

根据佛光寺档案记录，祖师塔在 1959 年、1966 年、1984 年、2005 年分别进行过保护维修，主要有见破剔补、白灰抹新、清理塔基及局部修缮。祖师塔现状与 1937 年梁思成先生调查所见对比，外部装饰局部已发生变化，在祖师塔二层西北窗之上，原绘有双层阑额、人字形斗栱影作，目前已无痕迹。

2011 年 7 月，山西古建所与山西达志古建筑保护有限公司编制了《五台山佛光寺寺外墓塔保护整治工程初步设计方案》，对佛光寺后山 3 座墓塔、西北塔坪 4 座墓塔、古竹林寺塔共 8 座塔进行了修缮方案设计，但该设计方案并未实施。2015—2016 年，考虑到墓塔险情严重，对西北塔坪四座墓塔和古竹林寺塔进行了临时抢险支护和抢险维修的抢险保护工程。

2019 年由山西古建所与达志古建筑设计有限公司、北京国文琰文化遗产保护中心有限公司共同推进墓塔现状勘察、修缮设计方案编制工作，《佛光寺墓塔修缮项目计划书》获国家文物局批复，佛光寺外围墓塔将进行全面的修缮工作，彻底解决现存结构安全威胁。

（四）其他重要保护工作

1. 相关遗址考古调查工作

2006 年，中国社科院考古研究所山西考古队在佛光寺围墙外进行钻探，未进行系统的考古勘探发掘。2014 年，山西古建所联合山西省考古研究所开展佛光寺香风花雨楼等区域遗址的调查与勘探，并在寺院围墙北部平台区及各院院区域进行了小规模发掘，目前尚未有考古成果发表。

2. 保护规划的编制与公布实施

2007 年由山西古建所委托，清华大学建筑设计研究院、文化遗产保护研究所编制完成《山西省五台县佛光寺保护规划》编制完成，于 2008 年 4 月通过国家文物局评审，并于 2009 年 9 月经山西省政府公布。

3. 佛光寺“四有”档案数字化升级

2019—2020年，由山西古建所与浙江大学文化遗产研究院、忻州市文物考古研究所组成联合工作组，对佛光寺寺域范围内的文物进行了全面、科学、系统的数字化信息采集和调查记录，目前已完成主要文物建筑及附属文物的采集。通过这项工作为佛光寺留存了全面的数字化档案资料，为将来的修缮做好完备的记录。

4. 佛光寺基础设施改造提升

佛光寺保护利用设施建设项目是被列为国家“十三五”时期文化旅游提升工程重点支持项目，项目建设内容主要为佛光寺基础设施改造提升与寺内环境整治等，2021年已正式开工。

四 研究综述

纵观佛光寺的研究历程，是建立在对佛光寺不断“发现”的基础上的，这些新发现不断充实、丰富着佛光寺的历史，引领着学术研究向更细致的方向发展，佛光寺研究历程可以分为以下五个阶段：

（一）1937年以前

1922年9月，日本佛教学者小野玄妙在考察五台山期间来到佛光寺，拍摄照片8张并于《五台山写真贴》[31]发表，这是关于佛光寺最早的图像资料。1927年4月，关野贞、常盘大定合著出版《支那佛教史迹》[32]第5卷，其中收录佛光寺照片9张，有6张即引自小野玄妙所拍，3张为1925年10月常盘大定委托太原美丽新照相馆拍摄。1928年3月，关野贞、常盘大定在《支那佛教史迹评解》第5卷[33]中考证了佛光寺寺史、佛像、经幢，但因二人未亲至佛光寺，对建筑未多加关注，与发现唐构东大殿擦肩而过。[34]

（二）1937—1949年

1937年6月，中国营造学社梁思成、林徽因、莫宗江、纪玉堂等发现佛光寺并确定了东大殿的年代。1944年，梁思成以《记五台山佛光寺的建筑》[35]为题，将1937年调查成果分上下两篇发表于《中国营造学社汇刊》第七卷第1、2期上。调查报告详述了佛光寺东大殿、文殊殿、祖师塔等重要建筑和附属彩塑、壁画，并配图纸40张，是佛光寺第一篇也是最重要的学术调查报告，发表之后引起了国内外学者的重点关注，至今仍是研究佛光寺极为重要的基础资料[36]。

（三）1950—1979年

中华人民共和国成立以后，政府对文物保护工作高度重视。1950年7月，中央文化部文物局组织雁北文物考察团，对包括佛光寺在内的重要古建筑、考古遗址进行详细调查，并出版了《雁北文物勘察团报告》[37]，其中赵正之撰写的《五台山》调查报告，开篇即是佛光寺。此次调查除了对东大殿、文殊殿、祖师塔等1937年已调查文物的勘察评估外，还有以下重要的发现或收获：一是于文殊殿榑下发现金天会十五年（1137年）题记，明确了其建筑年代，补充更正了梁思成调查时无文献可考，关于其建于北宋中期的推断；二是清理无垢净光塔，收集其中出土散落的石造像5件以及其他石残件，并判断当时殿内所存天宝十一年（752年）白石释迦像同出此塔[38]，从而确定了塔与造像的年代。同时记录了此塔的基本形制和彩绘装饰；三是第一次对西北塔坪两座墓塔（唐代方塔和金杲公和尚塔）进行了调查。

1954年，祁英涛、杜仙洲、陈明达发表《两年来山西省新发现的古建筑》[39]对佛光寺内槽拱眼壁壁画及彩画进行了补充调查研究；1955年郎风岐、白焕采在《对五台县几处古建筑的补充资料和问题》[40]中对东大殿彩塑命名、栱眼壁画年代及人名、经幢组合、文殊殿脊刹题记、无垢净光塔塔铭时代、西北墓塔等资料进行了补充更正。

1965年，罗哲文与山西省文物工作委员会孟繁兴，于佛光寺东大殿门板发现数十处唐、五代、金、明、清题记，其中唐代纪年有咸通七年（866年）、咸通八年（867年）、乾符五年（878年），从而证实门板也是唐代原物，并于主尊释迦牟尼佛坐背后发现唐代壁画一幅[41]，丰富了佛光寺东大殿时代信息和文物资料。

1977年，美国学者Marylin M.Rhie，出版《The Fo-kuang ssu: Literary Evidences and Buddhist Images》[42]，是关于佛光寺最早的外文书籍。

（四）1980—1999 年

在对佛光寺的探索发现积累了一定资料后，进入 20 世纪 80 年代佛光寺的研究全面开花，出版了专门的介绍性书籍，或在重要古建史书籍内列有专章，研究内容涉及佛光寺的历史和布局、东大殿的建筑形制和创建年代、彩塑、壁画、碑刻铭文等附属文物、中外建筑比较等方面。

1. 综述性成果

1982 年，柴泽俊发表《五台佛光寺》[43] 对主要建筑及附属文物进行了介绍。

1984 年，梁思成所著《图像中国建筑史》（英文版）在美国出版，该书旨在通过古建筑图文向国外读者介绍中国古代建筑史，书中以简要文字介绍了东大殿建筑结构，并配照片图纸 11 张 [44]。

1984 年，刘敦桢编著的《中国古代建筑史》[45] 出版，其中唐代建筑、金代建筑章节，分别介绍了佛光寺概况及东大殿、文殊殿的基本形制。同年，由柴泽俊撰写的“中国文物小丛书”《佛光寺》[46] 出版。

1995 年，《五台山二唐寺谈美》[47] 等论文对佛光寺历史艺术价值进行介绍。

2. 建筑专题研究

1985 年崔正森在《五台山显通寺、佛光寺创建年代考》[48] 一文中认为佛光寺创建于北魏孝文帝太和二年至十三年（478—489 年）；后又以笔名肖雨发表《佛光寺的历史》[49]，通过梳理佛光寺著名高僧活动情况，构建佛光寺发展历史，认为佛光寺最早创建于北魏太和二年（478 年）。李裕民在《佛光寺东大殿修建年代新考》[50] 一文中，通过对梁栿下唐代题记中郑涓任河东节度使的时间为大中九年九月至十年十月（855—856 年），推出佛光寺大殿的建成也应在此时，要早于经幢所立时间（大中十一年十月）。

1986 年牛辛发表《试论佛光寺的布局艺术》[51]，认为弥勒大阁应建于第三级平台之上，唐武宗灭佛被毁之后，东大殿于弥勒大阁原址上修建。同年柴泽俊在《唐建佛光寺东大殿建筑形制初析》[52] 一文中对东大殿的结构进行了分析；1992 年丁凤平在《略谈我国佛光寺东大殿与日本招提寺金堂之异同》[53] 一文中对中日两座唐代建筑结构进行了对比研究；1998 年，傅熹年在《五台山佛光寺建筑》[54] 中详细描述了东大殿、文殊殿及祖师塔的建筑形制特点。

博劳在《佛光寺砖塔艺术研究》一文中，主要介绍祖师塔、西北塔坪唐代方塔、金代杲公和尚塔，通过与其他塔的形制对比，认为祖师塔应为唐塔 [55]。

3. 附属文物研究

1983 年由山西古建所编写的《佛光寺和大云院唐五代壁画》[56] 图册，发表了大殿前槽栱眼壁和主尊佛座背后的两幅唐代壁画。1987 年杨纯渊在《五台山佛光寺的唐代壁画》[57] 对上述两幅壁画的题材、绘画技巧等作了进一步解读。

1986 年赵拓《佛光寺正殿唐代雕塑艺术研究》[58] 与 1989 年贠安志《中国古代建筑的瑰宝——南禅寺与佛光寺彩塑艺术分析》[59] 开启了对佛光寺唐代彩塑的深入研究。

（五）2000—2020 年

进入新世纪，关于佛光寺的研究成果层出不穷。这一时期除了传统研究外，随着 ^{14}C 测年、三维激光扫描、近景测量等科学技术手段的广泛运用，工作中能够提取到更多信息，得到更多新发现，不断推动佛光寺的研究向纵深发展。

1. 综述性成果

2008 年，山西古建所编纂出版《佛光寺》[60]，相较之前科普性书籍，介绍更加全面，图片更为丰富。

2010 年，由张映莹、李彦主编的《五台山佛光寺》[61] 出版，内容涵盖宗教背景、历史沿革、建筑形制、彩塑壁画、碑刻及价值评估等，是目前关于佛光寺最全面的资料性图书。

2016 年，王宝库、王鹏等编写《五台山佛光寺》[62]，介绍简明，并配有多幅图片。

2. 建筑专题研究

2001 年，傅熹年在《中国古代建筑史》第 2 卷《两晋南北朝隋唐五代建筑》中对佛光寺东大殿沿革、格局、大殿建筑形制进行了解说 [63]。同年在《中国古代城市规划、建筑群布局及建筑设计方法研究》“单体建筑设计”一章中对佛光寺东大殿建筑尺度进行了分析 [64]。2009 年郭黛姮在《中国古代建筑史》第 3 卷《宋、辽、金、西夏建筑》[65] 对佛光寺文殊殿的构架、斗栱、装修进行了说明；同年宿白未刊讲稿系列之《中国古建筑考古》出版，在第五章“隋唐五代建筑”中对东大殿结构尤其是斗栱形制、东大殿与南禅寺大殿结构对比进行了剖析[66]。

此期关于佛光寺一项重要工作是围绕东大殿开展全面勘察工作。2005—2011年清华大学团队受山西古建所委托，对佛光寺东大殿进行建筑勘察研究，其间发表了《佛光寺东大殿实测数据解读》[67]、《佛光寺东大殿文物建筑勘察研究》[68]等论文，并于2011年出版了项目成果《佛光寺东大殿建筑勘察研究报告》[69]。

2014年起，北京国文琰文化遗产保护中心有限公司开始佛光寺东大殿彩塑、壁画、题记、彩画的数字化勘察工作，成为东大殿建筑勘察研究工作的延续。已完成的第一部分工作“佛光寺东大殿建置沿革”先后发表了《大唐夕阳：佛光寺东大殿勘察研究记》[70]、《佛光寺东大殿历史沿革进展研究》[71]及《佛光寺东大殿建置沿革研究》[72]等成果，通过勘察将东大殿历史沿革分为五期,即晚唐创建期、宋金元过渡期、元末变革期、明代增补期、清代民国延续期，认为“东大殿保留了创建期几乎所有唐代木构、塑像和部分壁画、彩画，各历史时期的塑像、壁画、题记、碑刻、修缮痕迹也都非常完整地留存至今。”[73]

2017年，为纪念佛光寺发现80周年，《建筑学报》特推出佛光寺特集（第6期），此期集合了8篇从不同角度记录、阐释佛光寺的文章，分别为丁垚《发现佛光寺》、朱光亚《我的佛光寺记忆—忆上世纪的佛光寺考察》、王军《五台山佛光寺发现记》、任思捷《唐初五台山佛光寺的政治空间与宗教构建》、王南《规矩方圆、佛之居所—五台山佛光寺东大殿构图比例探析》、肖旻《佛光寺东大殿尺度规律探讨》、温静《“殿堂”—解读佛光寺东大殿的斗栱设计》、（日）清水重敦《由下昂考察7—12世纪中日建筑的结构系统》[74]。至2018年《建筑学报》第9期，又集中发表了现代建筑师对于佛光寺、中国建筑史及现代建筑进行思考与反思的5篇论文[75]。

关于佛光寺建筑结构、空间设计、寺院布局方面还有刘畅《佛光寺东大殿实测数据之再反思—兼与肖旻先生商榷》[76]、张毅捷等《佛光寺东大殿檐部做法研究》[77]、宋宁《中国汉传佛教建筑礼拜空间浅析——以五台山佛光寺大殿为例》[78]、梁静《佛光寺文殊殿与崇福寺观音殿营造技术对比》[79]、张峻崚《五台山佛光寺总平面及唐代格局研究》[80]等成果。

关于建筑年代方面，赵慧、崔增磊在《关于五台山三个问题的考辩》中认为佛光寺“应为孝文帝时的宕昌王——弥机所建，建于北魏孝文帝太和二年到九年（478—485年）。”[81]祖师塔的年代讨论仍是学者关注的热点，2009年陈涛发表《五台山佛光寺祖师塔考》，认为祖师塔是隋末唐初佛光寺高僧解脱禅师的真身塔，并将其年代定8世纪上半叶[82]，是关于祖师塔性质、相关高僧、建筑年代的重要论述。2014年，李嵘《佛光寺祖师塔年代考》[83]，通过对祖师塔平面布局、檐部形态、基座分析，并与周边地区佛塔比较，认为其反映了较晚时代的文化因素，应建于公元8—9世纪。

此外，2012年祁伟成编著的《五台佛光寺东大殿》[84]出版，是“中国古建筑制作技术”系列书籍之一，书中第二篇按结构部位分门别类地介绍了东大殿模型制作过程，是我国少见的古建筑模型制作技术专著。

3. 附属文物研究

关于彩塑的研究成果主要有《中国彩塑精华珍赏丛书：五台佛光寺》[85]、竹音《佛光寺唐代弥勒彩塑》[86]、崔元和《五台山佛光寺唐代彩塑的人文内涵及遗产价值》[87]《五台山佛光寺东大殿彩塑壁画遗存若干问题稽考》[88]及《五台山寺院造像稽考》[89]、张荣等《佛光寺东大殿唐代建筑像设空间研究》[90]、李雅君《佛光寺东大殿造像组合及相关问题探讨》[91]等。

关于壁画、彩画的研究成果主要有柯丙飞《佛光寺唐代壁画刍议》[92]、侯慧明《独具特色的五台山佛光寺唐代壁画》[93]、李秉婧《五台山佛光寺明代罗汉图的造像分析》[94]及丁垚《佛光寺东大殿的建筑彩画》[95]等。

丁垚在《佛光寺大殿新发现的题记与纪年牌》[96]根据金海陵王天德三年（1151年）纪年牌叠压土朱及土朱下出露的带有“僧”字的墨书字迹，判断此墨书与内槽四椽栿下的唐代题记似出自同时书写，且至迟到金天德三年时，唐大中以来佛光寺的僧团宗统已经中断。张峻崚在《五台山佛光寺东大殿版门题记研究》[97]中对大殿板门题记进行了全面的梳理与研究，是目前关于板门题记最完备翔实的研究成果。杨曾文《唐同德寺无名和尚塔铭并序的发现及其学术价值》[98]、赵改萍《唐代佛顶尊胜陀罗尼经幢在山西的流布》[99]等进行了关于石刻文物、碑碣内容的研究。

此期在文物保护技术方面也多有成果，如符津铭、柏小剑等《佛光寺东大殿彩画制作材料及工艺研究》[100]、《佛光寺彩画加固保护材料的选择实验研究》[101]、黄斐《五台佛光寺唐代彩塑保护研究》[102]等。

五 结 语

八十四年前以梁思成先生为代表的古建先贤们，心系家国，不畏艰险，在中国大地上调查、记录了两千余座古建筑，留下了丰厚的历史资料，其中佛光寺的发现和营造年代的确定，在中国建筑史上具有划时代的意义。时至今日，学界对佛光寺的探索从未间断，产出了丰硕的成果，佛光寺也早已走入大众视野，受到前所未有的关注。如何保护、传承以佛光寺为代表的山西古建筑，已成为社会各界需要共同面对的课题。

注 释

[1] 梁思成：《记五台山佛光寺的建筑》，《梁思成全集》第 4 卷，中国建筑工业出版社，2001 年，第 375 页。

[2] 除杲公和尚塔有塔铭外，关于塔坪另外三座墓塔的归属，目前有学者根据唐长庆四年（824 年）残塔铭判断唐代方塔为解脱禅师塔，并认为另两座塔分别为法兴禅师塔和行严禅师塔，但根据墓塔形制一为金塔一为明塔，具体归属还有待考证。

[3] （唐）慧祥：《古清凉传》，山西人民出版社，1989 年，第 17 页。

[4] （宋）延一：《广清凉传》，山西人民出版社，1989 年，第 55 页。

[5] 严耕望：《魏晋南北朝佛教地理稿》，上海古籍出版社，2007 年，第 254 页。

[6] （唐）令狐德棻：《周书》卷五《帝纪第五》，中华书局，1971 年，第 85 页。

[7] （唐）慧祥：《古清凉传》，山西人民出版社，1989 年，第 17 页。

[8] （宋）延一：《广清凉传》，山西人民出版社，1989 年，第 55 页。

[9] （宋）延一：《广清凉传》，山西人民出版社，1989 年，第 92 页。

[10] 陈涛：《五台山佛光寺祖师塔考》，《中国建筑史论汇刊》第 2 辑，中国建筑工业出版社，2009 年。

[11] （宋）赞宁：《宋高僧传·法兴传》，中华书局，1987 年，第 690 页。

[12] 梁思成：《记五台山佛光寺的建筑》，《梁思成全集》第 4 卷，中国建筑工业出版社，2001 年，第 373 页。

[13] （宋）延一：《广清凉传》，山西人民出版社，1989 年，第 91—92 页。

[14] （宋）赞宁：《宋高僧传》卷二十七，中华书局，1987 年，第 690 页。

[15] （宋）赞宁：《宋高僧传》卷二十七，中华书局，1987 年，第 691 页。

[16] 杜斗城：《敦煌五台山文献校录研究》，山西人民出版社，1991 年，第 144 页。

[17] 杜斗城：《敦煌五台山文献校录研究》，山西人民出版社，1991 年，第 148—152 页。

[18] 杜斗城：《敦煌五台山文献校录研究》，山西人民出版社，1991 年，第 221 页。

[19] 李正宇：《印度普化大师五台山巡礼记》，《五台山研究》，1990 年第 1 期。

[20] 《山西文华》编纂委员会：《五台山碑刻》第五册，三晋出版社，2017 年，第 886 页。

[21] 滑辰龙：《佛光寺文殊殿的现状及修缮设计》，《古建园林技术》，1995 年第 4 期

[22] 丁垚：《佛光寺大殿新发现的题记与纪年牌》，《中国文物报》，2015 年 6 月 16 日。

[23] 张荣：《佛光寺东大殿历史沿革进展研究》，《中国文物报》，2016 年 6 月 24 日。

[24] 中央人民政府文化部文物局：《雁北文物勘查团报告》，1951 年 2 月。

[25] 本文中未注明出处的保护工作或措施，均引自佛光寺管理所档案记录。

[26] 此处修缮年代依据《文物参考资料》第 6 期，梁思成《记五台山佛光寺的建筑》一文前面的"编者语"。但根据档案资料是 1952 年备料准备拆修瓦顶，1953 年实施。

[27] 清华大学建筑设计研究院、北京清华城市规划设计研究院文化遗产保护研究所：《佛光寺东大殿建筑勘察研究报告》，文物出版社，2011 年 4 月，第 6—8、182—183、187 页。

[28] 中央人民政府文化部文物局：《雁北文物勘查团报告》，1951 年 2 月，第 181 页。

[29] 祁英涛：《山西省古建筑修缮工程检查》，《文物参考资料》，1954 年第 11 期。

[30] 滑辰龙：《佛光寺文殊殿的现状及修缮设计》，《古建园林技术》，1995年4期；杜俊奇、郑庆春、刘俊文：《五台佛光寺文殊殿修缮保护工程》// 山西省文物局编《山西文物建筑保护五十年》，2006年。
[31] （日）小野玄妙：《五台山写真贴》，1924年8月。
[32] (日) 关野贞、常盘大定：《支那佛教史迹》第5卷，佛教史迹研究会，1927年。
[33] （日）关野贞、常盘大定：《支那佛教史迹评解》第5卷，佛教史迹研究会，1928年。
[34] 王军：《五台山佛光寺发现记》，《建筑学报》，2017年第6期。
[35] 梁思成：《记五台山佛光寺的建筑》，《中国营造学社汇刊》第七卷第1、2期。
[36] 由于该篇文章原印数较少，1953年梁思成再次修改后以《记五台山佛光寺的建筑—荟萃在一寺的魏、齐、唐、宋的四个孤例、荟萃在一殿的唐代四种艺术》发表于《文物参考资料》第6期；2001年该文收录于《梁思成全集》第四卷，由中国建筑工业出版社出版，这一版本中加入了49张照片。
[37] 中央人民政府文化部文物局：《雁北文物勘查团报告》，1951年2月。
[38] 无垢净光塔所出5件石造像，目前均在山西博物院“佛风遗韵”展厅展出。
[39] 祁英涛、杜仙洲、陈明达：《两年来山西省新发现的古建筑》，《文物参考资料》，1954年第11期。
[40] 郎凤岐、白焕采：《对五台县几处古建筑的补充资料和问题》，《文物参考资料》，1955年第12期。
[41] 罗哲文：《山西五台山佛光寺大殿发现唐、五代的题记和唐代壁画》，《文物》，1965年第4期。
[42] Marylin M. Rhie，《The Fo—Kuang Ssu: Literary Evidences and Buddhist Images》，Garland Publishing，Inc.，New York & London，1977.
[43] 柴泽俊：《五台佛光寺》，《山西文物》，1982年第3期。
[44] 中文版先后有：梁思成英文原著、费慰梅编、梁从诫译《图像中国建筑史》（汉英双语版），百花文艺出版社，1998年，第166—179页；《图像中国建筑史》中文版，生活·读书·新知三联书店，2011年；《图像中国建筑史》手绘图，读库出品。
[45] 刘敦桢：《中国古代建筑史》，中国建筑工业出版社，1984年，第134—139页。
[46] 山西省古建筑保护研究所：《佛光寺》，文物出版社，1984年。
[47] 张映莹：《五台山二唐寺谈美》，《五台山研究》，1995年第3期。
[48] 崔正森：《五台山显通寺、佛光寺创建年代考》，《晋阳学刊》，1985年第3期。
[49] 肖雨：《佛光寺的历史》，《五台山研究》，1986年第3期。
[50] 李裕民：《佛光寺东大殿修建年代新考》，《五台山研究》，1986年第3期。
[51] 牛辛：《试论佛光寺的布局艺术》，《五台山研究》，1986年第3期。
[52] 柴泽俊：《唐建佛光寺东大殿建筑形制初析》，《五台山研究》，1986年1期。与[43]后均收入《柴泽俊古建筑文集》，第83—95页，文物出版社，1999年6月。
[53] 丁凤平：《略谈我国佛光寺东大殿与日本招提寺金堂之异同》，1992年第4期。
[54] 傅熹年：《五台山佛光寺建筑》，《傅熹年建筑史论文集》，文物出版社，1998年，第234—244页。
[55] 博劳：《佛光寺砖塔艺术研究》，《五台山研究》，1986年第3期。
[56] 山西省古建筑保护研究所：《佛光寺和大云院唐五代壁画》，文物出版社，1983年。
[57] 杨纯渊：《五台山佛光寺的唐代壁画》，《五台山研究》，1987年2期，第30—33页。
[58] 赵拓：《佛光寺正殿唐代雕塑艺术研究》，《五台山研究》，1986年第5期。
[59] 负安志：《中国古代建筑的瑰宝——南禅寺与佛光寺彩塑艺术分析》，《文博》，1989年第5期。
[60] 山西省古建筑保护研究所：《佛光寺》，三晋出版社，2008年。
[61] 张映莹、李彦：《五台山佛光寺》，文物出版社，2010年。
[62] 王宝库、王鹏：《五台山佛光寺》，中国建筑工业出版社，2016年。
[63] 傅熹年：《中国古代建筑史·第2卷·两晋南北朝隋唐五代建筑》，中国建筑工业出版社，2001年，第525—530页。
[64] 傅熹年：《中国古代城市规划、建筑群布局及建筑设计方法研究》，中国建筑工业出版社，2001年，第95—97页。
[65] 郭黛姮：《中国古代建筑史·第3卷·宋、辽、金、西夏建筑》，2009年，第409—413页。
[66] 宿白：《中国古建筑考古》，文物出版社，2009年，第64—69页。
[67] 张荣、刘畅、臧春雨：《佛光寺东大殿实测数据解读》，《故宫博物院院刊》，2007年第2期。
[68] 张荣：《佛光寺东大殿文物建筑勘察研究》，《古建园林技术》，2010年第3期。
[69] 清华大学建筑设计研究院、北京清华城市规划设计研究院文化遗产保护研究所：《佛光寺东大殿建筑勘察研究报告》，文物出版社，2011年。
[70] 张荣、雷娴：《大唐夕阳：佛光寺东大殿勘察研究记》，《世界遗产》，2015年第12期。
[71] 张荣：《佛光寺东大殿历史沿革进展研究》，《中国文物报》，2016年6月24日。
[72] 张荣：《佛光寺东大殿建置沿革研究》，《建筑史》（第41辑），中国建筑工业出版社，2018年6月。
[73] 张荣：《佛光寺东大殿历史沿革进展研究》，《中国文物报》，2016年6月24日。
[74] 以上8篇文章均出自《建筑学报》，2017年第6期。
[75] 分别为李兴钢《佛光寺的启示——一种现实理想空间范式》、王骏阳《80年后再看佛光寺——当代建筑师的视角》、冯路《隐匿的前廊——佛光寺东大殿的空间性》、董功《凿入山体的寺院》、张斌《与佛同观——佛光寺中佛的空间与人的空间》，《建筑学报》，2018年第9期。
[76] 刘畅：《佛光寺东大殿实测数据之再反思——兼与肖旻先生商榷》，《中国建筑史论汇刊》（第16辑），中国建筑工业出版社，2018年。
[77] 张毅捷、汪玮翰、熊瑛：《佛光寺东大殿檐部做法研究》，《古建园林技术》，2020年第2期。
[78] 宋宁：《中国汉传佛教建筑礼拜空间浅析——以五台山佛光寺大殿为例》，《建筑与文化》，2014年第12期。
[79] 梁静：《佛光寺文殊殿与崇福寺观音殿营造技术对比》，《城市建筑》，2019年第2期。
[80] 张峻崚：《五台山佛光寺总平面及唐代格局研究》，天津大学本科论文，2017年5月。
[81] 赵慧、崔增磊：《关于五台山三个问题的考辩》，《五台山研究》，2008年第1期。
[82] 陈涛：《五台山佛光寺祖师塔考》，《中国建筑史论汇刊》（第2

辑），中国建筑工业出版社，2009 年。
[83] 李嵘：《佛光寺祖师塔年代考》，《文博》，2014 年第 3 期。
[84] 祁伟成：《五台佛光寺东大殿》，文物出版社，2012 年 10 月。
[85] 金维诺：《中国彩塑精华珍赏丛书：五台佛光寺》，山西人民出版社，2004 年。
[86] 竹音：《佛光寺唐代弥勒彩塑》，《五台山研究》，2008 年第 4 期。
[87] 崔元和：《五台山佛光寺唐代彩塑的人文内涵及遗产价值》，《五台山研究》，2010 年第 3 期。
[88] 崔元和：《五台山佛光寺东大殿彩塑壁画遗存若干问题稽考》，《五台山研究》，2019 年第 2 期。
[89] 崔元和：《五台山寺院造像稽考》，三晋出版社，2019 年。
[90] 张荣等：《佛光寺东大殿唐代建筑像设空间研究》，《中国建筑学会建筑史学分会年会暨学术研讨会论文集》，2019 年。
[91] 李雅君：《佛光寺东大殿造像组合及相关问题探讨》，《南京艺术学院学报》，2020 年第 2 期。
[92] 柯丙飞：《佛光寺唐代壁画刍议》，《文物世界》，2006 年第 6 期。
[93] 侯慧明：《独具特色的五台山佛光寺唐代壁画》，《山西档案》，2012 年第 1 期。
[94] 李秉婧：《五台山佛光寺明代罗汉图的造像分析》，《五台山研究》，2017 年第 4 期。
[95] 丁垚：《佛光寺东大殿的建筑彩画》，《文物》，2015 年第 10 期。
[96] 丁垚：《佛光寺大殿新发现的题记与纪年牌》，《中国文物报》，2015 年 6 月 16 日。
[97] 张峻崚：《五台山佛光寺东大殿版门题记研究》，天津大学硕士论文，2017 年 5 月。
[98] 杨曾文：《唐同德寺无名和尚塔铭并序的发现及其学术价值》，《佛学研究》，2000 年。
[99] 赵改萍：《唐代佛顶尊胜陀罗尼经幢在山西的流布》，《山西档案》，2012 年第 2 期。
[100] 符津铭、柏小剑、黄斐、龚德才、黄文川：《佛光寺东大殿彩画制作材料及工艺研究》，《文物世界》，2015 年第 4 期。
[101] 符津铭、柏小剑、黄斐、龚德才、黄文川、吴锐：《佛光寺彩画加固保护材料的选择实验研究》，《文物保护与考古科学》，2015 年第 3 期。
[102] 黄斐：《五台佛光寺唐代彩塑保护研究》，中国科学技术大学硕士论文，2014 年。

平顺龙门寺

袁　琦

龙门寺地处平顺县境内浊漳河北岸河谷地带，寺院三面环山，南侧为一条溪水，今名南阳河，溪水东南流入浊漳河。寺院环境清幽，素有“山水之秀独冠一境”[1]之称。

一　概　　况

龙门寺处于浊漳河谷地。浊漳河出微子口进入河北平原，河谷地带是滏口陉古道的一部分，处在上党地区与太行山以东河北、河南相连接的交通要道上，经过此道可通达整个河北平原。魏晋南北朝时期此通道是连接并、邺两地的交通线，隋唐以后该区域成为战略前沿和河北平原的运粮通道。河谷两侧分布有多处元以前早期建筑，其选址与并邺道上的文化传播密切相关。

由浊漳河折向东北，再折向西北，前行经蜿蜒的山谷至源头村，再折向西过一拱券式自然崖龛“龙门”、“宝石山”[2]便进入龙门寺所在的山坳。寺院建在一块不大的山坡台地上，从山下石桥进入香道，经石阶转折可见远处孤石上的“幡杆”，拾级而上走至香道尽头便见左右各一方清代石碑夹道，此为山门遗址，略呈方形。其后折向西，有两棵高大的白皮松引路，经影壁遗址、金刚殿遗址，随庙前逐层抬升的低缓平台直至高台脚下。高台右侧有一八角碑亭遗址，为明成化年透明碑，高台之上为天王殿（今山门），其后为寺院主体建筑（图一）。

龙门寺前还有四条小道，东侧两条分别通向寺

图一　龙门寺航拍图

东南“驮经山”崖壁上弥勒造像，东南塔林；西侧两条分别通向西北塔林，“石龙吐水”。

龙门寺又名法华寺、惠日院，现存院落东西约 95.7 米，南北约 92.5 米，院落朝向南偏西约 30°。主体院落南侧开敞空间的山门遗址、照壁遗址、金刚殿遗址、八角牌楼遗址，现仅余基址，为明代增建。早期院落遗存为天王殿所在台地[3]。

寺院总体分三路布局，中路由南至北依次为天王殿、东西裹角殿、东西配殿、大雄宝殿、钟楼、鼓楼、东西配殿遗址、燃灯佛殿和千佛阁遗址，共三进院落，是早期建筑集中区域。东路存门房、圣僧堂、水陆殿、僧舍等建筑，以明末清初所建建筑为主，共三进院落。西路共五组院落，以四合院为主，多为僧房、斋库等附属建筑，主体为清代建筑（图二）。

除三路建筑外，龙门寺现存五代至民国诸多石刻文物，已知碑刻 43 通、墓塔 9 座、经幢 2 尊、题记 14 处，为寺院历史、文化研究提供丰富的史料信息。此外大雄宝殿保存有明清时期十方菩萨壁画，千佛阁遗址台基所处佛洞内存有宋代石雕观音菩萨坐像（头部缺失）[4]、钟楼内有明正德年间铸造铁钟。

寺内主要单体建筑有天王殿、大雄宝殿、西配殿、东配殿和燃灯佛殿。

天王殿（金代）建于台基之上，单檐悬山顶，面阔三间、进深四椽架，四椽栿通搭前后檐用三柱。通面阔 10.45 米，通进深 7.04 米，平面长方形。檐柱略有生起，阑额、普拍枋至角柱均出头，普拍枋上置斗栱，明间出补间铺作一朵。柱头、补间铺作为五铺作单杪单下昂，补间出 45° 斜栱，里转四铺作单杪（图三）。

大雄宝殿（宋代）建于宽大台基上，单檐歇山顶，面阔三间、进深六椽架，四椽栿对后乳栿通檐用三柱。通面阔 8.97 米，通进深 8.84 米，平面略呈方形[5]。前檐檐柱均为石柱[6]，略有生起，阑额、普拍枋至角柱均出头，普拍枋上置斗栱，无补间铺作。柱头、转角铺作五铺作单杪单下昂，计心重栱，里转双杪偷心（图四、图五）。

西配殿（五代）位于大雄宝殿西侧，单檐悬山顶，面阔三间、进深四椽架，通檐四椽栿用两柱。

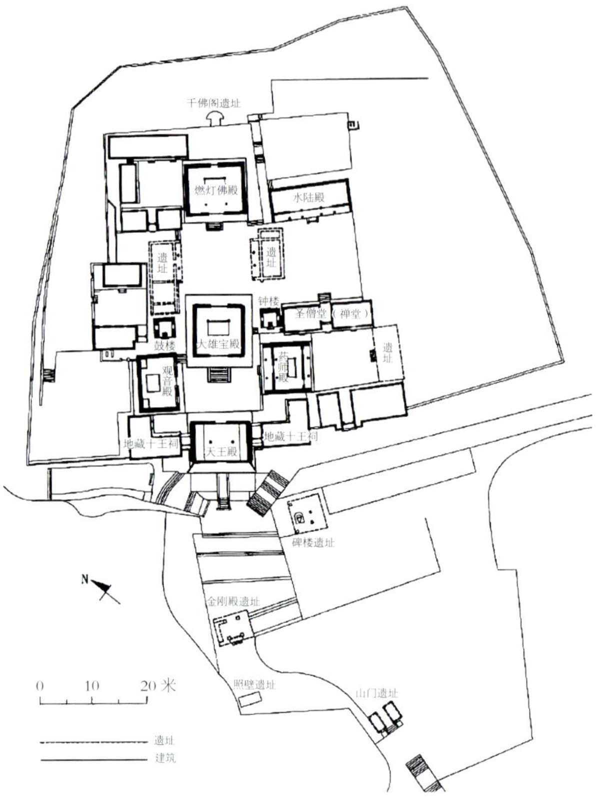

图二　龙门寺总平面图

（来源：耿昀《平顺龙门寺及浊漳河谷现存早期佛寺研究》，天津大学博士学位论文，2017 年，第 104 页）

通面阔 10.45 米，通进深 7.08 米，平面长方形。檐柱略有生起，阑额至角柱不出头，无普拍枋，无补间铺作。柱头四椽栿出头作单材华栱，华栱与第一层柱头枋隐出泥道栱，栌斗和华栱、泥道栱之间有一层替木，形成四铺作斗口跳（图六、图七）。

东配殿（明）单檐硬山顶，前后出廊，面阔三间、进深四椽，三椽栿压劄牵，交接处支撑细弯木。通面阔 8.57 米，通进深 7.88 米，平面略成方形。前檐各间置一朵平身科。柱头科三踩单昂，第一跳假昂，第二跳劄牵出头作要头。平身科出斜栱。后檐柱头科、平身科单斗支麻叶（图八）。

燃灯佛殿（元明）建于台基之上，单檐悬山顶，面阔三间、进深四椽架，三椽栿搭丁栿通檐用三柱。通面阔 10.54 米，通进深 8.56 米，平面长方形。阑额、普拍枋至角柱均出头。前檐柱头铺作五铺作双下昂，均为假昂（图九）。

图三　龙门寺天王殿

（来源：自摄，自西南向东北）

图四　龙门寺大雄宝殿

（来源：张洪峰摄，自西南向东北）

图五　龙门寺大雄宝殿梁架
（来源：自摄，自东向西）

图六　龙门寺西配殿梁架
（来源：张洪峰摄，自南向北）

图七　龙门寺西配殿（观音殿）
（来源：自摄，自东南向西北）

图八　龙门寺东配殿（药师殿）
（来源：张洪峰摄，自西向东）

图九　龙门寺燃灯佛殿
（来源：张洪峰摄，自西南向东北）

二 历史沿革

（一）寺院肇始

现存史料中有关创寺之说有三种即北齐、唐、五代。

北齐创寺之说源于北宋政和二年（1112年）《大宋隆德府黎城县天台山惠日禅院住持赐紫沙门思昊预制塔铭》[7]“寺始建于北齐武定八年”[8]。明成化十五年（1479年）《敕赐龙门山惠日院重修碑记》和《重修惠日院记》、嘉靖三十九年（1560年）《重建千佛阁碑记》均继承这一说法[9]。已有研究表明，碑记中记述的创寺僧法聪修行经历均在南方，卒于梁太清年间（547—549年），与碑记创建年代不符[10]。另有学者研究龙门寺所言创寺僧人实应为唐代僧人元慧（819—896年）事迹，北齐武定八年思昊墓塔所言佛寺是否存在尚疑[11]。北齐创寺之说尚未发现可信史料。

唐代创寺之说源于明万历二十二年（1594年）《重修正殿碑记》[12]，清顺治八年（1651年）《重修燃灯佛殿记》、咸丰七年（1857年）《重修后正燃灯佛殿》[13]。万历年碑记“敕建唐代”，顺治年和咸丰年碑均记载了唐太宗讨伐晋阳叛乱途径潞州建立龙门寺，碑文描述极具传奇色彩，据学者考证此说应为虚构[14]。

五代创寺之说即寺院创建于五代后唐同光三年（925年），为学者普遍接受的创寺时间。寺内现存最早后唐长兴元年（930年）碑记述了修盖殿堂事宜，虽未明确记录修盖年月[15]，但记述了寺院修建情况。此后后汉乾祐三年（950年）经幢记载寺院建于同光三年[16]。明成化《山西通志》[17]、弘治《潞州志》[18]均记载寺创建于后唐。且据考证寺院现存西配殿为五代遗构。文献与实物相印证，为五代创寺说提供了证据。

（二）寺院的历史发展

寺院自五代创立之时有堂殿二十一间。至后汉乾祐三年建有纽殿，塑绘佛像，修建观音菩萨堂、门楼、行廊等，扩至五十余间。

后周显德二年（955年）周世宗灭佛，宋乾德五年（967年）《敕留天台山龙门禅院故大师塔记》记载这一时期龙门寺建设行为停止。北宋寺院因得到政策支持而得到较大发展。宋建隆二年（961年）奉敕，寺院得以存留。太平兴国八年（983年）赐额，由“天台山龙门禅院”改为“天台山惠日禅院”。大雄宝殿于宋绍圣年间建设并留存。2005年消防工程施工时发现大雄宝殿西台明下约20厘米还有一层台明压檐石，有学者据此推断大雄宝殿是在后唐修建堂殿的旧址上重修[19]。

金代，因寺院发展需要，创建下院[20]。元代寺院进一步发展，明弘治《潞州志》记载至元二年（1265年）有重修行为。元至元四年（1267年）进一步明确了寺产范围，寺院经济得以保障。

明代在元末兵患的影响下寺院破坏较为严重，有明一代龙门寺在修复破坏和少量扩建中发展。清代以重修为主，添建建筑主要为功能性建筑如僧舍、禅堂等。

民国二十一年，龙门寺为平顺县第二高级小学校占用。六十年代初，石城中学占用。1986年8月，龙门寺被山西省人民政府公布为山西省重点保护单位；1996年11月20日，国务院将其公布为第四批全国重点文物保护单位。

三 龙门寺的保护实践

20世纪70年代末清华大学《营造法式》研究小组莫宗江、徐伯安、楼庆西、郭黛姮等先生因编写《营造法式 注释》考察晋东南古代建筑时发现了龙门寺，从此开启了对寺庙的研究和保护工作。

1991年9月至12月，山西省古建筑保护研究所根据山西省文物局的统一安排，派遣研究三室冯东青、马吉宽、吴锐等研究人员深入实地进行勘测设计和保护规划，这时期的主要工作包括对寺内现存建筑进行全面勘察、精测绘图，当时绘制实测图50余张；编制西配殿、大雄宝殿、天王殿三座主体建筑的修缮设计方案；拟定龙门寺总体保护规划[21]；拓制或拍摄寺内碑揭资料、建筑资料；调查考证寺史沿革，并撰写龙门寺勘测报告[22]；深入民间搜集流散文物。此后又派遣史国亮、陈海荣、卢宝琴等研究人员详细调查天王殿、大雄宝殿和东西阎王殿（东西裹角殿）编制修缮设计文件并撰文[23]。

经综合勘测后制定了一系列维修保护方案，并于 2001 年 7 月维修西配殿；2002 年修燃灯佛殿；2003—2004 年维修天王殿、阎王殿；2005—2006 年修缮钟楼、大雄宝殿、东配殿、围墙等。维修主体工作于 2006 年完成。

此外，2006 年投资 60 余万元对龙门寺及周边环境进行整治。主要工程为拓宽硬化源头村至龙门寺旅游道路、绿化、河道防渗处理、新建停车场和水冲式厕所；新增彩塑 16 尊。2006 年 9 月 19 日，在主体维修、整治工程结束后，龙门寺举办了首届“龙门文化艺术节”，作为旅游文化的一部分。

2007 年平顺县出资修缮西跨院，主要维修建筑屋顶、墙体。

2010 年进行环境整治，完成消防排水管道安装，八宝景观恢复，停车场、周边绿化；同时修缮西路水陆殿、燃灯殿西侧的僧院。

综上，自龙门寺发现以来其保护工作主要分为两类，即文物保护规划和修缮设计。

就文物保护规划而言目前所知主要有 20 世纪 90 年代山西省古建筑研究所冯冬青就龙门寺保护规划发表文章[24]和由北京清华城市规划设计研究院于 2011 年编制的文物保护专项规划，该规划已公布。20 世纪 90 年代的规划工作就文物本体进行了详细描述，将保护区划划分为三级即绝对保护区、安全保护区、建设控制地带三级，依据保护重要程度逐级划定。就保护措施而言该规划明确了各类保护工作，对文物本体依文物建筑重要程度分阶段实施保护工作，且之后的修缮工作基本依据此次保护顺序进行，具有一定的科学性。但因此时对龙门寺的认识有限，文物清单认定存在缺项；因保护理念的发展保护区划的划定存在一定的局限性，未充分考虑寺院周边环境和历史寺产情况。2011 年编制的规划相较于 20 世纪 90 年代工作在文物认定上有了进一步的拓宽，将文物空间格局纳入保护范畴，综合考虑了遗产所在的环境；引入对文物真实性和完整性的认识；在保护区划的划定上划分为保护范围和建设控制地带，保护范围分为两级，具体划定上较之前充分考虑环境、地形、河流、视域等因素，更有利于龙门寺文物的保护。但此次保护规划也有一定的不足，主要表现为文物认定上对天王殿前遗址认识不足，碑刻资料认识不完全等。

龙门寺文物建筑维修工程主要是山西省古建筑保护研究所于 20 世纪 90 年代至 2000 年左右编制的一系列保护修缮方案，由长子文物建筑维修工程队实施具体维修工程。龙门寺修缮处于国外保护理念在国内进一步传播和应用的初期，修缮方案遵循最小干预原则，修缮过程中发现西配殿西檐柱题记等处在隐蔽部位的文物信息。修缮同时配合消防等基础工程，工程实施过程中发现大雄殿台基下层基础信息等，为建筑历史的研究提供了实物信息资料。

四　龙门寺的研究综述

前述龙门寺的研究工作始于 20 世纪 80 年代。清华大学《营造法式》研究小组郭黛姮、徐伯安先生撰写了《平顺龙门寺》[25]一文，文章探讨了龙门寺主要单体建筑、历史沿革和空间规划布局，测绘并绘制西配殿、大雄殿等主体建筑测图和寺院总图。文章对两座早期建筑时代和形制进行了详细分析，得出西配殿早于《营造法式》接近唐代风格的结论，文章还详细分析了山寺的选址和空间处理。

寺院修缮前的研究工作主要有柴泽俊先生撰写的《山西几处重要古建筑实例》[26]，首次对龙门寺西配殿、大雄殿、天王殿、燃灯佛殿建筑年代进行了明确判定；马吉宽先生在勘查测绘的基础上对大雄殿进行了详细记录并撰文《平顺龙门寺大雄宝殿勘察报告》[27]。修缮前北京大学考古文博学院对龙门寺西配殿、大雄宝殿、天王殿、燃灯佛殿的平、立、剖面测绘并制图，将测绘成果发表在《上栋下宇——历史建筑测绘五校联展》[28]。此后徐怡涛先生依据此次测绘成果撰写博士论文《长治、晋城地区的五代、宋、金寺庙建筑》，该文结合考古类型学方法开创文物建筑形制年代学研究方法，对龙门寺历史沿革、主要建筑形制年代分析和寺院布局进行了详细讨论并总结出晋东南寺庙建筑的形制分期结论。

寺院修缮过程中的研究工作主要有《平顺荐福寺遗址出土的佛教石造像及龙门寺部分造像》和《平顺龙门寺历史沿革考》，前者是荐福寺出土的造像与龙门寺造像的对比研究，后者在研究过程中利用 2005 年工程实施中发现的新旧台明关系信息分析寺院历史。

修缮工程结束后的研究主要有尺度研究[29]、

碑文资料研究[30]、创寺历史研究[31]、格局演变研究[32]、浊漳河谷佛寺综合研究[33]等。

龙门寺被学术研究者认知的年代较晚，虽然关于寺庙的保护研究历史有限，但无论从认识水平上，还是认知深度上都取得了较高的成绩，有丰富的研究成果。

对于寺院历史沿革的研究历经约四十年，从创建于北齐的认知不断抽丝剥茧，至今形成较为一致的认识即五代创建。

对于建筑格局演变的研究也历经多位学者的探索，主要研究学者有徐怡涛、耿昀、陈蔚、王轶楠等。格局研究基于文献史料和现状遗存分析，就龙门寺五代至明清的格局研究有了深入的认识，且对区域内寺庙建筑布局形成了类型学分期，为早期寺院的建造提供了研究思路和方向。但现有格局研究较少使用考古资料，当然这与现存寺院考古工作的现实困难相关。

对于建筑形制和尺度研究是建筑史研究的主支，较多学者关注这一研究方向且取得了丰富的成果。

除与建筑直接相关的上述三类研究外，还有寺院选址景观研究和社会文化研究，这两类研究关注者相对较少。寺院选址、景观研究多置于寺院综合调查研究之内，较少单独成篇，主要研究学者为郭黛姮、徐伯安、耿昀几位学者，分析角度多为山寺建筑的选址和空间布局。社会文化研究重点关注了寺产、捐资人和寺僧的研究，对五代至明清龙门寺寺院经济、僧人法脉传承有了清晰的认识，但因研究成果有限，且较少受到历史学者关注，此类研究仍有深入挖掘的空间。

五 结 语

龙门寺是国内为数不多地集合了五代至明清建筑于一寺的实物遗存，寺院布局完整、碑刻史料极为丰富，对于研究晋东南早期佛寺建筑有重要意义，自发现以来一直受到学术界的关注。建筑能够见证文明，龙门寺虽然只是一座乡间佛寺，但却让人体悟到古代民间社会文明的演进。感受山水与人文的融合，品读建筑之外的历史，我们不禁联想建筑之外是怎样的深刻的社会变革。

注 释

[1] 《大宋隆德府黎城县天台山惠日禅院住持赐紫沙门思昊预修塔铭》，位于龙门寺西北塔林，北宋政和二年（1112 年）立。

[2] 龙门、宝石、金鸡、幡杆、弥勒摩崖、五槐间檀、石龙吐水、透明碑为龙门寺八景。清顺治八年（1651 年）《重修燃灯佛殿记》载“寺谓龙门，龙门之迹瞻之在前，山谓天台，天台之峻势状昭然。院谓惠日，惠日之光，升降可考。北有丘陵，上居天宫。丘陵之上，玄山耸然，前有清流溶溶，足玩源泉之傍。看经名岩、数珠山背后，袈裟山满面。驮经山在左，说法台在右。石佛像居于巽隅，係公输子旧制。石龙出水于坤方，亦皆古人创作。镜碑监于艮向，其朗朗可喜。古檀班列门巷，其生成足奇”。

[3] 耿昀：《平顺龙门寺及浊漳河谷现存早期佛寺研究》，天津大学博士学位论文，2017 年，第 103 页。

[4] 该造像为 2005 年龙门寺消防工程中于天王殿和大雄殿之间前院发掘。

[5] 数据引自徐怡涛：《长治、晋城地区的五代、宋、金寺庙建筑》，北京大学博士学位论文，2003 年，第 24 页，此数据为北京大学 2001 年测绘成果。

[6] 石柱上均有题记。

[7] 该塔铭为思昊禅师墓塔铭文，现存与龙门寺西北塔林。

[8] 武定八年为高洋篡东魏建北齐之年，武定为东魏年号，同年 5 月改元“天保”，即公元 550 年。

[9] 《敕赐龙门山惠日院重修碑记》“考诸断碑，厥初敕建北齐文宣帝武定年间，实梁武第三王简文帝末年也。是时有僧法聪者，南阳新野内史陆机之兄……文宣帝召见，大喜，遂敕修寺，额曰法华”；《重修惠日院记》“邦西天现有信谓菩提境，东土岂无？昔梁齐间，神僧法聪者，内秘菩萨行，外现是声闻，刻苦精持法华，栖隐雪松之一化教劝率天人际会，幸感北齐敕修寺额，尔后燃灯相续代尔”；《重建千佛阁碑记》“幸感北齐敕修斯寺，若是前后东西佛殿仍旧，上下左右僧房不必改作而已”。

[10] 徐怡涛：《长治、晋城地区的五代、宋、金寺庙建筑》，北京大学博士学位论文，2003 年，第 82 页。

[11] 耿昀：《平顺龙门寺创寺历史及僧人考证》，《建筑史》第 41 辑，中国建筑工业出版社，2018 年，第 24 页。

[12] 碑现存天王殿后檐下。

[13] 清代两碑均置于大雄宝殿后檐下。顺治年碑“盖闻龙门之兴起，自唐太宗干戈之际，统帅讨叛之后，佛有意于兹土，祥光现，恍若烟雾腾，太宗一望，勃动其心，疑必逃贼潜伏，不觉欣投……太宗愿许四至，片时则化其形，圣人遇必，圣主遂命敬督工创作之。志不存，遗言未必皆真实，不明创自何代。”

[14] 徐怡涛：《长治、晋城地区的五代、宋、金寺庙建筑》，北京大学博士学位论文，2003 年，第 82—83 页；耿昀：《平顺龙门寺创寺历史及僧人考证》，《建筑史》第 41 辑，中国建筑工业出版社，2018 年，第 25—26 页。

[15] 该碑近年出土于寺内，碑阳记“邑人修盖堂殿二十一间半”。

[16] 经幢矗立于大雄宝殿前，“宝刹自乙西岁（925 年）方营，胜概始尽良规。兴构法堂，崇建僧舍……增加绀殿，塑绘尊仪……至乙未载，复与府城及漳川两县邑人等，共修盖到观音菩萨堂一座，并石像三事，兼门楼、屋宇、行廊计五十余间”。

[17] “在黎城县东一百一十里后唐同光三年建”，[明] 李侃、胡谧纂修：《山西通志》，明成化十一年刻本，《四库全书存目丛书 史部一七四》，齐鲁书社，1996 年，第 145 页。

[18] “后唐庄宗同光三年建”，[明] 马暾纂辑，长治市旧志整理委员会：《潞州志》，中华书局，1995 年，第 537 页。

[19] 宋文强：《平顺龙门寺历史沿革考》，《文物世界》，2010 年第 3 期，第 54 页。

[20] 金大定九年（1169 年）《大金潞州黎城县天台山惠日禅院沙门静公山主塔铭》“又于城北关田溪之侧质衣易地，别建香刹一所，上下□□几及百楹，有堂有厨，有厩有库，即崖缔华阁、严瑞像，仍与侄广印等出镪买龙泉之额，□□□竞，盖为后裔远害之谋也”。

[21] 该成果为冯冬青：《龙门寺保护规划》，《古建园林技术》，1994 年第 1 期，第 32—39 页。

[22] 该成果为马吉宽：《平顺龙门寺大雄宝殿勘察报告》，《文物世界》，1992 年第 4 期，第 22—28 页。

[23] 史国亮：《平顺龙门寺修缮保护工程》，《山西文物建筑保护五十年》（内部资料），2006 年，第 390—395 页。

[24] 冯冬青：《龙门寺保护规划》，《古建园林技术》，1994 年第 1 期，第 32—39 页。

[25] 郭黛姮、徐伯安：《平顺龙门寺》，《科技史文集（第 5 辑）》，上海科学技术出版社，1980 年，第 71—83 页。

[26] 柴泽俊：《山西几处重要古建筑实例》，《柴泽俊古建筑文集》，文物出版社，1999 年，第 148—199 页。

[27] 马吉宽：《平顺龙门寺大雄宝殿勘察报告》，《文物世界》，1992 年第 4 期，第 22—28 页。

[28] 本书编委会：《上栋下宇——历史建筑测绘五校联展》，天津大学出版社，2006 年。

[29] 高天、段智钧：《平顺龙门寺大殿大木结构用尺与用材探讨》，《建筑史论汇刊》，2011 年，第 224—237 页，该研究利用 2001 年北京大学测绘成果进行分析。张亦驰：《山西平顺古建筑测绘图》，《中国建筑史论汇刊》，2013 年第 1 期，第 429—435 页、第 2 期，第 581—572 页，该成果为清华大学 2012 年测绘成果，此次测绘在传统测绘的基础上结合三维扫描等仪器测量。刘畅、刘梦雨、徐扬：《也谈平顺龙门寺大殿大木结构用尺与用材问题》，《中国建筑史论汇刊》，2014 年第 1 期，第 3—22 页，该成果使用清华大学测绘成果讨论大殿尺度并对高文提出商榷。

[30] 耿昀、丁垚、刘翔宇：《一个北方乡村寺庙的千年自传（上）平顺龙门寺石刻文辑录 (10—16 世纪)》，《建筑创作》，2017 年第 5 期，第 110—135 页。耿昀、丁垚、李竞扬：《一个北方乡村寺庙的千年自传（下）平顺龙门寺石刻文辑录 (17—20 世纪)》，《建筑创作》，2020 年第 1 期，第 166—187 页。

[31] 耿昀：《平顺龙门寺创寺历史及僧人考证》，《建筑史》，2018 年第 1 期，第 23—30 页。

[32] 王轶楠、陈蔚：《晋东南佛教建筑格局演变——以平顺龙门寺为例》，《2015 中国建筑史学会年会暨学术研讨会论文集》，2015 年，第 171—176 页。陈蔚、王轶楠：《时代更迭下的平顺龙门寺历代建筑格局推演研究》，《西部人居环境学刊》，2016 年第 2 期，第 39—45 页。

[33] 耿昀：《平顺龙门寺及浊漳河谷现存早期佛寺研究》，天津大学博士学位论文，2017 年。

平顺天台庵

贺大龙

天台庵位于山西省平顺县东北25公里实会乡王曲村内，建于村内一坛形土丘上，占地约450平方米。周围农舍环绕，寺后西侧沿石阶拾级而上入寺内。寺院绿树掩映，古朴清幽。寺内仅有弥陀殿坐北朝南立于庭院之中，殿前有一龙首石碑，字迹漫漶不可辨识（图一）。

天台庵居于群山之中，不为外人知悉。1956年在对山西进行文物普查时发现了天台庵，随着更加深入地考察，具有唐五代特征的弥陀殿受到学界关注。1986年，为更好地保护这一处重要的历史遗迹，天台庵公布为山西省级文物保护单位。1988年，成为全国重点文物保护单位[1]（图二）。

2014年，天台庵修缮工程开工，是自20世纪50年代发现以来的首次全面维修，得到了专家学者和社会各界的广泛关注（图三）。

一　文物概况及形制结构

弥陀殿宽三间，深四椽，单檐九脊顶，是一座宽、深均不足7米略呈方形的小型殿堂。屋面青灰色陶制筒板瓦覆顶，瓦条垒脊，琉璃吻兽。台基以料石垒筑，青砖墁地，条石压沿，殿前踏步三阶。殿身外墙青砖砌筑，周匝立木质圆柱12根，柱头制覆盆样卷杀，柱头施阑额贯通一周，至角不出头。前檐心间设双扇板门，两梢间安直棂窗。外观古朴素雅，遵循古制（图四）。

弥陀殿柱上施斗口跳，其中前、后檐柱头以四椽栿伸出檐外制成华栱，是与南禅寺和广仁王庙大殿做法一致。另外，斗栱中本应安置泥道栱的首层位置以一道素枋贯通各栌斗（枋上隐刻泥道栱），相同做法还见于龙门寺西配殿。转角斗栱与柱头形

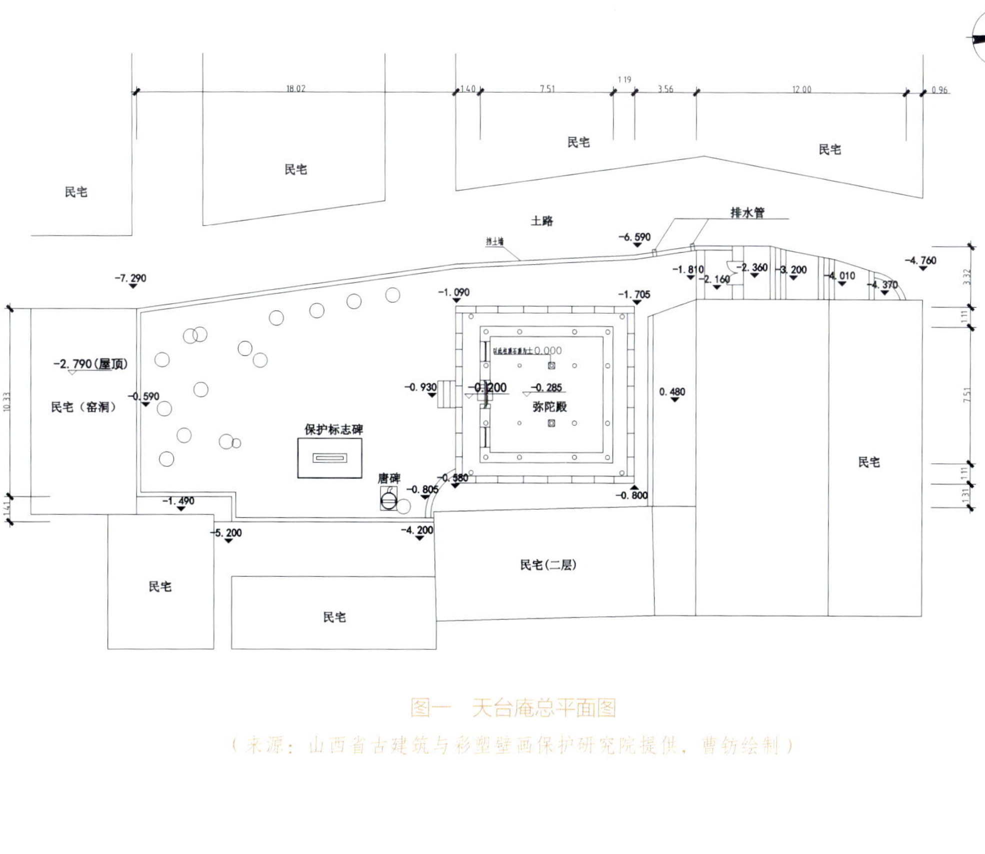

图一　天台庵总平面图

（来源：山西省古建筑与彩塑壁画保护研究院提供，曹钫绘制）

图二　修缮前的弥陀殿

（来源：山西省古建筑与彩塑壁画保护研究院提供，贺大龙摄）

图三　修缮后的弥陀殿

（来源：山西省古建筑与彩塑壁画保护研究院提供，帅银川摄）

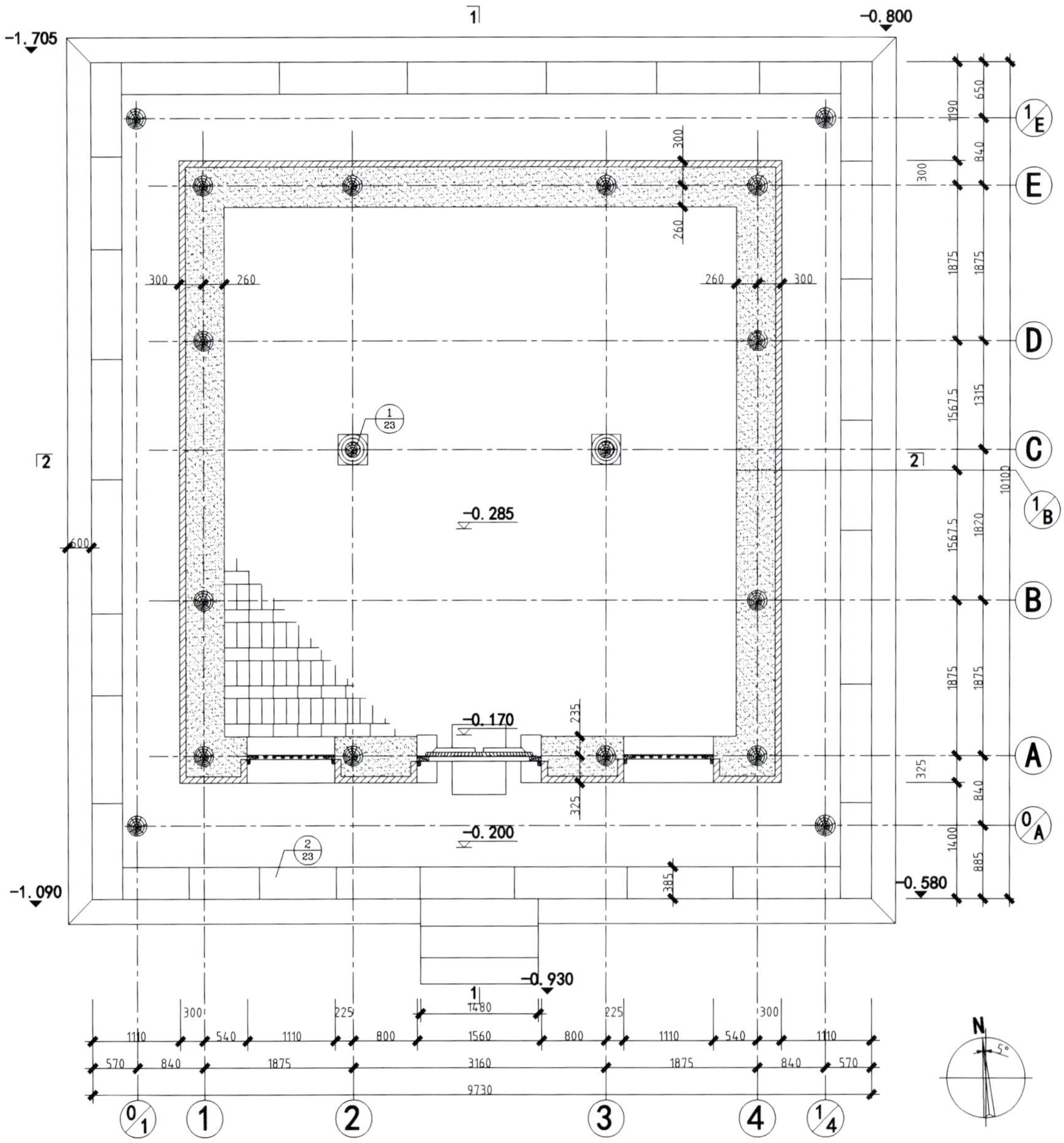

图四　弥陀殿平面图

（来源：山西省古建筑与彩塑壁画保护研究院提供，曹钫绘制）

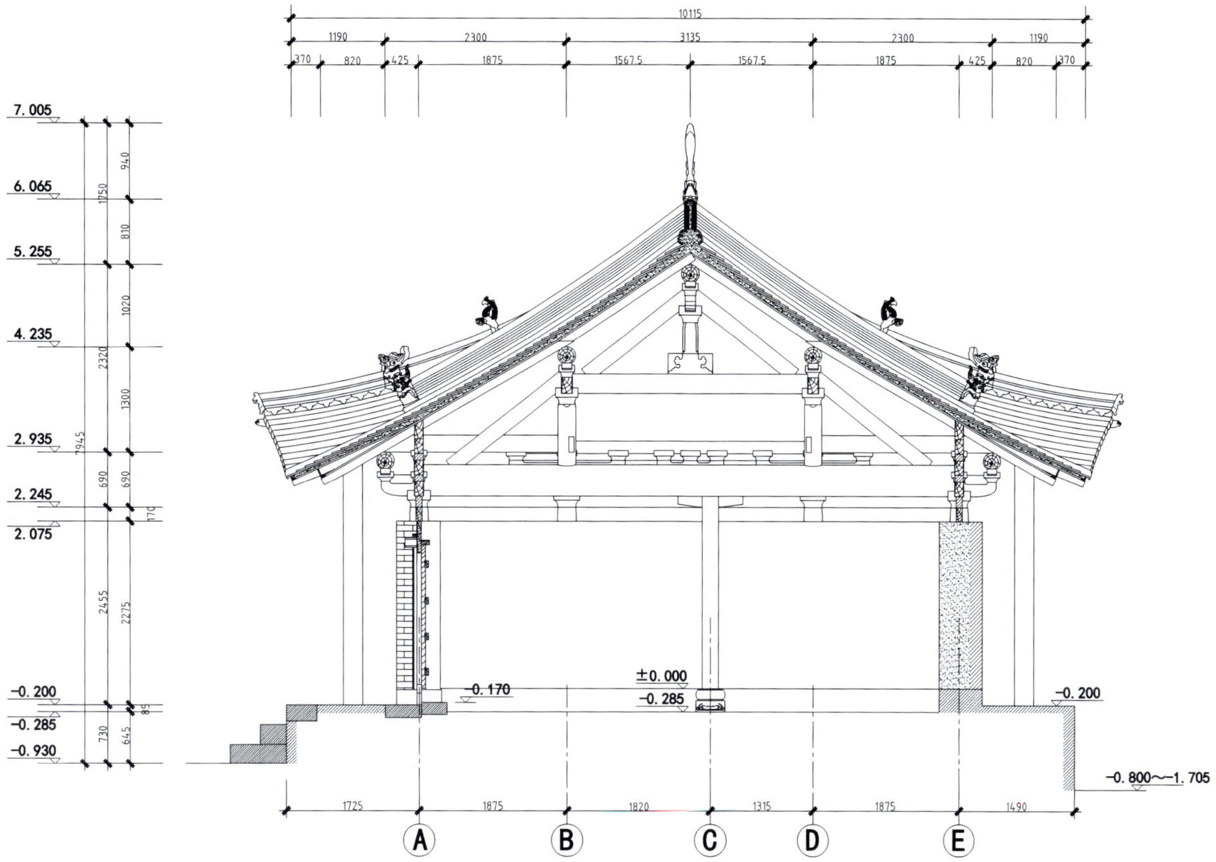

图五　弥陀殿剖面图

（来源：山西省古建筑与彩塑壁画保护研究院提供，曹钫绘制）

制相似，唯在两正身栱之间沿 45° 角线出华栱一跳。补间斗栱仅有前檐心间一处，年代较晚[2]。

弥陀殿四椽栿通檐二柱造，两山施劄牵不用丁栿，与南禅寺和广仁王庙相同；四椽栿背前、后立蜀柱承大斗托平梁，梁、栿之间以“蜀柱 + 大斗”隔架，有别于南禅寺、佛光寺等唐实例的“驼峰（方木）+ 大斗”，却常见于晋东南宋中期以后建筑的隔架结构。弥陀殿平梁之上大叉手和侏儒柱组合承脊，唐实例中仅见于广仁王庙大殿，五代有龙门寺西配殿和镇国寺万佛殿（图五）。

翼角结构中，大角梁背施隐角梁和子角梁组合结构，两山不设出际缝架，是区别于南禅寺的广仁王庙做法。屋角的角椽排列方式，弥陀殿采用的“平行 + 辐射”的方式，是有别于南禅寺“斜列椽法”，由“平行椽法”和“辐射椽法”结合的复合排椽方式。

二　年代讨论与新发现

（一）年代的讨论

自天台庵发现以来，国内的专家学者对其予以高度关注，对弥陀殿的存世年代主要有“晚唐说”、“唐代说”和“五代说”三种不同观点[3]。

1. 晚唐说

发现之初，杜仙洲先生认为弥陀殿结构上近似南禅寺，可能是一座晚唐建筑。王春波先生持相同观点。

2. 唐代说

柴泽俊先生认为，弥陀殿“是全国仅存的四座完整的唐代建筑之一”。傅熹年先生认为“只能大致定在唐代”。

3. 五代说

李会智先生认为，从梁架特点和制作手法上分析是五代遗构。曹汛先生持相同观点。

（二）年代的新发现

天台庵修缮工程开始于 2014 年 4 月，在 11 月屋面拆卸工作过半、检查脊槫状况，清理东南翼角南侧飞子时，先后在脊槫与替木之间发现了“长兴四年九月二日……”、“大唐天成四年建创立，大金壬午年重修，大定元年重修，大明景泰重修，大清康熙九年重修”的墨书题记，这些题记是本次修缮中的重大发现。我们将新发现题记与 1993 年王春波先生发现题记[4]一并归纳（图六）。

天台庵弥陀殿题记一览表

时代	纪年	公元（年）	位置			内容
			瓦题	槫题	飞题	
五代	天成四年	929			√	天成四年创立
五代	长兴四年	933		√		长兴四年地架
金代	大定元年	1161			√	大定元年重修
金代	大定二年	1162	√			重修如大定二年
金代	大定二年	1162			√	大金壬午重修
元代	至大四年	1311	√			先有大元四十年
明代	景泰六年	1455	√			中有大明二百□十五年
明代	景泰六年	1455			√	大明景泰重修
清代	康熙九年	1670	√			大清二十六年
清代	康熙九年	1670			√	大清康熙九年重修

图六　脊槫题记

（来源：山西省古建筑与彩塑壁画保护研究院提供，帅银川摄）

从题记位置看，除脊槫下可能是五代创建大殿时所题，余皆大清康熙九年维修时由瓦匠和木匠题写。梳理这些题记，瓦、飞互为补证，能够较好的厘清天台庵的历代维修情况。

三　改制情况分析

弥陀殿木构架中，柱头用阑额不用普拍枋，平梁不出大斗，托脚入斗抵梁头，四椽栿通檐二柱造以及四椽栿栿项伸出檐外做华栱，都是唐代典型做法。而结构中的补间斗栱、隔架方式、翼角结构以及脊部构造的形制做法却与唐制有着较大差异。

（一）补间斗栱

据史料反映，东周时已在柱头施用栾栱。齐、隋时，人字栱成为补间并延续至初唐。盛唐时有了出跳的补间斗栱。在唐和五代实例中，仅有设置七铺作斗栱的佛光寺东大殿、平遥镇国寺万佛殿和平

图七　补间斗栱

（来源：山西省古建筑与彩塑壁画保护研究院提供，帅银川摄）

图八　蜀柱大斗隔架形式

（来源：山西省古建筑与彩塑壁画保护研究院提供，曹钫摄）

顺大云院大佛殿施用补间斗栱。入宋后，除长子崇庆寺千佛殿未施补间斗栱外，高平崇明寺中佛殿、游仙寺毗卢殿陵川南吉祥寺过殿和小会岭二仙庙正殿均为五铺作的补间斗栱。再看弥陀殿，自发现以来，学者们对弥陀殿的考察都未涉及补间斗栱的年代问题。而由唐至宋早期，仅在前檐心间设补间斗栱的只有弥陀殿一例（图七）。

此次修缮中，对前檐心间补间斗栱深入考察，其结构形式、工艺手法等与柱头斗栱相比，有四处明显差异：各斗顱深和曲势不同；替木直头造，而原物皆制卷杀；出跳栱头斫制圆和，而原物皆是四瓣卷杀；里转华栱空悬于扶壁栱上以铁件稳固。四点情况表明，弥陀殿补间斗栱与柱头不属同一时代，不是弥陀殿原构，是为后代添加。

（二）隔架方式

现存实例来看，唐构南禅寺大殿驼峰大斗隔架、佛光寺东大殿的方木大斗隔架，都是早于《法式》规定的实例。降至五代，龙门寺西配殿、大云院大佛殿等延续了驼峰大斗隔架模式，而同时期的镇国寺万佛殿和碧云寺正殿则有别于唐样，在驼峰大斗内增出十字栱，分别形成了“斜杀斗栱式”和“十字斗栱式”的两种新样式[5]，其中镇国寺的丁头栱抵托脚的结构延续至宋，成为宋早期主要隔架方式，实例见于太谷安禅寺藏经阁、榆次永寿寺雨花宫、长子崇庆寺千佛殿和五台延庆寺大佛殿。

宋代，晋东南地区隔架已多用蜀柱，但式样混乱；宋中期的遗例中有与弥陀殿相同的柱式和承垫方式；宋晚期侏儒柱、蜀柱逐渐标准化。金代大定年间的沁县普照寺大殿是首个施用圆形蜀柱的实例，同时还保留了柱头卷杀和斜肩合楮稳柱的做法。至元，蜀柱又出现三方面变化：方、圆柱共存转向多用圆柱；斜肩合楮为主向驼峰合楮或直接坐梁转变；柱头卷杀造逐渐改为直柱造。

再看弥陀殿，施用的圆形蜀柱形式不早于金代；柱头制“砍杀”是当地明代流行样式；柱脚坐梁始于元晚期而流行于明代。通过对比考察，弥陀殿蜀柱大斗隔架应不早于元晚期，结合发现的重修题记，弥陀殿隔架结构应是明景泰六年维修时改添[6]（图八）。

（三）翼角结构

史料反映，早期建筑屋角檐口平直无翘，唐五代实例中的南禅寺大殿、佛光寺东大殿的屋角檐口也仅是微翘。像天台庵弥陀殿上扬高翘的屋角是宋代以后流行的样式。从构造分析，屋角檐口外观造型的变化，主要是大角梁尾的位置决定的。唐代大角梁斜置搭压在两缝槫架上，与正身椽斜度相同，梁高大于椽径，角椽顺势铺钉形成了微翘的曲线状。五代时，适逢唐宋转型之际，翼角技术得到更新改良，大角梁尾逐渐由槫上移至槫下，并增加了隐角梁。入宋，大角梁尾置于下平槫下，进一步趋于平置，梁头与正身椽竖直距离增大，两者之间形成较大夹角，角椽排布时沿曲线渐次升高形成高翘的屋角。至此，完成了大角梁由槫上至槫下、斜置向平置的转型过程。

再看翼角布椽式样，常见有“平行椽法”和“辐射椽法”，以及见于南禅寺的“斜列椽法”[7]。王春波先生于《山西平顺晚唐建筑天台庵》一文中曾提出，天台庵居于“平行椽法”和“辐射椽法”之间，是两种式样的过渡形式[8]。这次修缮时揭露屋面后可见自大角梁尾与正身椽平行排列 5、6 根角椽后，其余角椽如辐射状将椽尾的一边抹斜相贴排布，是平行椽向辐射椽转变的首例过渡形式，相同做法还见于五代镇国寺、碧云寺和原起寺。

至此，我们认为弥陀殿大角梁结构形制被后代改造过，已非唐五代式样。翼角椽虽重新铺钉过，但仍保持了五代的排布形式。

（四）脊部构造

唐代南禅寺大殿以及佛光寺东大殿仅用叉手而不施侏儒柱，广仁王庙大殿脊部侏儒柱可能是后代添加[9]。因此，龙门寺西配殿于平梁上施用侏儒柱并叉手组合共负脊重的结构，被认为是“开平梁立侏儒柱之先河”[10]。叉手结构上看，唐代叉手上角与令栱小斗斗底平齐；五代时小斗欹顱嵌入叉手上端；入宋小斗完全嵌入；金代早期叉手上角抵于替木，晚期则上移抵于槫上；元代叉手抱在槫两侧。再看柱脚，五代以驼峰或隐刻驼峰的方木承垫；宋早期驼峰承垫，宋中期适用方形半合楷，宋晚期斜肩式合楷稳柱并流行于金元两代；明代以后驼峰式合楷成为主流。除叉手和柱脚外，侏儒柱的式样也在不断变化：五代时柱形方形抹棱、柱头四面卷杀；金晚期有了圆柱和覆盆式卷杀；明代则多用“砍杀”。

当修缮中揭露出天台庵弥陀殿的脊部结构时，驼峰、侏儒柱、小斗、令栱、替木和叉手一应俱全，榫卯完整。柱脚由隐刻驼峰的矩形木块承垫，与龙门寺西配殿、大云院大佛殿和长子布村玉皇庙前殿是相同做法；方形侏儒柱柱头斫制卷杀，柱身中上部抹棱，下部保留方形底座，做法与镇国寺万佛殿和碧云寺正殿相同。叉手与小斗是典型的“斗底半

图九　弥陀殿脊部构造

（来源：山西省古建筑与彩塑壁画保护研究院提供，帅银川摄）

嵌式”结构。通过比较，我们认为弥陀殿脊部的结构形制、细部手法都与五代实例相同（图九）。

弥陀殿的现存结构，不仅具有鲜明的唐五代特征，通过比较研究并结合发现的历代题记，确认了补间斗栱、隔架方式、翼角结构和脊部构造与唐代制度的不同，是在后世维修时做出的改变。

四 结 语

天台庵弥陀殿的维修题记都位于较隐蔽的位置，是保护维修人员认真细致地工作中发现的。不仅揭晓了创建年代，厘清了历代维修内容，还体现了项目参与者秉持正确的保护理念、科学的施工方法、严谨的管理程序和负责任的工作态度，这些无一不是发现和保护历史信息的根本保障。

文化遗产的历史信息并非局限于文字遗迹，还包括了对历史构件式样、结构模式的认知，乃至后世修改、添加部分的识别，构件的制作方法和施工工艺等等，历史、工艺、技术、材质等信息无处不在，每一个文保工作者在面对如何科学考察有价值的信息并加以保护传承、怎样的保护才符合《中华人民共和国文物保护法》和《中国文物古迹保护准则》的要求、保护修缮过程中如何做好对文化遗产的再认识和再研究，是必须认真思考的问题。

注 释

[1] 1988 年公布为第三批文物保护单位，公布时代：唐。

[2] 刘致平先生认为：弥陀殿“当心间有铺作，显然此物年代较晚”。见刘致平：《内蒙、山西等处古建筑调查纪略历史研究》第二辑，中国建筑科学研究院建筑情报研究所，第 1 页。

[3] 关于三个观点的讨论，参见帅银川、贺大龙：《平顺天台庵弥陀殿修缮工程年代的发现》，《中国文物报》，2017 年 3 月 3 日，第 8 版。

[4] 王春波：《山西平顺晚唐建筑天台庵》，《文物》，1993 年第 6 期。

[5] 帅银川、贺大龙：《平顺天台庵弥陀殿修缮工程年代的发现》，《中国文物报》，2017 年 3 月 17 日，第 8 版。

[6] 帅银川、贺大龙：《平顺天台庵弥陀殿修缮工程年代的发现》，《中国文物报》，2017 年 3 月 17 日，第 8 版。

[7] 祁英涛、柴泽俊：《南禅寺大殿修复》，《文物》，1980 年第 11 期，第 67 页。

[8] 王春波：《山西平顺晚唐建筑天台庵》，《文物》，1993 年第 6 期，第 42 页。

[9] 贺大龙：《几代人的牵念》，《中国文物报》，2013 年 6 月 28 日，第 6 版。

[10] 柴泽俊：《柴泽俊古建筑文集》，文物出版社，1999 年，第 155 页。

平顺大云院

张洪峰

大云院位于山西省长治市平顺县城西北23公里的北耽车乡实会村北约1公里双峰山腰，初名仙岩禅院，后改为大云禅院。寺院坐北朝南，全寺平面呈长方形，二进院落布局，现存文物建筑6座。中轴线上自南向北依次为天王殿（山门）、弥陀殿、三佛殿，一进院东西两侧分别为东、西配殿，二进院其余建筑已毁，寺外西南屹立一座石塔——七宝塔。整个寺庙建筑除弥陀殿和七宝塔为五代遗构外，其余均为清及民国时期重建。寺内还有五代和民国时期的壁画、石碑等石质文物（图一、图二）。

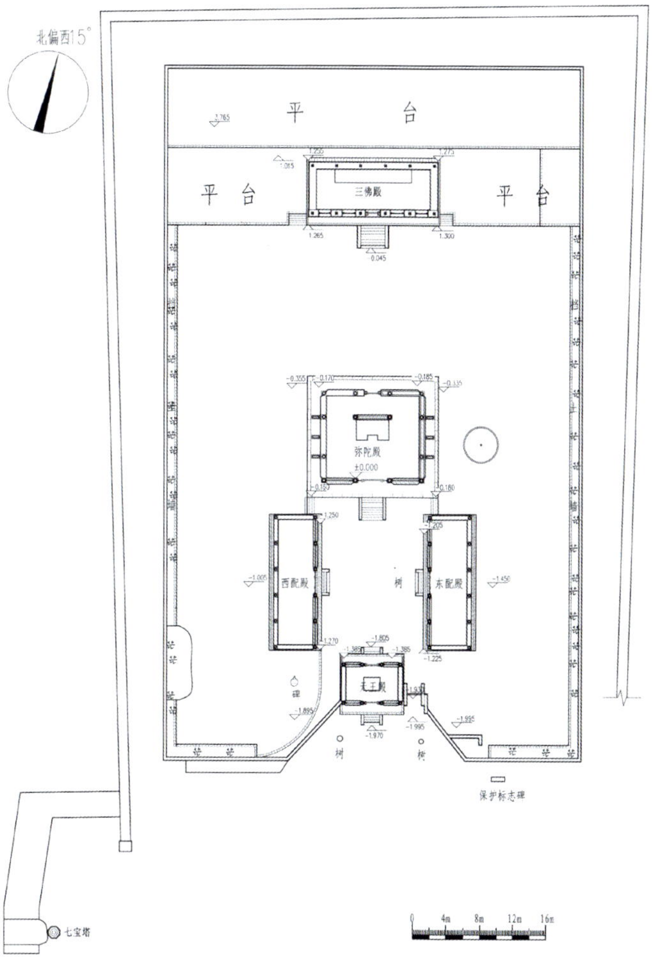

图一 大云院总平面图
（来源：山西省古建筑与彩塑壁画研究院提供，2013年）

图二　大云院全景

（来源：山西省古建筑与彩塑壁画研究院提供，由西南向东北方向拍摄，2013 年）

一　文物概况

大云院建筑中最早期的文物建筑为主殿弥陀殿，又称大佛殿，后晋天福五年（940 年）建。面阔三间、进深六椽，通面阔 11.8 米，总进深 10.1 米，单檐九脊歇山顶，瓦条脊。梁架形式为四椽栿对前后乳栿通檐用三柱。斗栱比例雄大，五铺作，双杪偷心造，耍头为短促的批竹昂形。单栱素枋，内跳三杪，承四椽栿，栿上施罗汉枋二层，承下平槫。除柱头和转角铺作外，各间设补间铺作一朵，规格与柱头铺作同，华栱单材。转角铺作，出角华栱、角昂。补间铺作与其他不同之处在于，两次间补间铺作不设在开间中线上，略偏其外，与转角斗栱联结在一起。转角处正侧两面与柱头斗栱同，45° 角线上加施斜斗栱一缝，上置由昂承角柱和角梁。栱枋用材高 22 厘米，宽 16 厘米，栔高 10 厘米，合宋制四等材规格[1]。殿内东壁、扇面壁和北壁东隅上绘有壁画，面积约 46 平方米，东壁绘“维摩变相”，扇面墙正面绘观世音、大势至二菩萨，扇面墙背面画“西方净土变”，为五代时期作品（图三、图四）。

二　历史沿革

大云院创建历史记载于院内《敕赐双峰山大云

图三　弥陀殿正立面

（来源：山西省古建筑与彩塑壁画研究院提供，由南向北拍摄，2013 年）

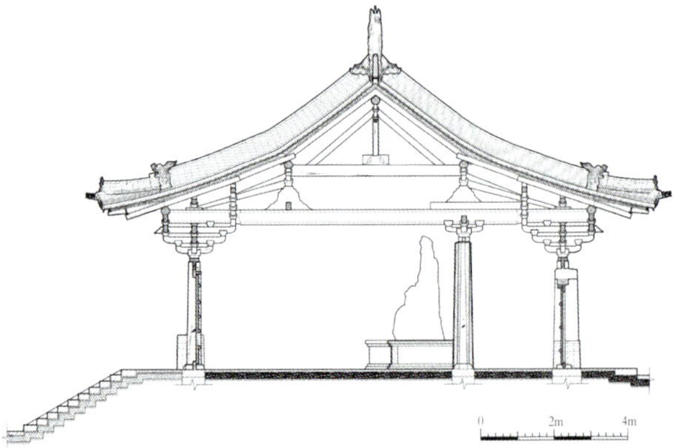

图四　弥陀殿横断面图

（来源：山西省古建筑与彩塑壁画研究院提供，2013 年）

院十方碑》，此碑为北宋天禧四年（1020年）所立。据碑文记载创寺人来历“仙师法号奉景丙申生，本是幽州人，也流于五台山，□□出家，受业不显俗，后来始终未呈其根负。”奉景法师生于唐僖宗乾符三年（876年），曾于五台山学法。依据碑文记载，天福三年（938年），奉景法师到双峰山，观周围景观，有感因此计划创寺。开始修建了僧舍、法堂、厨房、两侧厢房。天福五年（940年）三月开始建造佛殿与方丈室。开运三年（946年）三月，奉景法师在方丈室开始讲经，至此寺院格局应基本完善。显德元年（954年）奉景法师圆寂，得舍利，建造七宝塔供奉（图五）。

此碑落款为“们人弟子院主僧惠澄”，日期为“天禧四年岁次庚申五月八日镌写碑”。立碑时间为奉景法师圆寂后66年，碑文记载日期较为详细，据碑文所记创建时间不足百年。寺院创建时间应较为可信。

依据北宋咸平二年（999年）《敕赐大云禅院

图五　敕赐双峰山大云院十方碑正立面

（来源：作者提供，由南向北拍摄，2021年）

铭记》碑文记载“自创以来，殿宇有一百余间，功德及五百余事，幸蒙皇王大惠，潜赐鸿恩，于太平兴国八年三月七日特降敕额，改仙岩为大云禅院。”由此可知，寺院创建后不断在扩建，几十年间寺院的规模与影响力均在不断扩大。在太平兴国八年（983年）三月七日朝廷颁旨赐名，将仙岩禅院改名为大云禅院。为何在北宋初改名为大云禅院的具体原因不详，但可以体现出在北宋年间寺院的兴盛状态。

目前大云院金、元时期的记载缺失，对这一段时期寺院的历史沿革不详。

明代寺内留有较多修建记录，弥陀殿扇面墙西侧有题记“由匠城西李风天顺元年四月日做田三门”。表明在明英宗天顺元年（1457年）对殿内壁画做过修补。

明成化十三年（1477年）《潞州黎城县漳源乡石灰社双峰山大云院重修记》碑记载：“寺在县治东南四十里石灰社北山之阳，旧立殿堂并十王、罗汉殿宇，左右神祠以间，计百十之楹。……奈以岁月古远，风雨倾圮，所存者独废堂已，余者皆毁尽失，旧神不霍享久矣，而瞻者兴叹焉。经始于成华九年岁在癸巳，本寺长老成满、会首僧诠才俱以发心意谋修之，……由是邑中宦贵士夫暨乡镇富室长者丈义也，……重修殿堂三楹，殿内佛后新绘背做观音一尊，殿宇之前东西两庑新建僧房各五间之所，庑下东西又各建一间为供寿亭侯伽蓝神之所，山门三间，俱以丹碧巍然，至成化十二年岁在丙申修之工毕，焕然而一新……”由碑文得知，寺内原有殿堂和十王殿、罗汉堂、神祠等建筑，共百间房屋，历经岁月变迁，建筑倾倒，仅存一座废旧殿堂。成化九年（1473年）本寺长老成满等僧人筹划重修寺院，得到本县官宦、士人和富户的支持，重修三间佛殿，殿内佛像后设立一尊观音像；殿前东西各新建五间僧舍，又各建一间伽蓝殿；此外又新建三间山门，至成化十二年（1476年）完工。

明弘治四年（1491年）《潞州黎城县漳源乡龙耳双峰山重修大云寺记》碑记载得知，大云禅院僧绍宪同本地宿老一起重塑大佛三尊和菩萨两尊。

明万历元年（1573年）《山西潞安府平顺县平北乡石灰村重建后殿碑记》碑记载得知，嘉靖四十三年（1564年）十月至万历元年（1573年）

七月重修大院禅院后殿。

明万历十三年（1585年）断碑载："大明国山西潞安府平顺县石灰里，山曰双峰，漳水东流，其祖师养道仙岩，后立奉敕寺曰'大云禅院'。佛殿粤台，年深月久毁坏，无人承领。黎城县原村里人氏宿姓宇小僧，法名曰果兴，因□殿台侵朽，昼夜思慕暮，虔请石匠，自舍赀财，与万历十三年四月十一日开工修，八月十五日砌细石，完办成造新鲜。望乞本寺大众出力助缘，完全圣寺大工，谨依重修补之，永保吉祥如意。"[2] 由此推断万历十三年（1585年）对弥陀殿前面的月台进重新砌筑。

清康熙三十八年（1699年）《大云寺重修碑记》记载："奈日久渐敝，殿宇倾颓，不堪为菩提栖止之所。于顺治年间本府书吏靳公讳养蒙者，目击心伤，恻然悯之，捐施银米，命匠兴工，不旬日而告竣焉。"由碑文得知，清初大云院沦于凋敝，顺治年间潞安府书吏靳养蒙捐款重修。这次工程规模不大，前后不超过十天。碑文记载："迨及康熙三十一年，暴雨如注，连绵不息，而殿宇舍僧漂流无存，而前功为之尽废矣。……聊有本村乡耆张可旺、靳之屏，廪膳生员靳之杰、张弘化，附学生员申言功等，轸念寺中倾危之形，克绍前人未逮之志，于是择请高僧如晓者为之住持焉。聚会村众，各捐己资，名匠鸩工，殿宇巍峨，金像辉煌，前之草昧者，今之焕然维新焉。是役也，兴工于甲戌之暮春，洛成于戊寅之仲夏，此岁数人之功，乡众亦与有力焉。"由此得知，康熙三十一年（1692年）当地遭遇特大暴雨，大云院建筑大部被毁，僧人离去。乡绅募集捐款，请高僧如晓为住持，与康熙三十三年（1694年）至康熙三十七年（1698年）重修寺院。

民国十三年（1924年）《重修三佛殿碑记》载："历代修葺数百余载，迄今年湮日深，殿宇圮毁，神像暴露，风雨不蔽，行路君子瞻仰者，莫不触目而惊心焉。故合社公议，兴工重修，庚申春修造殿宇五楹以及庙院石洼东西两墙。越三年，甲子夏仍旧重塑神像，金装神貌，榱桷栋梁，丹垩藻丽，洵足与前媲美矣。"由碑文可知，民国九年（1920年）修造三佛殿及东西院墙，民国十三年（1924年）重塑佛像。

三　文物保护工程

中华人民共和国成立后随着国家对文物工作的重视，1965年5月20日，山西省人民委员会公布大云院为山西省重点文物保护单位；1988年1月13日，国务院公布大云院为全国重点文物保护单位。从20世纪60年代至今进行了多次文物保护工程。

1962年，对大云院进行抢修加固工程。对弥陀殿进行勘察时，发现东壁和北壁东隅泥皮内有彩色遗迹，随即对泥皮进行初步清理，此次发现壁画20余平方米。

1980—1989年，国家拨款对弥陀殿及护坡进行抢险维修。

1992—1995年，实施"大云院复原工程"国家专款对寺院进行全面维修，前院大雄宝殿、山门、东西配殿及后院三佛殿均修缮。大殿落架大修时在拆除东壁后人支撑的墙壁时发现壁画20余平方米。

2000—2002年，新塑佛像七尊并绘四大天王；地方筹资24万余元，完成通往大云院道路路面硬化工程。2002年5月26日—2003年5月29日由河南省安阳市昌泰建设安装有限公司建设大云院消防工程的土建部分。2003年11月山西省华宏消防工程安装有限公司实施安装工程竣工。2004年3月15日开始修复七宝塔，同年4月5日结束，同时完善了配套设施，改造了排洪渠，兴建了护塔岸。2012年4月3—25日，为大云院安装避雷带，由四川威斯特防雷技术工程有限公司施工。2013—2014年，进行大云院环境综合整治工程，同时修建了管理用房和服务用房。[3]

2015年5—11月，进行了文物保护修缮工程，施工单位为山西省古建筑保护研究所，监理单位为太原市文物保护工程监理站。此次工程对弥陀殿、三佛殿以及东、西配殿4座文物建筑进行修缮，修缮性质为现状修整。对残损、酥碱的瓦件依原构件形制、材质烧配，对屋顶严重沤朽、开裂、变形的木构件进行更换，检修加固梁架、斗栱、柱子等木构，对墙体、台明做了相应的修补。并重新修整院面，对寺内外的挡土墙进行修整加固[4]（图六）。

近些年大云院进行的保护工程是多方面的，从文物本体保护，到相关的消防、防雷等安防工程，到环境整治工程。各项工程均符合程序，按照要求

图六　大云院航拍图
（来源：作者提供，2021 年）

按时完成。没有对文物本体及周边环境造成破坏。较好的保护了大云院及其周边的历史环境，为今后的保护、研究、科学利用打下了坚实基础。

四　相关研究综述

近年来，大云院的相关研究主要为历史沿革、建筑形制、壁画研究等。

在历史沿革、建筑形制方面。1958 年，酒冠五在《大云院》[5] 中对大云院的历史沿革做了初步研究，对弥陀殿和七宝塔的形制做了分析记录。2013 年，贾珺、廖慧农在《山西平顺大云院营建历史纪略》[6] 中主要依据碑文记载与相关文献对大云院的历史沿革做了详细的分析，分析确定了创建年代，并对历代记载进行了梳理。2015 年，长北在《大云院龙门寺考察记行》[7] 中对大云院周边环境和文物建筑做了一简略描绘。2017 年，耿昀在他的博士论文《平顺龙门寺及浊漳河谷现存早期佛寺研究》[8] 对龙门寺周边五代、北宋的建筑形制特点及发展演变做了详细研究。其中提到大云院弥陀殿的形制，其梁栿压跳的交接方式、发达的补间铺作、上昂挑斡的转角结构及柱网平面等，均体现了南方建筑结构语法的影响。同时，其斗栱、翼形栱等形式语言，又显然具有五台山地区的传统。关于建筑所反映的南北地域的融合，其创寺僧人奉景的经历或可间接说明。

在壁画研究方面。2010 年，郭兰莹在《大云院五代壁画浅探》[9] 中对弥陀殿五代壁画的内容、风格、线描的韵律、色彩等方面进行了分析研究。2015 年，武洁在《山西平顺大云院弥陀殿五代壁画艺术研究》[10] 中通过对壁画的内容及形制分析，与其他壁画作比较及通过壁画的历史成因研究，认为大云院壁画的艺术特征颇具时代特色，它上承盛、晚唐时期壁画的艺术风格，并在当时社会因素和五代净、禅两宗思想因素的影响下综合产生的，具有世俗化，但是比唐代的画面更加严谨、理性的壁画绘画形式。2016 年，赵建中在《山西平顺大云院五代壁画山水之南宗图式探微》[11] 中分析得出弥陀殿壁画在山石皴法、树法、水法的表现上同五代时期南派山水画的创始人董源运用了相同的手法。而与同时期同处北方的河北五代王处直墓室壁画山水手法也是一致的这一事实，证明南派山水风格在五代时期已在北方流行。2018 年，李雅君在《山西平顺大云院壁画维摩诘经变图像研究》[12] 中通过对弥陀殿壁画维摩诘经变图像释读与分析，认为从壁画所表现的内容上它继承初唐以来所确立的维摩经变的表现品数；从壁画的表现形式上，已经完全脱离北朝隋时期以释迦佛为中心的图像组合方式，代之以一种更加自由、开放的方式来组合画面，构图宏富满塞，并且越来越倾向程式化的表现；从壁画的绘画风格来看，是一种明显受到西域回鹘影

图七 弥陀殿内东墙壁画局部
（来源：作者提供，2021 年）

响的、迥异于中原地区的“西胡风”的画风。2020 年，李雅君在《大云院壁画南派山水图景的成因探析》[13] 中提出大云院壁画南派山水的风格比南派董源创出这一风格的时间要早这一问题。通过对盛唐时期（740—748 年）的陕西西安韩休夫妇墓和五代后唐同光二年（924 年）的王处直墓壁画的分析，得出结论：大云院壁画的山水图景同王处直墓室山水图与董源“南派”山水画的关系，应该是“技”与“法”的关系，或者说是“皴”与“皴法”的关系，也就是创造与再创造的关系（图七）。

五 结 语

大云院后晋天福五年（940 年）创建至今已经历了一千多年的风雨，它见证了千年来的兴衰。对研究五代以来当地建筑发展演变提供了实例，对五代时期当地壁画风格手法的由来演变提供了研究对象。历年来我们对大云院的保护及研究，使我们对古代当地文化、宗教、建筑等方面的发展有了更进一步的了解。而不同的研究结论也有助于对历史真相的探究。

注 释

[1] 数据来源：《山西省长治市平顺县大云院保护修缮工程设计方案》，刘宝兰，2013 年。

[2] 贾珺、廖慧农：《山西平顺大云院营建历史纪略》，《建筑史》，2013 年第 12 期。

[3] 2015 年之前的保护工程资料来源：《大云院文物保护规划》（肖迎九），2016 年。

[4]《山西省长治市平顺县大云院保护修缮工程设计方案》（刘宝兰），2013 年。

[5] 酒冠五：《大云院》，《文物参考》，1958 年第 4 期。

[6] 贾珺、廖慧农：《山西平顺大云院营建历史纪略》，《建筑史》，2013 年第 12 期。

[7] 长北：《大云院龙门寺考察记行》，《创意与设计》，2015 年第 5 期。

[8] 耿昀：《平顺龙门寺及浊漳河谷现存早期佛寺研究》，天津大学博士论文，2017 年。

[9] 郭兰莹：《大云院五代壁画浅探》，《文物世界》，2010 年第 9 期。

[10] 武洁：《山西平顺大云院弥陀殿五代壁画艺术研究》，山西大学硕士论文，2015 年。

[11] 赵建中：《山西平顺大云院五代壁画山水之南宗图式探微》，《山西档案》，2016 年第 7 期。

[12] 李雅君：《山西平顺大云院壁画维摩诘经变图像研究》，《南京艺术学院学报》，2018 年第 5 期。

[13] 李雅君：《大云院壁画南派山水图景的成因探析》，《文物世界》，2020 年第 3 期。

平遥镇国寺

雷雅仙[1]

一　文物概况

镇国寺原称京城寺，位于山西省晋中市平遥县襄垣乡郝洞村北，距县城约15公里。创建年代不详，据寺内建筑题记、碑文及《平遥县志》记载，镇国寺最迟为五代北汉天会七年（693年）所建，历经金、明、清三代修葺。寺院坐北朝南，分前后两进院落，中轴线上建有天王殿、万佛殿、三佛楼，两侧配以钟鼓楼、二郎殿、土地殿、碑亭、三灵侯祠、福财神殿及观音殿、地藏殿等，总占地面积13328.6平方米[1]（图一）。

寺内保存五代、明、清彩塑56尊、清代壁画

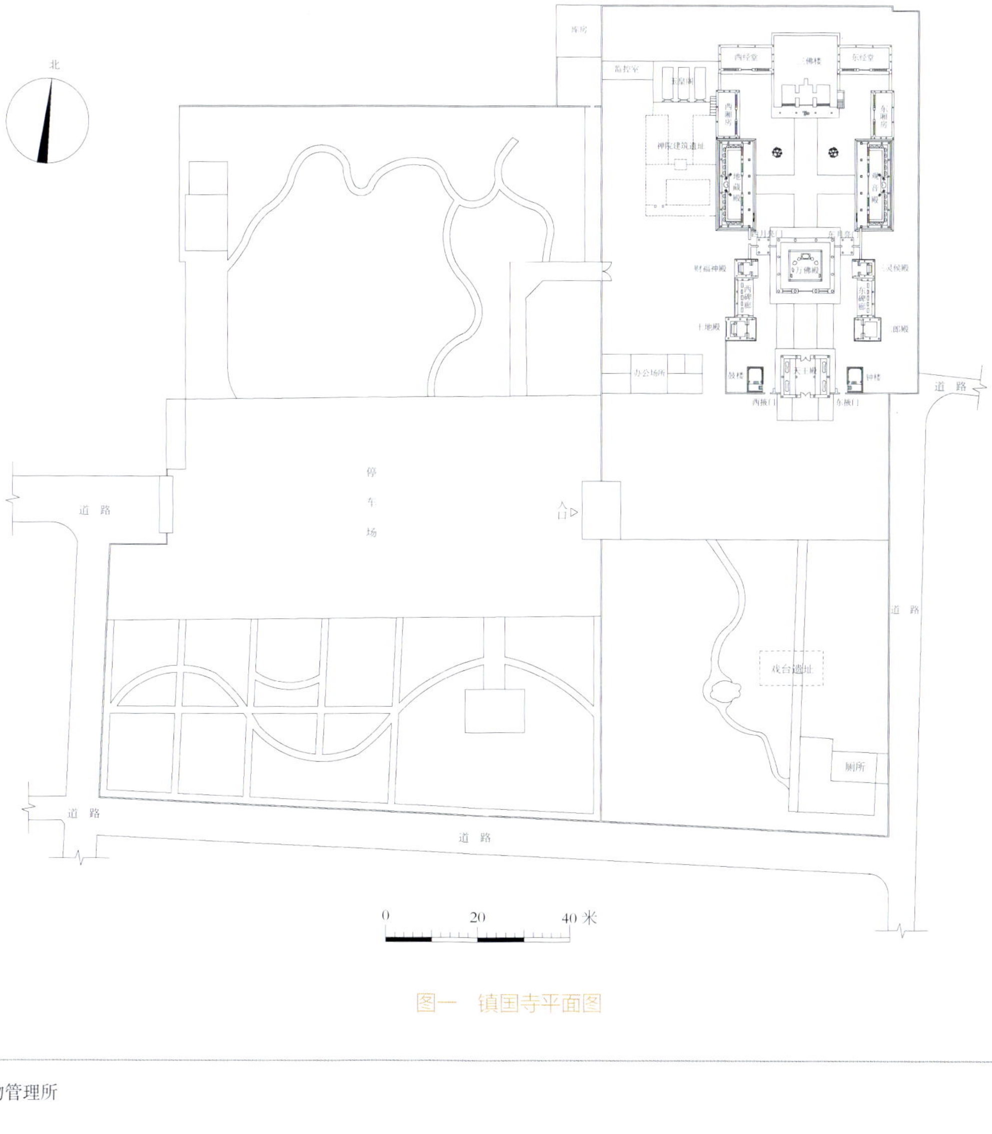

图一　镇国寺平面图

---

① 平遥县文物管理所

图二　镇国寺航拍图

344.29 平方米、石碑 13 通、石碣 7 方、铁钟 1 口、古树名木 8 株。1988 年 1 月，国务院公布为第三批全国重点文物保护单位。1997 年 12 月作为“平遥世界文化遗产”的组成部分被联合国科教文组织列入《世界遗产名录》（图二）。

二　历史沿革与形制特征

（一）营建与修葺

据寺内建筑题记、碑文及清康熙版《平遥县志》记载，可将寺貌之形成分为营建和修缮两个阶段。

1. 营建阶段

镇国寺的营建可分为五代北汉和清嘉庆、光绪时期。

五代北汉天会七年（963 年）建万佛殿。万佛殿脊槫底皮有“维大汉天会七年岁次癸亥叁月建造”题记（图三）。

清嘉庆元年（1796 年）至嘉庆十八年（1813 年）建舞榭（今称戏台）、西经堂、东经堂、东、西厢房。寺内西碑亭存《郝同村补修古寺记》碑有“……丙辰之岁，乡人始议补修，乃建舞榭一于山门之外，经堂一于佛阁之西，工犹未已也……今日之其事不可以不终……于佛阁之东更建经堂……度庙中隙地而皆属之，计东西共得屋凡六间……”记载。文中所提“丙辰”为嘉庆元年（1796 年），“今日”指嘉庆十八年（1813 年）。所提“舞榭”为现今庙外戏台，已在“文革”中毁，现存实物为后人新建。所提“山门”为现存一进院的天王殿。所提“佛阁”为二进院主殿三佛楼。西经堂为三佛楼西山墙侧建筑。东经堂为三佛楼东山墙侧建筑，东西屋则为二进院东、西厢房。

清嘉庆二十一年（1816 年）建左右碑亭（一进院万佛殿前两侧）。寺内东碑亭存《重修镇国寺第二碑》中有“……然今丙子夏……事既成而犹有余力……而于中殿之前新建左右碑亭各一……又屋庙西隙地得社房十三间，庙之东偏旧有元坛一所，亦续而重修之……”记载。文中所提“中殿”即是指万佛殿，左右碑亭即为现存的一进院两侧的东、西碑亭。碑中所提庙西之社房、庙东之元坛现已不存（图四）。

清光绪二十四年（1898 年）将郝同村三灵侯殿及福财神殿移至寺内一进院东、西碑亭北侧。寺内东碑亭存光绪三十年（1904 年）《补修镇国寺

图三　万佛殿北汉题记

图四　清嘉庆碑

并九间庙碑记》中有“……惟有村中大街南北门三灵侯福财神庙，咸丰初年建修……光绪二十四年五月卜吉分移于大寺东西碑亭之北，较前得所……”记载。现存被清光绪二十四年（1898 年）移入一进院落东、西碑亭之北的两殿仍保存完好。

在此需要说明的是，在光绪三十年（1904 年）《补修镇国寺并九间庙碑记》文字前端曾有“我村旧有镇国寺一所，创自北汉天会七年，元明以来代有建修，自嘉庆二十年补修，迄今九十余年矣……”记载。碑文中提到的“元明以来对寺院的建修”，从目前遗存实物中确有明代特征的建筑天王殿存在，未见元代建筑实物，笔者认为可能是碑书者的一种推测。另从文献与遗存于寺内的碑碣中未见元代修建寺院的信息。

2. 修葺阶段

镇国寺的修葺可分为金天德、明嘉靖和清雍正、乾隆、嘉庆、光绪时期。

金天德三年（1151 年）万佛殿予以重修。殿内前上平槫下的上襻间底附板有“大金天德三年岁次辛未七月重修”题记。万佛殿南壁存《镇国寺龙槐记》碑中有“……始建于北汉天会七年，时宋太祖建隆三年也。重修于金天德三年，时宋高宗绍兴二十一年也。相传有此寺即有此槐，盖八百余年物也……”记载。两处记述均说明了万佛殿于金天德三年重修的事实。

明嘉靖十九年（1540 年）重修万佛殿，殿内前下平槫下的襻间底附板有“大明嘉靖十九年岁次庚子二月补修京城寺改为镇国寺”题记。由此可知，此次为补修，恐未对殿造成大的干预。但至此寺名被改为“镇国寺”。在万佛殿的东六椽栿底皮、西六椽栿底皮、正中扇面倒座观音背光上附板和殿内脊槫下四椽栿上附板处均有墨书题记，因无纪年，故无法判断其修缮年代（图五）。

清雍正九年（1731 年）重修三佛楼。三佛楼室内有“雍正九年扶梁功德主…… 施银……” 题记。题记中的“扶梁”即为梁的结构拨正修缮之意。

清乾隆十七年（1752 年）修建东廊房（二进院观音殿）。寺内东碑亭存《郝同村镇国寺重建东廊碑记》中有“……而东殿设像大士阿罗，当年殿宇……年深日久，风侵雨蚀，颓然圮坏，而纠首住持重新修建，……不逾年而殿宇辉煌……”记载。因文字记载中提及“东殿设像大士阿罗”，据此判断东殿所指应为碑名中的东廊房，即指现寺内二进院的观音殿。

清乾隆二十九年(1764 年)修缮天王殿。天王殿内明间西缝平梁下皮有“扶梁功德主祖田遇润、成氏……父野珠……己身生文……施银六两”，明间东缝前乳栿下皮有“扶梁功德主曾祖闫贵兵、祖

图五　万佛殿金明清修缮题记

富登、斗、父国玉、定……施银壹拾伍两　大清乾隆二十九年十月吉”题记。此题记说明了天王殿于清乾隆二十九年（1764 年）的修缮史实。关于天王殿的创建年代，因无明确记载，但从天王殿现存形制判断，其创建应不晚于明代。

清乾隆四十六年（1781 年）重修西廊房（二进院地藏殿）。寺内西碑亭存《重修西廊房碑记》中有“……本乡镇国寺西廊房地藏，阎君皆幽冥之王……年深日久，未免风雨侵坏。本乡纠首住持目击心伤，内外募化，重新修建……”记载。文中西廊房所指应为二进院地藏殿。

清嘉庆二十一年（1816 年），对万佛殿、东西廊房（二进院观音殿、地藏殿）进行了修葺。寺内东碑亭存《重修镇国寺第二碑》中有“……据云中殿之修所费不赀，自辛未岁始与乡人约令……使家自为募，凡得叁仟或百余金而后举事。先是殿之墙宇虽圮而基址如故，遂因其旧而葺之，勤垣墉，涂塈茨，凡栋梁之摧折者皆易焉……乃分葺其东西廊……”。碑中“中殿”即指万佛殿，东西廊应为二进院观音殿、地藏殿。另从碑载文字中可窥见，此次修葺对万佛殿有一定干预。

清光绪三十年（1904 年）《补修镇国寺并九间庙碑记》碑载：“……自光绪二十一年执事者概然有志兴修，公议从地亩起派以及花户人名布施兼四外募化，于是鸠工庀材，土木交作，诸处仍旧葺补……他处木质多年朽腐，惟中殿木质近千年，完好如故……”，由此可断，清光绪二十一年（1895 年）除中殿（现称万佛殿）未被修葺外，其余建筑均进行了修葺。究其内容，万佛殿未被进行干预，由此说明古人也很欣赏古物，珍惜古物，或者说保护古物之意识也很强。

（二）重要建筑形制特征

通过对镇国寺建造与修缮沿革的梳理，可以明确镇国寺的空间布局是从五代建造万佛寺后通过金、明、清[2]各代的不断增扩而逐步形成的。奠定较为完整寺宇空间布局的时代应为明代嘉靖时期，无论各代如何修建（葺）均保留了万佛殿的早期建筑特征。

天王殿位居寺之最前端，兼作山门，面阔三间，进深四椽，单檐悬山顶，殿内梁架结构为五檩分心式，殿内设中柱一列，柱直抵平梁底皮，平梁下前后双步梁与中柱相接，双步梁两端设角背、瓜柱承平梁，平梁之上设角背、脊瓜柱、叉手承脊檩。前后檐斗栱柱头、平身科各一攒，均为五踩双下昂，明间平身科出 45° 斜栱。前后檐明间辟门，前檐两次间辟直棂窗（疑为后人更改）（图六）。

万佛殿位居寺宇前后两进院之中心，是中国仅存的几座五代木结构建筑之一。建于低矮的台基之上，坐北朝南，平面近方形。面阔三间、进深六椽，单檐歇山顶，灰陶质筒板瓦覆顶。周施檐柱 12 根，殿内无金柱，檐柱全部砌入墙体内，前后檐当心间辟门，前檐两次间辟窗，柱头卷杀和缓，生起显著。殿前不建月台，以甬道与天王殿相连接。柱与柱之

图六　天王殿正立面

间以阑额联结而不施普拍枋，转角处阑额不出头，沿袭唐代规制。檐下斗栱硕大，出檐深远。柱头七铺作，双杪双下昂，重栱偷心造，批竹式昂，耍头为短促的下昂形。斗栱总高 1.74 米，合柱高的 1/2。三间殿宇用七铺作斗栱，与佛光寺东大殿相同，在我国早期建筑实物中实属罕见[3]。补间五铺作，双杪偷心造。殿内无金柱，梁架彻上露明造，构件规整，六椽栿与六椽草栿叠构，其上施四椽栿、平梁、侏儒柱和大叉手共承脊榑，栿间以驼峰、大斗垫托，端部以托脚支撑，结架严谨。脊榑下皮墨书题记“维大汉天会七年岁次癸亥三月建造”。前后檐当心间辟板门，前檐次间为槛墙、直棂窗，形制古朴（图七—图十）。

三佛楼位居寺之中轴线最前端。楼二层，建于夯土台基上，下部为砖券窑洞三眼，平屋顶作为三佛楼的高基。二层楼身面宽三间，进深四椽，单檐悬山筒板瓦顶，五檩前廊式构架，额枋雀替镂雕龙首，外檐斗栱五踩单翘单昂。前檐各间均施四扇六抹格扇门（图十一）。

三　建国后的维修与保护

新中国成立后，对镇国寺的维修与保护工作主要开展于改革开放后的四十年间。亦可分为两个阶段。

（一）20 世纪后期维修与保护

这一阶段的维修与保护工作主要开展于 1979—1997 年。

1979 年对已损毁的鼓楼进行复建，维修了钟楼，对前院殿宇屋顶进行勾抿。

1980 年，更换天王殿梢间前檐椽四支，重安博风板，更换三佛楼西北屋顶折断檐椽，重制月门扇，新建东围墙等。

1983—1984 年，维修了观音殿、地藏殿，对万佛殿、三佛楼、二郎殿及土地殿后台基进行重砌。

1987 年，于寺东新建围墙、寺外新建大门、食堂与厕所等。

1989 年，对三佛楼、地藏殿漏雨的屋面进行

图七　万佛殿正立面

图八　万佛殿外檐斗栱

图九　万佛殿背立面

图十　万佛殿内彩塑

图十一　三佛楼正立面

维修。

1990—1994 年，对新建大门和围墙等进行局部维修。

1997 年，对寺内二进院的东、西经堂及东、西厢房进行了维修。

（二）21 世纪前期维修与保护

这一阶段的维修与保护工作主要开展于 2004—2016 年。

2004—2005 年，修缮三佛楼。

2020 年 4 月，山西达志古建筑保护设计研究院有限公司编制了《镇国寺与利应侯庙文物保护规划》。

2008 年，抢险修缮天王殿、地藏殿及围墙，且镇国寺西侧土地交由平遥县文物局永久使用管理。

2009 年，在寺院西南侧管理区过渡区修建四柱三楼木牌楼一座，以此作为保护管理过渡区大门。

2009 年，文物部门组织对万佛殿的屋面进行了捉节夹陇和勾抿灰缝，并对天王殿椽望进行了维修，重新铺做了瓦面。

2010 年，镇国寺精细测绘列入国家文物局“指南针计划——中国古建筑精细测绘”项目。清华大学建筑学院项目组对寺内万佛殿和天王殿两座木结构建筑进行了精细测绘。

2014—2016 年，对保护管理过渡区实施了绿化美化工程，对镇国寺各建筑进行了日常保养，如屋顶勾抿、清扫、整修椽头等，并对寺内电路进行了改造。

2019 年底，针对镇国寺各殿内现存彩塑和壁画现状，山西文物博物产业集团有限公司编制了《平遥镇国寺彩塑壁画数字化保护技术方案》，并于 2021 年完成采集工作。

四　主要研究综述

目前，根据对镇国寺的建筑、彩塑、壁画、彩画等方面的研究成果，可将其分为 20 世纪后期研究和 21 世纪的前期研究两个阶段。

（一）20 世纪后期的研究

20 世纪 80 年代以前，对镇国寺的研究几乎未见成果。20 世纪后期的 90 年代，金维诺先生、陈明达先生和柴泽俊先生先后对镇国寺的彩塑艺术、五代万佛殿大木作材份和寺之综述价值进行了一些研究[4]，至此，镇国寺的历史沿革、建筑及艺术价值逐步为人所知。金维诺先生在研究论文中对山西境内、唐宋迄清各期彩塑，从题材、样式和内容等方面分别作了考察，对大家认识山西佛教彩塑这一艺术宝藏，了解整个佛教艺术的特色，提供了指南。第一次提出了“镇国寺的彩塑是五代时期的作品，它仍具有‘周家样’[5]的优良传统”，将镇国寺万佛殿内的彩塑风格定格为“周家样”佛教造像的典范[6]。陈明达先生在研究中对镇国寺万佛殿的斗栱用材及檐柱、铺作出跳、总高、屋架举高等进行了实测，从而推演出五代建筑万佛殿的用材相当于宋《营造法式》四等材结论，结论一直影响至今。柴泽俊先生在论文集中翔实记录了镇国寺的空间布局、历史沿革、主体建筑万佛殿的形制结构，罗列了万佛殿的建筑形制，明确了建筑年代为五代[7]。

以上三位大家的研究工作，对于后人进一步研究镇国寺的建筑、彩塑及综合价值奠定了重要基础。

（二）21 世纪前期的研究

进入新的 21 世纪后，随着国家综合国力的增强，对文物的保护工作日益重视，研究和参与文物保护工作的学者、团队越来越多。从 2000 年到 2021 年，关于镇国寺的研究论文 26 篇、论著 1 部[8]。26 篇论文中研究彩塑者 4 篇，壁画者 5 篇，彩画者 3 篇，木结构尺度者 5 篇，综合价值者 9 篇。

研究镇国寺彩塑的文章，目前具独见解的论文有 2 篇[9]，其主要着重点为寺内万佛殿的五代彩塑，研究者主要从彩塑的制作技法、艺术特色、美学意义等方面进行了研究，有的通过对南北方同时期彩塑艺术的差异比较，凸显出镇国寺万佛殿彩塑独特的艺术特色。由于国内文献中对镇国寺万佛殿五代彩塑记述极少，现已出版的金维诺、罗世平著《中国宗教美术史》，王子云著《中国雕塑艺术史》，孙振华著《中国古代雕塑史》，期刊中张明远《善化寺辽金彩塑艺术的历史人文价值》等，也都是仅对镇国寺五代彩塑有简单的艺术描述，尚未进行系统研究，从这点看，有关研究论文对于提升寺内彩塑价值内涵具有重要意义。

研究镇国寺壁画的文章，主要以寺内万佛殿内千佛像、三佛楼上层清代佛传故事、地藏殿十王像壁画为研究对象，从壁画建筑表现、年代考证、构图和佛传壁画发展脉络等方面进行研究，从不同的视角较为完整地解读了各时代壁画形成与发展，对进一步阐释壁画的价值提供了依据。

目前，对镇国寺主体建筑价值反映较为全面的著述当首推2013年由清华大学建筑学院完成的《山西平遥镇国寺万佛殿与天王殿精细测绘报告》。他们采用全站仪、三维激光扫描仪和手工测量等方法，对寺内万佛殿和天王殿两座木结构建筑进行了精细测绘，并借助木材与碳同位素检测对建筑始建年代和遗存现状进行了分析与证实，为实现古代建筑文物的全面、系统保护提供了翔实、准确的基础数据。

镇国寺集建筑、彩塑、壁画于一身，是一处具有突出价值的珍贵文化遗产，但从目前的研究材料上看，现有的勘查记录与测绘成果尚不能揭示镇国寺所蕴涵的全部价值。针对平遥镇国寺这座建于五代并由历代续修续建的建筑及彩塑、壁画等的保护、研究与展示利用方面，今后需要投入更多元化的研究性人才，运用“建筑学”“考古学”“社会学”“美术学”与“艺术史学”等多学科研究方法，进行更为精细和深入的勘查、测量、考古等方面的研究，为文化遗产的保护与传承提供更为扎实的研究基础与理论支撑。

注　释

[1] 参见《山西平遥镇国寺万佛殿与天王殿精细测绘报告》第一章“概述”，清华大学出版社，2013年。

[2] 依据寺内现存于东碑亭《补修镇国寺并九间庙碑记》载“……元明以来代有建修……”字样，元代对镇国寺有过修建，但现存实物未见元代遗构，可能是碑书者推测。故文中叙述仅以有明确修缮纪年的金、明、清是为记。

[3] 参见柴泽俊《柴泽俊古建筑文集》中《五台佛光寺》和《山西几处重要古建筑实例》对东大殿和万佛殿的形制描述对比而得此结论。

[4] 金维诺《佛教文化》（第三期，1991年）、陈明达《营造法式木作制度研究》（文物出版社，1992年）、柴泽俊《柴泽俊古建筑文集》中《山西几处重要古建筑实例 平遥镇国寺》文物出版社1997年。

[5] 金维诺《佛教文化》（第三期，1991年）论《山西佛教彩塑》中对中晚唐画家周昉画风之创意和人物端严柔丽之体，称为“周家样”。

[6] 详见金维诺《佛教文化》（第三期，1991年）论《山西佛教彩塑》中对镇国寺万佛殿五代彩塑之论述。

[7] 详见柴泽俊《柴泽俊古建筑文集》中《山西几处重要古建筑实例 平遥镇国寺》。

[8] 《山西平遥镇国寺万佛殿与天王殿精细测绘报告》，清华大学出版社，2013年。

[9] 《山西平遥镇国寺五代彩塑的艺术特色》（2017年）和《山西平遥镇国寺万佛殿五代佛教造像的美学意义》（2021年）2篇硕士论文。

高平游仙寺

乔惠芳

图一　游仙寺全景图

（来源：李会智摄，寺外东南角拍摄西北方向全景）

游仙寺位于山西省晋城地区高平市城南10公里河西镇宰李村的游仙山坳，寺因山得名，也称慈教院。寺居山谷，坐北朝南，背靠山麓，寺南长坳之外宽阔敞亮、极目千里，寺之东、西、北三面环山、松涛林海、山势壮观、环境幽雅，是一处保存较完整的佛教建筑群。该寺中轴线上由南到北依次建有春秋楼（下为山门）、毗卢殿、三佛殿、七佛殿。最南侧为春秋楼，面阔五间，两层建筑（图一）。前殿毗卢殿为宋早期建筑，面阔、进深各三间，单檐歇山顶，屋顶举折平缓，出檐深远，外观庄重稳健（图二）。春秋楼与毗卢殿之间东西两侧各设配殿五间，且两配

图二　毗卢殿正立面现状

（来源：李会智摄，春秋楼与毗卢殿间西配殿前拍摄东北方向毗卢殿全景）

殿南边各建有三间耳殿。中殿三佛殿为金代建筑，五开间悬山顶，六架椽屋，梁架规整，结构牢固，稳健庄重，左右各有配殿三间。后殿七佛殿为明代所建，殿内套建七间砖旋窑洞，窑洞下须弥座石刻有可能早于明代。另外在西边还有一斋院，内有斋堂南房、斋堂北房、斋堂西房（图三）。

游仙寺所遗存建筑的造型美观，结构精巧、独特，现遗存建筑有硬山、悬山、歇山等不同建筑造型，为宋金木构建筑中的佳作，是研究宋金木构建筑规制和造型的重要实物资料。寺内还保存宋、元、明、清碑刻数通，具有一定史料价值。游仙寺 1986 年被列为省级文物保护单位。2001 年 6 月 25 日被列为全国重点文物保护单位。

一 历史沿革

游仙寺，古时也称慈教院。顺治《高平县志·卷之一·舆地志·山川》载："游仙山在县南十里。山阳有慈教院。李游仙通敏曾读书于此"[1]。游仙寺始建年代在寺内所存碑刻记载中也略有不同。寺内《重修游仙寺碑记》[2]，碑中记载"昔余祖岁进士，讳式衡，与余父卿饮正宾，讳鹤龄等，尝言于余曰：游仙寺建自唐大历年间，规模宏敞，倚山临水，高耸逼天，盖岿乎泫氏一巨观也，抑一方一重镇也"（图四）。该碑记中提及游仙寺建于唐大历年间，这一说法亦有寺内其他碑刻"是寺也，建自唐大历间，厥后历宋、元、明，及我国朝，修葺不一，咸有贞珉可考"[3]、"游仙山之阳，有古刹曰游仙寺，为唐李通敏读书之地，事详邑志"[4]等文字的印证。这一说法由于均未见其他确切文献佐证[5]，游仙寺是否始自唐代尚待进一步的考证。

游仙寺最早的佛殿建筑毗卢殿的建造年代，则是根据寺内现存最早的北宋康定二年（1041 年）《游仙院佛殿记》碑刻记载[6]（图五），"有上党延唐寺受业释继一，偶云游至此，拨土住持……则有河西檀那九河张公明，精心好善，奉道崇缘，同构成佛殿一所三间，基址雄丽，栋宇高宏，法大壮之新规，贲香城之旧境。……至康定中，有张公男强壮第七指挥使玠，以其父没，观行情动于中，序厥事之始因，庆先居之美行，遂命里中豪侠复好事者八九人议，以立石记乃成绩"。由此可知毗卢殿为北宋康定之

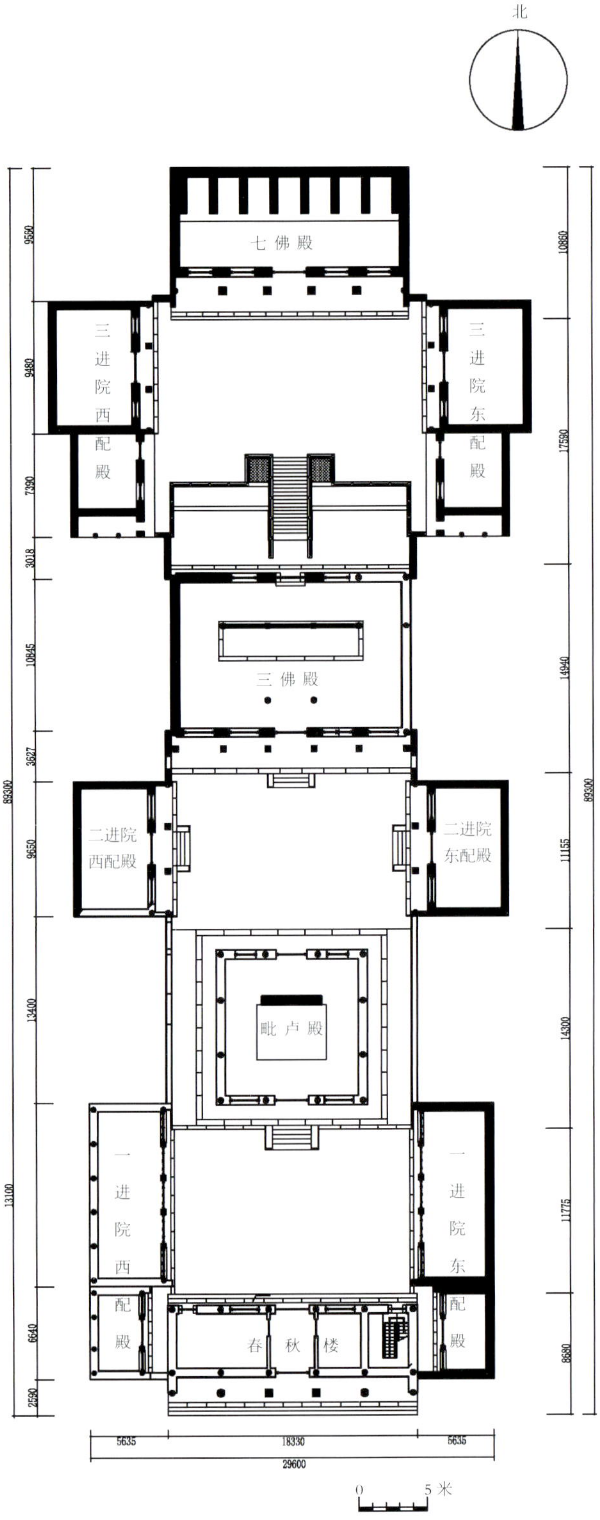

图三 游仙寺总平面图
（来源：山西省古建筑与彩塑壁画保护研究院提供，张杰绘制）

图四 《重修游仙寺碑记》碑刻
［清乾隆十七年（1752 年）］
（来源：李会智摄，位于前殿毗卢殿台明东南角）

图五 《游仙院佛殿记》碑刻
［北宋康定二年（1041 年）五月十八日］
（来源：李会智摄，位于前殿毗卢殿台明东南角）

前数十年间建立。寺内明正德九年（1514 年）的《游仙山慈教院记》[7] 也记载了“古碑有云，始于大宋淳化元年”，然而，该碑所转载的建造人与康定二年碑刻所记不同：“有僧辉公讲主鼎□□□于此。时本邑有劝农官姬子政，仰师道德，督众鸠材，创成寺宇。蒙敕赐额曰游仙寺。”由于明正德碑记所引的古碑至今没有发现，无法与康定碑刻比照，因此毗卢殿初始建造的两种说法尚无法择定其一，但关于建造年代，这两块碑刻所载却极为相近，所以判断毗卢殿的建造年代应在北宋淳化元年（990 年）至北宋康定二年（1041 年）这五十一年之间。贺大龙先生在《晋东南宋代建筑分期的讨论》一文中提及：“高平游仙寺毗卢殿公布年代为公元 990—994 年，柴泽俊先生根据史料考证认为建于淳化二年即公元 991 年。”

北宋康定二年的碑刻为双面碑刻，在此碑背面，刻有大朝甲辰年四月《十方慈教院施地记》[8]，该碑刻记载了当时的乡长李克绍向慈教院（即今游仙寺）捐施墓田的故事，其中提及“自始迄今，二百余年，凡两遭兵劫，曾不废坏”，说明毗卢殿自建成以后到大朝甲辰年仍然基本保存完好。“大朝”是蒙古立国初期在北方的汉语国号，直到 1271 年才被“元”所取代[9]，此碑刊刻年代“大朝甲辰”应为蒙古乃马真后称制三年（1244 年），而非《高平金石志》[10, 11] 所判定的元大德八年（1304 年）。

尔后游仙寺有记载的修建则是明正德碑刻记载的明初至正德年间的修缮和建造活动，“建至成化十六年，寺僧了净、仪亮等发心创建七佛殿五间，粧严华丽，凝然一新。迨臻成化□□三年，寺僧仪永、仪和、心应发心□砌院台，规模已就”。而在此两百余年之后，游仙寺在清乾隆十七年（1752 年）和清道光十七年（1837 年）均有增修和补修，形成现在的规模。清道光二十三年（1843 年），寺僧又对当时称为雷音殿的毗卢殿进行了修缮。

其后游仙寺的变迁据宰李村村民刘新生口述，1949 年前游仙寺一直是高平境内十多座小型寺庙的中心寺院，这些小寺庙的住持方丈都由游仙寺指派，周围寺庙的僧人圆寂后也都葬于寺东的公共墓地。游仙寺历史上曾经几度修缮，几度兴盛。鼎盛时期，庙产丰富，包括一座煤窑，一处陶瓷场，以及当地的良田数百亩，放养的牛羊成群。不仅维持了寺院日常开支和维护费用，还使寺院有能力救济附近的村民，并给周围村庄人民提供了工作机会和生活来源，也巩固了游仙寺作为中心寺院的地位。1949 年后游仙寺曾先后作为东风林场办公用房、火药厂厂房和火药库房、高平一中农校教学办公用房和学生宿舍、村民居住用房等。在做火药厂时曾发生过两次火药库爆炸事故，二进院东配殿和三进院东配殿就是在这两次事故中被炸毁的。

二　保护修缮工程

据庙内碑文记载，游仙寺在宋、金、明、清等时期均有修葺、重建。中华人民共和国成立至今，政府不断投资保护修缮寺内建筑。20 世纪 60 年代，高平市政府投资维修毗卢殿；1981 年，维修三佛殿、毗卢殿；1986 年，山西省文物局拨款 6 万元对三佛殿进行了揭顶维修；1989 年，山西省、晋城市政府投资抢险维修毗卢殿。

晋城市文化局、晋城市建设局、晋城市规划局于 1993 年 8 月联合下发《关于晋城市第一批划定三十五项省级以上重点文物保护单位保护范围及建设控制地带的报告》（晋市文字〔1993〕2 号）文件，划定了游仙寺的保护范围与建设控制地带，确定游仙寺保护范围。2009 年，省古建筑保护研究所重新编制了游仙寺文物保护规划，并对保护范围和建设控制地带进行了调整。四至边界：东部最远端至游仙寺寺院围墙西南角以东 112 米；西部最远端至游仙寺寺院围墙西南角以西 33 米；南部最远端至游仙寺寺院围墙西南角以南 69 米；北部最远端至游仙寺寺院围墙西南角以北 140 米。以游仙寺为中心，西、南、北三面山梁为界，东至柳山村，按照自然地貌调整建设控制地带，并根据建设控制强度划定Ⅰ类、Ⅱ类两个级别的建设控制地带，总面积 61.03 公顷。其中Ⅰ类建设控制地带为非建设区面积 7.94 公顷；Ⅱ类建设控制地带面积 53.09 公顷。

2001 年游仙寺公布为国保单位以后，成立了游仙寺文物管理所，由于游仙寺地处山区，游人极少，没有配备相应的文物管理人员，仅由聘用的义务保护员管理寺庙，仅能对出现的不安全隐患做到及时上报。尽管经过了数次抢险加固保护工作，但因缺乏系统的维修来解决整体结构稳定性问题，游仙寺的毗卢殿和三佛殿仍然处于临时支顶稳定状态（图六）。而且寺内其他建筑在之前的维修中由于资金不足得不到修缮，大多处于加速恶化状态，建筑及护坡随时有可能出现结构失稳而坍塌。

为了对其进行科学的维修保护，2004 年高平市文物局委托山西省古建筑保护研究所对游仙寺全部古建筑进行了勘察测绘、分析了存在的问题及形成原因，在此基础上制定了相应的保护修缮设计方案。方案于 2004 年 8 月经国家文物局专家论证组通过。

（一）游仙寺勘察情况

游仙寺寺院整体布局规整严谨，功能分区明确合理，流线组织井然有序，属北方典型的寺院院落布局。然而，修缮前，整个寺院因年久失修，残损严重，偶有散客到访。

经勘察，毗卢殿整体残损严重，其柱额、铺作及屋顶已不能维持自身的耐久能力，梁架结构点大多具有不同程度的偏移，构件亦有不同程度的毁坏。前檐明间西檐柱下沉，导致梁架及构件的变形和毁坏；西北角柱倾斜造成转角铺作、后檐柱及梁架倾斜；因年久失修，屋面长草，瓦件、灰背松弛，瓦陇勾抿之灰脱落，致使屋顶大面积漏雨，造成椽、飞、望板腐烂和部分榑枋局部糟朽；风雨侵蚀导致墙体出现局部碱化裂缝；殿内佛台上部及前侧局部毁坏，少数壶门及上下枭砖雕破碎、丢失；因年久失修，地面砖已残破严重，且周围无散水。

三佛殿年久失修，明间现有的六抹头槅扇门装修，为清代风格，已残破不堪；窗装修已无存，只遗有槛及抱框。现存遗构整体梁架保存较好，局部构件有裂缝和糟朽现象，屋顶因生草引起漏雨现象造成望板朽烂，部分椽飞糟朽。地面砖已残破严重且周围无散水。

七佛殿因年久失修，屋面杂草丛生，屋顶漏雨，墙体裂缝严重。明间遗有六抹头槅扇门装修，为清代风格；窗装修已无存，只遗有槛及抱框。室内地面损毁严重，潮湿青苔漫布，地面砖已残破严重且周围无散水。

图六　修缮前毗卢殿后檐支撑加固戗柱（来源：李会智摄，三佛殿东配殿拍摄毗卢殿后檐）

图七　修缮前春秋楼北立面残破现状（来源：李会智摄）

春秋楼因长年失修及风雨侵蚀，致使楼整体残损严重。北面屋顶全部塌落，南面也残破严重，瓦件失落，梁架、檩枋倾斜糟朽非常严重，其中明、次间梁栿断裂非常严重且落露于外。椽、飞腐烂坍塌。装修、栏杆也已残破不堪。地面砖也残破严重，且周围无散水，若不及时修缮恐将消失（图七）。

（二）游仙寺修缮施工情况

在山西南部早期建筑保护工程中，元代以前的早期建筑保护修缮是工程的重点，游仙寺修缮工程的重点是以毗卢殿为核心的中轴线四座文物建筑，其中毗卢殿、三佛殿、七佛殿均被列为早期建筑。本文将以毗卢殿为例来论述工程的实施过程。

毗卢殿采取了落架检修的修缮方式，修缮工程大体可分为建筑本体修缮准备与拆卸工程、基础与墙体加固修缮工程、木构修缮工程、瓦作修缮工程及装修修缮工程等。

1. 建筑本体修缮准备与拆卸工程

主要对毗卢殿位于佛龛正、背面的壁画采取了遮挡防护措施。毗卢殿周檐栱眼壁壁画进行整体取出保护，在大木与墙体修缮结束后，将整体取出的栱眼壁完整的安装于原位置。为了实施毗卢殿落架检修整个大木结构的需要，需要对屋面实施整体揭顶，包括了整个瓦顶全部构件的拆卸，梁架与铺作层斗栱全部拆卸，柱、阑额与普拍枋部分拆卸。

2. 基础与墙体加固修缮工程

毗卢殿基础工程包括前后檐檐柱基础加固和周檐台明加固，特别是对前檐中段台明进行整修，对后檐台基灰缝重新进行勾抿整修。毗卢殿南侧院落地平低于北侧院落，前檐台明出露比后檐台明多，周檐台明石料基本完好，加固工程主要为台明条石的拆砌和台明夯土部分的处理。

3. 木构修缮工程

毗卢殿将不可继用的糟朽角柱与檐柱进行了复制更换，本次修缮在满足柱子自身受力的基础上，坚持原状加固保护和尽量多的保留原木质的原则。阑额及普拍枋的维修采用了更换与铁箍加固两种方式。铺作层修缮内容包括各类斗、栱、昂、耍头及其他构件的检修、加固、更换、安装工程。梁架修缮内容主要包括加固更换老角梁、加固异形丁栿、补配榑条。其他各类梁枋、驼峰、蜀柱、叉手及襻间等构件均有不同程度的加固修补与更换。木基层归安内容主要包括椽飞、望板、连檐瓦口、博缝、垂鱼、惹草的归安。

4. 瓦作修缮工程

毗卢殿墙体修缮主要为后檐墙的拆砌与两山墙局部择砌与土衬石重砌，另外包括局部酥碱砖块的剔补。殿内壁面因屋面的渗水，墙表抹泥已冲刷成泥帘状，下部也因此发生离皮、空鼓、大片脱落，在屋面工程结束后重新抹压泥壁。地面为方砖细墁，顺开间方向铺墁。毗卢殿屋面分别进行苫背、宽瓦、调脊、仰合瓦屋面。

5. 装修修缮工程

毗卢殿装修内容为前后檐槅扇门及槛窗，修缮中保持原形制不变，大部分槛框未进行干预，而槅扇则拆卸下来进行了解体检修。

此次游仙寺修缮保护工程的管理单位为高平市文物管理中心，修缮工程勘察设计由山西省古建筑保护研究所承担，工程施工由山西省古建筑保护工程有限公司承担，保护修缮工程始于2005年9月，竣工于2008年12月。2007年，国家发改委为山西南部早期建筑保护工程配套相关环境整治经费，使游仙寺在开展文物本体保护的同时得以改善周边保存环境，完善安防、消防、防雷三项防护措施，建设连接寺庙与山下公路之间的机动车道路。

三 结 语

游仙寺之主殿毗卢殿，梁架襻间结构及梁栿过渡构件个性化，乳栿用材自然节俭，是晋东南较独特的九脊顶木结构建筑实例，具有很高的科学、美感价值，是研究区域性建筑不可多得的实例[12]。

宋代早期建筑多采用“梁栿驼峰式”的结构手法，是唐五代构造手法的延续，游仙寺毗卢殿四椽栿背前槽设方形蜀柱其柱脚立在丁栿头上，以合楷稳固丁栿，后槽以“驼峰大斗式”承顶平梁头[13]。梁架为四椽栿后压乳栿用三柱，梁栿间设驼峰、栌斗隔承，不设托脚，四椽栿与平梁成矩形状；平梁上置栌斗立蜀柱，柱头置栌斗、丁华抹颏栱及顺脊串承脊榑，叉手捧顺脊串及戗通替两侧。檐下柱头铺作五铺作单杪单下昂一跳内外偷心造，批竹真昂造。开昂形耍头、斜面栱及四椽栿压乳栿之先河[14]。毗卢殿的大木构架虽不能作为宋代早期建筑研究之用，但铺作却是唐五代向宋代转型的重要实例，是开启宋代铺作制度和阑额、普拍枋组合结构方式的典型代表，是宋代早期铺作风格形成的起点坐标。

但“毗卢殿”这一叫法始于何处，有待进一步考证，柴泽俊先生曾提到“高平游仙寺前殿”[15]，并未明确前殿即为毗卢殿。在贾珺老师《高平游仙寺营建历史考略》一文中也提及：所谓“雷音殿”，应指前殿而言，与中殿三佛殿、后殿七佛殿并峙。前殿今称“毗卢殿”，未知何据。雷音殿名称来源于寺内现存碑刻《重修游仙寺雷音殿记》［清道光二十三年（1843年）四月］。

游仙寺的始建年代没有明确史料记载，院内碑刻显示也只能确定一个区间，即北宋淳化元年（990年）至北宋康定二年（1041年），这个区间可称之为“绝对年代”，这一概念为考古学年代学的基础理论，将此作为古代建筑年代学也同样适用，即当遗物的特征属性与史料记载的明确年代相符时，遗构便有了明确的建造年代。毗卢殿可视为具有绝对年代意义的遗例。重要的是，利用这些有明确年代的遗物，我们可以构建起一个时空框架下的发展演变序列。

注　释

[1] 高平市志办公室点校：《高平县志》（清）顺治版点校本，山西出版传媒集团、山西人民出版社，2015 年，第 12 页。
[2] 清乾隆十七年（1752 年）《重修游仙寺碑记》，位于前殿毗卢殿台明东南角。
[3] 清道光十七年（1837 年）八月《重修游仙寺记》碑刻，位于七佛殿前东侧。
[4] 清道光二十三年（1843 年）四月《重修游仙寺雷音殿记》碑刻，位于七佛殿前西侧。
[5] 贾珺、李竞扬：《高平游仙寺营建历史考略》，《建筑史》，2017 年第 2 期，第 11—24 页。
[6] 北宋康定二年（1041 年）《游仙院佛殿记》碑刻（南），位于前殿毗卢殿台明东南角。此碑为南北双面碑刻。
[7] 明正德九年（1514 年）《游仙山慈教院记》碑刻，位于前殿毗卢殿台明东北角。
[8] 大朝甲辰年（1244 年）四月《十方慈教院施地记》碑刻（北），位于前殿毗卢殿台明东南角。此碑为南北双面碑刻。
[9] 于采芑：《蒙古汗国国号“大朝”考》，《内蒙古社会科学（汉文版）》，2005 年第 6 期。
[10] 李竞扬：《游仙寺石碑中的高平李家》，《中国文化遗产》，2017 年第 5 期。
[11] 《高平金石志》编纂委员会：《高平金石志》，中华书局，2004 年，第 161—162 页。
[12] 李会智：《高平游仙寺建筑现状及毗卢殿结构特征》，《文物世界》，2006 年第 5 期，第 31—38 页。
[13] 贺大龙：《晋东南早期建筑专题研究》，文物出版社，2015 年，第 111 页，第 238 页。
[14] 李会智：《山西唐至清宗教木构建筑梁架结构演化及图解（中）》，《文物世界》，2016 年第 2 期。
[15] 柴泽俊：《柴泽俊古建筑文集》，文物出版社，1999 年，第 44 页。

长子崇庆寺

芦宝琴

崇庆寺位于山西省长子县城东南45里色头镇璩村北，坐落在风景秀美、白松掩映的紫云山腰。寺院规模不大，布局紧凑，蕴藏着丰富的历史文化内涵。1996年11月20日，被国务院公布为全国重点文物保护单位。

一 文物概况

崇庆寺为一进院落布局，寺址依山、背北面南而建，总占地面积2682.71平方米，其中建筑面积590.17平方米。中轴线建筑由北往南主要有：千佛殿、天王殿（山门）、影壁。东西配殿为卧佛殿和大士殿，另有十帝殿、关帝殿、给孤长者殿、东禅房、月亮门、碑亭等附属建筑（图一）。另存五代经幢1座，清代碑碣3通。

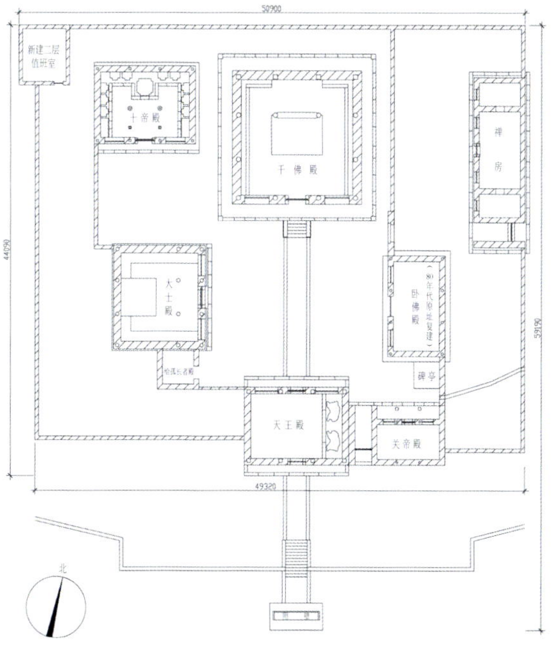

图一　崇庆寺总平面图

（来源：《崇庆寺修缮设计方案》，参加人员：陈海荣、芦宝琴）

2005年9月受长子县文物旅游发展中心委托山西省古建筑保护研究所对崇庆寺前后寺进行勘察并编制修缮方案，2009年4月工程开始施工，2012年5月工程整体竣工并通过验收。其中，寺内主体建筑千佛殿已于1999—2000年间，经国家文物局批准，按原有的建筑规制已经整体落架重修完毕。一点说明：崇庆寺俗称前后寺，前寺与其虽为一名但非一体，实为护国灵贶王庙，在此不予赘述。

崇庆寺创建时代较早，布局完整，保存有宋、明、清三个历史时期的建筑，为研究古建筑区域文化提供了重要的史实资料，千佛殿和罗汉殿较为完整地保留了宋代建筑的形制及塑像，是研究国内早期建筑及艺术的重要实例标本。

千佛殿是体现崇庆寺文物保护价值之精华所在，整体结构大方，造型美观，大木构件用材规范，举折平缓，较为完整地保留了宋代建筑的原真性，为研究早期建筑的科学性提供了重要实例。殿内的石雕佛台、塑像、小木作、壁塑等艺术作品是建筑主体重要的附属内容，也是体现其整体价值的有益补充。

大士殿内所保存的北宋元丰二年的砖雕佛台以及其上的观音、文殊、普贤三大士和十八罗汉彩塑集中体现了当时人们的审美情趣和艺术鉴赏水平，是中国宋代彩塑艺术的杰作。

十帝殿内的地藏王菩萨、十帝阎君、六曹判官、阴曹地府彩塑及其下的石雕佛台，均为嘉靖时原物，属国内明代雕塑艺术的精品。

崇庆寺保存了歇山、悬山、硬山等屋顶形式的建筑，造型多样，构造精美，与白松坡独特的景观互为交融，共同构成了古老的历史与人文环境，反映出当时紫云山的宗教繁荣景况和乡民信仰文化的主流意识。进入新的历史时期，更是发展文物旅游业的重要资源。

二　历史沿革

据寺存大清嘉庆三年（1798年）《崇庆寺重修碑志》载："……迨余大中祥符九年（1016年）而寺始建，千佛殿居其北，卧佛殿居其东，大士殿（罗汉殿）居其西，天王殿居其南，东南立门，门之东建关帝殿，西北建十帝并鬼王殿，西南又立给孤长者殿，东北一院则为禅舍……"。碑中记载与现存建筑布局是较为吻合的，只是卧佛殿被毁后系20世纪80年代在原址重建。

由此可知，崇庆寺创建于北宋大中祥符九年，距今已有一千余年的悠久历史。除卧佛殿外，各殿至今还保持着当时建筑的历史风貌和价值内涵。

千佛殿始建于北宋大中祥符九年，平面呈方形，梁架为四椽栿对后乳栿通檐用三柱，月梁式，后槽设金柱，柱头卷杀，明显有宋代的建筑特征，应与寺院创建同期。清代维修时，在正脊琉璃脊刹留有"咸丰元年"（1851年）烧造题记。

据碑记，大士殿为清嘉庆三年重修，外观为清式建筑。但殿内梁架为四椽栿对前乳栿通檐用三柱，前槽设金柱，柱头卷杀明显，梁、枋、柱、额等构件应该全是初创时原物。且佛坛束腰须弥座正面有北宋"……元丰二年（1079年）二月内砌造……"砖雕题记（图二），证明建筑主体应属宋代遗构。

阎王殿脊刹背面龛内题字"嘉靖十年（1531年）五月十五日本寺僧人明钟烧琉璃一堂"，殿内脊部题记板墨书"大明嘉靖二十七年（1548年）丙辰月癸卯日崇庆寺建立十王殿僧……"为研究该殿建筑与彩塑确切的年代记录。

天王殿正脊脊刹有"大清康熙己巳年立"（1689年）的烧造题记，结合现存建筑的结构特征分析其为清代遗构。

综合寺内现存碑碣和各建筑留存的题记可知，崇庆寺已经历千余年沧桑。进入新的历史时期，各文物建筑及其附属内容已经得到科学修缮和妥善保护。

三　建筑简介

崇庆寺现有建筑数量相对较多，因篇幅限制，文中除部分内涵丰富、价值较高的重点建筑外，其余在此不予赘述。

1．千佛殿

为崇庆寺主殿，位于中轴线北端。面阔三间，进深六椽，平面方形，单檐歇山顶，青灰筒板瓦屋面，琉璃脊饰、吻兽、剪边（图三-1）。

建筑梁架为彻上露明造，四椽栿对后乳栿用三柱，有明显的生起和侧脚，结构合理，制作规范，原构依旧，是我国宋代木结构殿宇中具有代表性的遗作。

柱间施阑额、普拍枋，柱上仅施柱头铺作。斗栱五铺作单杪单下昂，耍头呈下昂式、偷心造，栱头卷瓣明显，斗鰤较深，制作手法沿袭唐代遗风（图三-2）。台基石砌，前部束腰式，雕刻仰覆莲和动物、花卉图案，间柱石雕瑞兽，四周构筑压檐石。防潮石上砌筑丝缝坎墙后垒筑土坯并内外抹灰，地面铺墁方砖。前、后檐明间均设板门，前檐东西次间安破子棂窗。

千佛殿壁塑数量较多但体量较小，殿内原东西两侧均有分布，1999年修缮时择其完整的部分集中安放到了西山墙上。

壁画的数量和内容并不清楚，只能从外层泥皮脱落后的部位看到一点画面。

扇面墙背后构筑小木作佛龛，观音菩萨端坐其中。

殿内佛坛系原构，砂石雕造，束腰须弥式，剔地突起雕花草纹，间柱上雕兽面。坛上一佛二菩萨诸像，虽经后人重装，仍保留了宋代风格。

2．天王殿

即山门，位于中轴线南侧。面阔三间，进深六椽，单檐悬山式，青灰筒板瓦屋面，七架梁通搭前后通檐用两柱（图四）。

建筑使用石柱，柱上斗栱五踩单翘单昂，后尾呈沓头承托梁栿。台基为本地砂石砌筑，前构石雕束腰，殿前设踏道。砖砌槛墙上垒淌白面墙土坯背里。明间前后檐均设小板门，后檐两次间为直棂窗。

殿内左右砌筑佛台，石雕、束腰，上塑天王像仅东侧两尊尚存。

3．大士殿

系寺院的西配殿，亦称罗汉殿，因内塑三大士和十八罗汉彩塑而得名。建筑平面近方形，面阔三间，进深六椽，单檐硬山式，青灰筒板瓦屋面（图五）。

殿内前槽设金柱，柱头卷杀明显，柱底施方形

图二　佛坛束腰须弥座砖雕题记
（来源：陈海荣摄；拍摄方向：东侧）

图三 -1　千佛殿立面照片
（来源：自摄；拍摄方向：西南）

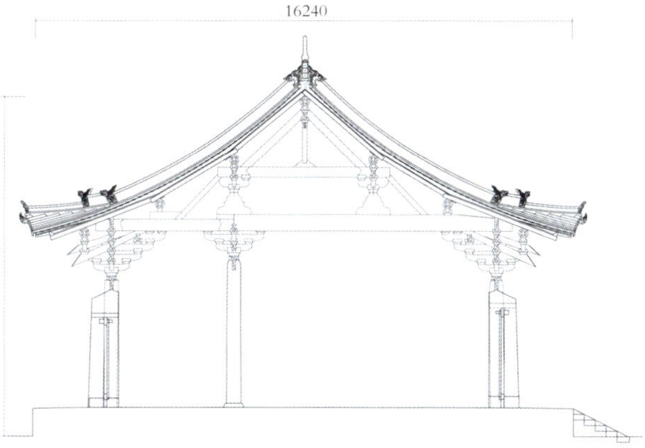

图三 -2　千佛殿剖面图

图四　天王殿立面照片
（来源：自摄；拍摄方向：北）

图五　大士殿立面照片
（来源：自摄；拍摄方向：东侧）

图六 -1　十帝殿立面照片

（来源：陈海荣摄；拍摄方向：东南方向）

图六 -2　十帝殿内塑像照片（东）

（来源：陈海荣摄；拍摄方向：西侧）

图六 -3　十帝殿内塑像照片（西）

（来源：肖迎久摄；拍摄方向：东侧）

柱盘石。梁架结构四椽栿前压乳栿用三柱，柱头斗栱用材适中，构造合理。建筑台基系砂石砌筑，墙体为条砖淌白垒砌，后檐以冰盘檐封砌，地面方砖铺墁，前檐明间设板门，次间均设直棂窗。

殿内后部及左右两侧为砖雕精美的佛台，正中分塑观音、文殊和普贤三大菩萨。两侧塑十八罗汉坐像。

4．十帝殿

史称“十帝并鬼王殿”，系寺院的西北朵殿。坐北向南，面阔三间，进深四椽，单檐悬山式，青灰筒板瓦屋面（图六 -1），建筑体量较小，结构简单，檐部斗栱三踩单昂，梁架结构为五架梁通搭前后用两柱。台基为本地砂石砌筑，上为青砖垒砌，内外地面方砖铺墁。前檐明间设板门，次间均设直棂窗。

殿内佛台塑地藏菩萨及侍者，左右分塑十帝阎君和六曹判官等，与上部悬塑等作品都是明代彩塑之上佳之作，工艺高超，保存完好（图六 -2、3）。

四　保护研究

崇庆寺建筑及其附属文物的全面保护修复，得益于本世纪初国家实施的“山西南部工程”倾斜政策的大力扶持，修缮工程已经通过国家文物局竣工验收，取得了良好的社会效果。

文物保护项目的理论研究主要通过与其相关的修缮技术工作实践予以体现，并在实际经验基础上进行总结，从而对其产生明确的指导意义。

千佛殿构架尺度的研究，相关专业人士已涉略颇多。其中，姜铮《山西省长子县崇庆寺千佛殿实测尺度与设计技术分析》一文可以看到材宽数值为 120—150 毫米，是否历代维修留下的痕迹也未可知。

在文物建筑修缮方面，除耳熟能详的基础环节和常规工序外，对修缮工程质量的监督便是当务之急。通过前期现状勘测、数据分析、设计方案批复到施工阶段的技术交底、工艺把握、进度控制、工程监理、质量验收等环节进行全过程参与，坚持不改变原状、最小干预、修旧如旧等基本原则，最终满足了文物保护法和保护准则所规定的质量要求和行业规范。

特别是在对阎王殿内虫蛀大梁的修复过程中，与林科院等专业部门密切协作，采用最新前沿科技，彻底消除了潜在的安全隐患。千佛殿进行维修时，考虑到梁栿与铺作节点的残损与受力情况，为稳妥起见采取了支顶钢管补强的技术措施，使现代材料在古建筑保护与维修的应用成为相互结合的科技手段。

由于历代维修的缘故，千佛殿后门被人为封堵于墙内。因为殿内扇面墙后有倒座观音彩塑，所以其存在即有合理的解释；殿后环境被开辟为公路，寺院内外散落有大型柱础、石柱等建筑构件（尺寸均大于千佛殿）；另外天王殿维修时，后檐四根置于墙内的石柱，四角抹面，做工精致（图七），可见其原来是某建筑的露明柱；寺内现存的旹天祐九载岁次（912 年）的石金幢、新发现的石造像残件以及特征为早期造型的碑首等都可作为其有力的旁证。据此推断崇庆寺创建年代应该更早，且千佛殿北当有后殿。建议在有条件的情况下，对寺北侧进行发掘，进一步寻找建筑遗址。

崇庆寺俗称后寺，抑或在历史上与法兴寺前后互称。二者位居同一山系的前后，法兴寺居前，崇庆寺置后，又皆为佛教寺院，以法兴寺的始创年代、历史盛况、建筑分期、保护价值等全方位衡量，此推论应较为可信。同时，崇庆寺现存的千佛殿为北宋初期的建筑（1016 年），较始建于五代后晋开运二年（945 年）的法兴寺内最大建筑圆觉殿仅晚

图七　天王殿后檐石柱照片

（来源：崇庆寺竣工资料；崖国梁摄；拍摄方向：西侧）

了 71 年，而距其元丰四年（1081 年）重建还早了 65 年。两殿均属北宋早期的建筑遗构，结构近似、体量相近、形式相同，且殿内布置如出一辙。种种迹象表明，法兴寺与崇庆寺合称前后寺才充分合理。

崇庆寺内彩塑不仅年代确切而且塑造技艺高超，其中的十八罗汉像更是中国古代彩塑艺术宝库中的明珠。在数量分布上，尤以千佛殿、大士殿、阎王殿为最。

彩塑的修复工程历时 3 年多时间，通过除尘、清洗、加固、修复等科学技术手段，全面解决了塑像存在的酥碱、空鼓、起甲、下沉等病害。还对阎王殿内的明代悬塑进行了整体加固，解决了修缮前由于墙体下沉和开裂造成其向下垮塌的险情。

寺内二百多尊彩塑已经得到全面修缮，尤其使出现残损或变形的塑像彻底摆脱了“东倒西歪下沉”等病害。

目前，崇庆寺彩塑修复项目已通过国家文物局的验收，重新展现在世人面前。

万荣稷王庙

刘建昭

稷王庙又称后稷庙，位于运城万荣县南张乡太赵村，始建年代不详，宋天圣元年（1023年）已有之[1]。据考证，该庙历代屡有改动[2]，抗战时期多数建筑毁于兵戈。庙院坐北朝南，一进院布局，现仅存大殿、戏台，全院南北长80米，东西宽44米（图一）。

一 文物概况

稷王庙大殿是目前国内仅存的宋代庑殿顶建筑，大殿面阔五间，进深六椽，建于低矮砖砌平基之上。大殿平面呈矩形，殿内四周作回廊以乳栿转通，六椽栿用四柱，内殿殿身三间，进深两椽，内筑台基。外檐柱从当心间向两侧略微生起，外檐各间均施补间铺作一朵。柱头铺作、补间铺作、转角铺作均为五铺作双下昂，昂身琴面无棱，昂底上卷，昂头上翘，造型独特（图二、图三）。

戏台重建于民国十三年（1924年），建筑坐南朝北，由两部分组成，南侧为硬山顶，北侧单檐歇山顶，皆面阔三间，进深四椽，两建筑平面、梁架有机整合为一。整体平面呈凸字形。戏台筑于砖砌台基上，檐柱由圆木柱和方石柱组成，均无侧角生起（图四）。

1965年山西省政府公布为山西省文物保护单位。

2001年国务院公布为全国重点文物保护单位。

图一　稷王庙鸟瞰图

（来源：王小龙摄；自东向西）

图二 大殿正立面
（来源：王小龙摄）

图三 大殿回廊梁架
（来源：王小龙摄）

图四 戏台正立面
（来源：王小龙摄）

二 历史沿革

稷王庙创建年代失考，大殿前檐明间下平槫襻间枋外皮上有一处不明显的墨书痕迹，经辨认为“天圣元年”，公元 1023 年。由此推断万荣稷王庙大殿始建年代不晚于天圣元年（1023 年）。

至元八年（1271 年）前稷王庙内即已有舞基，至元八年（1271 年）在此基础上又新建舞厅一座[3]（图五）。

至元二十五年（1288 年）大殿进行过重修[4]（图六）。

同治二年（1863 年）对稷王庙进行重修，大殿内加设暖阁、西廊前建香亭、建马房、开便门，于同治四年（1865 年）竣工[5]。

据碑记记载，同治四年（1865 年）大殿周围有左右阁、东西廊以及午门[6]（图七）。

民国十三年（1924 年），村民集资将戏楼移建于午门处，且与午门接连[7]（图八）。

据考证[8]1924 年之后，庙内建筑包括大殿、戏台、午门、山门、大殿正前小殿、左右配殿、八卦亭，抗日战争时期，多数建筑毁于兵戈。

戏台后檐金檩题记记载：1986 年 5 月 14 日在原戏台北半部分续建了现代风格的戏台（图九）。

《重塑稷王庙祖师关圣像碑记》记载，1999

图五　舞厅石碣
（来源：王小龙摄）

图七　重修后稷庙碑记
（来源：王小龙摄）

图八　重建稷王庙戏楼碑记
（来源：王小龙摄）

图六　大殿前檐明间下平槫题记
（来源：王小龙摄）

图九　戏台后檐金檩题记
（来源：王小龙摄）

年 4 月份于殿内塑有关帝圣像（图十）；庙内现存《美化无梁殿碑记》（图十一）记载，1999 年 9 月对大殿内外进行过美化。

图十　重塑稷王庙祖师关圣像碑记

（来源：王小龙摄）

三　保护工程梳理

万荣稷王庙大殿历经自然、人为破坏，其残损程度日趋严重。中华人民共和国成立前后曾有多次修葺，20 世纪 90 年代曾进行过两次抢险，但由于缺乏资料，具体修缮内容不明。稷王庙每次都是小修小补，没有进行系统、彻底的专业修缮，致使庙内大殿屋面到处渗雨，斗栱变形、栱枋被锯断、栱枋糟朽、构件遗失，柱子开裂、柱根糟朽等。戏台也被后人改造，在原戏台北边又续建近代砖混戏台，严重损害了戏台整体风格。

2007 年 10 月山西省古建筑保护研究所受万荣县文物局委托对稷王庙进行了勘察、测量，制定了《万荣稷王庙修缮设计方案》，该方案于 2009 年 5 月通过国家局验收并立项，属于山西南部早期建筑工程之一。2010 年 7 月山西省古建筑工程公司负责修缮保护工程，经过为期一年施工，于 2011 年 6 月竣工，并通过山西省文物局组织的专家验收。同年获得了中国文物报社主办的 2011 年度全国十大文物维修工程荣誉。[9]

此次修缮性质为现状整修，主要是对大殿和戏台进行补强加固、替换糟朽部件。大殿主要是规整个别移位梁架，补配损坏的望板及椽子，并重宽屋面，调正正脊与戗脊，对地面砖、散水按原形制工艺进行重砌。戏台主要是恢复 1986 年前原貌。其他项目为环境整改，包括院面规整、修整围墙。保护塑像、砖雕、石雕、木雕以及碑刻。

经此次修缮，文物建筑本体及附属文物得到了合理的加固、修葺，原构特征得以保留并延续，同时也改善了稷王庙周边环境。稷王庙的时代特征、建筑结构、雕刻手法所赋予的文化、历史、艺术信息得到展示，并使其应有的功能得到一定程度的利用。对稷王庙保护修缮工程的实施，让相关各方更加深入地认识到对文物建筑的保护修缮即是对文物建筑的隐蔽构造、结构方式、原制和时代特征等深入认识、了解、研究的一个过程。

图十一　美化无梁殿碑记

（来源：王小龙摄）

四　研究现状

稷王庙创建年代不晚于天圣元年（1023 年），其时间至少早于《营造法式》[10]80 年。其大殿部分特征不同于《营造法式》的做法，如下昂上卷这种做法只见于同时期其他砖雕建筑[11]，这些对研究官式建筑普及之前，宋代尤其是晋东南及周边区域的建筑特征具有重要价值。

万荣稷王庙于20世纪60年代初被文物工作者发现以来，主要研究可分为前后两个时间段。

首先，最早对正殿进行探讨的是柴泽俊1983年所著《平阳地区古代舞台研究》，他指出该建筑布局疏朗，屋顶举折平缓等，并认为是金代所建。后人多以此为依据，2001年稷王庙被公布为第五批全国重点文物保护单位，定为金代建筑。

然后，从2007年开始，以北京大学考古文博学院为主的科研团队，从建筑形制、建筑材料、^{14}C检测、构件尺度、建筑布局等多个角度对万荣稷王庙进行了为期数年的研究分析。北京大学考古文博学院基于对临汾、运城地区宋元建筑形制特点的掌握，发现稷王庙大殿所反映的斗栱偷心造、扶壁单栱、靴楔栱、顶平底卷的昂头、令栱短于泥道栱等做法，均早于当地已知的金元木构建筑[12]，特别是上卷昂头与当地万荣八龙寺塔（不晚于北宋熙宁七年，1074年）[13]和临猗妙道寺双塔地宫（北宋熙宁二年，1069年）[14]的枋木构昂形如出一辙，但未出现在大量已考证的金元建筑及仿木构砖石塔和墓葬[15]，从而推断稷王庙大殿原构年代为北宋中期；其后彭明浩在《山西南部早期建筑大木作选材研究》中，将正殿木材树种与山西已知年代的宋金建筑木料树种相比较，认为该建筑材料符合北宋建筑选材特点[16]；同年北大与山西省古建所共同申报《指南针计划》，在对建筑进行测量时在大殿明间下平槫襻间枋外皮上发现题记，经辨认为天圣元年（1023年），为这座建筑提供了准确的建造年代下限[17]；同年课题组对稷王庙大殿进行^{14}C检测，系统采集不同年代梁、柱、斗栱等不同部位和尺度构件的样本21个。根据样本所测年代与天圣元年的时间差，将21个数据分成4组，其中有3组测年早于天圣元年，其结论支持了不晚于天圣元年（1023年）的论断，剩下一组测年晚于天圣元年（1023年），经形制对比确认均为后期更换构件，其结果也肯定了^{14}C测年的准确性，反映出^{14}C的测年的应用离不开建筑形制学[18]；次年俞莉娜、徐怡涛对稷王庙大殿大木作尺度进行了研究。从构件较大的斗栱和柱梁构件入手，复原出大殿用材，在此基础上推论出营造尺长约为31.4厘米，与以往北宋用尺研究结论不悖[19]；2015年张梦遥通过对碑文、题记及当地村民踏访资料的梳理，并结合考古发掘，对民国、明清、宋金等时期稷王庙的建筑布局进行了翔实的论证与再现[20]。

五　结　　语

稷王庙大殿作为国内仅存的木结构庑殿顶建筑，该寺庙历经千年，兴废更替，见证了当地社会发展与人文变迁，同时也是研究宋至明清多个时期建筑形制、布局特征及变化的活样本。稷王庙大殿从先前被认定为金后改为宋，是经过建筑形制学、^{14}C检测、建筑材料分析等多方论证的成果。通过对稷王庙大殿相关研究的梳理，使我深刻认识到文物建筑学离不开历史学、考古学、建筑形制学等多学科综合运用，虽然很多证据隐于地下或散于口头，但研究者不应忽视他们的存在，应尽可能去查找和梳理，不能只限于同类建筑的考证，枋木砖雕及墓葬中所见仿木构建筑和当地建筑的关联也是不可忽视的。未来，田野调查与文物建筑的研究者需要更多的学术交流，以期完善现有的文物建筑学，以科学标准认定文物的价值。

注　　释

[1] 徐怡涛：《论碳十四测年技术测定中国古代建筑建造年代的基本方法》，《文物》，2014年第9期，第92页，“于大殿前檐明间下平槫

襻间枋外皮上发现了一处很淡的墨书痕迹，经表面湿处理后，可确认题记为“天圣元年（1023 年）”。

[2] 张梦遥、徐怡涛：《宋至民国时期山西万荣稷王庙建筑格局研究》，《故宫博物院院刊》，2015 年第 3 期，第 32 页。

[3] 正殿东山墙有元代至元八年（1271 年）《舞台石碣》载：“今有本廟，自建修年深，雖經兵革，殿宇而在。既有舞基，自來不曾興蓋，今有本村等到謹發虔心，施其實錢二百貫文，創建修蓋舞廳一座，刻立斯石矣。时大朝至元八年三月初三创建”。由此可得出至元八年（1271 年）前稷王庙内即已有舞基，至元八年（1271 年）在此基础上又新建舞厅一座。

[4] 正殿明间下平槫题记：“大元国至元二十五年重修正殿功（工）毕”。

[5] 同治四年（1865 年）《重建后稷庙碑记》载：“庙内房宇莫不整新，正殿内加暖阁而观瞻肃，西廊前建香亭而神灵妥，至于建马房以卫牲口，开便门以别女路……补葺于二年七月告竣……”

[6] 同治四年（1865 年）《重修后稷庙碑记》载：“（略）近是，左阁祖师诸尊，右阁关帝数圣，东廊法药马牛王，西廊坤后城隍，午门将军。累次重修，傾圮至今如故。”

[7] 民国十三年（1924 年）碑记《重建稷王庙戏楼碑记》载：“（略）而戏楼仍属故旧，栋折榱崩，砖颓瓦解，村中父老咸叹曰：‘此庙可以修矣，此楼可以葺矣。’……将戏楼移建，与午门接连（略）。”

[8] 张梦遥、徐怡涛：《宋至民国时期山西万荣稷王庙建筑格局研究》，《故宫博物院院刊》，2015 年第 3 期，第 24 页，对万荣太赵村村民进行了有关稷王庙的访谈。由于被访谈者年龄的限制，访谈中有关稷王庙建筑格局的信息的确切有效时间是在 1924 年之后的。

[9] 《中国文物报・遗产保护周刊》，2012 年 7 月 20 日第 2 版。

[10] 北宋绍圣四年（1097 年）诏李诫重新编修，于崇宁二年（1103 年）刊行全国。

[11] 万荣八龙寺塔（不晚于北宋熙宁七年，1074 年）和临猗妙道寺双塔之西塔及地宫（北宋熙宁二年，1069 年）的仿木构件上见到同类形制的下昂。

[12] 徐新云：《临汾、运城地区的宋金元寺庙建筑》，北京大学硕士学位论文，2009 年，第 83—100 页论述。

[13] 塔北壁间嵌有宋 熙宁七年（1074 年）《桧圭山八龙寺塔 记》碣。

[14] 根据地宫出土的宋碑记载，西塔及地宫均见于宋熙宁二年 (1069 年)。

[15] 徐新云、徐怡涛：《试论建筑形制考古类型学研究成果对碳十四测年数据分析的关键性作用》，《故宫博物院院刊》，2016 年第 3 期，第 44 页。

[16] 彭明浩：《山西南部早期建筑大木作选材研究》，北京大学考古文博学院，2011 年。

[17] 徐怡涛：《论碳十四测年技术测定中国古代建筑建造年代的基本方法》，《文物》，2014 年第 9 期。

[18] 徐新云、徐怡涛：《试论建筑形制考古类型学研究成果对碳十四测年数据分析的关键性作用》，《故宫博物院院刊》，2016 年第 3 期，第 44 页。

[19] 俞莉娜、徐怡涛：《山西万荣稷王庙大殿大木结构用材与用尺制度探讨》，《中国国家博物馆馆刊》，2015 年第 6 期。

[20] 张梦遥、徐怡涛：《宋至民国时期山西万荣稷王庙建筑格局研究》，《故宫博物院院刊》，2015 年第 3 期，第 24 页。

晋祠圣母殿

张国花

晋祠历史悠久。相传西周初年成王封其弟虞为古唐国开国诸侯。虞施政有方，国富民强，后又因境内有晋水，改国号为“晋”。虞死后，为了纪念他，建祠祀奉，因名“晋祠”，亦称“唐叔虞祠”[1]。晋祠的创建年代，无从稽考。据北魏郦道元《水经注》[2]记载，此祠北魏以前就有了。宋太平兴国九年（984年）、天圣年间（1023—1032年）、熙宁年间（1068—1077年）均有扩建，金、元、明、清历代进行补建。

晋祠，它不单单是一座祠堂建筑，是集儒、佛、道于一身，汇祠、庙、寺、观为一体的古代建筑群，它以其特有的历史、艺术、科学价值，成为了中国古代文化和人类建筑艺术宝库中一份弥足珍贵的遗产。1961年，国务院公布为首批全国重点文物保护单位。2001年，国家旅游局评为国家4A级旅游景区。

一　晋祠（圣母殿）概况

晋祠位于山西省太原市西南25公里处的悬瓮山麓、晋水源头，内外山环水绕，祠内古木参天，建筑雄伟，风景秀丽，地理坐标为东经112° 32′，北纬37° 42′，海拔高度780米，占地面积178亩，建筑面积约25000平方米，其中文物建筑面积占63%。祠坐西朝东，祠内建筑除以圣母殿为主体的中轴线外，两侧还有关帝庙、文昌宫、唐叔虞祠、三圣祠、奉圣寺等建筑群。中轴线依次布列有山门、水镜台、会仙桥、金人台、对越坊、献殿、鱼沼飞梁和圣母殿，两侧为钟、鼓楼。现存建筑圣母殿、鱼沼飞梁为宋代遗构，献殿为金代遗构，景清门为元代遗构，叔虞殿及奉圣寺中殿木构部分尚存元制，余皆为明、清所筑[3]（图一、图二）。

圣母殿是晋祠内主殿，位居中轴线终端，宋代

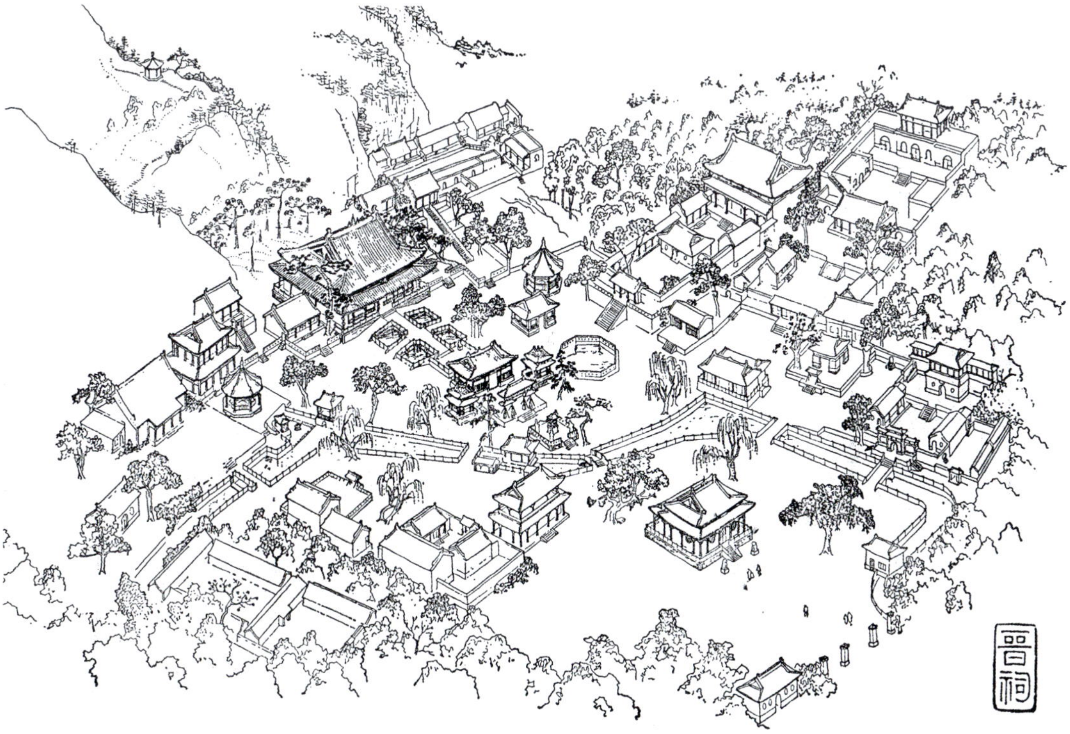

图一　古晋祠鸟瞰图
（来源：刘敦桢《中国古代建筑史》图115—2 晋祠鸟瞰）

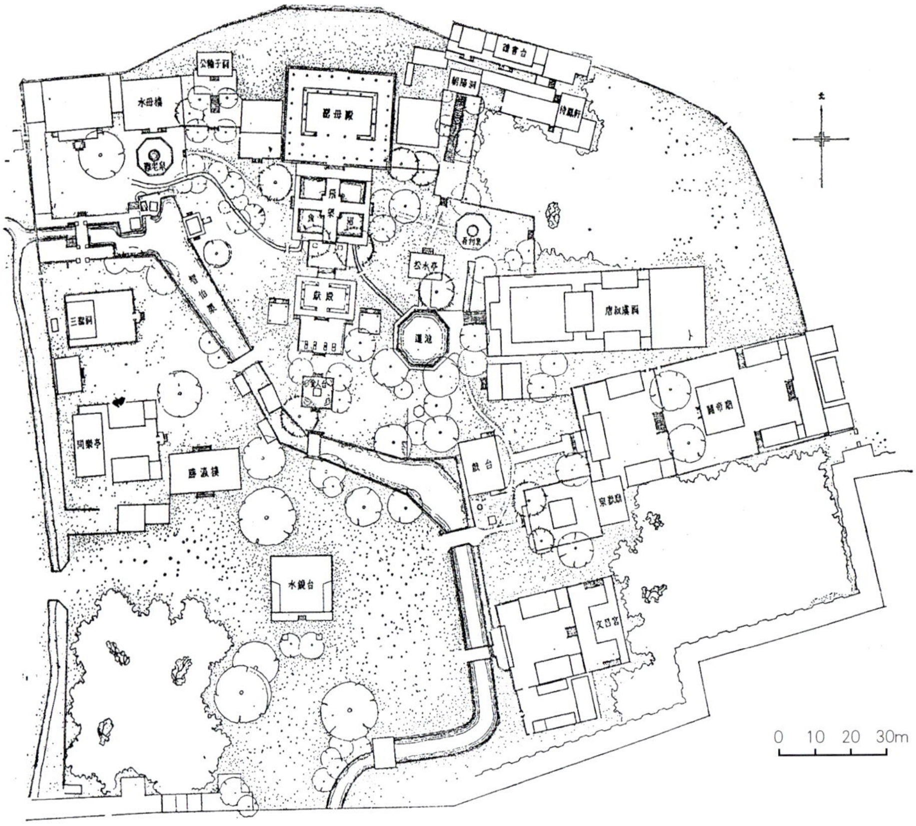

图二 晋祠总平面图
（来源：刘敦桢《中国古代建筑史》图 115 — 1 晋祠总平面图）

建筑风格，是现在祠区最古老的建筑，殿内奉祀姜子牙的女儿、周武王的妻子、周成王的母亲邑姜。坐西向东，殿身面宽七间，进深六间，平面近方形，以中线测之，宽 26.71 米（台基宽 30.71 米），深 21.15 米（台基深 25.15 米）[4]，平面近方形，重檐歇山顶，四周围廊，前廊深及两间，廊下异常宽阔，大殿“副阶周匝”的做法是我国现存建筑中最早的实例。大殿檐柱侧脚、生起明显，致使屋檐曲线弧度显著，打破了建筑轮廓僵直的格调，增强了建筑造型的艺术美和稳固力。殿堂结构为单槽式，殿四周除前廊外，均为深一间的回廊，构成下檐。殿内外采用“减柱法”，以廊柱和檐柱承托殿顶梁架，扩大了殿内空间。前檐明间、次间设板门，梢间置破子棂窗。梁架采用“乳栿对六椽栿用三柱”形式，是中国现存古建筑中唯一符合《营造法式》殿堂式构架形式的孤例。圣母殿斗栱配置十分疏朗，斗栱与柱高比例适当，全部斗栱都用单栱，殿正面每间用补间铺作一朵，侧面则仅用补间铺作。檐下柱头五铺作，出假昂与假华头子，上檐柱头六铺作，耍头斫做下昂状，这种使用真昂与假昂两种斗栱且在上下檐互调位置的做法，也属于最早的一例。斗栱上制梁架，围廊上施乳栿。圣母殿前廊柱子上的盘龙是我国古代唯一保留下来的木雕盘龙，表现了北宋的建筑风格和审美意识，为我国古建国宝。殿内的四十三尊侍女塑像，神态各异，是宋代塑像中的精品，亦是晋祠历史文物中极为珍贵的部分（图三）。

二 圣母殿历史沿革

关于圣母殿的创建年代，文献记载有以下三种：

其一，刘大鹏《晋祠志》、《山西通志》（光绪版）、《太原县志》（明嘉靖版）均记载圣母殿为宋天圣间创建[5]。以上三种记载均来自《晋祠谢雨碑文》[6]，柴泽俊先生认为碑文中并无“女郎祠之建始于天圣”之语，且碑文记载内容与始建年代无关，故圣母殿始建于天圣年间说法值得怀疑[7]。

图三 圣母殿全景

（来源：自摄，自北向南）

其二，晋祠于宋代重建的事情记载于太平兴国碑，其碑文《新修晋祠碑铭并序》在《太原县志》有记载。柴泽俊先生认为《新修晋祠碑铭并序》碑文中所载的“主体建筑”与现存圣母殿位居祠中轴线上，四周环廊的规制以及殿宇具体位置、周边建筑等完全吻合，由此推断其形制大体与如今的圣母殿相当，故圣母殿始建当在太平兴国九年（984 年）。碑文中首先叙述了唐叔虞之功德，殿额称之为“正殿”，但未提及“女郎祠”和“晋源神祠”之名，且当时殿内所封当为叔虞而非圣母[8]。

其三，牛慧彪根据罗洪先“水飘火劫山移步，五十年来帝母临”无题诗推断，宋咸平时地震，悬瓮山发生滑坡，殃及晋祠，圣母是在这以后五十年进入晋祠“水源之西”这座殿堂的，即圣母的建筑年代为公元 1050—1058 年，即皇祐二年到嘉祐三年[9]。

总结以上说法，不难看出罗洪先“水飘火劫山移步，五十年来帝母临”无题诗仅可以说明圣母是此时进入殿内被供奉的，并不可以推断为此殿的建筑年代。这恰恰与《新修晋祠碑铭并序》碑文中所记载的供奉对象是吻合的。

清嘉庆《宋会要辑稿》中诏文载“四月诏：平晋县（即晋阳县）唐叔虞祠，庙宇摧圮，池沼堙塞。彼方之人，春秋常所食祭。宜令本州完葺”[10]。

宋天圣年间（1023—1032 年）唐叔虞改封汾东王时，太原大旱，人们至此祈雨者甚众，遂改殿内唐叔虞与女郎神合祀，殿名女郎祠，后曰晋源神祠。北宋熙宁年间（1068—1077 年），守臣请加封号“显灵昭济圣母”，庙额“惠远”，故晋祠又名惠远祠[11]。

蒙古至元四年（1267 年）《重修汾东王庙记》碑载：“自晋天福六年封兴安王，宋天圣后改封汾东王，又复建女郎祠于水源之西，东向”[12]。

这些表述皆证明圣母殿始建年代为太平兴国九年（984 年）说法更具说服力，真宗大中祥符四年（1011 年）殿毁，宋天圣年间（1023—1032 年）唐叔虞祠正殿重新修复，改奉圣母。

据殿内圣母像座椅背面南半部题记记载，宋元

图四　圣母殿明间北檐柱金龙
（来源：自摄）

祐二年（1087 年）太原府人吕吉等布施雕造角柱金龙六条[13]。

据殿内圣母像座椅背面北隅题记记载“在前件項衆 志人並足”推测得知，两次雕造时隔不久，或者即是同年，故未另题年款。据此，圣母殿前八条盘龙皆为太原府吕吉等人布施，于元祐年间先后雕凿而成。经与实物对证，八龙皆无彼此之分，盖为同师之作（图四）。

据圣母像座中腰题记“元祐二年四月十日，献上圣母”可知，大约从这时起或更早，叔虞殿就被作为圣母的祠堂了。

圣母殿建成以后，于宋景祐四年十二月（1038 年 1 月）和建中靖国元年十二月（1102 年 1 月）经历了两次地震，圣母殿在这两次地震中受到严重损坏，故北宋崇宁元年（1102 年）由“兼知太原军府事”的孙路主持了重修圣母殿，殿内梁架上的三则宋代题记[14]确切地证实了圣母殿重修之事。

根据北宋宣和五年（1123 年）姜仲谦《晋祠谢雨碑文》所载“河东燕山府路宣抚使谭祯谨以清酌庶羞之奠，致祭于显灵昭济圣母汾东王之祠……”，说明至此晋祠之圣母被奉为周成王和唐叔虞母后邑姜[15]。

据《太原县志》记载，元至正二年（1342 年）重修圣母殿[16]。根据柴泽俊先生实地勘察后判断，本次重修包括“重修围廊，更换两山及后廊柱五根，柱径显瘦，柱头卷杀甚微，重制并装配了一部分廊内柱础，础盘略小，覆盆较高，弧线较宋式僵直；础盘大部托于地面之上，高低不等，显然不是原建旧规”[17]。

明天顺五年（1461 年），圣母殿补葺瓦顶，增设殿基前隅石钩栏，前廊部分构件油饰。

明嘉靖三十年（1551 年），因祈雨应，“加封广惠显灵昭济圣母，主者施行”[18]。

根据殿内梁架上三则明代题记推断得知[19]，明嘉靖四十年（1561 年）圣母殿补葺工程较大，柴泽俊先生经过实地考察鉴定，推断本次重修范围主要是殿顶部位，更动榑椽及瓦件脊饰，习称揭瓦修缮。榑径减细，飞椽望板更新，重新烧造殿顶琉璃吻兽脊饰和檐头、排山和勾滴，脊刹背面盒内“大明嘉靖四十年……文水马东张穗……”等琉璃题记皆可证明。

明万历十年（1583 年），修围廊南隅，抽换廊柱一根，柱径甚细，柱头无卷杀，砌制殿内砖质供桌，烧造桌前琉璃裙板，南侧廊内斗栱改制，衬方头伸至外檐砍削成明式麻叶头，令栱下面加施小栱头，与周檐宋制斗栱相较显然异趣。

清嘉庆十五年（1810 年），铺墁殿内残坏地面，压抹殿周檐墙外皮，前檐局部油饰彩画，与前述几次工程相比，布施较小，修葺甚微。

民国年间，晋祠庙内和园林中部分建筑被军阀占为寓所、别墅、私家园林，游人处处受禁。庙貌颓败，杂草丛生，风雨侵蚀，几乎处于无人问津的境地[20]。

解放战争时期，在军民的保护下，圣母殿得以保存。

三　晋祠圣母殿保护历程

在 20 世纪 50 年代前，圣母殿的保护主要依靠地方政府修缮保护。为了更好地保护人类文化瑰宝，新中国成立后，山西文物管理委员会正式成立，在晋祠设办事处，责成专人进行保护保养，使晋祠圣母殿这一珍贵的历史文化遗存永久传世，具体保护项目及工程总结如下。

（一）20世纪50—80年代期间——现状整修阶段

山西文物管理委员会晋祠设办事处成立后，在各级党政领导的关怀支持下，于1954—1980年间对圣母殿进行过基础的加固与现状整修工程，具体为：1954年，为了预防潮气腐蚀殿内塑像，加筑了殿内侍女像料石基座；1962年，对圣母殿瓦顶予以全面勾抹，捉节夹垄；1974年和1980年，两次补砌和铺墁圣母殿地面，进行现状保护，使其益寿延年。

（二）20世纪90年代期间——落架大修阶段

80年代开始，太原地区地下水位急剧下降，圣母殿由于基址的前后构造不同，加之上千年的自然侵蚀，造成圣母殿所处地层空虚、收缩，大殿地基沉陷，导致圣母殿附属的宋代彩色泥塑保存状况堪忧[21]。针对此情况，经请示国家文物局立项，决定对圣母殿进行一次全面的实地考察测量与分析研究，省文物局会同国家文物局商定，此项任务由山西省古建筑保护研究所所长柴泽俊和太原市晋祠文物园林管理处处长平连生主持，古建所高级工程师吴克华组织任毅敏、王春波、牛郁波、姚怡学、张志敏、李在清、李刚、刘秉娟、韩文麟等组成工作组实地考察测量，于1989年7月，经过现场勘察编制完成了《晋祠圣母殿勘察报告》。为了弄清殿基变化的真实原因，使修缮方案建立在科学的基础上，山西省古建筑保护研究所、晋祠文物园林管理处会同化工部第二设计院，对圣母殿地基构造及其变形情况，进行了实地掘井勘探和物理力学分析，于1991年4月编制完成了《太原晋祠圣母殿地基勘察报告》。在此基础上，于1991年10月写成了《太原晋祠圣母殿勘测研究报告》（包括修缮方案）。国家文物局1992年11月组织专家审核批准，付诸施工（图五）。

1993年，圣母殿落架大修，此项工程由山西

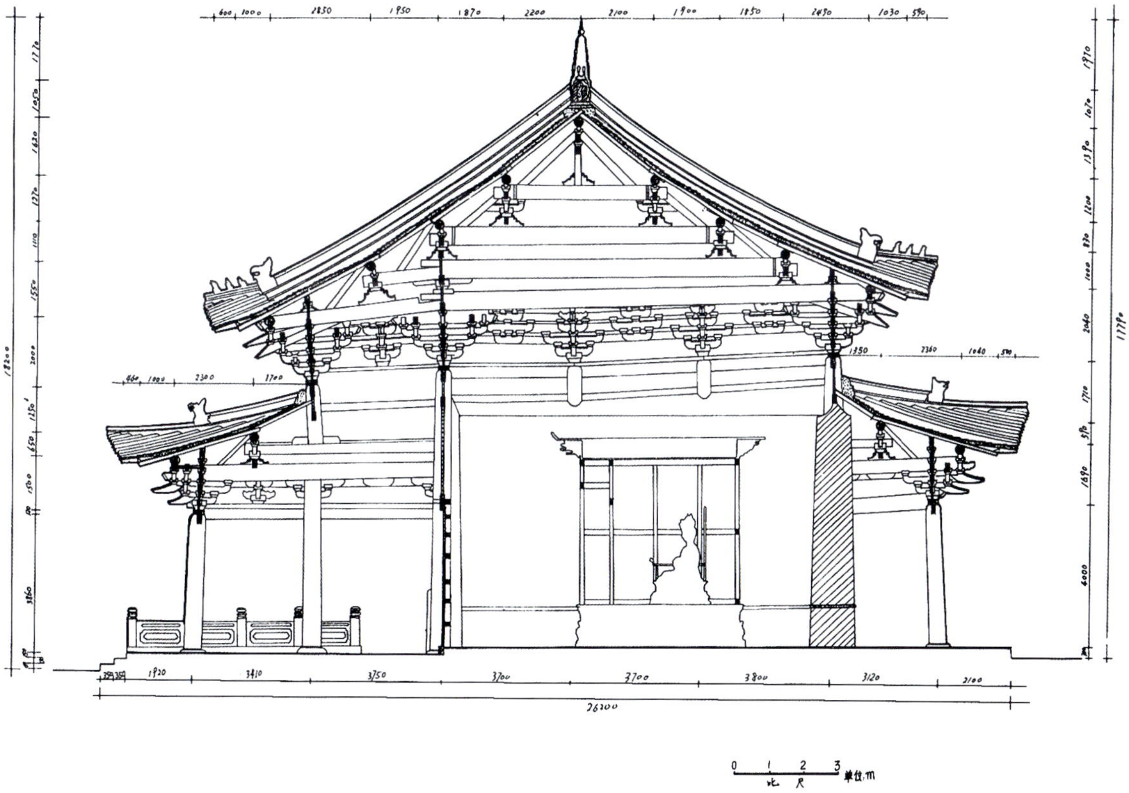

图五　圣母殿横断面实测图

（来源：柴泽俊《太原晋祠圣母殿修缮工程报告》，文物出版社，2000年）

图六　1993 年圣母殿落架大修施工图——安装三椽乳栿
（来源：柴泽俊《太原晋祠圣母殿修缮工程报告》，文物出版社，2000 年）

图七　1993 年圣母殿落架大修施工图——安装上檐四椽栿
（来源：柴泽俊《太原晋祠圣母殿修缮工程报告》，文物出版社，2000 年）

图八　1993 年圣母殿落架大修施工图——屋顶宽瓦
（来源：柴泽俊《太原晋祠圣母殿修缮工程报告》，文物出版社，2000 年）

省古建筑保护研究所负责进行。从 1993 年开始选购木材、搭设工棚库房、支搭保护塑像棚架，1994 年检修加固全部木构件，1995 年烧制砖瓦、铺钉椽望、瓦顶、归安脊兽，到 1996 年 6 月 15 日圣母殿修缮工程全部告竣，经国家文物局专家组鉴定验收，修缮效果良好[22]（图六—图八）。

本次修缮严格按照“不改变文物原状”的原则，在修缮过程中尽最大努力保存了该殿的原有构件，真正做到了“修旧如旧”，保持了圣母殿的原貌、原状、原结构，从根本上对圣母殿采取了抢救、预防性保护措施。同时对该殿做了全面的勘察测量，取得了大量准确的数据，并发现了一批重要的题记和文物，从而使我们对这一著名古建筑的始建年代和建筑结构、特点有了新的认识和收获。

图九　圣母殿殿内南侧侍女像
（来源：自摄）

（三）21世纪至今——日常养护及监测阶段

2011 年 11 月，为减少彩塑的落灰、积尘，晋祠博物馆为殿内每尊侍女像安装了仿宋代风格木制神龛[23]，减轻因积尘带来的其他物质对彩塑的二次损伤。2015 年，晋祠博物馆开展了圣母殿彩色泥塑像的全面信息采集工作，为每一尊塑像分别配备残片收集袋，以备在修复和研究宋代彩绘泥塑时提供第一手的实物资料（图九）。2016 年，为了保护晋祠圣母殿彩塑，太原市晋祠博物馆委托中国文化遗产研究院对晋祠圣母殿彩塑进行了全面调查，对彩塑进行了无损检测分析，对部分脱落至地面的泥塑地仗层及颜料层样品进行捡取，并进行了实验室分析检测，开展模拟修复，目前《山西太原晋祠圣母殿彩塑保护修复方案》正在编制中[24]。

2015 年，东南大学建筑设计研究院有限公司编制完成的《全国重点文物保护单位晋祠文物保护规划》获国家文物局批复同意公布实施。保护规划对圣母殿的保护做了具体的要求和规定，明确了圣母殿的保护措施为日常保养，主要包括测绘、日常文字和摄影记录、清洁除尘、定期除草、病害监测和沉降观测等内容，强调了重点监测油饰彩画病害和木构件糟朽情况及速度，同时对圣母殿外墙题壁提出了“由专家评估恢复的可能性，再确定是否加以修复”的要求[25]。

目前，圣母殿主体建筑结构保存状况较好，殿内塑像是本阶段保护的重点，在反复勘察、实验以及研究的基础上制定切实可行的修复方案并予以实施是非常紧迫和必要的。

四　晋祠研究现状

（一）晋祠相关研究现状

从古至今，人们对晋祠的研究就从未停止，北魏年间郦道元撰写的《水经注》就有对晋祠的最早记载，记述了晋祠的起源、地理位置以及山川河流的状况。清朝末年晋祠举人刘大鹏的《晋祠志》一书，介绍了晋祠祠庙、亭榭、山水、古迹、乡校、人物、植物、文艺等多方面内容，是一部系统介绍晋祠的完整性论著。梁思成与林徽因合著的《晋汾古建筑预查纪略》[26]对晋祠的正殿圣母殿、献殿、鱼沼飞梁从专业结构技术方面进行系统的阐述，在建筑领域是一次重大的突破。

新中国成立后，晋祠得到越来越多的关注，学界对晋祠的研究成果越来越深入和广泛。其中最有影响的是山西省古建筑保护研究所彭海的《晋祠文物透视》[27]，该书从文物保护研究的角度对晋祠的山水、宗教、历史、人物和艺术等方面提出了自己的见解，对晋祠文物保护所面临的问题提出了相应的对策。晋祠博物馆开展的《晋祠碑碣》[28]则是收集和整理了晋祠的石碑石刻，为研究晋祠的历史、建造情况提供了珍贵的原始资料。除此之外，朱向东、杜森所写《晋祠中的祠庙寺观建筑研究》[29]探讨了晋祠从最初的祭祀唐叔虞的祠堂渐渐地形成集儒、释、道三家于一体的园林建筑群，探讨各建筑之间关系，建筑间相互的联系、融合；山西大学崔灿的硕士论文《晋祠园林建筑历代演变研究》[30]主要研究了晋祠在各个时期的建筑布局和风格特色，从而更加全面地了解晋祠的发展进程和其蕴含的历史、文化、艺术价值；太原理工大学程文娟的硕士论文《山西祠庙建筑研究——晋祠的布局及空间形态分析》[31]则是对晋祠的平面布局、群体布局和空间组织进行探讨和研究。

总结之上相关研究成果，可以看到，对于晋祠研究最多的不外乎为两点：一是对于其历史发展进程的研究，旨在发掘其建造年代、历史脉络，可以更加全面地了解晋祠的发展进程和其蕴含的历史、文化、艺术价值；二是对祠内的文物建筑及石刻石碑等附属文物进行梳理与保护研究。目前对晋祠历史变迁的研究和宗教研究仍有待进一步深入，例如唐叔虞和圣母祭祀地位的升降和更替、部分文物建筑的调查和研究等等。

（二）圣母殿及其附属文物研究现状

目前学界对圣母殿的研究主要以创建年代考证、建筑结构分析、实地勘察修缮分析为主，并且得出了一些结论。

关于圣母殿的创建年代，学术界研究成果并不统一，祁英涛先生的《晋祠圣母殿研究》[32]认为圣母殿基本上仍为天圣年间（1023—1032年）创建时的建筑物；而彭海的《晋祠圣母殿勘测收获——圣母殿创建年代析》[33]通过研究分析，判定圣母殿的始建年代早于天圣年间，应为宋太平兴国四年至九年（前979—984年）；牛慧彪的《叔虞祠与圣母殿——晋祠主体建筑年代探析》[34]则认为圣母殿的建筑年代晚于天圣年间，应为皇祐二年到嘉祐三年（1050—1058年）；柴泽俊先生通过梳理研究文献认为，圣母殿始建应在太平兴国九年（984年），文章第二部分也对此说法进行了分析，尽管有一定的线索和依据，根据目前的资料仍然很难完全确定。现代科技日新月异，科技手段应用于文物保护屡见不鲜，我们应结合最新科技手段，在前人的研究基础上，继续去佐证和深入研究。

圣母殿作为宋代建筑中的精品，规模之大、形制等级之高，它的营造手法，也是学界非常关注的。祁英涛先生的《晋祠圣母殿研究》、周淼、胡石的《晋祠圣母殿拱、枋构件用材规律与解木方式研究》[35]、李明芳的《国保建筑之晋祠圣母殿》[36]、彭海的《晋祠圣母殿勘测收获——圣母殿创建年代析》以及柴泽俊先生在《柴泽俊古建筑修缮文集》[37]中都对圣母殿的形制结构、营造手法、营造尺寸、法式特征等方面参照宋《营造法式》做了深入的研究，分析了圣母殿用材的特点及其规律，从而挖掘宋代建筑的构造方式，帮助人们更好地了解宋代的建筑风格及圣母殿独有的营造特点。

圣母殿中的宋代彩塑是北宋时期雕塑之精品，其衣着、发饰、装饰物等精美雕刻，代表了宋代雕塑艺术的最高成就，它所蕴含的文物价值也受到了大家的广泛关注，学术界关于它的研究也颇为丰富。张程雅的《由晋祠圣母殿宋塑释析宋代服饰的审美文化》[38]和郭浩的《晋祠圣母殿宋代彩塑人物服饰文化研究》[39]主要是以塑像服饰为出发点进行研究，通过分析服饰的特点及颜色搭配等深入挖掘宋代的服饰文化背景；柯秉飞的《论晋祠圣母殿侍从群像的彩塑风格》[40]和丁灏、谢枫《宋代世俗雕塑的典范——晋祠宋塑侍女像》[41]和张海童的《宋代世俗题材——晋祠雕刻之美》主要对塑像特征和创作方法进行分析，探讨其塑造表现方式；

马欣的硕士论文《晋祠圣母殿宋代彩塑女性形象研究》[42] 则是对圣母殿塑像形象进行具体分析，进而全面的分析晋祠圣母殿宋代彩塑所展现出来的宋代宫廷的女性形象；王云的《晋祠宋代侍女彩塑艺术特征探索》[43] 是通过塑造手法，从人物形态分析研究她的内心精神世界。根据上述列举可得知，关于圣母殿彩塑的研究成果是非常多的，涉及的研究领域也很广，有研究塑像服饰文化的，有研究塑像形态特征和雕塑手法的，也有通过塑像探究宋代社会形态和人物心理的，但是此类研究大多偏向美术角度，目前关于从文物价值角度对于同时期彩塑进行过比对和分析研究尚为欠缺，这就有待后人在前辈们研究的基础上去进行系统的专项研究，丰富研究成果。

众所周知，1993 年圣母殿的落架大修是文物保护工作史上一项较为庞杂的技术课题，工程的完美竣工也为我们日后的文物保护工程提供了诸多宝贵经验。学界关于本次工程出了很多研究成果，包含从前期勘察到后期施工全过程的分析的和总结。最值得一提的当属柴泽俊、李在清、刘秉娟、任毅敏、柴玉梅编写的《太原晋祠圣母殿修缮工程报告》，该书既包含了对圣母殿的历史沿革研究、地基勘察研究、倾斜变形分析研究、建筑构件残损研究、隐藏壁画探索等前期勘察和文献梳理研究，也包含了修缮工程设计、施工以及竣工报告，内容丰富，价值极高。此外，任毅敏的《晋祠圣母殿现状及其变形原因》[44] 则是在现状勘察和地基勘察的基础上，分析研究了圣母殿的变形原因；柴玉梅的《晋祠圣母殿修缮保护工程》[45] 总结了本次工程的主要内容和修缮方法，供学界参考研究。

五 结　语

晋祠圣母殿，作为现存地面宋代建筑的佼佼者，因其丰富的历史变迁以及独特的营造手法、精美的宋代塑像而闻名，蕴藏着深厚的历史文化价值。历史文化是其核心灵魂，只有把建筑与晋祠历史故事、人物以及典故结合起来，让大众深层次的认知和了解，才能让晋祠舒展其生命，让文脉得以传承，让大众有更多精神滋养。

注　释

[1] 《山西通志》光绪版，中华书局，1990 年。书中记载“唐叔虞祠，在太原县西南县山麓，晋水发源处。叔虞封唐，子燮因晋水更国号曰晋，遂以名祠”。

[2] 郦道元：《水经注》，古代中国地理名著。记载“沼西际山枕水，有唐叔虞祠，水侧有凉堂，结飞梁于水上”。

[3] 以上晋祠遗存状况主要参考了《全国重点文物保护单位晋祠保护规划》（2015—2030 年），东南大学建筑设计研究院有限公司，2015 年，规划文本第 2 章“遗产概况”。

[4] 数据来源于柴泽俊：《太原晋祠圣母殿修缮工程报告》，文物出版社，2000 年，第 6 页。

[5] 刘大鹏《晋祠志》（山西省人民出版社，1986 年）记载，宋宣和五年（1123 年）姜仲謙《晋祠谢雨碑文》曰：“女郎祠之建实始于天圣（1023—1032 年），而封号则自熙宁（1068—1077 年）祷应始”。宣和五年上距天圣甫百年，其建祠之故与所祀之人，必历历有据，故姜氏得之传闻，而刻之于碑。

《山西通志》载：“晋源神祠，在太原县西南十里晋祠内。宋天圣年间建女郎祠于水源之西。熙宁中守臣请号显灵昭济圣母，庙额曰惠远。宣和五年宣抚使姜仲谦撰晋祠谢雨碑文。”

《太原县志》载：“晋源神祠在晋祠，祀叔虞之母邑姜。宋天圣间建，熙宁中以祷雨应，加号昭济圣母。崇宁初（1102 年）敕重建。”

[6] 《晋祠谢雨碑文》，现嵌于叔虞祠前院东廊南端。

[7] 柴泽俊：《太原晋祠圣母殿修缮工程报告》，文物出版社，2000 年，第 9—10 页。

[8] 明嘉靖三十年（1551 年）《太原县志》中《新修晋祠碑铭并序》碑文载：“正殿中启，长廊周布…………连甍盖日，……巨栋横空，蜿蜒而虬...。栏堂延而...，万 拱星攒，千楹藻耀，前临曲沼，泉源鉴彻于百寻，后拥危峰，山帕屏开于万仞。”

[9] 牛慧彪：《叔虞祠与圣母殿——晋祠主体建筑年代探析》，《古建园林技术》，2007 年第 4 期。

[10] 徐松：《宋会要辑稿》，清嘉庆年间。

[11] 《山西通志》、《嘉靖太原县志》、《重修唐叔虞祠记》均有记载。

[12] 《重修汾东王庙记》，蒙古至元四年（1267 年）。

[13] 聖母座椅背面南隅题记：“元祐二年（1087 年）四月 / 十日獻呈 / 聖母 / 太原府人 / 在府金龍社人吕吉等 / 今日賽晉祠 / 昭濟聖母殿前繳柱金 / 龍六條今再賽 / 聖母坐物等 / 社人姓名於後 / 社頭吕吉 / 副社頭韓瞻焦昌 / 趙至王德薛迎 / 楊仙段清楊福 / 張遷張鎖牛晨 / 李宣司

昭石順／李德張誠穆王／崔斌閏安郭榮／趙德宋三閆德／劉信劉閆王德／鄭元毛安史玉／喬信曹玉高思／陳客”。
[14] 圣母殿明间北缝六椽栿下木板题记：“中大夫充實文閣待制河東路經略安撫使兼馬步軍都總管知太原軍府事及管内勸農使上柱國南陽縣開國伯食八百户賜紫金魚袋孫路”。
明间南縫六椽栿下木板題記：“入内内侍省内東頭供奉官太原府代州孙路都總管司走馬承受公事賁師道陽曲縣令李膺／主簿任之儀／縣尉鄭民彝”。
明间脊傳枋下南隅題記：“大宋崇寧元年（1102 年）九月十八日奉敕重修”。
[15] 姜仲谦《晋祠谢雨碑文》，现嵌于叔虞祠前院东廊南端。
[16] 明嘉靖三十年（1551 年）《太原县志》记载：“晋源神祠在晋祠，祀叔虞之母邑姜，宋天圣间建（1023—1032 年），熙宁中（1068—1077 年）以祷雨应，加号昭济圣母，崇宁初重建，元至正二年（1342 年）重修”。
[17] 柴泽俊：《太原晋祠圣母殿修缮工程报告》，文物出版社，2000 年，第 14 页。
[18] 明嘉靖三十年（1551 年）《太原县志》卷之四。
[19] 明间脊槫枋下北隅题记“大明嘉靖四十年四月二十四日晉王再重修”。
北次间脊槫枋下题记“大明嘉靖辛酉歲四月吉日寧河王府督工重修謹記”。
南次间脊槫枋下题记“嘉靖四十年歲次辛酉四月二十四日奉新化府新化王重修謹志”。
[20] 柴泽俊：《太原晋祠圣母殿修缮工程报告》，文物出版社，2000 年，第 15 页。
[21] 数据来源于王新生、姚远、周永丽：《晋祠圣母殿的保护和日常管理探索》，《城市建设理论研究》，2018 年第 6 期。
[22] 柴泽俊：《太原晋祠圣母殿修缮工程报告》，文物出版社，2000 年，第 89 页“太原晋祠圣母殿修缮工程竣工技术报告”。
[23] 王新生、姚远、周永丽：《晋祠圣母殿的保护和日常管理探索》，《城市建设理论研究》，2018 年第 6 期。
[24] 刘晚香：《晋祠圣母殿壁画保护修复方案》，太原市晋博文物保护技术服务有限公司，2012 年。
[25] 主要参考《全国重点文物保护单位晋祠文物保护规划》（2015—2030），东南大学建筑设计研究院有限公司，2015 年 11 月。
[26] 梁思成、林徽因：《晋汾古建筑预查纪略》，中国营造学社，1935 年。
[27] 彭海：《晋祠文物透视——文化的烙印》，山西人民出版社，1997 年。
[28] 晋祠博物馆：《晋祠碑碣》，陕西人民出版社，2001 年。
[29] 朱向东、杜森：《晋祠中的祠庙寺观建筑研究》，《太原理工大学学报》，2008 年第 1 期。
[30] 崔灿：《晋祠园林建筑历代演变研究》，山西大学硕士研究生学位论文，2018 年。
[31] 程文娟：《山西祠庙建筑研究——晋祠的布局及空间形态分析》，太原理工大学硕士研究生学位论文，2006 年。
[32] 祁英涛：《晋祠圣母殿研究》，《文物季刊》，1992 年第 1 期。
[33] 彭海：《晋祠圣母殿勘测收获——圣母殿创建年代析》，《文物》，1996 年第 1 期。
[34] 牛慧彪：《叔虞祠与圣母殿——晋祠主体建筑年代探析》，《古建园林技术》，2007 年第 4 期。
[35] 周淼、胡石：《晋祠圣母殿拱、枋构件用材规律与解木方式研究》，《文物》，2020 年第 8 期，第 70—79 页。
[36] 李明芳：《国保建筑之晋祠圣母殿》，《山西建筑》，2008 年第 6 期，第 62—63 页。
[37] 柴泽俊：《柴泽俊古建筑修缮文集》，文物出版社，2008 年，第 100—143 页。
[38] 张程雅：《由晋祠圣母殿宋塑释析宋代服饰的审美文化》，《山东社会科学》，2015 年第 S2 期。
[39] 郭浩：《晋祠圣母殿宋代彩塑人物服饰文化研究》，太原理工大学硕士学位论文，2017 年。
[40] 柯秉飞：《论晋祠圣母殿侍从群像的彩塑风格》，《美术观察》，2014 年第 5 期。
[41] 丁灏、谢枫：《宋代世俗雕塑的典范——晋祠宋塑侍女像》，《文物世界》，2007 年第 7 期。
[42] 马欣：《晋祠圣母殿宋代彩塑女性形象研究》，山东大学硕士学位论文，2015 年。
[43] 王云：《晋祠宋代侍女彩塑艺术特征探索》，《美术与市场》，2015 年第 6 期。
[44] 任毅敏：《晋祠圣母殿现状及其变形原因》，《文物季刊》，1994 年第 3 期。
[45] 柴玉梅：《晋祠圣母殿修缮保护工程》，《山西文物建筑保护五十年》，山西省文物局编，第 306—310 页。

大同华严寺

段恩泽

大同华严寺，位于山西省大同市平城区下寺坡街 459 号，大同古城西南隅。辽时是一处皇家佛教寺院，兼做祖庙祭祀。寺宇坐西向东，创建之初为一寺。明中叶，为便于管理，分立为上、下“两寺并峙”[1]（图一）。2008—2010 年，大同市历史文化名城进行了大规模的建设活动。上、下华严寺分别以大雄宝殿、薄伽教藏殿为中心，东西为轴线复建各类建筑，并进行了周边环境的整治（图二）。

1961 年经国务院批准，上、下华严寺被列为第一批全国重点文物保护单位。2014 年被批准为国家 AAAA 级旅游景区。

一　主要文物建筑概况

（一）上华严寺大雄宝殿

大雄宝殿，巍然耸峙于高台明之上，坐西向东，单檐四阿顶（图三）。殿宇面阔九间，进深十架椽，建筑面积 1473.53 平方米。

大雄宝殿殿基为辽[2]，其上金代重修。平面柱子共四十八根，殿内金柱二十根，运用“移柱”造，为“金箱斗底槽”的一种变体。平面柱网的布列形式（图四）与天津辽构宝坻广济寺三大士殿[3]近似，与北京昌平明长陵祾恩殿[4]、故宫保和殿[5]的殿内

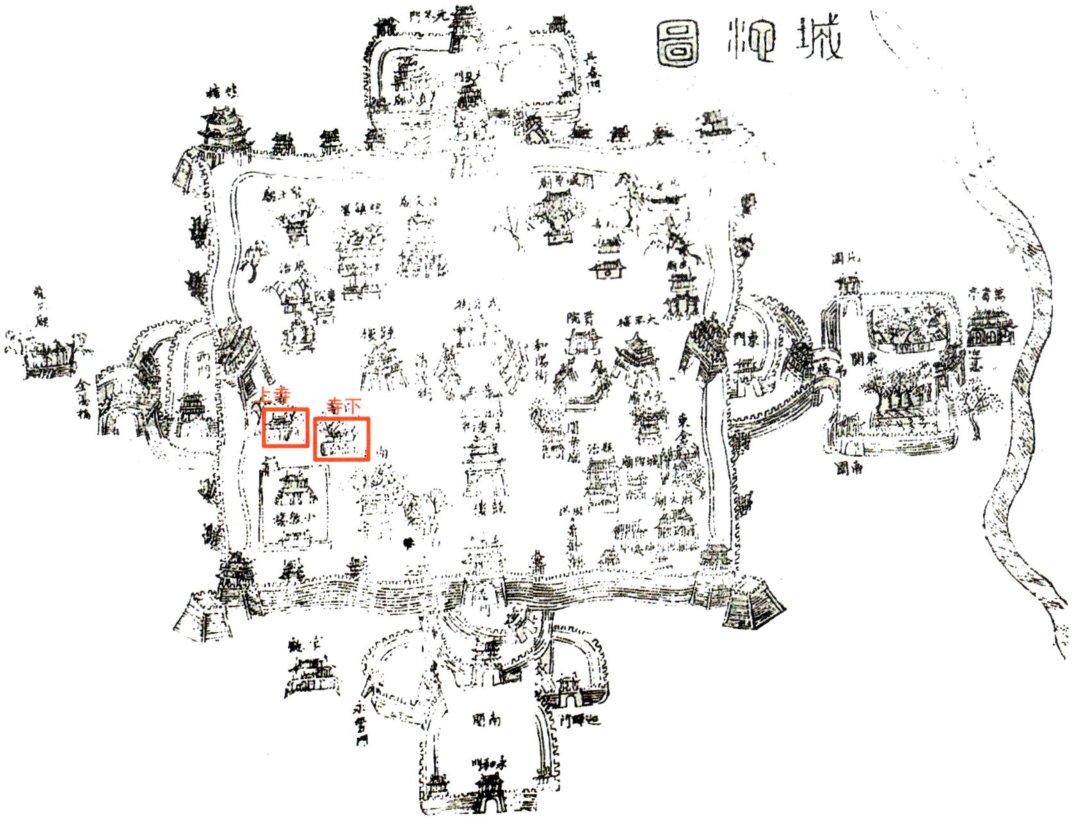

图一　上、下华严寺历史舆图
（来源：清道光十年《大同县志》）

图二　大同上、下华严寺鸟瞰图（由东向西）

图三　上华严寺大雄宝殿

（来源：自摄）

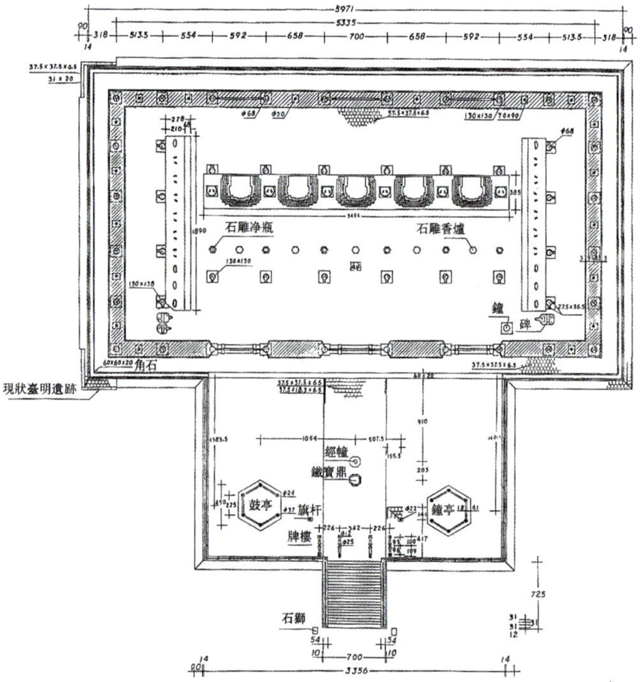

图四　大雄宝殿平面图

（来源：大同市上华严寺修缮工程资料编辑委员会《大同华严寺（上寺）》，文物出版社，2008 年）

图五　下华严寺薄伽教藏殿

（来源：自摄）

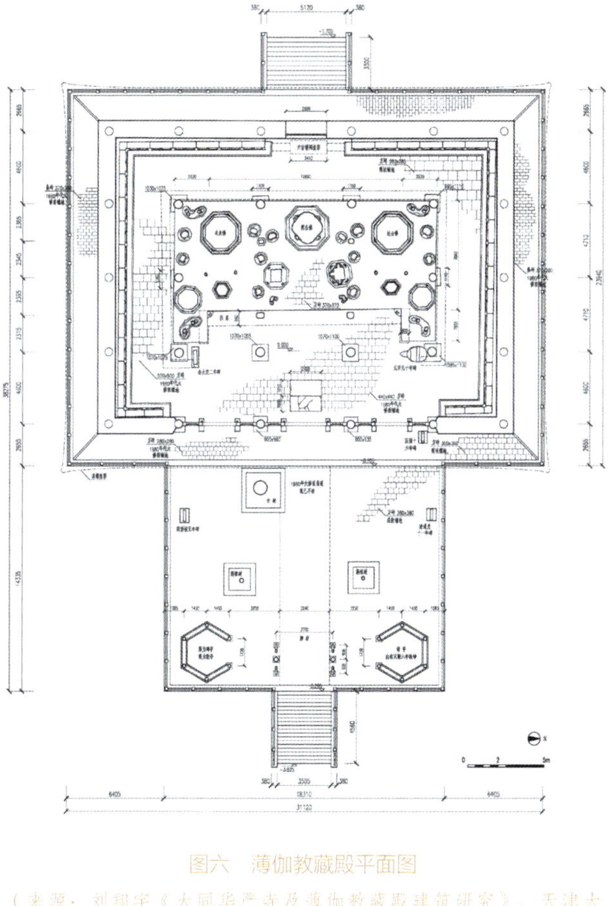

图六　薄伽教藏殿平面图

（来源：刘翔宇《大同华严寺及薄伽教藏殿建筑研究》，天津大学博士论文，李竹君 1986 年测稿）

柱相比，大雄宝殿殿内柱分别减少了十二根和六根。在殿内部空间的营造上，增大了室内空间，可见早期建筑在空间尺度营造上的大胆与巧妙。殿身中央七间六缝梁架为“前后三椽乳栿用四柱”[6]，左右尽间两缝梁架为前后乳栿用六柱。

大雄宝殿的构件用材尺度超过宋《营造法式》一等材规定[7]，是我国现存辽金建筑中体量最大的佛殿。殿前檐当心间及左右第三间各辟设门窗，殿内中央五间沿后金柱砖砌佛坛，供如来五尊及胁侍菩萨各一尊，佛坛两端依前后梢间内槽位置处砌筑长方形佛坛，上塑二十诸天像，每面十尊。

（二）下华严寺薄伽“教藏”殿

薄伽教藏殿，简称教藏，辽代建筑。殿宇建于长方形的砖砌台基之上，坐西向东，面阔五间，进深八架椽，单檐厦两头造（图五）。中央当心间两缝梁架为“前后乳栿用四柱”，左右次间两缝梁架为前后乳栿用五柱，于金柱中复加分心柱。正面中央三间施槅扇，背面当心间中央辟设小窗。殿内中央设凹字形佛坛供佛像，四壁除门窗外沿内壁设壁藏二层小木作，至后窗处壁藏中断而作天宫楼阁飞越窗上（图六）。

（三）下华严寺海会殿

海会殿，1950 年代被拆除。原殿堂建于砖砌台基之上，坐北朝南，单檐不厦两头造，屋顶形式是现存辽构中的孤例（图七）。殿宇面阔五间，进深八架椽。前檐当心间设门，左右次间槛墙之上装窗，余皆砌砖墙封堵。门内中央三间各有六角形石香炉一具，其后有砖台，三间宽，两侧向前突出，平面呈“凹”字形。两山墙内侧各砌砖台一列，安置佛像。

殿内梁架四缝，金柱八根，周檐檐柱十六根，彻上露明造，横向梁架结构为前后乳栿用四柱（图八）；外檐斗栱形制分三种，柱头四铺作，栌斗内十字交叉置替木，其上出一跳华栱。补间铺作为蜀柱立于普拍枋上，上施散斗承柱头枋两道，下层枋子隐刻泥道栱，栱上列三朵小斗承上层柱头枋。

二　历史沿革

通览寺内现存的 19 通（方）碑碣以及辽史、

图七　下华严寺海会殿正立面图

（来源：中国营造学社《大同古建筑调查报告》，1934 年）

五代史等史料，爬梳华严寺的历史沿革。

据明成化元年（1465 年）《重修大华严禅寺感应碑记》、明万历九年（1581 年）《上华严寺重修碑记》记载，华严寺“稽诸始创，肇自李唐”，“唐时尉迟敬德曾一增修”。关于始创，仅此记述，尚无实物遗迹可寻。

辽代圣宗、兴宗、道宗三朝（983—1100 年），佛教兴盛，云州土木活动频繁。辽重熙七年（1038 年），建薄伽教藏殿[8]。清宁八年（1062 年），“建[9]

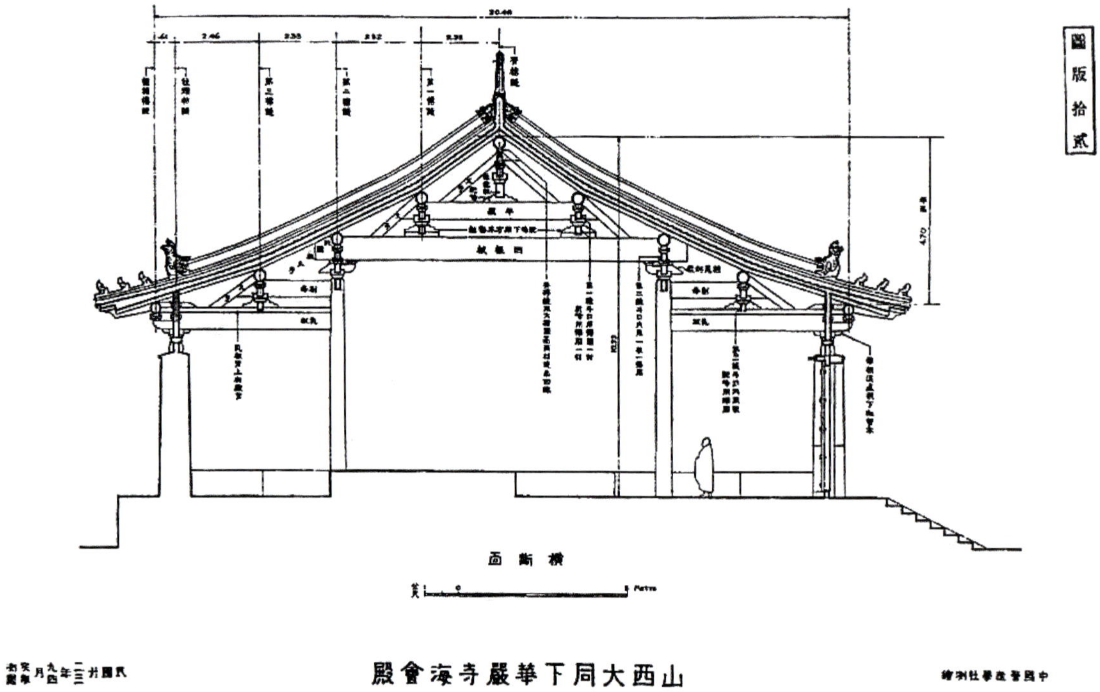

图八　海会殿横断面图

（来源：中国营造学社《大同古建筑调查报告》，1934 年）

华严寺，奉安诸帝石像、铜像”[10]。大康二年（1076年），建陀罗尼幢[11]。

辽保大二年（1122年），金兵攻陷“西京”，一时“都城四陷，殿阁楼观，俄而灰之……”，华严寺仅存“齋堂、廚庫、寶塔、經藏、洎守司徒大師影堂”五座建筑。金天眷三年（1140年），于旧址之上“建九間[12]、七間之殿，又構成慈氏、觀音降魔之閣，及會經、鐘樓、三門、垛殿”。大定二年（1162年），门人省学继续修葺之事，“基之有缺者完其缺，地之不平者治以平，四植花木，中置欄檻”。慈慧师徒经过三年的努力，又将契丹藏补葺完备“卷轴式样，新旧不殊；字号诠题，后先如一”[13]。

公元1211—1223年，蒙古攻占金北部地区。随着金王朝的没落与灭亡，华严寺“院門牢落，庭宇荒凉，官物、人匠、車甲、繡女，充牣寺中……”，一片衰败。1250年，慧明法师组织了一次大规模的修缮，先将寺内杂物男女“令起之，移局[14]他处”，再将“大殿、方丈、廚庫、堂寮，朽者新之，廢者興之，殘者成之，有同創建。本寺《藏教》，零落甚多，或寫或補，並令周足。金舖佛焰，丹漆門楹。供設儼然，粹容赫煥，香燈燦列，鐘鼓一新”又于“市面創建浴室、藥局、塌房及賃住房廊近百餘間，以贍僧費”[15]。

华严寺“元朝末年，屢经兵燹，傾圮特甚，唯正殿巋然獨存”[16]。明洪武三年（1370年），“改大殿为大有仓”[17]。寺院被没为官产。荒废二十一年后，洪武二十四年（1391年），薄伽教藏殿置设僧纲司[18]，复为寺院[19]。此次仅限于以薄伽教藏殿为中心的寺院的恢复，以大雄宝殿为主的寺院尚未恢复。宣德元年至景泰五年（1426—1454年）了然、澄涓、资宝、正贤四位禅师，整饬大雄宝殿，安置塑像，建两廊庑，彩绘斗栱，补葺墙体台阶。历时二十八年，华严寺“百廢俱舉，煥然一新”[20]。

明中叶，华严寺析为上、下寺。万历初年，大同都督郭琥主持修葺上华严寺大雄宝殿，砌甬道、补石栏、立木枋、置槛门、筑石桥，建禅室三间、厨室一间，“悉莊嚴輝爍，規模峻整”[21]。万历三十九年（1611年），下华严寺建“韋馱殿一座，禪房一所”[22]；海会殿“年深圮毀”，遂重修[23]。万历四十一年（1613年）“整飾墻垣，包修殿基，翻燦鼎新”[24]。崇祯四年（1631年），下华严寺“殿脊忽頹，年久木蠹”，遂开始修葺，次年（1632年）五月“更飾金像，煥然增新”[25]。

清顺治五年（1648年），姜环兵变，大同惨遭屠城，“市井丘墟，宅舍瓦礫，紺宇琳宮，鞠為茂草”。惟上华严寺大殿“若魯靈光，巍然獨存”。顺治八年（1651年），“缺漏者補葺完固，剝落者塈飾莊嚴”，在大雄宝殿台基上建三间牌坊，台基下建伽蓝殿，南北对称建禅堂、斋房，东西建香积、库司[26]。“自山門內天王殿以至大雄殿，朱碧焜煌，宛然化樂，宮宇其整齊，規模大異疇昔”[27]。

清乾隆四十至五十九年（1775—1794年），上华严寺修补大殿，建金刚殿、天王殿，新建暖阁抱厦。“闕者補之，露者蓋之，粧塑神像，彩畫殿楹，朱綠鮮明，金青燦爛”[28]。光绪年间（1875—1908年），上华严寺“傾圮已甚”，寺僧空明不避雨雪，四处募化“越八寒暑，次第興修，增其式廓，正殿佛像，上下內外，繪畫裝金，并添建南北二樓，以作輔弼，培補風水”[29]。

民国十五年（1926年），年久失修，风雨剥落，战争导致上寺大雄宝殿殿顶多处被击破。1930—1934年，修葺殿顶、台基、钟鼓楼、牌坊，“燦然一新，壯麗觀瞻”[30]。

三　保护修缮项目

1978年，文物保护科学技术研究所（中国文化遗产研究院的前身）李竹君等人对下华严寺进行了保护修缮设计项目，编制了《大同下华严寺维修工程设计概述及施工做法》[31]。

1986年9月—1988年4月，李竹君等人再次对薄伽教藏殿进行修缮前的现状测绘考察工作，随后实施了落架大修工程。

1993年4月，大同市政府就上华严寺大雄宝殿部分殿顶塌落情况发文急报省政府。8月，山西省古建筑保护研究所（下称“省古建所”）柴泽俊等人考察大殿残损情况。

1994年4月—10月，省古建所进行了为期六个月的勘察测绘工作，编制了《大同上华严寺大雄宝殿修缮设计方案》。

图九 -1　大雄宝殿修缮前状态
（来源：大同市上华严寺修缮工程资料编辑委员会：《大同华严寺（上寺）》，文物出版社，2008 年）

图九 -2　大雄宝殿后檐基址辽代台明遗迹
（来源：大同市上华严寺修缮工程资料编辑委员会《大同华严寺（上寺）》，文物出版社，2008 年）

图九 -3　大雄宝殿斗栱加固铁活
（来源：大同市上华严寺修缮工程资料编辑委员会《大同华严寺（上寺）》，文物出版社，2008 年）

图九 -4　大雄宝殿壁画的修复加固
（来源：大同市上华严寺修缮工程资料编辑委员会《大同华严寺（上寺）》，文物出版社，2008 年）

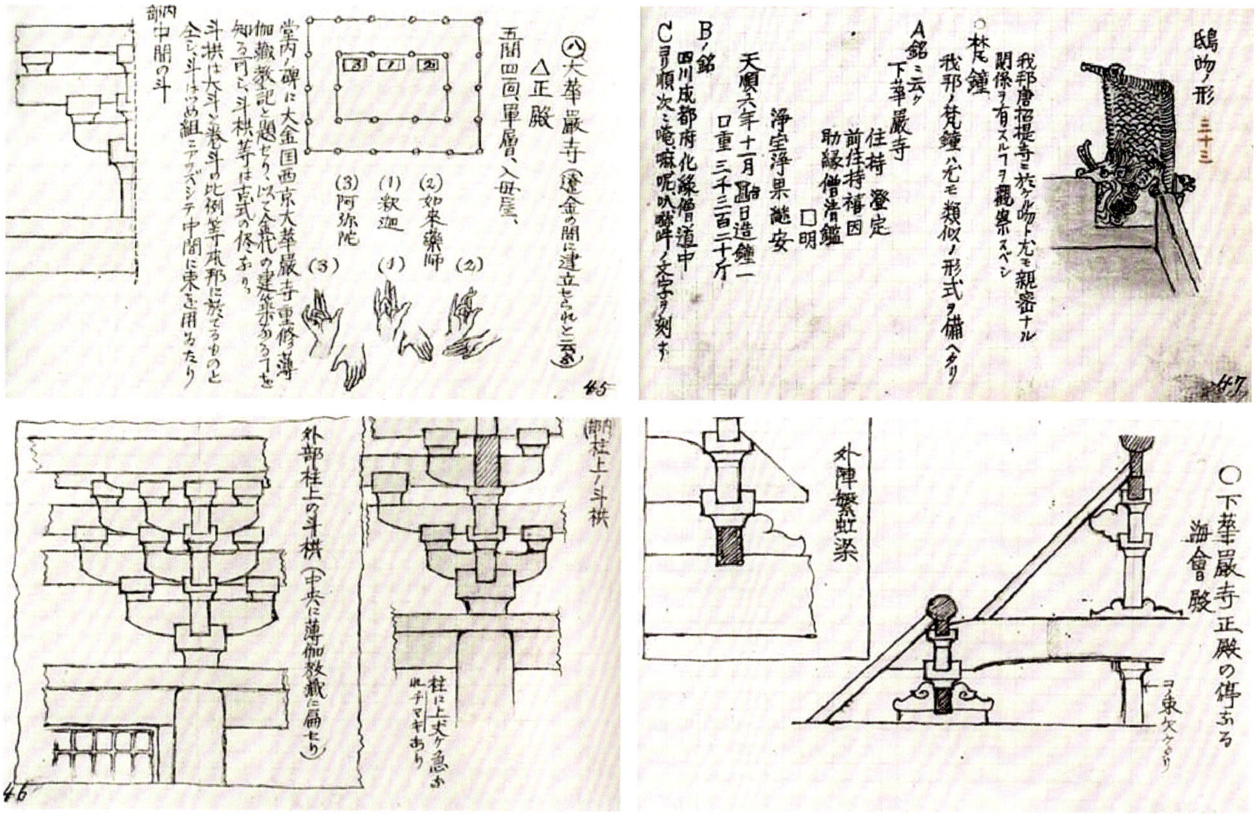

图十　伊东忠太考察手稿

（来源：伊東忠太著、伊東忠太"清國"刊行會編《伊東忠太見聞野帖·清國》（第1卷），柏書房株式会社，1990年，138页图45；139页图46；140页图47；142页图51）

1996年6月，成立"大同市上华严寺修缮工作委员会"。10月，国家文物局正式批准了《大同上华严寺大雄宝殿修缮设计方案》。省古建所所长柴泽俊担任总技术负责人，张殿卿任技术组组长，任毅敏任副组长。

1998年5月—2001年6月，省古建所组织人员对大雄宝殿实施了保护修缮工程（图九-1、图九-2、图九-3、图九-4）。2002年4月，国家文物局组织专家评审组对大雄宝殿修缮工程进行了竣工验收。

2001—2020年，大同市文物管理部门每年会对上、下华严寺的文物建筑进行定期的日常保养工作。

四　研究综述

（一）1902—1949年

20世纪，日本建筑史学家伊东忠太首次掀开中国辽金建筑考察的帷幕。1902年6月16日，伊东忠太来到了大同，发现了大华严寺，并在《北清建筑调查报告》对华严寺基本情况做了介绍[32]（图十）。十四年后，1926年关野贞在华严寺的实地考察中首次发现薄伽教藏殿梁下的墨书题记，结合历史文献，在其出版的《支那佛教史迹评解（二）》[33]一书中探讨了寺院的历史沿革及大雄宝殿、薄伽教藏殿的建造年代，论述了薄伽教藏殿、海会殿及大雄宝殿的建筑形式，并对薄伽教藏殿内的塑像与壁藏也做了专门描述，认为它们是与建筑同时期的辽代遗物，强调了其重要的历史与艺术价值[34]。另一位日本建筑学者村田治郎在1931年发表的《支那山西省大同の大华严寺》一文中，利用形象与功能的差别对主要建筑的从属关系，通过修造史与样式分析鸱吻与大殿的年代，并认为华严寺朝向正是契丹族太阳崇拜习俗的体系，进一步证明华严寺创于辽代一说[35]。

1933年9月4日，梁思成、刘敦桢、林徽因及莫宗江等人前往大同，开展了为期三周的调查。

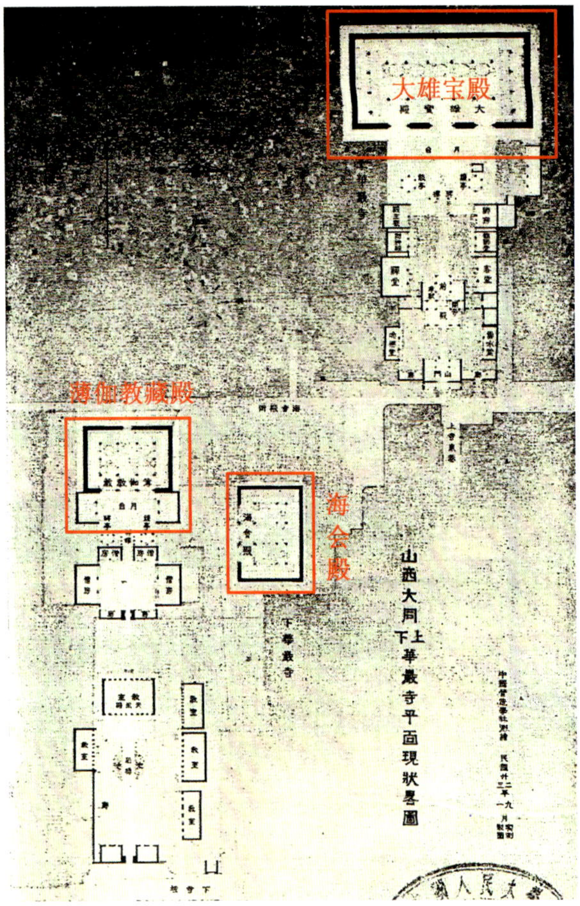

图十一 上、下华严寺建筑位置图
（来源：中国营造学社《大同古建筑调查报告》，1934 年，作者改绘）

在此期间，详细测绘了 6 座建筑，粗略测绘了 9 座建筑。这是一次历时最长、测绘最细、成果最丰富的全面考察，随即于 1934 年发表了《大同古建筑调查报告》（下称“《报告》”）（图十一）。《报告》根据寺内金石资料、地方志及其他史料，将华严寺的历史沿革作了详细的梳理，并根据建筑测绘数据，与宋《营造法式》、其他建筑实例作了对比研究。中国营造学社的大同华严寺勘查，相较于日本学者的研究而言，在建筑的形制、细部尺寸、结构层次及断代方面，得出了更加翔实的结论。

20 世纪初，瑞典艺术史学家喜仁龙（Osvald Sirén）调研大同华严寺，对薄伽教藏殿造像进行了初步研究，并指出“运用文本是识别造像身份的关键”[36]。

（二）1949 年后

经历多年战乱后的中国百废待举，文物专家提出最紧迫的就是要对重要古迹的残损情况进行摸排统计。1950 年 7 月，雁北文物勘查团成立，勘查团古建组对包括大同上、下华严寺在内的晋北 20 余处重要古建筑展开了勘查。其中记录了寺内诸建筑的现状残损情况[37]，并在梁、刘《报告》中的薄伽教藏殿梁架横断面基础之上加绘草架简图并进行残损情况的标注（图十二）。

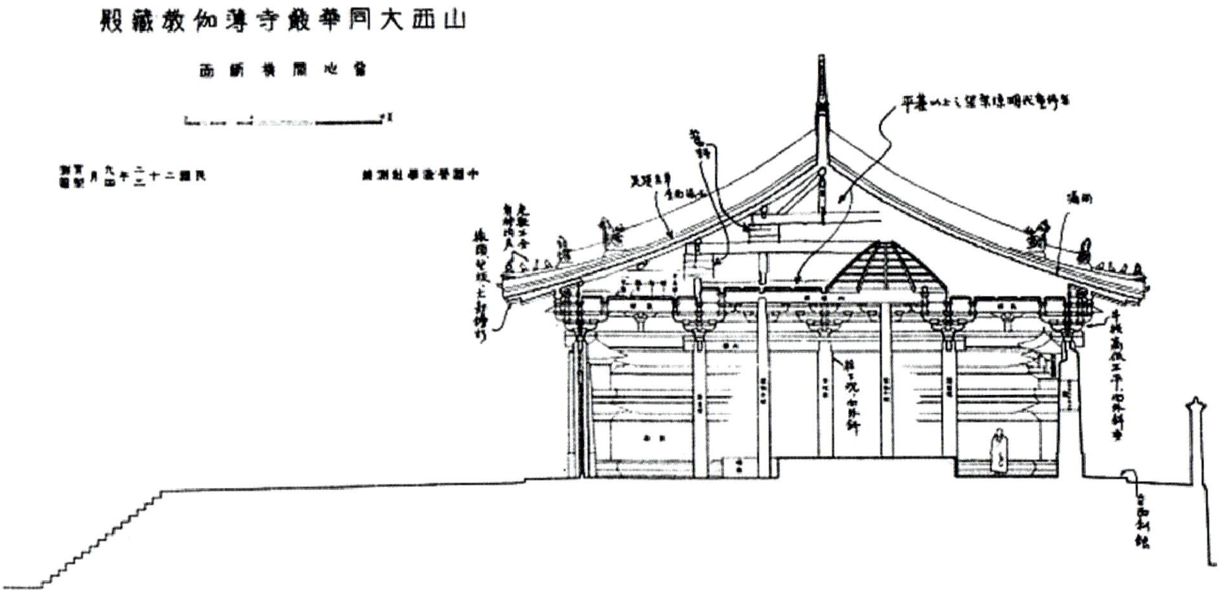

图十二 薄伽教藏殿草架残损标注示意图
（来源：中央人民政府文化部文物局《雁北文物勘查团报告》，1951 年）

1986—1989年，下华严寺薄伽教藏殿实施了落架大修。但是，至今其测绘图纸、勘查及修缮工程报告等均未发表。

梁、刘1933年上华严寺大雄宝殿调查之时，因“殿高大逾恒，上部架构，非搭大规模之木架，无由工作，而时间经济均所不许”为由，选择了仅对殿平面及材架斗栱的测量[38]。在此基础之上，省古建所柴泽俊等人在1985年上华严寺大雄宝殿的实测中，对其建筑结构及草栿部分做了细致的测绘[39]。1994年4月—2001年6月，柴先生主持大雄宝殿的修缮工程，再次进行了详细的测绘，并以1985年和1994年的测绘数据为基础，与宋《营造法式》、时代接近建筑[40]在平面、柱网、斗栱、梁架、材栔等方面进行比较，探讨大殿的建筑形制及结构问题，推断该殿金代重修期间多为原件重装，新更构件亦多仿辽构，在殿宇结构、形制手法上仍为辽物[41]。

美国学者Marilyn Leidig Gridley在瑞典艺术史学家Osvald Sirén对华严寺塑像的研究基础上，在1993年出版的《辽代中国佛像雕刻》一书中，集中探讨了现存的辽代佛教塑像，以薄伽教藏殿内辽塑为实例，借助佛经等文本，尝试对众菩萨信息初步的身份识别，并对塑像的造型、服饰进行了细致的描述与归类，通过与其他不同地域、不同时代的造像实例进行对比，探讨这批辽塑的造型渊源及时代特征[42]。但是，未能在塑像与建筑的关系层面做更深入的研究[43]。

另一位研究辽代建筑的美国学者Nancy Shatzman Steinhardt，在1997年出版的《辽代建筑》一书中，将华严寺作为其中一个实例，在以辽建筑研究成果背景下，探讨其历史渊源与影响，以及历史、科学和艺术价值[44]。由于客观条件限制，在许多方面未能深入，但标志着从建筑断代研究到建筑文化类型研究的进步[45]。

2008年，大同市上华严寺修缮工程资料编辑委员会出版的《大同华严寺（上寺）》记录了大雄宝殿勘察、设计、修缮的全过程。

2000—2020年，学术界大多将目光聚焦在华严寺彩塑、壁画的内容、价值、美学、史学的研究上，相关学术论文占到50%；在华严寺辽金建筑的建筑形制、结构方面的论文8篇，占20%；在华严寺文物保护技术、理念方面的论文有4篇，占10%[46]。

自1902年大同上、下华严寺进入学界的视野，被国外学者的发现、研究，到1933年中国营造学社的详细勘查。从目前的研究材料上看，现有的勘查记录与测绘成果已越来越不能满足当前与未来研究的需求。针对大同地区辽金建筑、彩塑、壁画等保护、研究与展示利用，需要引进多元化的研究性人才，综合“建筑学”“考古学”“社会学”“美术学”“艺术史学”等多学科研究方法，进行更为精细和深入的勘查、测量与考古等方面的工作，为我国文化遗产的保护与传承提供更为扎实的研究基础与理论支撑。

注　释

[1] 明万历九年（1581年）《上华严寺重修碑记》记载：“夫寺□華嚴以法演蓮座垂訓誡也，上之云兩寺並峙，茲特高而右也。”

[2] 任毅敏、李玉民：《华严寺大雄宝殿修缮工程竣工技术报告》// 大同市上华严寺修缮工程资料编辑委员会：《大同华严寺（上寺）》，文物出版社，2008年，第120—167页。

[3] 广济寺三大士殿，位于天津宝坻城内。建于辽太平五年（1025年）。大殿面阔五间，进深四间，单檐庑殿顶。殿内外柱共二十八根，殿内十根，采用“移柱”造，使柱子内围空间非一个长方形。梁思成等人于1932年对其进行了调查测绘，《宝坻县广济寺三大士殿》一文源于《中国营造学社汇刊》（1932年）第三卷第四期。1947年被拆。

[4] 祾恩殿，明代官式建筑。大殿面阔九间（66.75米），进深五间（29.31米），总面积1956.44平方米。殿内用柱三十二根。

[5] 保和殿，明代官式建筑。大殿面阔9间，进深5间（含前廊1间），建筑面积1240平方米。殿内用柱二十六根。

[6] 与宋《营造法式》“十架椽屋，前后三椽乳栿用四柱”的规定一致。

[7] 宋《营造法式》规定，一等材高9寸，厚6寸。大同华严寺大雄宝殿材

高 30 厘米、材厚 20 厘米，折合宋尺为 9.6 寸、6.4 寸，均大于规定的一等材。

[8] 下华严寺薄伽教藏殿当心间北侧四椽栿下皮，墨书题记：“維重熙柒年歲次戊寅玖月甲午朔拾伍日戊申午時建”。

[9] 中国营造学社在《大同古建筑调查报告》中认为辽史中关于华严寺的记载，应“释为[增建]而非[创建]。”天津大学刘翔宇在其博士论文《大同华严寺及薄伽教藏殿建筑研究》中认为：“道宗于清宁八年扩大了寺的规模和等级，并且很有可能新赐‘大华严寺’之名，所以《辽史》才称‘新建’而非‘增建’或‘扩建’”。

[10] [元]脱脱：《辽史·地理志》卷四十一。

[11] 陀罗尼幢，位于上华严寺大雄宝殿前月台之上。

[12] 上华严寺大雄宝殿当心间脊槫襻间枋下木牌上题记：“維天眷叁年歲次庚申閏六月癸酉朔拾貳日甲申戊辰時重建記，乾元亨利貞吉”。北次间四椽栿上“维天皇统四年五月四日”墨书题记。

[13] 金大定二年（1162 年）《大金国西京大华严寺重修薄伽藏教记》碑，现存于下华严寺薄伽教藏殿内佛坛前南侧。

[14] 同“居”。

[15] 元至元十年(1273 年)《西京大华严寺佛日圆照明公和尚碑铭并序》碑，现存于下华严寺薄伽教藏殿内佛坛前北侧。

[16] 明成化元年（1465 年）《重修大华严禅寺感应碑记》碑，现存于上华严寺大雄宝殿内南侧偏西位置。

[17] （清）黎中辅纂，许殿玺校注：《大同县志·营建》，山西人民出版社，1992 年，第 104 页。

[18] 僧纲司：总管佛教的僧官。唐开成中设左右街僧录，后因置僧录司，专掌佛教事。于各府置僧纲司、各州置僧正司、各县置僧会司。

[19] （清）黎中辅纂，许殿玺校注：《大同县志·营建》，山西人民出版社，1992 年，第 104 页。

[20] 明成化元年（1465 年）《重修大华严禅寺感应碑记》碑，现存于上华严寺大雄宝殿内南侧偏西位置。

[21] 明万历九年（1581 年）《上华严寺重修碑记》碑，现存于上华严寺大雄宝殿内南侧偏东位置。

[22] 明崇祯十五年（1642 年）《重修大华严寺碑记》碑，现存于原上华严寺山门北侧碑廊内。

[23] 明万历四十三年（1615 年）《重修海会殿记》碑，原位于海会殿遗址西侧，现保存于大同市博物馆。

[24] 明崇祯十五年（1642 年）《重修大华严寺碑记》碑，现存于原上华严寺山门北侧碑廊内。

[25] 明崇祯五年（1632 年）《重修下华严寺碑记》碑，现位于薄伽教藏殿月台南侧。

[26] 香积：谓僧家之食厨或供料。库司：佛寺中的管事部门；寺院中司会计之事的僧人。

[27] 清康熙十二年（1673 年）《重修大同府上华严寺大殿暨添造禅堂廊庑记》碑，现存于原上华严寺山门南侧碑廊内。

[28] 清乾隆五十九年（1794 年）《重修上华严寺》碑，现存于原上华严寺山门北侧碑廊内。

[29] 清光绪十一年（1885 年）《上华严寺开光碑记》碑，现存于原上寺老山门南侧碑廊内。

[30] 民国二十五年（1936 年）《重修上华严寺碑记》碑，现存于上华严寺山门内檐下。

[31] 李竹君：《大同下华严寺维修工程设计概述及施工做法》（未发表），1978 年 10 月。

[32] 伊东忠太：《北清建筑调查报告》，《建筑杂志》，1902 年第 9 期，第 268—270 页。

[33] 常盘大定、关野贞：《支那佛教史迹评解（二）》，佛教史迹研究会，1926 年，第 58—64 页。

[34] 关野贞：《大同大华严寺 // 支那の建筑と艺术》，佛教史迹研究会，1938 年，第 293—312 页。

[35] 村田治郎：《支那山西省大同の大华严寺》，《建筑学研究》，1931 年，第 415—438 页。

[36] Osvald Sirén.(1932)‘A chinese temple and its plasctic decoration’,Etudes d’orientalisme publiées par le MuséeGuimet à la mémoire de Raymonde Linossier(Ⅱ),pp.499—505.

[37] 刘致平：《大同及正定古代建筑勘察纪要》，《雁北文物勘察团报告》，中央人民政府文化部文物局，1951 年，第 136—153 页。

[38] 梁思成、刘敦桢：《大同古建筑调查报告》，《中国营造学社汇刊》，1934 年，第 64 页。

[39] 柴泽俊、唐云俊、员海瑞：《华严寺大雄宝殿实测报告》// 大同市上华严寺修缮工程资料编辑委员会：《大同华严寺（上寺）》，文物出版社，2008 年，第 101—119 页。

[40] 南禅寺大殿（唐）、佛光寺东大殿（唐）、蓟县独乐寺山门（辽）、独乐寺观音阁（辽）、华严寺薄伽教藏殿（辽）、海会殿（辽）、宝坻广济寺三大士殿（辽）、奉国寺七佛殿（辽）、善化寺大雄宝殿（辽）、善化寺普贤阁（辽）、晋祠圣母殿（宋）、善化寺三圣殿（金）、善化寺山门（金）、朔州崇福寺弥陀殿（金）、佛光寺文殊殿（金）。

[41] 柴泽俊：《山西几处重要木构古建筑构造》，《柴泽俊古建筑修缮文集》，文物出版社，2009 年，第 53—56 页。

[42] Marilyn Leidig Gridley.(1993)‘Chinese Buddhist sculpture under the liao’,Delhi Pradeep Kumar Goel for AdityaPrakashan,pp.47—63.

[43] 刘翔宇、丁垚：《大同华严寺百年研究》，《建筑学报》，2013 年第 S2 期。

[44] Nancy Shatzman Steinhardt.(1997)‘Liao architecture’,Honolulu University of Hawai’iPress,pp.124—140.

[45] 刘翔宇、丁垚：《大同华严寺百年研究》，《建筑学报》，2013 年第 S2 期。

[46] 根据中国知网，2000—2020 年间与大同华严寺相关的研究论文共计 42 篇，其中彩塑壁画研究方面论文 21 篇；辽金建筑形制、结构研究方面论文 8 篇；文物保护技术、理念研究方面论文 4 篇。

长子法兴寺

陈海荣

长子县历史悠久，因尧之长子丹朱受封于此而得县名，联合国地名专家组中国分部将其评为中国“千年古县”[1]。

法兴寺系全国重点文物保护单位，寺内的唐代石舍利塔（包括壁画）、燃灯塔、宋代彩塑十二圆觉像因被称为“三绝”而闻名遐迩。

寺院的创建年代较早，内涵相当丰富。经过迁建和复原，仍较为完整地体现了原有的布局，基本保留了建筑固有的构造与形制，是国内研究早期建筑的重要实例。

一　文物概况

法兴寺现坐落在长子县城东南20公里处慈林镇崔庄村北，系1984年至1996年间分阶段实施的异地搬迁保护工程。寺院坐北朝南，规模宏大。背依翠云山，南临丹河水。丹河萦绕着山峦，翠柏簇拥着古寺。建筑分布错落有致，总占地面积近40000平方米（图一）。法兴寺原址位于海拔1160米的慈林山坳，故因山得名曰“慈林寺”（亦称古慈寺）。唐代改称“广德寺”，宋代更为今名。南北长110米，东西宽69米，总占地面积7590平方米，1965年5月24日被公布为首批山西省重点文物保护单位（图二）。

迁到新址后，寺院整体的建筑布局与原址还是存在一定的差异，形成了由慈林山的山间台地排列向翠云山依山就势的跨越。还由于迁建工程资金的不足，原本的三进院落只恢复了两院。另外，旧址的禅房院由东侧改建到现状的西侧而成为如今的管理用房。

中轴线主要建筑由南往北依次排列：山门、石舍利塔、燃灯塔、圆觉殿和毘卢殿。两侧的附属建

图一　搬迁后新址全景，位于崔庄村翠云山

图二 搬迁前旧址全景，位于慈林山
（来源：柴泽俊摄，自东南方向）

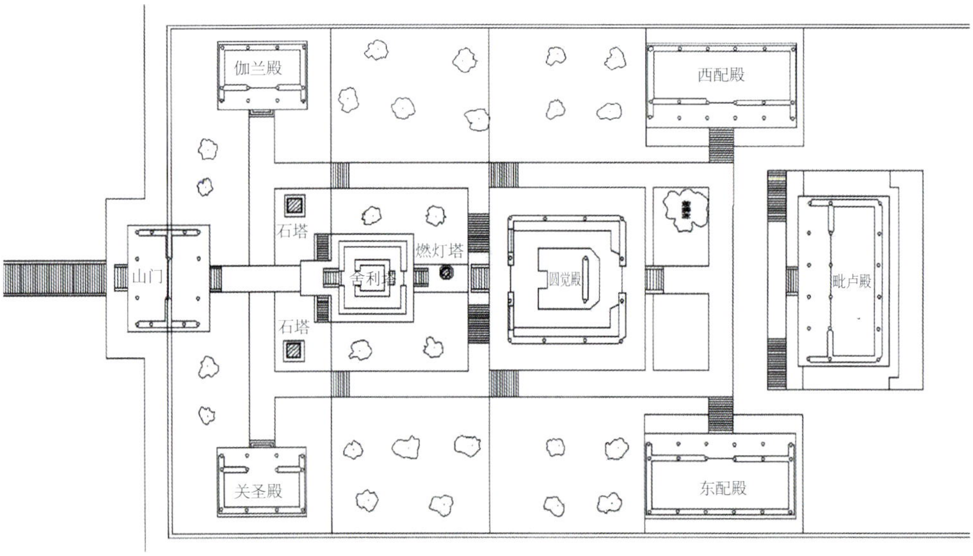

图三 搬迁后新址总平面图
（来源：1985 年搬迁工程设计图，吴克华绘制）

筑有：关帝殿、伽蓝殿、东西配殿、墓塔等，1988 年 1 月 13 日被公布为第三批全国重点文物保护单位（图三）。

当年的法兴寺，虽历经千年，但年久失修，在自然因素的长久侵蚀下保存现状已经岌岌可危。加之其位置正好是慈林山煤矿主采掘区，导致寺院所在区域山体开裂并发生不均匀沉降等危险状况，随时可能整体垮塌被毁。

为抢救国之瑰宝，国家文物局会同山西省、长治市、长子县文物主管部门经实地勘察、研究、论证后确认其已不能原址修复，决定将法兴寺由慈林山整体搬迁至与旧址相对、遥望的翠云山南麓。

搬迁后的法兴寺，寺移景异。布局依山就势，建筑参差错落，周围环境也随之发生了显著的变化。过去群山拥一寺，如今一寺峙群山。

搬迁工程于 1984 年动工，1996 年 10 月竣工。

二 历史沿革

法兴寺具有悠久的创建历史和丰富的建筑文化

内涵，在国内外文物保护领域有广泛的知名度和深远的影响力。其历史沿革既自成体系又互为补充，体现了不同历史时期佛教文化在本地区的传播与继承之间的发展脉络。

据文献及寺存碑刻记载，法兴寺始建于十六国时期的后凉神鼎元年（401 年），初名“慈林寺”。

唐咸亨四年（673 年），高祖第十三子郑惠王李元懿建石舍利塔一座，并赐藏经三千卷及舍利三七粒。上元元年（674 年）高宗（李治）身临其境，感其功德改慈林寺为广德寺且予以扩建。

唐大历八年（773 年）清信士董希璘……于此寺敬造长明灯台一所（俗称燃灯塔）。

据《法兴寺新修佛殿记》碑：圆觉殿始建于五代后晋开运二年（945 年）。宋初更名“法兴寺”后，元丰四年（1081 年）正月五日重建十二圆觉菩萨殿。

《慈林山法兴寺新修圣像记》：宋政和元年（1111 年）新塑释迦牟尼、阿难、迦叶、护法天王和十二圆觉菩萨群像。

寺内现存的历代碑碣和题刻，是记载法兴寺历史演变的重要实物，史料价值颇高。

法兴寺的历史脉络非常清晰明了。从神鼎发端到初唐完善、从宋代鼎盛直至明代辉煌，一直是当地历史文化延续与展示的重要组成部分，作为一座历史悠久的古代文化遗产，在以后的各个历史阶段均有不同程度的修葺和完善。现存建筑为唐、宋、元、明、清系列遗构，至今已经延续了 1620 年的漫长岁月。厚重的历史文化跨越千载时空，依然清晰地展现在人们面前。

三 建筑结构

法兴寺现有建筑中，山门按原基址复建。伽蓝殿参考关帝殿对称复原，与上院两侧结构相同的东西配殿，因和二者性质类同，在此不予赘述。

1. 舍利塔

亦称石殿，属法兴寺重要的主体建筑之一，唐咸亨四年（673 年）建（图四 -1、图四 -2）。舍利塔通体砂石构造，平面呈“回”字正方形，重檐楼阁式，攒尖宝珠顶。建筑外形似塔非塔，似殿非殿，此制为我国现存古塔中所仅见（图四 -3、图四 -4）。

建筑南北均砌筑拱形石券门，东西两侧和上层正面檐下分别砌筑采光通风口。塔檐四周用砂石板

图四 -1　舍利塔搬迁新址后现状
（来源：陈海荣摄，自西北方向）

图四 -2　舍利塔搬迁前旧址原状
（来源：柴泽俊摄，自西南方向）

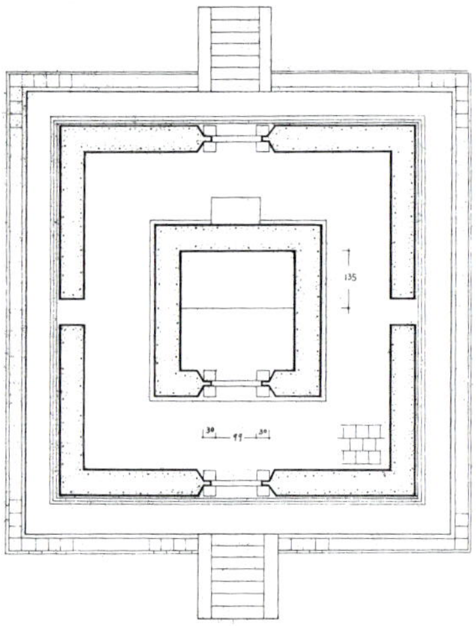

图四 -3　舍利塔平面图
（来源：1985 年搬迁工程设计图，滑辰龙绘制）

图四 -4　舍利塔剖面图
（来源：1985 年搬迁工程设计图，滑辰龙绘制）

图五　燃灯塔搬迁新址后现状
（来源：张宇飞摄，自东向西）

图六 -1　圆觉殿搬迁新址后现状
（来源：陈海荣摄，自西北方向）

构筑，向外叠出三层，内部构成四方藻井，上部反叠涩结构，且逐层叠压至四角并有明显地翘起。下层内槽可绕行一周，边长 8.8 米，宝顶藻井内浮雕精美。四壁原有壁画，人物形象端庄，服饰色彩深沉。

2. 燃灯塔

又称长明灯台（图五），总高 2.58 米，通体青石雕造，平面八角形，山花蕉叶宝珠顶。六边形基座之上置塔身，下层为叠涩束腰式海棠须弥座，底盘周围雕刻跑兽，壶门内雕伎乐天六躯。伎乐天之间隔柱上刻有题记“唐大历八年（773 年）清信士董希璿……于此寺敬造长明灯台一所”。塔身中部雕仰覆莲瓣，束腰处雕刻相轮及吉祥图案。上层塔身雕四门空心八角灯台，各角均雕束莲柱一根，柱上置栌斗，柱间施阑额，正面雕方形门，侧面雕刻破子棂窗。夜间灯光由四门射出，光照寺周。

图六 -3　圆觉殿搬迁前旧址原状

（来源：柴泽俊摄，自东南方向）

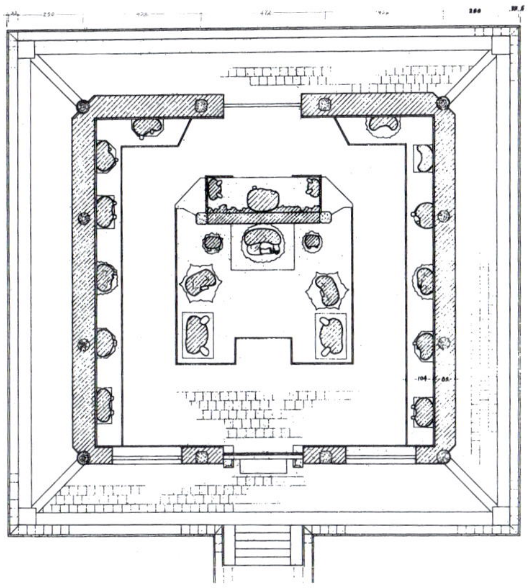

图六 -3　圆觉殿平面图

（来源：1985 年搬迁工程设计图，姚贻学绘制）

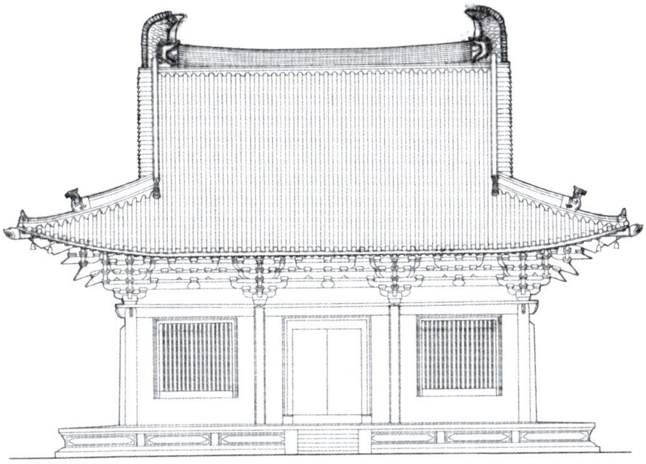

图六 -4　圆觉殿立面图

（来源：1985 年搬迁工程设计图，姚贻学绘制）

燃灯塔造型秀美，雕刻精细，是我国现存石灯塔中的上佳之作，反映出唐代雕刻工艺超高的艺术水平。在国内现存的唐代石灯塔中，法兴寺燃灯塔无论造型、雕刻还是保存状况均为最佳。

3. 圆觉殿

圆觉殿是寺内体量最大的建筑，始建于五代后晋开运二年（945 年），现存为元丰四年（1081 年）重建的北宋遗构，殿名源于《新修圣像之记》碑“释迦本吾师，能悟圆觉性”之偈语（图六 -1、图六 -2、图六 -3、图六 -4）。

建筑平面近方形，面阔三间，进深六椽，殿内梁架后乳栿对前四椽栿通檐用三柱，屋面覆盖青灰筒板瓦、脊饰和吻兽，单檐歇山顶。

台明为砂石砌筑，整体束腰式，设置勾石。内、外地面均为方砖铺墁，前后分别设置垂带式踏道。柱子均为石柱，前檐明间施石门框，露明处皆雕刻

图七-1 毗卢殿搬迁新址后现状

（来源：陈海荣摄，自西南方向）

有精美的缠枝花纹和植物莲花图案，门楣与前檐明间左侧檐柱及殿内后槽金柱上分别刻有宋元丰四年、五年的布施铭文。柱头斗栱七铺作双杪双下昂，昂呈批竹式。防潮石之上青砖砌筑坎墙，上垒土坯并内外抹灰。前檐明间设置板门，东、西两次间施破子棂窗。后檐明间施四抹槅扇门。

殿内正中佛台青砖雕砌，平面“凹”形、束腰式。释迦牟尼佛结跏端坐莲台，阿难、迦叶二弟子虔心躬身相侍，文殊、普贤分左右协侍于两侧，护法天王分列于前。扇面墙后塑倒坐观音像，东西两次间佛台上各塑菩萨彩塑六尊。另在佛台后镶嵌圣宋大观改元丁亥（1107 年）《慈林山大殿佛台记》石碣一方。

4. 毘卢殿

位于中轴线最北端，据脊刹琉璃题记创建于明弘治五年（1492 年）（图七-1、图七-2）。面阔五间，进深六椽，四架梁对前双步梁通檐用三柱，前插廊，单檐悬山式，青灰筒板瓦屋面，琉璃吻、兽、脊饰、剪边。

图七-2 毗卢殿搬迁前旧址原状

（来源：柴泽俊摄，自东南方向）

石砌台明前设置垂带式踏道，地面铺墁方砖。墙体以青砖砌筑坎墙，上垒土坯并内外抹灰。石柱间施平板枋、兰额和雀替。前后檐斗栱柱头科和平身科均为五踩双昂。前檐明、次间均设置五抹槅扇门，梢间分别施三抹槅扇窗。殿内佛台和彩塑均为后人近年新作。

5. 关帝殿

位于一进院东侧，系搬迁后改建。面阔三间，进深四椽，五架梁通搭前后通檐用三柱，前为廊，单檐悬山顶，青灰筒板瓦屋面、脊饰。

石砌台基前设置如意式踏跺，墙体以青砖砌筑坎墙后上垒土坯并内外抹灰。木柱间施平板枋和阑额，明间设四抹槅扇门，两次间设三抹槅扇窗。殿内正中神台所塑关公坐像和两侧的关平、周仓立像均为明代原物。

四 价值述评

法兴寺保护价值的集中体现突出于对单体建筑及其附属文物由表及里的深入研究和展示利用。

法兴寺是以建筑、塑像、石雕（石刻）、壁画（已毁）等多种艺术形式集中体现的一处古建筑组群遗迹，主体建筑及其附属内容充分反映了唐、宋时期鼎盛、辉煌的历史事实。寺内所保存的唐咸亨四年建的石舍利塔、唐大历八年造石雕长明灯台、北宋政和元年彩塑释迦牟尼佛、弟子、协侍、金刚及十二圆觉等菩萨群像等，均为国内同时期、同类型建筑、艺术的精品。

法兴寺内保存的碑碣及题刻，记述内容翔实丰富，历史脉络自成体系，同样具有重要的历史价值。

法兴寺以唐代石塔和石雕、宋代建筑和彩塑等闻名天下，是中国现存唐、宋艺术之瑰宝。

圆觉殿内的“十二圆觉”彩塑被美术史家誉为“宋塑菩萨之冠”[2]。肌肉丰满而面部丰腴，秀眉高髻但庄重优美，衣纹流畅且色彩柔和，体态自如又神情各异。特别是一手托腮作思考状的圆觉像，神情溢于眉梢，流于眼角，造型优美逼真，气度雍容典雅，为菩萨造像中的代表性作品。

圆觉殿彩塑带有明显的唐代遗风。造型俊美，工艺极精，是宋代早期彩塑艺术的精品。与大同华严寺薄伽教藏殿辽代塑像、太原晋祠圣母殿的宋代侍女像都是同一时期的代表作。

唐大历八年青石雕凿的长明灯台构造精湛、形制秀美，在我国现存的三座石雕长明灯中工艺水平最高、保存也最完整（太原市龙山童子寺北齐燃灯塔时代最早）。

这些唐、宋时期的艺术珍品，对研究同时期、同类型建筑美学、雕塑艺术的发展脉络都是具有高度艺术价值的文化遗产，同时具有极高的艺术欣赏价值。

法兴寺是一座前塔后殿式格局的寺院，舍利塔居前，圆觉殿列后。整体的建筑布局，延续了我国南北朝时期佛寺中多采用的“前塔后殿”形式。

石舍利塔建造于唐咸亨四年，方形、双层的外观造型敦实、古朴，与平面“回”字形的结构特点均属我国唐代石构建筑的孤例，具有较高的科学研究价值。

舍利塔、燃灯塔、圆觉殿等建筑门类及工艺特征充分体现了法兴寺无论是寺院布局还是建筑结构所体现的合理性和科学性，代表了当时的建造理念及技术水平。

搬迁复建后的法兴寺，无论是寺院整体选址、布局还是单体建筑构造与质量都体现出高超的空间艺术性和技术可靠性。迄今三十余年，建筑的结构主体依然完好即是最好的证明。

历史上的法兴寺声名远播，既是为百姓提供信仰服务和道德教化的场所，又反映了他们对佛法自然的崇拜和对美好生活的向往。同时，也是弘扬中华文明和传统价值的有效载体。

法兴寺保存了塔、殿、歇山、悬山等不同类型的建筑，造型多样，主题突出。其丰富的文化内涵既是长子县深厚历史文化底蕴的重要组成部分，又构成了古老的历史环境和人文景观，同时又与新址的自然环境和谐融合，已经成为当地依托文物资源发展文化旅游的主要载体。

进入新的历史阶段，在全国“文化产业大发展、大繁荣”的大背景下，法兴寺更加具有明显的‘活化’优势，更加有利于文化精品的充分展示与合理利用，更加具有艺术的观赏性和保护利用价值，体现出不可替代的社会文化属性。

五 保护研究

综合研究现存的史志、石刻及其建筑和附属文物等内涵元素，法兴寺从创建直至如今的新生并非一蹴而就，而是在漫长的历史进程中经过不断扩建和完善逐步发展和演化而来。它既有皇家赏识的恩赐，又有官僚无私的眷顾；既有文人墨客的赞颂，又有虔诚百姓的供养，共同构成了绵延千年之不朽功德。

1. 建筑的变化经纬

以圆觉殿和舍利塔外观变化为例简述。

法兴寺整体搬迁工程实施后，部分建筑在外观上出现的变化比较明显。其中的经纬众说纷纭，主要体现在历史真实和理念认知等诸多方面。

由于建筑的创建年代久远，在历代维修过程中附着的时代信息或特征会得到保留和传承。随着历史进程的不断演变，使建筑本来的原真性变得越来越模糊。

同时，由于时代的局限性因素影响，不同时期人们的保护理念也会存在一定的差异。对于建筑出现的残损或险情，也会因为理念认知的不同而出现迥异的取舍，或因维修费用的多寡而考虑工程范围的大小。本来复杂的问题却简单化处理，反之亦然。

圆觉殿的外观原来是悬山顶，系后人维修时因屋檐残破将外檐锯截（包括斗栱）、墙体增砌后把单檐歇山顶予以改变，但建筑的柱网分布与梁架结构、包括斗栱的里转都还是保留了旧有的样式。迁建工程在技术设计过程中考虑到未来整体构架的稳定性及附属文物的安全，遂将柱头以上的木构进行了更新，并且复原为歇山顶建筑。

舍利塔的外观在旧址搬迁前有瓦面和二层木构，系因年久失修、塔顶漏雨后人维修时增置的，并不符合原构的建筑风格和时代特征。在搬迁工程的实施过程中，依据设计进行了有意义的“去伪存真”，再现叠涩顶形式并对其进行了整体重构。

2. 借鉴与指导意义

新中国建立后，党和政府高度重视对历史文化遗产的保护、利用工作。在“保护为主、抢救第一、合理利用、加强管理”十六字方针的指引下，贯彻执行《中华人民共和国文物保护法》，对法兴寺在不可抗力作用下出现险情后的整体易地搬迁进行了系统的保护实践。从新址堪舆到现场勘察，从勘测设计方案的确定到搬迁复建工程的分步实施，从对保护理念的认知到施工质量的控制等多方面严格要求。无论是建筑构件的登记、分类、拆解、搬运、重构，还是塑像的包装、固定、归位和修复等都尽量做到细致入微，虽属“最大干预”，最终基本恢复了原状。

法兴寺整体搬迁、异地复建工程是新中国成立后我国文物工作者在山西地上文物保护古代建筑领域成功实施的两项重点工程之一（另一项为运城市芮城县永乐宫搬迁、复建工程）。虽是不得已而为之，但在当时意义重大。对如何更好地保护文化遗产服务人民、更好地利用文物资源发展旅游、更好的展示文物保护的优秀成果从而达到活化利用拓展了新的思路，进行了有益的探索和实践。工程的圆满完成，对今后需要实施的同类文物保护工程具有强烈的借鉴和指导意义。

必须充分认知当初法兴寺整体搬迁、复建工程实施的必要性和现实的紧迫性。

必须明确肯定如今法兴寺整体搬迁、复建工程质量的可靠性和历史的延续性。

3. 经验与教训并存

法兴寺整体搬迁、复建工程，在当时的历史条件下达到圆满难度很大。

在努力实践的前提下通过不断探索，建立健全文物保护工程质量监督管理体系，加强文物保护工程的现场检查指导，推动文物保护工程效果评估，确保工程质量的提升，总结出许多有益的技术经验，取得了良好的社会效果。

但实施过程中导致文物建筑和附属内容的原真性受到很大破坏，“整体解体”搬迁的巨大扰动性使大量原始的历史信息遭到损毁。虽说损失很难避免，可我们在汲取前人经验和总结教训的同时应该避免今后再出现类似的问题，或将损失降到最低，杜绝“保护性破坏”。

一直以来，保护历史文化遗产不受二次损伤已经成为文物保护工程的当务之急。

在保护文物主体及其附属内容的同时，能使其得到更加合理的展示与利用。

应充分满足文物保护工作日常管理和定期养护的需求。

六 结 语

法兴寺是系统研究山西晋东南地区古代建筑营造技术和雕塑艺术水平的重要作品，因其在我国文物保护和研究领域具有诸多独特的价值内涵而具有较高的地位，现已成为众多雕塑家和艺术院校的实践基地，“中国传统雕塑传承与复兴”学术论坛的成功举办暨“传统雕塑当下再造”雕塑家驻地创作活动的开展，均受到业界的一致好评并产生了广泛的社会影响。

与法兴寺保护研究相关的著述不多，大都侧重于塑像方面。还有一些对其历史的考证以及零星的简介和游记，均缺乏建立在专业性基础之上的系统化研究。由于历史的原因，寺院搬迁过程留存的资料严重缺乏，特别是初始的第一手数据和影像。

从搬迁后的时间节点衡量，法兴寺已经进入正常的养护性维修周期。

2016 年，“山西省长子县法兴寺养护维修工程方案”由国家文物局批准实施。

由旧址到新址，迁建后的法兴寺，至今还保持着当时的状态。只是跟随历史的进程，更加有沧桑感和厚重感了。

注 释

[1] 千年古县：长子县因尧王长子丹朱受封于此而得县名。2007 年 7 月，被联合国评为中国“千年古县”。

[2] 宋塑菩萨之冠：2017 年，长子县召开“中国传统雕塑传承与复兴论坛”时中央美术学院尚晓峰语。

晋城青莲寺

王小龙

青莲寺，位于山西省晋城市泽州县金村镇寺南庄村硖石山南麓。硖石山位于南太行山南端西侧，山势陡峭，山路蜿蜒。青莲寺北倚硖石山，南望珏山，东侧群山横列，寺下丹水环绕。青莲寺分上下两寺，上寺位于山腰，下寺紧邻丹河，位于上寺南侧偏西约200米处（图一）。

上寺中央为主院，三进院落布局，中轴线上分布天王殿、藏经阁、释迦殿、大雄宝殿4座建筑，掖门、钟鼓楼、僧舍、观音堂、地藏堂等14座建筑分列东西两侧。西侧设偏院，有祖师堂、三佛堂、斋堂等4座建筑。东侧拾阶而上为“掷笔台”，台上有龙王殿、大钟楼、款月亭、赏月阁等4座建筑。藏经阁、释迦殿、观音堂及地藏堂不同程度保留宋代建筑遗构，大钟楼、款月亭、东掖门为清代遗构，其余建筑均为近年复建（图二）。

下寺现存山门、释迦殿、弥勒殿、舍利塔、慧峰禅师塔及办公用房，慧峰禅师墓塔为唐代所建，舍利塔为明代建造，其余建筑皆为复建或新建（图三）。

图一　青莲寺鸟瞰
（来源：自摄，俯视）

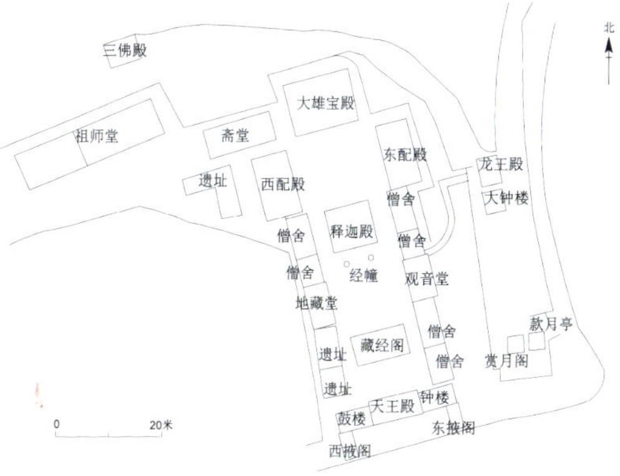

图二　青莲上寺总平图
（来源：自绘）

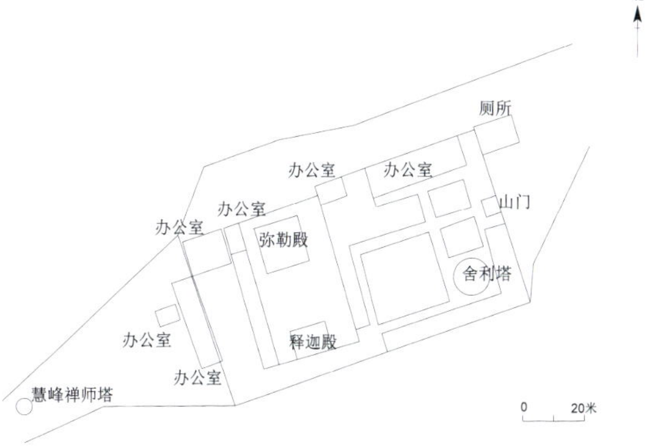

图三　青莲下寺总平图
（来源：自绘）

一 青莲寺主要文物遗存

（一）古建筑

1. 上寺藏经阁

上寺一进院正殿，面阔五间，双层单檐九脊殿，灰陶筒板瓦屋面，琉璃脊饰。一层明清风格，柱、梁、楞木承托上部结构，用柱 16 根，前檐明间 2 根方形石柱抹角，其余柱设于砖墙内不可见，柱头科和平身科均为七踩斗栱，前檐梢间、山面、后檐设砖墙，上部做砖雕斗栱等装饰构件。二层宋代建筑风格，通檐四椽栿用二柱，共 16 根木柱，无侧脚、生起、卷杀。四椽栿置于柱头铺作一跳华栱之上，其上置半驼峰、挑斡和栌斗承平梁，平梁上置蜀柱、栌斗、襻间枋、短替承脊槫，蜀柱由合楮稳固，叉手捧襻间枋、替木两侧。柱头铺作为五铺作单杪单昂、偷心造，里转四铺作单杪承四椽栿，四椽栿外转作华头子承昂，斗欹下撇出峰，横栱端头平直，批竹型真昂、中央起楞，爵头式耍头，令栱上置短替承橑风槫，补间铺作为五铺作双杪、偷心造。

2. 上寺释迦殿

上寺二进院正殿，面阔三间，进深六椽，单檐九脊殿，灰陶筒板瓦屋面，琉璃脊饰。当心间四椽栿对乳栿用三柱，殿内共用 14 根柱子，侧脚、生起明显，前后檐用 8 根方形抹角石柱，石柱上有宋元祐四年（1089 年）题记，山柱 4 根、内柱 2 根用木柱，柱头做卷杀。四椽栿、乳栿由斗栱承托，其上设劄牵，劄牵外端由驼峰、栌斗支承，里端由丁栿后尾、栌斗支承，劄牵上置驼峰、蜀柱及栌斗承平梁，平梁上置驼峰、蜀柱、栌斗、实拍木、短替承脊槫。叉手捧实拍木两侧，托脚上抵平梁梁头。柱头铺作为五铺作单杪单昂、重栱计心造，里转五铺作双杪、偷心造，斗欹下撇出峰，横栱端头抹斜，批竹型真昂、中间起棱，昂型耍头，令栱上置短替承橑风槫，补间铺作为翼形栱隐刻一斗三升。

3. 上寺观音阁

上寺二进院东配楼，面阔三间，双层单檐悬山顶，灰陶筒板瓦屋面。一层明清风格，柱、梁、楞木承托上部结构，4 根檐柱为方形抹角石柱，其余柱设于墙内不可见。二层宋代建筑风格，三椽栿对劄牵用三柱，2 根内柱为方形抹角石柱，柱上有宋建中靖国元年（1101 年）题记，4 根前檐柱为圆形木柱，无卷杀、侧脚、生起，其余柱设于墙内不可见。劄牵上置驼峰承柱头枋，三椽栿前后各设驼峰承平梁，平梁上立蜀柱、栌斗、短替承脊槫，叉手捧替木、脊槫两侧。柱头铺作为四铺作单杪，劄牵外转作爵头型耍头，斗欹下撇出峰，华栱中央起楞，交互斗为五边形，令拱端头抹斜，其上置短替承橑檐枋，补间不设斗栱，仅用异形栱承柱头枋。

4. 上寺经幢

共两座，位于上寺二进院释迦殿前，分列东西两侧。东幢建于后唐天祐十八年（921 年），西幢建于唐开成四年（839 年），两幢造型相似，均为两层八角形平面。幢基为仰覆莲须弥座；两层幢身之间用一组仰覆莲须弥座隔开，下层刻“佛顶尊胜陀罗尼经”，上层刻佛像上覆八坡幢檐；幢刹为山花蕉叶两层上承宝珠样式。

5. 下寺舍利塔

位于下寺南殿东侧院内，宝瓶状喇嘛砖塔，塔身有碣记载建造于明万历二十四年（1596 年）。塔基为八角须弥座，上为宝瓶，宝瓶上立十三天，其上施圆盘、宝珠。塔体南向开券门，内为八角形塔室，塔室内有泥塑 4 尊，造像碑 1 通[1]。

6. 下寺慧峰禅师塔

位于下寺西侧院外，八角形单层墓塔，通体石质，塔身有乾宁二年（895 年）建造题记。塔基为八角须弥座两层，下层束腰须弥座，束腰部分雕刻伎乐，上层为仰覆莲须弥座，束腰雕刻团花。塔身为石雕仿木建筑，转角为束莲柱。塔刹分三层，山花蕉叶为刹座，仰覆莲须弥座为刹身，宝珠为刹顶。

（二）彩塑

青莲寺共有彩塑 64 尊，其中唐塑 7 尊，宋塑 50 尊，明塑 7 尊，分布于上下寺六座殿宇中。

上寺释迦殿现存宋代彩塑 7 尊，均在中央佛台上，主尊释迦牟尼结跏趺坐，二弟子侍立左右，文殊、普贤相对半跏趺倚坐分列两侧，佛座背后塑千手观音像及右侧胁侍立像。

上寺观音阁现存宋代彩塑 19 尊，分布于后檐墙及两山墙前佛台上。观音菩萨自在坐像居中，善财童子、小龙女侍立左右，16 尊罗汉像分列两侧。

图四　下寺北殿佛台彩塑

（来源：柴泽俊《山西古代彩塑》，文物出版社，2008年，第196页）

图五　北齐石刻“龙华造像石”

（来源：樊秋宝《泽州碑刻大全》贰，中华书局，2012年，第1页）

上寺地藏阁现存宋代彩塑12尊，分布于后檐墙及两山墙前佛台上。地藏菩萨结跏趺坐像居中，十殿阎罗像分列两侧，另有一尊金刚力士侍立于东南侧。

上寺三佛殿现存明代彩塑7尊，三主尊药师佛、释迦牟尼佛、阿弥陀佛结跏趺坐，4尊胁侍菩萨侍立两侧。

下寺北殿现存唐代彩塑7尊，均在中央佛台上，主尊垂足而坐，二弟子侍立左右，文殊、普贤相对半跏趺倚坐分列两侧，佛台中央西侧供养菩萨单腿跪在莲台之上，东侧供养菩萨缺失仅剩莲台（图四）。

下寺南殿现存宋代彩塑12尊，中央佛台上6尊，主尊结跏趺坐，二弟子侍立左右，文殊、普贤半跏趺坐分列两侧，佛座背后塑自在坐观音像。南殿山墙各有一座简易佛台，共立6尊彩塑，力士、高僧、菩萨、侍女题材不同，立姿、坐姿形态各异。

（三）石刻

青莲寺上下寺现存碑碣石刻百余件，北齐、唐、宋、金、元、明、清序列完整，其中北齐石刻一通，唐代碑刻4通，五代碑刻1通，宋代碑刻8通，金碑12通，元碑2通。青莲寺摩崖、石刻、碑碣种类丰富，营建、记事、题诗等题材多样，真、草、隶、篆书体齐全，尤其北齐石刻、唐《硖石寺大隋远法师遗迹记》碑、宋罗汉碑是极其珍贵的史料遗存。

北齐石刻“龙华造像石”，立方体形，上下面平整，四个侧面均有雕刻，正面乾明元年（560年）题记印证了青莲寺创建年代，其余三面雕刻《大方等陀罗尼经》“十二梦王”中袒荼罗的故事，是已经发现的密教一派存世最早的历史文物[2]（图五）。

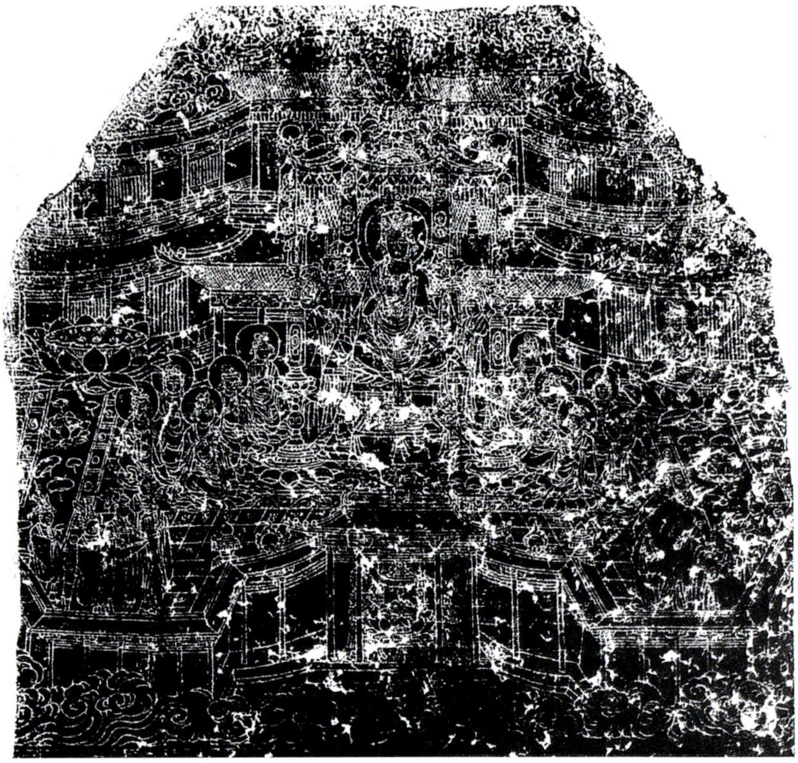

图六 《硖石寺大隋远法师遗迹记》碑首线刻拓片
（来源：樊秋宝《泽州碑刻大全》贰，中华书局，2012年，第3页）

唐宝历元年（825年）《硖石寺大隋远法师遗迹记》碑首的线刻说法图可见殿、楼、廊等建筑形制，是研究唐代建筑结构和寺庙布局的珍贵资料（图六）。

宋政和八年（1118年）罗汉碑是我国五百罗汉名号最早的记载，是研究佛教史的重要资料。

二 历史沿革

青莲寺由昙始禅师于天保年间（550—559年）创建[3]，其时寺名及规模已不可考，仅上寺有北齐石刻遗存[4]。虽经历北周武帝灭佛，但到隋、唐时期，慧远、神墨、智通等名僧辈出，尤其隋代三大师之一的慧远禅师在此著《涅槃》疏，还流传出掷笔升空的传说，青莲寺从6世纪后半叶开始已颇具影响力。

9世纪前半叶人称硖石寺，依碑刻推断此时仅存下寺，而惠愔禅师于唐大和二年（828年）在上寺建普贤道场，又于唐大和七年（833年）在上寺建弥勒阁[5]，令上寺初具规模。会昌三年（843年）唐武宗灭佛，僧众被迫还俗，土地被没收，寺院声势略减。咸通八年（867年）敕赐寺额“青莲”[6]，寺院再度兴盛，青莲寺之名从此沿用至今。

五代时期，弘农郡君夫人天祐十三年（916年）游青莲寺题摩崖诗刻，太原郭存实天祐十八年（921年）在青莲寺捐资造陀罗尼经幢，可见，青莲寺影响范围至少到达现山西太原、河南三门峡等地。后周显德二年（955年）世宗灭佛，青莲寺却未受大的影响[7]。

宋金时期，文人士大夫等到寺院游览者不绝，捐资修缮亦较为频繁。青莲寺上院于太平兴国三年（978年）敕赐“福严之院”[8]。青莲寺下院于北宋景德四年（1007年）由法义禅师重新修缮，弥勒阁塌毁，改建为弥勒殿[9]。崇宁年间（1102—1106年），鉴峦禅师凿东崖、补西涧，修建释迦殿、讲法堂、藏经阁、观音殿、地藏殿、僧房等建筑，极大拓展了上寺的规模[10]。金大定三年（1163年）惠珍禅师铸造大钟，大定四年（1164年）福裕禅师主持修缮福严院[11]，大定七年（1167年）惠杲禅师创建钟楼台基[12]，大定二十四年（1184年）

重修水堂[13]，明昌六年（1195年）洪湛禅师重建下寺法堂（即南殿）[14]，泰和六年（1206年）宝寂、宝定禅师将上寺法堂由三间改为五间[15]。

元代关于青莲寺记载较少，仅有至元二年（1336年）住持秀公对藏经阁进行修缮的记载[16]。

明清时期，青莲寺发展至鼎盛，僧众增多，法会频繁，与河对岸珏山形成当时著名的景观，游览者更胜从前，寺院现有大量文人诗刻留存。营建方面，不仅在寺院周围补充功能性建筑，还在泽州城内购物置地。景泰六年（1455年）住持然默庵建休心堂[17]，成化十六年（1480年）在泽州城购置房屋共14间[18]，弘治十五年（1502年）于上寺法堂右侧始建斋堂五间[19]，弘治年中水北司氏出资于斋堂右侧始建方丈[20]，正德元年（1506年）住持悟贤重修水堂[21]，嘉靖十三年（1534年）住持真富重修方丈[22]，嘉靖四十三年（1564年）真满、真威禅师改斋堂为七间阁楼[23]，隆庆三年（1569年）住持如湖重修泽州房屋[24]，隆庆四年（1570年）住持如湖重修方丈[25]，万历二十四年（1596年）于下寺建舍利塔[26]，万历三十三年（1605年）成讷禅师重修藏经阁左侧厢房[27]，万历三十八年（1610年）住持了□重修前殿及观音殿[28]，天启二年（1622年）住持正灯重修梓橦殿[29]。康熙十八年（1679年）募化集资塑韦驮像[30]，康熙三十八年（1699年）金妆观音殿彩塑[31]，康熙三十九年（1700年）金妆地藏殿彩塑[32]，雍正五年（1727年）圆兴禅师金妆后殿彩塑[33]，乾隆十年（1745年）慧祥禅师改地藏殿为阁楼、迁彩塑于上层并金妆[34]，虽无记载，观音阁形制与地藏阁相似，应是同一时期改建为阁，乾隆十一年（1746年）住持圆林修南、北殿及东、西配殿并金妆佛像[35]，乾隆二十二年（1757年）见纯禅师重修步月亭[36]，乾隆三十三年（1768年）见月禅师重修慈氏阁[37]，乾隆三十八年（1773年）明远禅师修文昌龙王殿、建钟楼[38]，乾隆四十二年（1777年）明镯禅师重修山门、天王殿及钟鼓楼[39]，乾隆四十八年（1783年）住持见瑸重修大雄宝殿[40]，嘉庆十二年（1807年）住持见仁修补、金妆下寺[41]，嘉庆二十二年（1817年）太和寨鸣凤班为青莲寺外修路[42]，光绪三十二年（1906年）法宝、海望修寺院西边书屋七间[43]。

民国期间，晋城县古物委员会负责管理青莲寺。

中华人民共和国成立后，1955年成立晋城县博物馆、1979年成立晋城县文物馆、1985年成立晋城县郊区文物馆、1990年成立晋城市文化局文物管理处、2001年成立青莲寺文物管理所、2007年成立晋城市青莲寺文物管理处管理青莲寺。

青莲寺于1956年被山西省政府公布为山西省重点文物保护单位，1988年被国务院公布为全国重点文物保护单位。

三　保护项目梳理

1984—1988年，晋城市郊区人民政府集资七万元，于1984年初夏动工，1988年深秋竣工，历时四年，完成青莲寺上寺复建款月亭、三佛殿、七星文昌二阁、钟楼、山门及古寺护坡等共八处工程[44]。

1988年10月，山西省古建筑保护研究所对青莲寺下寺进行勘察，张殿卿编制《山西省晋城市古青莲寺规划设计方案》。当时下寺仅存北殿、南殿、舍利塔、墓塔各一座，北殿两侧的耳殿及东西配殿仅存地基。方案认为北殿整体梁架有元以前风格，脊饰为明代遗物，佛台及其上7尊彩塑为唐代遗存；南殿梁架不符合传统建筑规制，脊饰为明代万历年间遗物，殿内有宋及晚期彩塑12尊，背塑观音及童子为清代后期作品，扇面墙有晚期壁画《朝山拜佛图》，唐、宋、金碑各一通；明万历舍利塔塔刹已毁，上部有残缺；唐慧峰禅师墓塔保存尚好，曾因台地坍塌而迁移位置。方案按照宋代古建筑规制结合上寺大殿形制复原北殿及南殿，修复舍利塔，恢复墓塔台基，建仿明木结构办公用房、寺门，建造内外围墙并绿化院内[45]。

2003—2004年，国拨资金250万元，晋城市政府集资473万元，民间捐赠32万元，由山西省古建筑保护研究所、晋城宏源公司对青莲寺进行修缮，于2003年开工，2004年9月竣工[46]。修缮前勘测发现，大雄宝殿、讲经堂、僧舍及各配殿虽主题结构已毁，但一层地面、部分墙体、柱础、台基尚存[47]；释迦殿平面布局、用材、举折、梁架及构件做法都具有明显晋东南宋代建筑特征；藏经楼二层斗栱保留唐代风格（注：此为 2003 年《山西省晋城青莲寺修复工程设计方案》观点，目前学者多认为为宋代风格），梁架整体具有宋代特征；观音阁与地藏阁虽经后代重葺，部分构件仍具有宋代风格[48]。因此，根据勘测数据复原大雄宝殿、讲经堂、四座配殿、知客室、东掖阁、围墙等建筑面积共 7000 平方米；揭顶维修上寺藏经阁、释迦殿、观音阁、地藏阁、下寺舍利塔建筑面积共 1180 平方米。除去文物建筑的保护，还开凿隧洞一座，长 230 米、宽 7.5 米，铺设入山道路 3.8 公里。

2004 年，由山西省古建筑保护研究所设计，根据 88 年规划设计方案，修建青莲寺下寺山门、围墙、南北殿院墙及随墙门[49, 50]。

2007 年，由山西省古建筑保护研究所设计，根据建筑遗迹修复青莲寺上寺掷笔台及赏月阁[51]。

2006 年由西安文物保护修复中心设计，2013 年由陕西省文物保护工程有限公司对青莲寺上下寺彩塑和壁画进行保护修复，历时八年，于 2020 年竣工[52]。

青莲寺的保护项目涵盖了建筑修缮与复原、彩塑壁画修复及环境整治等各个方面，虽然任何保护工程的实施都不可避免让一些历史信息消失，但青莲寺保护项目从业人员基本遵守“最小干预”的原则，力所能及的提供了各个时期受限于认知和技术水平的最优保护方案。通过对青莲寺近 40 年保护项目的梳理，隐隐折射出山西古建筑保护工作随时代发展的变化，保护团队从本地队伍向全省、全国优势资源互补转变，保护手段从传统方法转变为传统与现代技术相结合的方法，保护思路从粗放式的工程思维逐渐向科研思维转变，保护理念从复原古建筑鼎盛状态转变为尽可能多的保留历史信息。

四　相关研究综述

1956 年 4 月，中央文化部与山西省文化局联合组织山西文物普查试验工作队，在晋城发现青莲寺[53]，在报告中记录了大佛殿（释迦殿）、藏经阁、慧峰石塔的形制，并提到院内舍利石塔、塑像、碑碣及院外石狮[54]，拉开了对青莲寺研究的序幕。

青莲寺确切始建年代不详，1996 年寺内出土北齐石刻证明最晚到乾明元年（560 年），青莲上寺位置已经有弥勒崇拜活动场所[55]。李会智结合《续高僧传》中对净影慧远的记载，推断青莲寺上、下寺在北齐天保年间（550—563 年）由昙始、慧远两位禅师主持创建，下寺经历唐、宋、清三次大修形成现在的基本格局，唐代总体呈“日”字形布局；上寺于唐大和年间初具规模，于宋崇宁年间修建基本形成现在寺院格局，后代有不同程度修缮、改建和扩建[56]。

青莲寺之名始于咸通八年（867 年），始建时寺名却众说纷纭。根据《续高僧传 · 释慧远》记载，慧远学成归来“返就高都之清化寺焉”[57]。有学者认为慧远返回的即是后来的青莲寺，当时称为清化寺[58]。也有学者认为，《续高僧传 · 释慧远》中记载的“清化寺”为“青莲寺”之误[59]。还有学者依据北齐石刻“藏阴寺比丘昙始”的记载认为当时应称为“藏阴寺”。

学者们最先关注到了青莲寺的早期建筑，陆续对寺中木构、塔幢以及材料展开研究。刘畅通过三维扫描对释迦殿的构件尺寸进行分析，阐释释迦殿的设计原理，推算释迦殿营造尺取值 314—315 毫米之间；面阔当心间 14.5 尺，次间 11.5 尺，进深当心间 13 尺，次间 11 尺；斗栱材厚 10 分，足材广 21 分，每分 0.48 寸；由撩风槫至脊槫每层屋架倾斜度为 3.5/7、4/7、4.5/6.5[60]。李会智认为释迦殿“劄牵前由驼峰、栌斗承之，劄牵后尾由丁栿尾和栌斗承之”的结构独特，“为劄牵插蜀柱之雏形”[61]。刘畅将释迦殿与高平开化寺大殿、平顺龙门寺中殿对比，得出三座建筑出自三个不同匠作流派的结论[62]。徐怡涛将释迦殿作为可靠纪年的建筑形制案例之一，通过研究得出长治、晋城地区五代、宋、金寺庙建筑单体形制分期表[63]。李会智对塔幢建筑进行分析，认为慧峰大师塔反映了唐代后期亭阁式塔与经幢造型相融合的趋势：一是由隋唐朴实无华向雕饰考究发展，二是塔高与塔宽比例逐渐增大，三是塔基发展为两层须弥座式，四是塔平面由方形、圆形变为八角形；明万历舍利塔虽属于喇嘛塔，但其做法独具特色：一是塔基矮小，二是塔刹所占比例较大、刹身收分较小；上寺两座保存完整的经幢雕琢考究、制作娴熟，是五代时期经幢典型代表[64]。殷亚芳对木构件进行取样分析，发现青莲寺使用榆木、麻栎、硬松木等木材[65]。

青莲寺上下两院五座建筑内保存的六十余尊彩塑，风格和塑造年代颇具争议。高寿田先生认为下寺北殿主像释迦，塑像面相端庄、体态合理有唐塑风格，但面型清瘦、后身平直，文殊、普贤座间爬狮、象的做法是唐塑中所未见，判断其为五代或宋初之作；下寺南殿塑像面向清秀、神情生动的宋塑风格；上寺释迦殿面型宽扁、眉目清楚无唐塑圆满浑穆之态，当是宋塑；罗汉堂、地藏殿塑像各个生动，是具有写实意味的优秀宋塑[66]。柴泽俊先生认为青莲下寺，南殿十二尊为宋塑，北殿七尊为唐塑，时代风格甚著，且北殿主尊与佛光寺东大殿南次间垂足弥勒像多有相仿，亦为弥勒佛像；上寺释迦殿塑像仿下寺北殿唐塑，但又有许多宋塑技法和风格，是宋塑承袭唐风的佳品[67]。白文则认为上院释迦殿与下院北殿的塑像为明代所塑[68]。魏小杰认为下寺北殿塑像为唐塑，有“吴带当风”之势，菩萨兼具“周家样”之美；下寺南殿塑像为具有唐风的宋塑，在风格上更接近周昉的“周家样”；上寺释迦殿佛座背后千手观音像与山水塑壁的组合仅此一处，是唐代杨惠之创造雕塑样式在宋塑中的遗存[69]。崔光耀从佛像组合角度出发，隋唐并未发现弥勒是和阿难迦叶、文殊普贤在一起的组合，所以认为北殿主尊为释迦牟尼而非弥勒；从形象上看，南殿主佛与大和七年唐碑形象更为相近，塑像时间接近唐代，而北殿与上寺释迦殿宋塑造型相似，莲台坐骑做法与华严寺薄伽教藏殿、崇福寺弥陀殿等辽、金做法相似，因此为宋塑[70]。

关于青莲寺彩塑的保护，也多有学者展开研究。徐诺对青莲寺上寺三佛殿、上寺罗汉堂、下寺弥勒殿彩塑材料、工艺及病害进行研究，发现三殿泥塑用材、造型有区别，结构却大致相同，三殿用泥均是先粗后细，其中粗泥层由黏土、砂粒及麦秸纤维组成，细泥层由黏土、砂粒及棉、麻纤维混合而成；运用三维扫描进行彩塑数字化录入，并进行虚拟修复和现实增强展示[71]。廖林灵对下寺南殿双面编壁背光进行病害调查，分析编壁制作工艺，并编制保护修复方案，采用轻钢龙骨、螺栓、空心墙、蜂窝铝板等方式代替原结构承重，最大程度保留原有结构形式和历史信息[72]。景博文对青莲寺泥塑土性能开展研究，发现青莲寺泥塑土用料包括红色土、黄色土、净砂、纤维和水，并通过试验对比分析不同配比对泥塑土性能的影响，研究出性能最优组合[73]。

青莲寺作为一座近1500年的佛教寺院，见证了佛教在晋东南地区的发展。李会智对青莲寺佛教发展过程进行研究，青莲寺建寺初期为涅槃、地论学派所统，所弘佛法以《十地》、《涅槃》为主；唐大和年以后青莲寺之佛教宗派为天台宗；宋、金以后青莲寺的佛教学者是以弘扬净土学说为主，同时也兼弘其他佛教门派学说[74]。张君梅对泽州的弥勒信仰开展研究，认为泽州的弥勒信仰源远流长，以青莲寺为中心，主要表现为弥勒上生信仰，最流行时期在中唐和金代。弥陀净土信仰则主要在俗家信众中传播，金明昌、泰和以后方始流传[75]。

此外，袁琦对青莲寺的社会关系进行研究，发现宋代游览者主要以泽州境内地方文官为主，来源范围约20公里，金代扩展到潞州境内，来源范围约100公里。金代法眷来往最远到羊头山清华寺，范围约60公里以内。宋金时期寺院供养村社集中于寺院西侧，分布范围约30公里[76]。

虽然针对青莲寺的研究从50余年前就开始了，但关于青莲寺的研究成果并不算丰富，青莲寺始建年代、格局及寺名依旧成谜，下寺南北殿主像的身份尚未确凿，彩塑塑造时代仅仅停留在推测阶段，有待于学者进一步开展的工作还有很多。

五 结 语

青莲寺寺史悠久，遗存丰富，时间在其身上留下了诸多信息，然而这些信息并非明摆于眼前，需要不断地研究探索才能解开一道道谜题。新的时代为文物保护和研究提供了更科学的方法、更先进的设备、更有力的支撑，却也对研究学者提出了更高的要求，只有不断加深对文物本体的认知，才能选择合适方式去保护好、传承好、利用好这些老祖宗留下来的宝贵遗产。

注　释

[1] 李会智、卢宝琴、李常河：《晋城青莲寺塔幢建筑分析》，《文物世界》，2002 年第 3 期。

[2] 张广善：《关于青莲寺出土的北齐石刻》，《文物世界》，2007 年第 5 期。

[3] 金大定三年（1163 年）钟铭“始自北齐天保年中，昙始禅师创立道场”。

[4] 上寺出土北齐乾明元年（560 年）石刻“大齐乾明元年，岁在庚辰，□月癸未，阿谷□□藏阴寺比丘昙始共道五十人等敬造龙华像一躯，今得成就”。

[5] 下寺唐大和七年（833 年）石碑“大和二年，上方创造僧院，兼置普贤道场……今有六七人……并造阁一所，兼素画弥勒”。

[6] 唐乾符四年（877 年）石碑《青莲寺碑碣之所记》“泽州东南三十里，勅赐寺额号曰青莲……至会昌三年，大例沙汰所通田地一顷八十余亩……至咸通八年，勅下却令收管”。

[7] 宋景德四年（1007 年）石碑《泽州硖石山青莲寺新修弥勒殿记》“有周显德二年，勅诸州废寺宇之无名……此寺依旧住持，如鱼得水”。

[8] 宋太平兴国三年（978 年）石碑《青莲寺上院赐额福严之院牒》。

[9] 宋景德四年（1007 年）石碑《泽州硖石山青莲寺新修弥勒殿记》“即有当院楼台毁坏，佛像倾摧……盖造已毕”。

[10] 金泰和六年（1206 年）石碑《大金泽州硖石山福严禅院记》“崇宁间，鉴峦禅师继主其教，以其寺基久远，岁环月隳，虽补缺苴漏，不胜其弊，乃可以规划，度越前辈。鉴东崖，陻西涧，培薄增卑，以广寺址”。

[11] 金大定四年（1164 年）石碑《硖石山福严院重修佛殿记》“今僧福裕，复愿峦所创殿疏漏欲坏，乃于皇朝大定三祀，募缘重构”。

[12] 金大定七年（1167 年）石碑《硖石山福严院初建钟楼台基记》“当院铸法钟既成，须立宝楼以虡之，惠杲用是率有缘之辈，出其财力，垒石为基”。

[13] 金大定二十四年（1184 年）石碑《福严禅院重修水堂记》。

[14] 金明昌六年（1195 年）石碑《青莲寺弥陀会重建法堂记》“切见青莲古寺岁久，丹水摧坏，特阙兴善法堂……不出载余，而堂安”。

[15] 金泰和六年（1206 年）石碑《大金泽州硖石山福严禅院记》“松岭、龙门……寺旧有法堂三楹，不称殿阁规，而广之为五楹，未果谢世，赖寂、定二师兄左右辅翼，乃克就绪”。

[16] 元至元二年（1336 年）石碑《福严院重修法藏记》“大藏经之阁也，历世代之绵远，缘风雨之摧剥，以致梁楹腐朽，栋宇挠折……住持讲主秀公……于是度费计工，募材召匠……经始于是年之春，比迨夏而告成焉”。

[17] 明景泰六年（1455 年）石碣“阖山大众留憩暂隐，结筑茅堂，名曰休心堂”。

[18] 明隆庆三年（1569 年）石碑“凡赴在城，无栖□之处，明价买到黄□两块、堂房三间、东房空地基等共十四间”。

[19] 明嘉靖四十三年（1564 年）石碑“法堂之右，旧有斋堂五楹，创自弘治十五年”。

[20] 明隆庆四年（1570 年）石碑《重修方丈文记》“寺旧有方丈者……其房初于大明弘治年中，水北檀越司氏输财始建五楹”。

[21] 明正德元年（1506 年）石碣“重修水堂……大明正德元年三月二十日工毕”。

[22] 明隆庆四年（1570 年）石碑《重修方丈文记》“寺旧有方丈者……至嘉靖十三年，住持真富重修”。

[23] 明嘉靖四十三年（1564 年）石碑《青莲寺重修斋堂记》“因赴水陆之会，念先祖好善之心、修建之绩，恐其久而湮没，遂量助工，推广前志，加为七楹，建以重屋”。

[24] 明隆庆三年（1569 年）石碑“及至隆庆三年季春月，主持如湖悯见房屋岁久、椽壁倾颓，遂纠工重修”。

[25] 明隆庆四年（1570 年）《重修方丈文记》石碑“寺旧有方丈者，其在斋堂楼榻右……迨于隆庆四年，主持如湖悯其疏漏，墙壁圮坼，重新起盖”。

[26] 明万历二十四年（1596 年）塔铭。

[27] 明万历三十三年（1605 年）石碑《硖石山福严禅院施房修理之记》“经阁左翼东房四□，本寺耆僧成讷价置重修”。

[28] 明万历三十八年（1610 年）石碑“重修前殿并观音殿施财功德开列于后……大明万历三十八年十月二十日工完”。

[29] 明天启二年（1622 年）石碑《重修梓橦殿铭记》“盖惟此殿也……椽栋虚脱而漏室……抚材命匠，藏□厥工，殆竣是殿。”

[30] 清康熙十八年（1679 年）石碑《募造接物利生阿弥陀佛韦驮碑铭》。

[31] 清康熙三十八年（1699 年）石碣《青莲寺重新东廊记》“康熙三十八年本寺住持、茶会友各捐金粟，重新上盖”。

[32] 清康熙四十五年（1706 年）石碣《青莲寺重新西廊地藏殿碑引》“昨年重新观音菩萨，今岁庄严地藏大士，两年之内一力俱新”。

[33] 清雍正五年（1727 年）石碑《重绘金妆大雄殿佛像及背座观音像记》。

[34] 清乾隆十年（1745 年）石碑《改建地藏阁碑记》“西庑为地藏旧殿，风雨剥落，久而渐坏……乙丑岁，有释子慧祥者……竭力募化……增之为阁……昔之神犹卑处也移而奉之于高敞之阁上，饰以丹青，辉以金碧，不惟榱桷鼎新，抑且神象庄严，计仅半年而庙貌改观”。

[35] 清乾隆十一年（1746 年）石碑《重修古青莲寺碑记》“有佛寺一院，名曰硖石……殿宇倾圮，佛像剥落……住持圆林亦同余之心，因广为募化，重修殿宇，金妆佛像。其北殿九间，中塑释迦□佛，左右文殊、普贤，南殿九间，前亦佛像，背塑观世音菩萨，东西禅□十间，今俱焕然一新”。

[36] 清乾隆二十二年（1757 年）石碑《重修步月亭碑记》“青莲之秀耸奇拔，莫过于步月亭……然而修创既久，历年既多，不免风雨侵蚀之，患势将倾圮矣……今春长老等始公议葺而修之……捐资五十金……入秋工乃告竣”。

[37] 清乾隆三十三年（1768 年）石碑《重修慈氏阁碑记》“青莲寺之最胜处有三……一曰慈氏阁，以尊严胜……历年既久，风雨倾圮，陈丹暗粉……去年本寺长老等共谋新之……通计六百余两，功始于丁亥夏，告成于戊子秋”。

[38] 清乾隆三十八年（1773 年）石碑《重修文昌龙王殿并钟楼碑记序》“重建二神楼阁山下六楹，外建钟楼一所，兴工于癸巳夏五月，告成于九月”。

[39] 清乾隆四十二年（1777 年）石碑《重修珏山西顶青莲寺天王殿序》“丙申初冬，董公冢孙……甫临山门，则伤其丹漆剥蚀；谒天王殿，则俱其榱桷倾圮；历钟鼓楼，则惊其斗柱覆坠……捐金三百……经始于仲春，落成于孟秋”。

[40] 清乾隆四十八年（1783 年）石碑《重修大雄宝殿记》“癸卯春……大雄宝殿有失观瞻……夏初健亭董公又施银一百五十两，着复补葺，工已告竣”。

[41] 清嘉庆十二年（1807 年）石碑《重修珏山东顶并南天门关帝殿又创修太子坡兼重修青莲古寺与乌政管社房碑记》“青莲古寺，缺略者補修之，黯淡者彩色之”。

[42] 清嘉庆二十二年（1817 年）石碑《太和寨鸣凤班修路碑记》。

[43] 清光绪三十二年（1906 年）石碑《重修灵官顶碑记》“化金二百数十余……将灵官顶重代，修青莲寺西边书屋七间”。

[44] 1988 年石碑《重修青莲寺碑记》。

[45] 山西省古建筑保护研究所：《山西省晋城市古青莲寺规划设计方案说

明书》，1988 年 10 月。
[46] 2005 年石碑《修复青莲寺大雄宝殿、舍利塔并入山道路、涵洞碑记》；2005 年石碑《重修青莲寺碑记》。
[47] 山西省古建筑保护研究所：《山西省晋城青莲寺修复工程设计方案》，2003 年 8 月。
[48] 山西省古建筑保护研究所：《山西省晋城青莲寺修缮工程勘测设计方案（释迦殿、藏经楼、观音阁、地藏殿）》，2003 年 10 月。
[49] 山西省古建筑保护研究所：《晋城古青莲寺山门、影壁图纸及预算》，2004 年 3 月。
[50] 山西省古建筑保护研究所：《晋城古青莲寺寺门修建设计图纸》，2004 年 3 月。
[51] 山西省古建筑保护研究所：《山西省泽州青莲寺（掷笔台、赏月阁）修复工程设计方案》，2007 年 1 月。
[52] 西安文物保护修复中心：《山西省晋城市青莲寺彩绘泥塑及壁画保护修复方案》，2006 年 5 月。
[53] 古代建筑修整所：《晋东南潞安、平顺、高平和晋城四县的古建筑》，《文物参考资料》，1958 年第 3 期。
[54] 朱希元：《晋东南潞安、平顺、高平和晋城四县的古建筑（续）》，《文物参考资料》，1958 年第 4 期。
[55] 郭新明：《晋城青莲寺发现北齐石刻造像》，《文物世界》，2000 年第 6 期。
[56] 李会智、高天：《山西晋城青莲寺史考》，《文物世界》，2003 年第 1 期。
[57] （唐）道宣：《续高僧传》，电子版 1.3，中華電子佛典協會，2002 年。
[58] 山樵：《青莲寺名称与创建年代考》，《太行日报》，2011 年 11 月 20 日。
[59] 李会智、师焕英：《净影慧远生平小考》，《五台山研究》，2002 年第 1 期。
[60] 刘畅、汪治、包媛迪：《晋城青莲上寺释迦殿大木尺度设计研究》，《建筑史》，2014 年第 1 期。
[61] 李会智：《山西唐至清宗教木构建筑梁架结构演化及图解（中）》，《文物世界》，2016 年第 2 期。
[62] 刘畅：《算法基因：晋东南三座木结构尺度设计对比研究》，《中国建筑史论汇刊》，2014 年第 2 期。
[63] 徐怡涛：《长治、晋城地区的五代、宋、金寺庙建筑》，北京大学博士学位论文，2003 年。
[64] 李会智：《卢宝琴，李常河 . 晋城青莲寺塔幢建筑分析》，《文物世界》，2002 年第 3 期。
[65] 殷亚方、罗彬、张之平、刘波、程业明、姜笑梅：《晋东南古建筑木结构用材树种鉴定研究》，《文物世界》，2010 年第 4 期。
[66] 高寿田：《山西晋城青莲寺塑像》，《文物》，1963 年第 10 期。
[67] 柴泽俊：《山西古代彩塑》，文物出版社，2008 年 4 月，第 18—26 页。
[68] 白文：《晋城青莲寺文殊与普贤图像考察》，《文物世界》，2008 年第 3 期。
[69] 魏小杰：《晋南唐宋元寺观彩塑样式研究》，西安美术学院博士学位论文，2013 年。
[70] 崔光耀：《浑厚华滋—山西现存寺院唐代彩塑之初探》，中国美术学院硕士学位论文，2017 年。
[71] 徐诺：《山西晋城青莲寺彩绘泥塑制作工艺分析及虚拟修复初探》，西北大学硕士学位论文，2014 年。
[72] 廖林灵：《山西晋城古青莲寺释迦殿双面编壁背光保护修复方案》，西北大学硕士学位论文，2014 年。
[73] 景博文：《山西晋城青莲寺古代泥塑土性能研究》，西北大学硕士学位论文，2016 年。
[74] 李会智、高天：《山西晋城青莲寺佛教发展之脉络》，《文物世界》，2003 年第 3 期。
[75] 张君梅：《古代泽州的弥勒信仰》，《五台山研究》，2018 年第 2 期。
[76] 袁琦：《晋东南宋、金佛教寺院与社会关系研究》，北京大学硕士学位论文，2020 年。

朔州崇福寺

史　君

崇福寺，俗称大寺庙，古有林衙寺、林衙院之称。该寺位于山西省朔州市朔城区朔州老城东街（图一），为第三批全国重点文物保护单位。崇福寺坐北朝南，现存五进院落、10座文物建筑（图二），由南至北依次为山门，金刚殿（又名天王殿），千佛阁（原名藏经阁）、钟楼、鼓楼，大雄宝殿（又名三宝殿）、文殊堂、地藏堂，弥陀殿（又名三圣殿），观音殿。

一　文物概况

弥陀殿（图三）面阔七间，进深八椽，单檐歇山顶。金厢斗底槽平面布局，前槽金柱施减柱造和移柱造。殿内彻上明造。梁架结构为八架椽屋四椽栿对前后乳栿，通檐用四柱。外檐柱头斗栱为七铺作，双杪双下昂，各间施补间斗栱一朵，柱头斗栱与补间斗栱相异。其中，前檐柱头斗栱、后檐明间和梢间的补间斗栱、转角斗栱施斜栱。弥陀殿的梁架、斗栱、壁画、塑像、牌匾、槅扇、琉璃脊饰等皆为金代遗作，且有题记可证，十分珍贵，是我国现存金代建筑的典范。特别是前檐槅扇（图四），棂花精巧华丽，图案样式众多，是我国现存宋辽金建筑中槅扇最精致者。

观音殿面阔五间，进深六椽，单檐歇山顶，构架属厅堂造。柱网结构为“身内单槽”，殿内施减柱造，无前槽金柱。梁架结构为六架椽屋四椽栿对

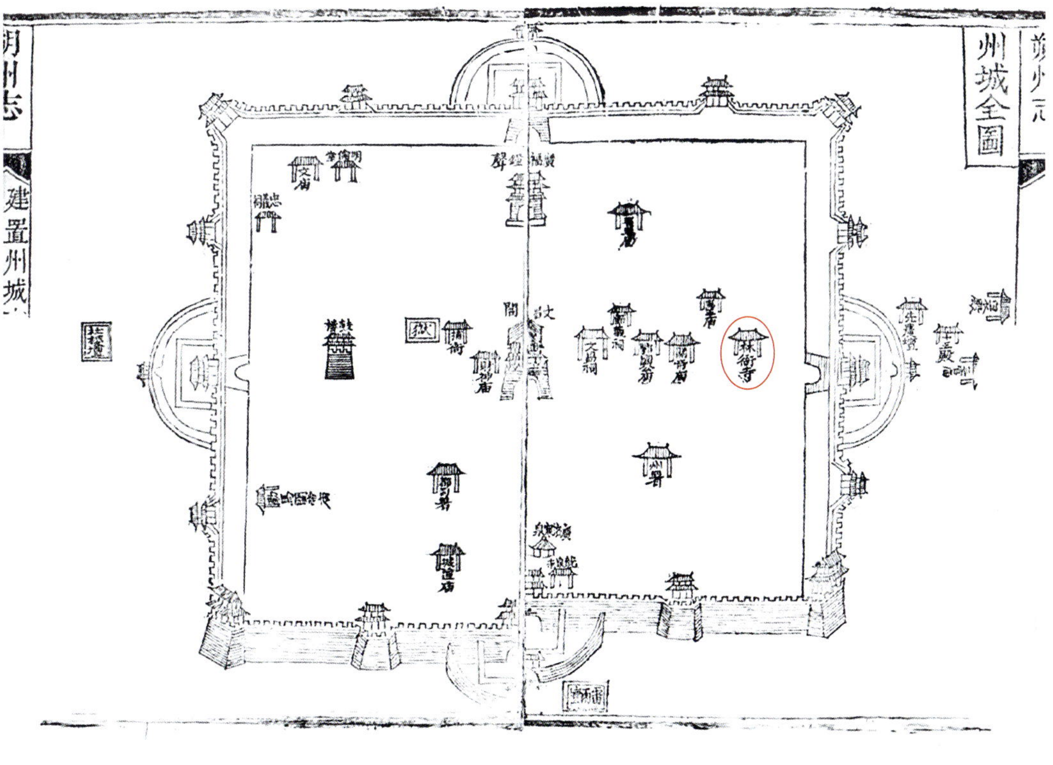

图一　州城全图

［来源：汪嗣圣《朔州志》（清雍正十三年版）卷四］

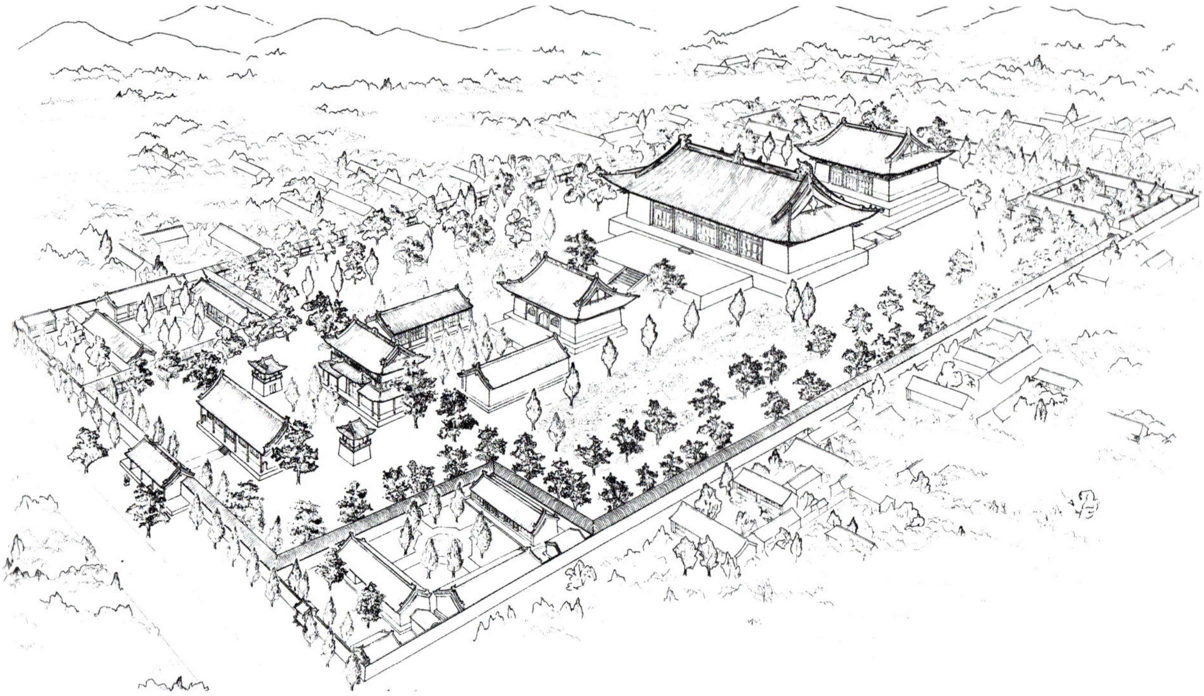

图二　崇福寺鸟瞰图

（来源：山西省古建筑保护研究所、柴泽俊《朔州崇福寺》，文物出版社，1996 年，第 131 页，袁琦整理。该图原名“山西朔县崇福寺总体设计鸟瞰图”，绘制于 1986 年 9 月 13 日，收录于山西省古建筑保护研究所、柴泽俊、李正云：《朔州崇福寺弥陀殿修善工程报告》，文物出版社，1993 年，第 69 页）

图三　弥陀殿全景照片

（来源：袁琦摄，自西南向东北，2015 年）

图四　弥陀殿前檐装修照片
（来源：简莉、李莉摄，自南向北，2020年）

图五　观音殿梁架结构照片
（来源：简莉、李莉摄，自南向北，2020年）

后乳栿，通檐用三柱。使用了特殊的双重人字叉手结构，平梁上蜀柱两侧设叉手，上平榑蜀柱两侧亦设人字叉手（图五），是我国现存金代建筑的重要代表。

关于崇福寺文物建筑的年代，柴泽俊先生在《朔州崇福寺》一书中介绍，“弥陀殿为金皇统三年（1143年）建，有题记和碑刻文献可证。观音殿未觅得题款，依其结构和手法，应与弥陀殿同时构筑。千佛阁、钟鼓二楼和文殊、地藏二堂，皆明洪武年间重建。大雄宝殿为明成化年间所建。山门和金刚殿为清乾隆七年（1742年）所建”[1]。

二　历史沿革

（一）唐

据文献、碑刻记载，崇福寺创建于唐高宗麟德二年（665年）。

明正德年间（1506—1521年）朔州卫镇府薛琦所撰《崇福寺碑记》记载：“崇福寺，鄯阳古刹也。大藏经阁创始于唐高宗麟德二年”[2]。

清雍正十三年（1735年）《朔州志》记载：“林衙古刹，在城东门内。唐高祖（笔者注：应为高宗）麟德二年（665年）”[3]。

现存清乾隆四十年（1775年）《朔州林衙寺重兴碑记》记载：“寺之创建，肇自唐高宗麟德二年，敕命鄂国公尉迟敬德，始造……”[4]。

崇福寺的创建年代，有关碑记、方志中皆为唐高宗麟德二年（665年），但至清乾隆四十年（1775年）《朔州林衙寺重兴碑记》中出现了由鄂国公尉迟敬德敕建的说法。然而，尉迟敬德卒于唐显庆三年（658年）[5]，这一说法应为后人附会。《旧唐书》《新唐书》中记载，尉迟敬德为朔州善阳（今山西朔州）人，其建造崇福寺的传说，正是当地民众尊崇尉迟敬德的体现。有学者研究，在民间特别是华北地区有许多尉迟敬德修寺的传说，与元明清时期尉迟敬德在民间形象的嬗变有关[6]。

（二）辽

辽时，崇福寺被用作林衙太师府，统和年间（983—1012年）恢复为寺院。因此有“林衙寺”、“林衙院”之称。

明正德年间（1506—1521年）朔州卫镇府薛琦所撰《崇福寺碑记》记载：“崇福寺……至辽契丹时其地为林太师府署，统和间（983—1012年）地有灵光屡现，居人不安，复为僧居，因称为林衙寺”[7]。

清雍正十三年（1735年）《朔州志》记载：“林衙古刹……契丹国建为林太师府。辽统和间（983—1012年），其地灵光屡见，居人不安，舍为僧居，未有名号，人以林衙院目之”[8]。

崇福寺现存一尊石雕观音立像，其背部铭文记载为辽天庆二年（1112年）所造。

（三）金

金代是崇福寺重要的建造和发展时期。金皇统年间（1141—1149年），敕建弥陀大殿。金天德二年（1150年）赐额“崇福禅寺”。

弥陀殿明间脊槫垫板有墨书题记“维皇统三年癸亥（1143年）……十四日己酉乙时特建”[9]。弥陀殿琉璃脊刹内侧铭文记载：“代州崞县琉璃术首武春男……时皇统六年（1146年）七月卅日”[10]。弥陀殿西梢间平梁前叉手上隅有墨书题记“维皇统七年（1147年）三月六日安双虎记笔僧既款……”[11]。

明正德年间（1506—1521年）朔州卫镇府薛琦所撰《崇福寺碑记》记载：“至金熙宗皇统间（1141—1149年），开国侯翟昭度始建弥陀大殿。天德年（1149—1153年）赐名崇福禅寺”[12]。

清雍正十三年（1735年）《朔州志》记载：“金天德二年（1150年）赐额崇福禅寺”[13]。

弥陀殿前檐明间“弥陀殿”牌匾上书“故功德主普益大师赐紫沙门志銓立，弥陀殿，大定廿四年（1184年）五月十九日洪福寺沙门澄慧施，古并李志成书”[14]。

（四）元

元代，朝廷颁大藏尊经纳于崇福寺藏经阁，修建崇福寺。

明正德年间（1506—1521年）朔州卫镇府薛琦所撰《崇福寺碑记》记载：“大元至治（1321—1323年）、至顺（1330—1333年）间，浙江无一宝公禅师来居于寺，……遂于其事闻于朝，特颁大藏尊经纳于阁，寺有毁废缺失者，悉增广而修葺之”[15]。

元至正十四年（1354年）“大元朔州林衙崇福寺量公禅师施财遗迹记”碣中记载：“尝将本寺西洞罗汉尊像，……补妆如初。……又备中统钞贰拾定，送下院龙泉寺”[16]，可知当时寺内建筑有“西洞”，另有龙泉寺为崇福寺下院。

（五）明

元末明初，崇福寺一度被当作粮仓。明洪武十六年（1383年）将崇福寺内粮储撤出，地方官监修重造。明代，崇福寺的修缮活动频繁。

崇福寺藏陀罗尼经咒绢绫题记记载，崇福寺“至大明兵兴，设为仓所，囤放粮储，……于洪武十六年（1383年）五月十四日，忽遇大臣永平侯谢大人出巡到此，谒见本寺殿宇崩摧，圣像损坏，哀怜古寺。以可重修将原囤粮储即时搬运一空，随命诸匠即日兴工，令本卫指挥孙等官监修重造以为记耳。时大明洪武十六年（1383年）岁次癸亥六月己未癸酉朔越十九日辛卯，本州僧正立祥谨志”[17]。弥陀殿前檐明间“弥陀殿”牌匾题记记载：“大明洪武乙丑年（1385年）庚辰月甲子日，□□龙泉寺□□重修……”[18]。弥陀殿前槽上平槫垫板题记记载：“时大明洪武丁卯岁（1387年）戊申月壬辰日重新妆塑阿弥陀佛……”[19]。弥陀殿西次间脊槫襻间枋下皮题记记载：“时洪武丁卯（1387年）孟秋望日重新妆饰大势至菩萨……”[20]。弥陀殿前槽明间西缝乳栿下侧木板题记记载：“时大明洪武丁卯岁（1387年）重油殿门……”[21]。

观音殿前檐明间牌匾题记记载：“大明景泰癸酉（1453年）大同府华严寺副都纲□兴、僧正远岩、住持守礼立，观音殿，武德将军京兆杜李文书，陇西季驎刊，舍财信士仝普孝助缘人施”[22]。

明正德年间（1506—1521年）朔州卫镇府薛琦所撰《崇福寺碑记》记载：“我大明天顺改元之初，朔人选无双……成化己丑年（1469年）目睹殿宇倾颓，乃为之重修……庚子（1480年）无双因寺后有隙地，乃募化于众，建毗卢阁三楹，内有二佛像及护法诸神，工甫告成无双忽构疾……”[23]。

弥陀殿前檐明间“弥陀殿”牌匾题记记载：“大明弘治丙辰年（1496年）季夏吉日，钦差守将知监右监承李岑□□重修”[24]。观音殿前檐明间牌匾题记记载：“弘治十七年岁次甲子（1504年）中秋七月吉日重修……”[25]。

弥陀殿前檐明间“弥陀殿”牌匾题记记载：“时大明正德⿰⿰（1515年）守将朔州聪泉□□僧□□□……”[26]。

弥陀殿前槽东梢间内额下侧题记记载：“时嘉靖七年（1528年）夏五月吉日补修殿脊谨志，……重修”[27]。弥陀殿前槽东梢间平槫下侧木板题记记载：“时嘉靖七年（1528年）夏五月吉日补修殿脊谨志，林衙崇福寺住持净住……重修”[28]。弥陀殿前槽东次间金柱上端木板题记记载：“时大明嘉靖十年（1531年）九月吉旦补修重油殿门谨志……”[29]。

（六）清

清代，多次维修崇福寺。朔州八景，“林衙古刹”居首。

弥陀殿前檐明间东槫柱木板题记记载：“康熙二十八年（1689年）四月初八日补修槅扇……”[30]。弥陀殿前檐明间“弥陀殿”牌匾题记记载：“大清康熙五十九年（1720年）六月吉日……重修”[31]。

清雍正十三年（1735年）《朔州志》中，“林衙古刹”位列朔州“八景”之首。由“林衙古寺图”（图六）可知，当时崇福寺的建筑布局与现存格局基本一致。不同之处在于，“林衙古寺图”中，弥陀殿前东西两侧有禅房，南侧有牌坊；山门为牌坊，两座牌坊皆为三间四柱三楼；大雄宝殿东配殿名为普贤堂，西配殿名为文殊堂；此外，图中的弥陀殿、观音殿（图中名为后殿）、大雄宝殿及金刚殿的建筑开间不准确，皆比现存建筑少两间。

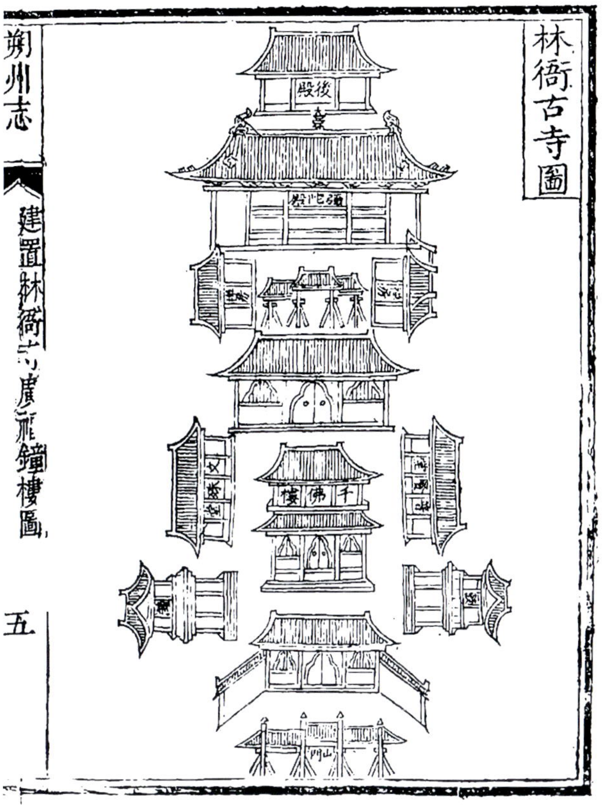

图六　林衙古寺图

［来源：汪嗣圣《朔州志》（清雍正十三年版）卷四］

山门现存“崇福寺”匾额记载：“特授奉直大夫知朔州事加三级纪录六次季绾率众重修”，“乾隆壬戌年（1742年）孟冬榖旦立”。现存“千佛阁”匾额记载：“大清乾隆八年（1743年）岁次癸亥孟秋吉旦”，“……重修敬立”。清乾隆四十年（1775年）《朔州林衙寺重兴碑记》记载：“圆明禅师者……勤力募化三百余金，又将自已齿积银三百两施出，竭力经营已逾十稔，甫能于寺之内外灿然一新，金碧辉煌……而又赎回前僧典出东西马道、禅房数院，其东西两界虽与民舍相连，并无民间出路及流水葛藤，以整清规。更于山门外两旁，盖造香房、木店及铺屋凡三所，俾永作寺中养瞻之姿”[32]。

大雄宝殿（三宝殿）前槽东金柱木牌题记记载：“大清嘉庆九年岁次甲子（1804年）本郡万顺店重修三宝殿”[33]。

清道光二十年（1840年）《道光庚子年崇福寺孟秋重修碑》[34]，记录了布施商号、人名等。清道光二十八年（1848年）《重修崇福寺弥陀殿碑记》记载：“而独于弥陀殿正中焰光，因殿脊破漏，雨水浸废，凡睹兹者莫不叹为工之艰理，所以迟之又久，以至于今住持僧沙乘决意重修，适有乐善之鹤亭杜公踊跃其事，随请董事者数人同力募化，众善士俱乐为之输将。于是纠材庀工，顿兴土木，越六月而工已告竣。坠者举之，废者修之，佛像已极其庄严，焰光已极灿烂，供器鼓钟已新焉，□画殿宇瓦脊亦复固坚。又有石菩萨□已装塑上下身于后殿观音像前，以及东西牌坊之新增屋脊，殿道二门之另置新板，一切零星破碎俱各完好……”[35]。弥陀殿前檐明间“弥陀殿”牌匾题记记载：“大清道光二十八年（1848年）菊月十九日立”[36]。

清同治八年（1869年）《重修崇福寺碑记》记载：“上位大士佛像三尊，金身灿烂，法像森严，……三宝□□文殊效灵，四天王、八金刚位列前殿，辉映昭彰。郡官僚每遇朝贺令节，拜谒万岁于寺中……无何岁月摧残，□□剥落，寺内之瓦盖、墙垣多见倾圮。今董事者并住持僧正司纠集众善各捐资财鸠工，补葺重修完缮。惟文殊堂地藏堂□□□□三所系善人田淋前后补修，均无遗漏……”[37]。清同治十一年（1872 年）《重修大雄殿佛像碑记》记载：“朔州林衙寺，古称巨观，奈文殊、地藏堂金色俱已鼎新，而大雄殿佛像愈增暗淡。故誓海之发已兴，不妨再兴善事，之为一举，正宜屡举。爰有善信郭化龙与独力原修文殊、地藏堂之田淋，同心竭力，不惜倾囊，原愿一施银二百两，一施银一百两，以成胜举，继后众善毕会集腋成裘。于同治辛未（1871 年）秋举事，于壬申（1872 年）秋告竣，金色灿烂焕然一新[38]。

清光绪十年（1884 年）《重修崇福寺碑记》记载：“惟岁月经久，风雨剥落，弥陀大殿西北角斗栱朽坏，悬梁愈攲，几至倾覆……爰邀请绅商前后共捐钱五百余千，踊跃从事，诚盛举也。工竣勒石……住持僧竺灵。徒法来、法昭、法如”[39]。清光绪二十四年（1898 年）“重修崇福寺残碑”记载，“岁丁亥（1887 年），三宝殿檐折柱摧，瓦脊且多翻覆，住持僧法昭等邀绅董以共商，……于是随募随修，仿其已然之形势而完固之也。独是殿既焕然一新，而文殊、地藏堂不无……鼓楼且有土崩瓦解之患。越五年壬辰（1892 年），又商于绅董，捐赀兴工。遂将坠者举之，颠者扶之，偏倚者使之正，破碎者……规模而扩充之也。夫由殿而堂，由堂而楼，亦既严肃整齐矣。而惟乐楼未加修饰者，……又于乙未年（1895 年）……葺之也。千佛楼檩柱渐离矣，以一木无虞矣，乃忽不加察，竟至遇雨而倒……容缓也。由内及外，工兴于丁亥年（1887 年），工竣于戊戌年（1898 年）”[40]。

（七）抗战时期

抗日战争时期，崇福寺被日寇占据，明清版藏经、供器被洗劫一空，金刚殿、千佛阁、文殊和地藏二堂内的塑像惨遭破坏[41]，原存于弥陀殿内东南隅的北魏曹天度造千佛石塔（图七）被日寇盗取。搬运装箱时，朔县城内爱国人士丁克成冒着生命危

图七 -1　北魏曹天度造千佛石塔历史照片

（来源：史树青《北魏曹天度造千佛石塔》，《文物》1980 年第 1 期，第 71 页图六。此照片最早见于《雁北文物勘查团报告》）

图七 -2　弥陀殿南壁东尽间壁画照片

（来源：简莉、李莉摄，自南向北，2020 年）

险，将塔刹藏匿起来[42]。塔身和塔座同劫掠的其他中国文物一并被运至日本。抗战胜利后，塔身与塔座交还我国，后被运往我国台湾，存放于台北历史博物馆，成为镇馆之宝[43]。1953年，丁克成将塔刹交还崇福寺文物保管所。遗憾的是，石塔至今仍身首分离。

三 保护历程

1950年8月5日至8日，雁北文物勘查团古建组实地调查崇福寺，测绘了弥陀殿、观音殿及崇福寺总平面图，拓碑，拍照，记录保存现状[44]。

1952年，成立"朔县崇福寺文物保管所"，作为崇福寺专门的保护机构。

1952年9月，罗哲文、杜仙洲、张正模为协助前察哈尔省文化事业管理局勘察设计重点修缮的大同善化寺普贤阁和朔县崇福寺两处的工程，对崇福寺作了勘查，将观音殿列为重点修缮，制定了观音殿修缮计划概要[45]。1953年至1954年，山西省文物管理委员会对崇福寺观音殿实施了落架重修[46]。

1958年、1962年，先后维修了三宝殿（即大雄宝殿）、千佛阁、钟楼、鼓楼、文殊堂和地藏堂，同时葺残缺，补垣墉，绿化环境，整洁寺容[47]。

1965年，山西省人民委员会公布崇福寺为省级文物保护单位[48]。

1975年，山西省人民政府与山西省文物管理委员会拨专款维修了寺庙两侧围墙，寺内排水及山门台明[49]。

1977年，因弥陀殿台明下陷[50]，将位于月台东西两侧的禅房和南沿正中的"祇园"坊，分别迁移至寺院东北角、西北角及千佛阁东侧[51]。

1985年10月至1986年5月，山西省古建筑保护研究所对崇福寺弥陀殿进行了勘察测绘和修缮设计。柴泽俊主持，张恩先、张富贵、王永先、王春波、李艳荣、刘建军、孙书鹏、于宏昌、王兴中、王西霞等参加勘察设计工作[52]。经国家文物局专家论证审核批准后，1987年，崇福寺弥陀殿修缮保护工程正式开工，国家文物局拨专款，山西省古建筑保护研究所对弥陀殿实施落架大修。柴泽俊主持，原省文物局副局长李正云驻工地监督指导，王凤歧主持管理工作，郝启德主持壁画揭取、加固和修复，于宏昌参加施工、登记编号、绘制施工草图，张恩先、冯冬青绘制残损状况图和编号图，邢爱萍复制资料[53]。1991年10月工程竣工，经国家文物局专家组验收，认为修缮效果良好。1992年，此项工程被山西省建设厅评为优质设计工程，1993年荣获建设部"文物建筑勘察设计"二等奖[54]。

1988年，国务院公布崇福寺为全国重点文物保护单位。

1997年至1998年，崇福寺山门实施落架维修，维修工程由山西省文物技术开发服务中心承担[55]。

2004年，边海平捐资23万元维修金刚殿，并新塑观音、文殊、普贤菩萨及四大天王像[56]。2005年，当地群众捐资8万元，修复观音殿塑像[57]。朔城区煤炭系统捐资14.3万元，修整寺院地面，实施硬化、绿化工程，整修面积达6000平方米[58]。2005年至2008年，朔城区向社会募集25万元，修缮文殊堂，翻新殿顶，修补墙壁，重塑佛像[59]。

2008年，朔城区政府投入750万元，对崇福寺及周边环境实施大规模整治。于崇福寺南侧新建崇福广场，广场上建牌楼、尉迟敬德庙、马邑博物馆、大戏台等仿古建筑群，崇福寺与崇福广场共同组成崇福寺景区。2014年，崇福寺景区被评为国家4A级景区。2016年，新建崇福寺景区游客服务中心[60]。2017年，成立崇福寺景区管理委员会[61]。2019年，崇福寺景区开始实行免费对外开放。

2017年12月至2018年9月，崇福寺实施修缮保护工程。2019年1月，工程通过竣工验收。修缮设计方案由山西省古建筑设计有限公司编制，肖迎九为项目负责人。修缮工程施工单位为山西万荣古建工程有限公司，黄锋军为项目经理。工程范围包括金刚殿、钟楼、鼓楼、千佛阁、地藏堂、文殊堂及大雄宝殿建筑本体，修缮工程性质均为现状整修。

四 研究综述

1951年2月，中央人民政府文化部文物局出版的《雁北文物勘查团报告》中，莫宗江著有《应县朔县及晋祠古代建筑》一文。文中依据《朔州志》

艺文卷收录的崇福寺碑记、弥陀殿题记及建筑结构制度，判断出崇福寺文物建筑的时代，并凝练出弥陀殿和观音殿的形制结构特点、保存状况及文物价值[62]。

1953 年，《文物参考资料》第 3 期，罗哲文发表《雁北古建筑的勘查》一文。文中介绍了崇福寺观音殿的建筑形制与结构特点，附有崇福寺总平面和观音殿平、剖面实测图，并列出观音殿修缮计划概要[63]。

1954 年，《文物参考资料》第 11 期，《两年来山西省新发现的古建筑》文章中，“拾壹　已知古建筑的补充资料及其他”之“四、朔县崇福寺弥陀殿”，由陈明达执笔，指出弥陀殿的槅扇、板门为现存古建筑时代最早的装修，特别是槅扇菱花最为宝贵；弥陀殿斗栱非双杪三下昂，实为出四跳，七铺作[64]。

1993 年，山西省古建筑保护研究所柴泽俊、李正云合著《朔州崇福寺弥陀殿修缮工程报告》[65]一书出版。该书主要内容包括弥陀殿勘察报告、弥陀殿修缮工程设计书、塑像加固保护设计书、壁画加固保护设计书、弥陀殿修缮竣工技术报告、实测与设计图，图版中收录弥陀殿修缮前后及施工过程照片，附录中收录有构件编号图、检修登记表与榫卯图。

1996 年，山西省古建筑保护研究所柴泽俊所著《朔州崇福寺》[66]一书出版。该书在《朔州崇福寺弥陀殿修缮工程报告》内容基础上，增加了崇福寺修缮保护规划设计书，合为“维修篇”。并将对崇福寺历史沿革、建筑与彩塑壁画及其他文物的研究，合为“研究篇”。书中收录了更加丰富的实测图、彩色图版、详细的图版说明，并附录有崇福寺的墨书题记、碑刻铭文、石刻碑记的录文，以及崇福寺大事年表。该书文字近 20 万字，实测图 75 幅、彩色图版 314 幅。

2006 年，山西省文物局所编《山西文物建筑保护五十年初编》一书的“成果篇”中，收录有柴玉梅的《朔州崇福寺弥陀殿修缮保护工程》一文。文章对弥陀殿修缮经过与技术措施做了总结介绍。

关于崇福寺的研究论文，可以分为以下几个方面：

对崇福寺金代建筑艺术特征、营造技术的研究，主要有刘京婧的《从朔州崇福寺探究金代建筑艺术特征》[67]，梁静的《佛光寺文殊殿与崇福寺观音殿营造技术对比》[68]等。

对崇福寺建筑装饰艺术的研究，主要有龚思超的《朔州崇福寺建筑装饰艺术研究》[69]等。

对崇福寺金代壁画、彩塑的研究，主要有焦媛媛的《金代重彩壁画颜料与施色技法的探索及复原临摹实验——以朔州崇福寺弥陀殿为例》[70]，李国华的《朔州崇福寺弥陀殿壁画研究》[71]，刘国峰的《山西朔州崇福寺壁画艺术探析》[72]，池波的《山西金代寺庙壁画与彩塑研究——以崇福寺弥陀殿、岩山寺文殊殿为中心》[73]等。

对崇福寺北魏曹天度造千佛石塔的研究，主要有史树青的《北魏曹天度造千佛石塔》[74]，韩有富的《北魏曹天度造千佛石塔塔刹》[75]，吕树芝的《北魏曹天度造千佛石塔》[76]，胡顺利的《谈北魏曹天度造千佛石塔题铭释文》[77]，葛世民的《北魏曹天

图八　弥陀殿前檐牌匾照片

（来源：《朔州崇福寺》，第 253 页）

度石塔考》[78]，李尧的《北魏曹天度千佛塔身首分离七十载 海峡隔不断文化牵挂》[79]，王妙珍的《北魏曹天度九层石塔析疑》[80]等。

五 结 语

穿过历史长河的洗礼，如今的崇福寺端庄、宁静，与朔州城一起，向世人展示古老的底蕴和勃勃的生机。

正如弥陀殿前檐牌匾（图八）上先后六次镌刻的修建题记一样，保存至今的古代建筑遗产，无一不凝结着历代修建者保护、传承的心血。历史上的每一次建造、修缮，都成为历史信息，镌刻在建筑遗产上，等待我们去发现，去解析。

注 释

[1] 山西省古建筑保护研究所，柴泽俊：《朔州崇福寺》，文物出版社，1996年，第11页。

[2] 山西省古建筑保护研究所，柴泽俊：《朔州崇福寺》，文物出版社，1996年，第398页。

[3] 汪嗣圣：清雍正十三年（1735年）版《朔州志》，卷之三，十五。

[4] 山西省古建筑保护研究所，柴泽俊：《朔州崇福寺》，文物出版社，1996年，第399页。

[5] 董朝霞：《唐尉迟敬德墓志赏析》，《文物天地》，2019年第2期，第61页。

[6] 冯金忠：《从赳赳武夫到修寺善士：华北民间尉迟敬德形象之嬗变》，《中华文化论坛》，2010年第1期，第34–39页。

[7] 山西省古建筑保护研究所，柴泽俊：《朔州崇福寺》，文物出版社，1996年，第398页。

[8] 汪嗣圣：清雍正十三年（1735年）版《朔州志》，卷之三，十五。

[9] 山西省古建筑保护研究所，柴泽俊：《朔州崇福寺》，文物出版社，1996年，第391页。

[10] 山西省古建筑保护研究所，柴泽俊：《朔州崇福寺》，文物出版社，1996年，第396页。

[11] 山西省古建筑保护研究所，柴泽俊：《朔州崇福寺》，文物出版社，1996年，第391页。

[12] 山西省古建筑保护研究所，柴泽俊：《朔州崇福寺》，文物出版社，1996年，第398页。

[13] 汪嗣圣：清雍正十三年（1735年）版《朔州志》，卷之三，十五。

[14] 山西省古建筑保护研究所，柴泽俊：《朔州崇福寺》，文物出版社，1996年，第39页。

[15] 山西省古建筑保护研究所，柴泽俊：《朔州崇福寺》，文物出版社，1996年，第398页。

[16] 李玉明、杜启贵：《三晋石刻大全・朔州市朔城区卷》，三晋出版社，2017年，第125页。

[17] 山西省古建筑保护研究所，柴泽俊：《朔州崇福寺》，文物出版社，1996年，第392页。

[18] 山西省古建筑保护研究所，柴泽俊：《朔州崇福寺》，文物出版社，1996年，第392页。

[19] 山西省古建筑保护研究所，柴泽俊：《朔州崇福寺》，文物出版社，1996年，第392页。

[20] 山西省古建筑保护研究所，柴泽俊：《朔州崇福寺》，文物出版社，1996年，第392页。

[21] 山西省古建筑保护研究所，柴泽俊：《朔州崇福寺》，文物出版社，1996年，第392－393页。

[22] 山西省古建筑保护研究所，柴泽俊：《朔州崇福寺》，文物出版社，1996年，第393页。

[23] 山西省古建筑保护研究所，柴泽俊：《朔州崇福寺》，文物出版社，1996年，第398页。

[24] 山西省古建筑保护研究所，柴泽俊：《朔州崇福寺》，文物出版社，1996年，第392页。

[25] 山西省古建筑保护研究所，柴泽俊：《朔州崇福寺》，文物出版社，1996年，第393页。

[26] 山西省古建筑保护研究所，柴泽俊：《朔州崇福寺》，文物出版社，1996年，第392页。

[27] 山西省古建筑保护研究所，柴泽俊：《朔州崇福寺》，文物出版社，1996年，第393页。

[28] 山西省古建筑保护研究所，柴泽俊：《朔州崇福寺》，文物出版社，1996年，第393页。

[29] 山西省古建筑保护研究所，柴泽俊：《朔州崇福寺》，文物出版社，1996年，第393页。

[30] 山西省古建筑保护研究所，柴泽俊：《朔州崇福寺》，文物出版社，1996年，第394页。

[31] 山西省古建筑保护研究所，柴泽俊：《朔州崇福寺》，文物出版社，1996年，第394页。

[32] 山西省古建筑保护研究所，柴泽俊：《朔州崇福寺》，文物出版社，1996年，第399页。

[33] 山西省古建筑保护研究所，柴泽俊：《朔州崇福寺》，文物出版社，1996年，第394页。

[34] 山西省古建筑保护研究所，柴泽俊：《朔州崇福寺》，文物出版社，1996年，第399页。

[35] 山西省古建筑保护研究所，柴泽俊：《朔州崇福寺》，文物出版社，

1996年，第400页。
[36] 山西省古建筑保护研究所，柴泽俊：《朔州崇福寺》，文物出版社，1996年，第394页。
[37] 山西省古建筑保护研究所，柴泽俊：《朔州崇福寺》，文物出版社，1996年，第400页。
[38] 山西省古建筑保护研究所，柴泽俊：《朔州崇福寺》，文物出版社，1996年，第400—401页。
[39] 山西省古建筑保护研究所，柴泽俊：《朔州崇福寺》，文物出版社，1996年，第401页。
[40] 李玉明、杜启贵：《三晋石刻大全·朔州市朔城区卷》，三晋出版社，2017年，第745页。
[41] 山西省古建筑保护研究所，柴泽俊、李正云：《朔州崇福寺弥陀殿修缮工程报告》，文物出版社，1993年，第3—4页。
[42] 王妙珍：《北魏曹天度九层石塔析疑》，《黑河学刊》，2011年第2期，第79页。
[43] 李尧：《北魏曹天度千佛塔身首分离七十载 海峡隔不断文化牵挂》，《人民日报》，2010年3月26日，第012版。
[44] 《古建组旅行日志》，中央人民政府文化部文物局：《雁北文物勘查团报告》，第128—129页。
[45] 罗哲文：《雁北古建筑的勘查》，《文物参考资料》，1953年第3期，第35—42页。文中解释道“弥陀殿的价值和残破情况同观音殿一样，但是这殿如要修缮，必须全部落架，工程非常庞大，目前的条件还不够，经过详细研究，在短时期还不致有坍塌的危险，所以决定先把观音殿作为重点修缮”。
[46] 山西省古建筑保护研究所：《山西省古建筑保护研究所六十年工作大事记汇编（1950—2010年）》，第17页。
[47] 山西省古建筑保护研究所，柴泽俊、李正云：《朔州崇福寺弥陀殿修善工程报告》，文物出版社，1993年，第4页。
[48] 山西省人民委员会文件(65)晋文字104号《山西省人民委员会关于公布省级第一批（调整）文物保护单位的通知》。
[49] 山西省文物局：《山西省重点文物保护单位记录档案 崇福寺》，2005年10月30日立卷，主卷·文字卷。
[50] 山西省古建筑保护研究所，柴泽俊：《朔州崇福寺》，文物出版社，1996年，第406页。
[51] 朔县志编纂委员会：《朔县志》，山西古籍出版社，1999年，第385页。
[52] 山西省古建筑保护研究所，柴泽俊、李正云：《朔州崇福寺弥陀殿修善工程报告》，文物出版社，1993年，第209页。
[53] 山西省古建筑保护研究所，柴泽俊、李正云：《朔州崇福寺弥陀殿修善工程报告》，文物出版社，1993年，第209页。
[54] 山西省古建筑保护研究所：《山西省古建筑保护研究所六十年工作大事记汇编（1950—2010年）》，第51页。
[55] 依据有二：一是1997年1月8日，山西省文物局《关于下达朔州崇福寺山门维修任务的通知》（晋文物通字[1997]第5号）。二是1998年6月，山西省文物技术开发服务中心郭步新所撰《朔州崇福寺山门耳房（售票房、保卫室）设计与施工说明》，开篇写道“朔州崇福寺山门修缮工程即将竣工”。
[56] 李玉明、杜启贵：《三晋石刻大全·朔州市朔城区卷》，三晋出版社，2017年，第1035页。
[57] 李玉明、杜启贵：《三晋石刻大全·朔州市朔城区卷》，三晋出版社，2017年，第1038页。
[58] 李玉明、杜启贵：《三晋石刻大全·朔州市朔城区卷》，三晋出版社，2017年，第1040页。
[59] 李玉明、杜启贵：《三晋石刻大全·朔州市朔城区卷》，三晋出版社，2017年，第1078页。
[60] 山西省地方志办公室：《山西年鉴（2017）》，第562页。
[61] 中共山西省委党史研究院、山西省地方志研究院：《山西年鉴（2018）》，第511页。
[62] 莫宗江：《应县朔县及晋祠古代建筑》，中央人民政府文化部文物局：《雁北文物勘查团报告》，第157—159，169—173页。
[63] 罗哲文：《雁北古建筑的勘查》，《文物参考资料》1953年第3期，第37—42页。
[64] 祁英涛、杜仙洲、陈明达：《两年来山西省新发现的古建筑》，《文物参考资料》1954年第11期，第84页。
[65] 山西省古建筑保护研究所，柴泽俊、李正云：《朔州崇福寺弥陀殿修善工程报告》，文物出版社，1993年。
[66] 山西省古建筑保护研究所，柴泽俊：《朔州崇福寺》，文物出版社，1996年。
[67] 刘京婧：《从朔州崇福寺探究金代建筑艺术特征》，山西大学硕士学位论文，2015年。
[68] 梁静：《佛光寺文殊殿与崇福寺观音殿营造技术对比》，《城市建筑》2019年第22期，第190—192页。
[69] 龚思超：《朔州崇福寺建筑装饰艺术研究》，太原理工大学硕士学位论文，2015年。
[70] 焦媛媛：《金代重彩壁画颜料与施色技法的探索及复原临摹实验——以朔州崇福寺弥陀殿为例》，首都师范大学高校教师硕士学位论文，2011年。
[71] 李国华：《朔州崇福寺弥陀殿壁画研究》，太原理工大学硕士学位论文，2011年。
[72] 刘国峰：《山西朔州崇福寺壁画艺术探析》，《美术大观》，2015年第5期，第78—79页。
[73] 池波：《山西金代寺庙壁画与彩塑研究——以崇福寺弥陀殿、岩山寺文殊殿为中心》，内蒙古大学硕士学位论文，2018年。
[74] 史树青：《北魏曹天度造千佛石塔》，《文物》，1980年第1期，第68—71页。
[75] 韩有富：《北魏曹天度造千佛石塔塔刹》，《文物》，1980年第7期，第65页。
[76] 吕树芝：《北魏曹天度造千佛石塔》，《历史教学》，1982年第1期，第64页及封底。
[77] 胡顺利：《谈北魏曹天度造千佛石塔题铭释文》，《文物》，1983年第7期，第77页。
[78] 葛世民：《北魏曹天度石塔考》，《大同日报》2007年9月14日，第11版。
[79] 李尧：《北魏曹天度千佛塔身首分离七十载 海峡隔不断文化牵挂》，《人民日报》，2010年3月26日，第12版。
[80] 王妙珍：《北魏曹天度九层石塔析疑》，《黑河学刊》，2011年第2期，第79—80页。

太谷无边寺

田惠民

太谷无边寺（图一），俗称白塔寺、南寺。无边寺，由佛教用语“佛法无边”而得名，有着极其丰富的文化内涵。“相传凤凰元年（272 年）即西武帝太（泰）始八年（272 年）”建[1]，距今已有一千七百多年的历史。整座寺院由三进院落组成，白塔位于全寺的中心，建筑布局保留了早期佛寺的风格，“西晋的建筑布局的特色就是寺中建塔，”[2] 无边寺内建有白塔，与此特色相符（图二）。

一　文物概况

无边寺（图三）位于山西省太谷县城西，东邻城南大街，西毗太谷师范，南隔南寺街，北靠甜水巷。经度 112° 35′ 25″，纬度 37° 22′ 51″。

无边寺整体坐北向南，轴线清晰，东西对称。无边寺保存现状相当完整，真实地反映了历史原貌。轴线从南向北依次为戏台（山门）、四明亭（献殿）、白塔、过殿、正殿，东西两侧建筑完全对称，由南向北有八字墙、掖门、掖门两侧厢房、一院碑廊、献殿两侧厢房、二进院过门（垂花门）、过门两侧花墙、看廊、藏经楼、二院碑廊、配殿、耳殿。南北长约 120 米，东西宽约 37.6 米，总占地面积约 4100 平方米。“该寺从整体上看，颇有变化，显得不呆板。”[3]

1956 年，无边寺列为太谷县文物保护单位。

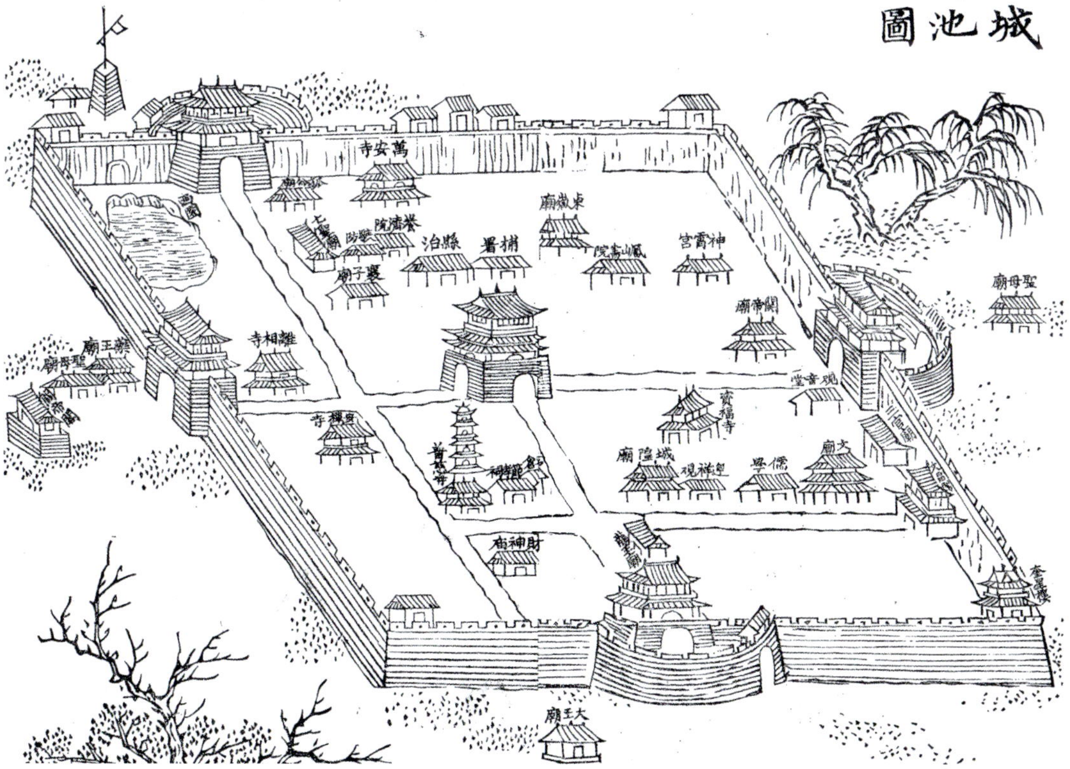

图一　无边寺（普慈寺）历史位置图

（来源：清光绪版《太谷县志》）

图二　无边寺鸟瞰图

（来源：太谷文物所资料，自西南向东北拍摄）

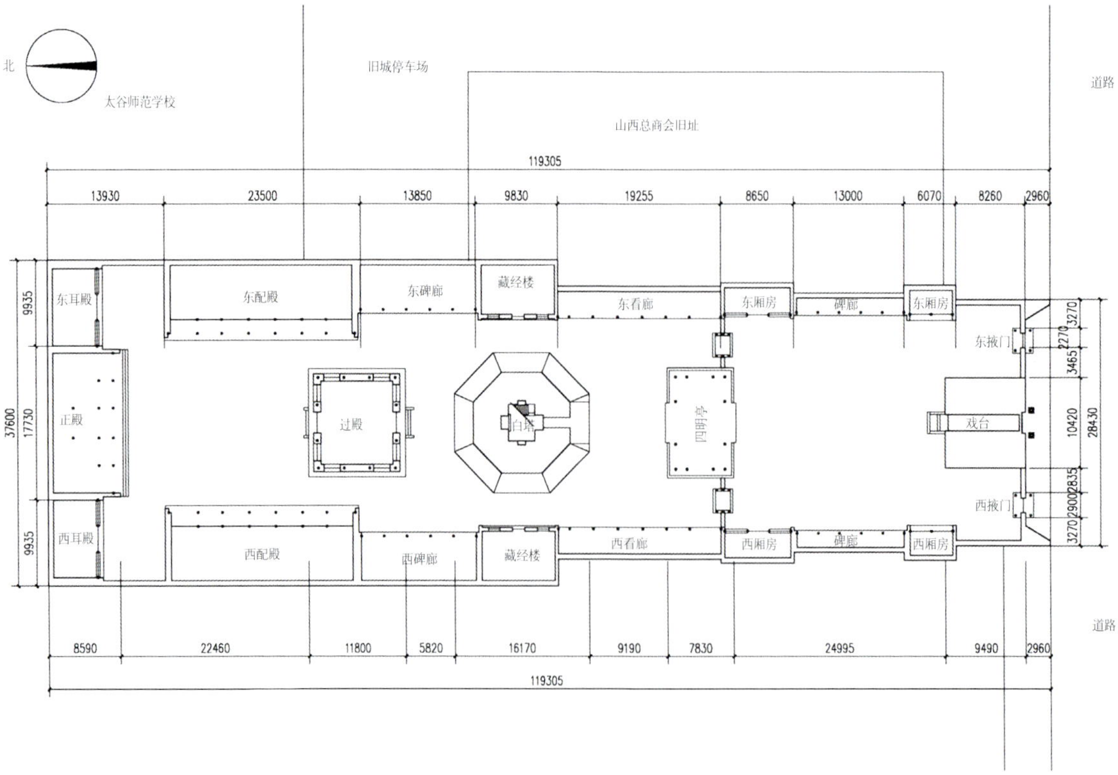

图三　无边寺总平面图

（来源：田惠民、侯安钢编制《太谷无边寺白塔保护工程设计方案》）

1965年，列为山西省第一批（调整）文物保护单位。1979年，太谷县文物管理所成立，以无边寺为办公场所。2006年，列为第六批全国重点文物保护单位。除白塔为宋代建筑之外，其余均为明清遗构，属全国重点文物保护单位。

（一）戏台（山门）

戏台位于无边寺最南端，是二层的戏楼，下层是寺院的入口，上层是倒座的戏台。戏台分为三段，由中间的主体建筑前后出抱厦形成。主体面阔三间，进深两间，前带廊单檐硬山顶木结构建筑。北侧抱厦面阔一间，进深一间，单檐卷棚歇山顶木结构建筑。主体建筑与北侧抱厦坐落在高台之上，形成戏台的前台与后台。南侧抱厦主要起装饰入口的作用，是一个非独立的建筑，面阔一间依附于主体建筑的墙壁之上，形成单檐歇山顶木结构建筑。

（二）四明亭（献殿）

献殿（图四）位于戏台与白塔中间，面阔三间，进深六椽，为单檐歇山顶木构建筑。献殿四周不设门窗、墙体，所以称“四明亭”。梁架为通檐七架梁用二柱，柱头科斗栱为一跳三踩单下昂。献殿屋面全部采用黄色琉璃。献殿前两只明代琉璃狮子神态传神，足以反映出当时的工艺水平与审美情趣。

（三）过殿

过殿（图五）位于白塔的北侧，为面阔三间，进深六椽单檐歇山顶木构建筑，梁架为七架梁通檐用二柱，斗栱为一跳三踩单翘。过殿总面阔为10.4米，总进深为9.4米，平面呈方形。室内没有使用柱子，空间较大。过殿与献殿的结构较为相近，建造时代早于献殿。

（四）正殿

正殿（图六）位于无边寺的最北侧，为面阔五间，进深七椽，硬山顶木构建筑。梁架为五架梁前插单步梁，斗栱为二跳五踩双下昂。正殿比较其他各建筑，虽然在建筑形制上不比轴线上的过殿及献

图四　无边寺四明亭

（来源：山西省古建筑与彩塑壁画保护研究院，田惠民摄）

图五　无边寺过殿

（来源：山西省古建筑与彩塑壁画保护研究院，田惠民摄）

图六　无边寺正殿

（来源：山西省古建筑与彩塑壁画保护研究院，田惠民摄）

图七　无边寺白塔历史照片

（来源：日本侵华时所留，太谷李希军提供）

殿等级高，但高度、体量、位置、细节等处理中明显要崇高一些，不仅如此，正殿与两侧的耳殿相互配合形成整座无边寺最北面的一道屏障。

（五）白塔

白塔（图七）位于无边寺轴线的中间，是无边寺建筑群的灵魂，白塔为八边形七层空筒楼阁式砖塔，内部分九层塔心室，内外通身粉饰白色灰面。乾隆年间《太谷县志》载："普慈寺（无边寺）在县治西南，入寺门浮图一座，相传凤凰元年建（272年），高耸凌空，其顶尊胜幢，相其垩白色，愈久而不减，铎声锵然，迎风而鸣，缁素俱皈依焉。"[4]白塔实为宋代遗构。白塔从下至上由塔基、塔体（塔身、塔心室）、塔刹构成（图八、图九）。一层南门入口处设抱厦，是由 1979 年成立文物管理所后从其他地方迁建。

1. 塔基

地下部分情况不明，台明为毛石砌筑墙身，地面条砖铺墁。南面入口较低，与其他面相连的东南面与西南面台明形成坡道，南面压檐石、踏步、垂带为砂石。据现状分析，现存台明应为后期改建，因为台明与塔身的关系明显是两个时期砌筑。

2. 塔身

每层塔身由平座、墙体、塔檐（仿木阑额与普拍枋、仿木斗栱、叠涩砖檐）构成。每层塔身高度、边长递减，但非等差递减，使塔的外轮廓形成一条

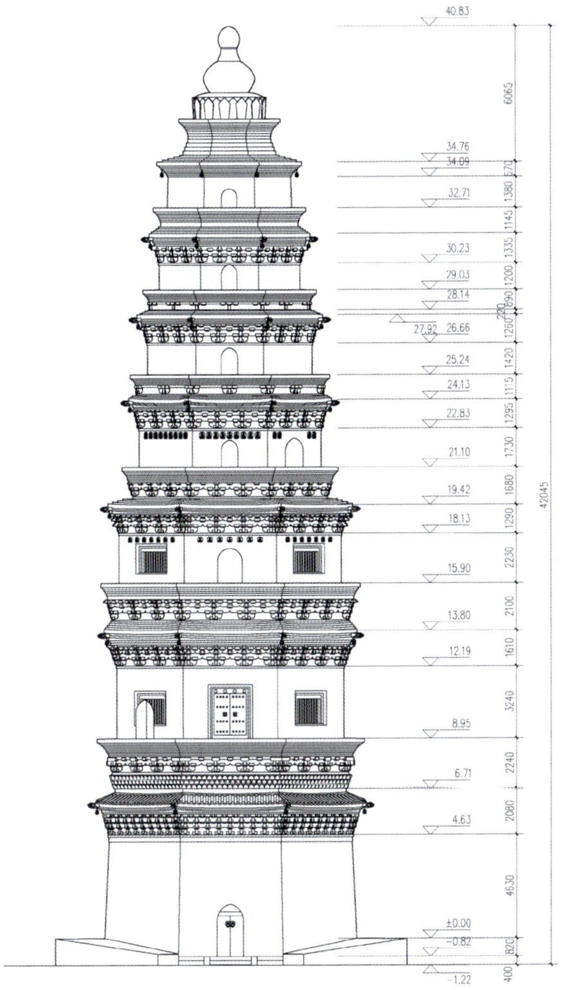

图八　无边寺白塔立面

（来源：田惠民、侯安钢编制《太谷无边寺白塔保护工程设计方案》）

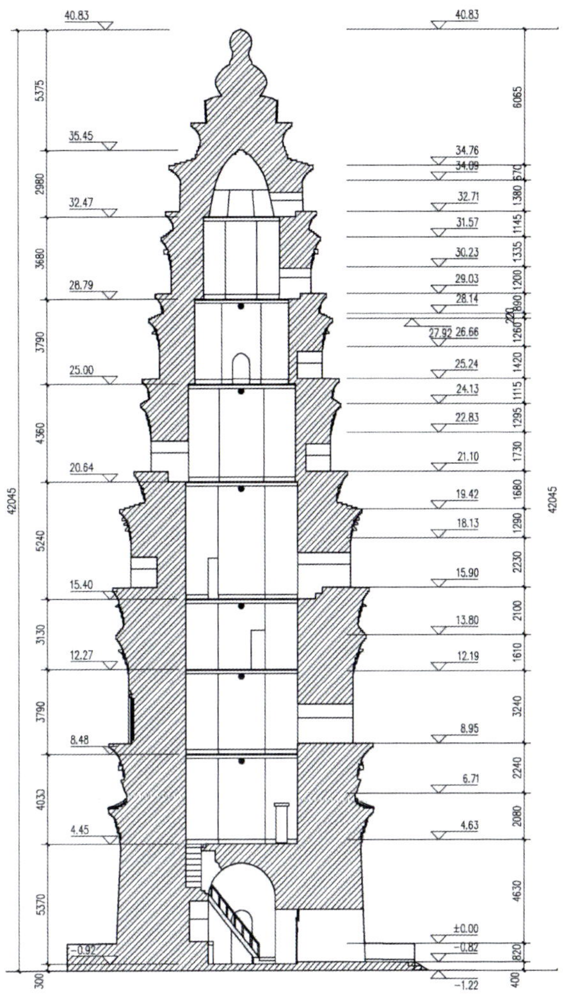

图九　无边寺白塔剖面

（来源：田惠民、侯安钢编制《太谷无边寺白塔保护工程设计方案》）

漂亮的抛物线。

平座由叠涩砖座、仿木斗栱、叠涩砖檐构成。二层平座最下方砖砌三层仰莲捧起平座斗栱，极大丰富了塔身的立面。塔身出平座也是宋代较前朝砖塔的发展，无边寺白塔每层出平座但并不带廊，除四层外，每层均开设拱门通向塔身外。由于平座、拱门尺寸较小，并不能满足人们登高望远的要求，平座还是以装饰、丰富塔身为主要目的。叠涩砖檐一至六层各角设角梁、套兽、风铎，七层只设风铎不设角梁、套兽。一至四层砖檐升起 60 毫米，木构建筑中常常在刚直的线条中会出现柔和的曲线，砖塔极力仿木结构建筑，檐角升起就非常自然。一层砖檐上屋面为灰陶筒板瓦，但风格与整座塔体并不协调一致，疑为后人制作。

无边寺白塔本身就是一座佛塔，所以在三层塔身上方每面雕佛像七座，四层塔身上方每面雕佛像九座，这样在功能与装饰效果上达到了和谐统一。塔身在结构与装饰上力求仿木结构建筑，所以在二层、三层外立面装饰了仿木的门、窗，这些门窗均为盲门、盲窗，形制与式样同宋代木构门、窗相近。

斗栱（图十）是白塔仿木结构建筑最为彻底和丰富的部分，各层及各平座层均为设砖构仿木斗栱，材宽 12 厘米，材高 20 厘米，高 ∶ 宽 =3.3 ∶ 2，与木制斗栱的高宽比非常接近。白塔斗栱式样多达十种，除七层（七层平座）不设斗栱外，几乎每层斗栱均不相同。

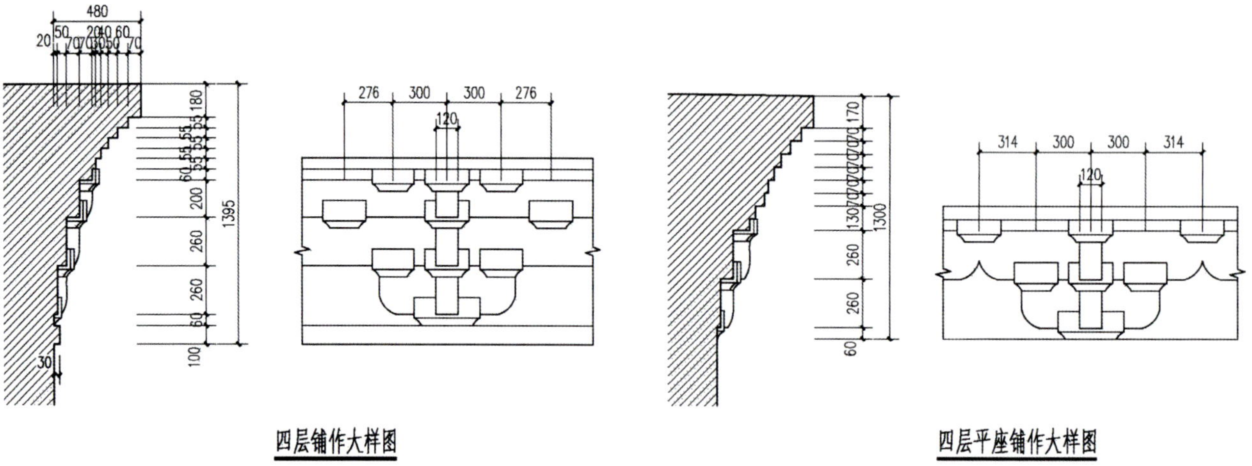

图十　无边寺白塔四层斗拱

（来源：田惠民、侯安钢编制《太谷无边寺白塔保护工程设计方案》）

3. 塔心室

塔心室分为九层，一层为砖砌拱券，各层之间用木制楼梯攀登，楼梯平面基本绕塔体逆时针向上。塔心室内部也通体抹白灰，各层下设 20 厘米高的下肩墙，在塔心室三、四层局部发现壁画，目前无法清理，所以不能判断壁画的面积及内容，四层是唯一不设下肩墙的，可能是因为绘制壁画造成的。

4. 塔刹

塔刹为砖制，由下至上砌筑刹座、仰莲、宝顶。

刹座为砖叠涩砌筑，由七层塔檐先收后张，形同须弥座。仰莲莲瓣砌成内外两层。宝顶为上下两颗宝珠形成“8”字形，中间环状束腰连接，增加装饰效果。

二　历史沿革

秦统一全国后，推行郡县制，太谷境内置阳邑县（县治在今阳邑村），北朝时期阳邑县治西迁至此，隋开皇十八年（598 年），阳邑县改名太谷县，沿用至今，于是当地有一句俗话“先有白塔村，后有太谷城”。据万历《太谷县志》载“普慈寺在县治西南，旧名无边寺，俗名南寺。”[1] 无边寺从创建之初就位于太谷城内的西南，寺名一千多年仅修改过一次，文化及建筑一直相传延续，是当地一处最重要的文物古迹。乾隆《太谷县志》载：“晋泰始八年（272 年）建，宋治平年间（1064—1067 年）重修，改今额（普慈寺），宋元祐五年（1090 年）续修。”[4-6] 佛教传入中国后，两晋、南北朝时期的寺、塔兴建是第一次高潮，隋、唐之后，宋代佛教的发展及革新是第三次寺、塔兴建的高潮。目前，无边寺的记载及白塔现存的实物与全国寺、塔的发展脉络大体一致。民国《太谷县志》记载“元明清初屡屡修葺。”[7]（从无边寺建筑实物分析，没有发现元代的建筑遗迹）。“同治间（1862—1874 年）一毁于火，孟绰如捐金重葺。光绪间（1875—1908 年）又复隳圮，杨玉如剧（醵）金改建，……事竣于光绪三十二年（1906 年）。”[7] 无边寺多次毁坏，几经磨难，但当地官员、名士、高僧、民众多次修葺，可见无边寺历史上就有极其重要的地位。“光绪三十二年（1906 年）县民醵金改建，复颜曰无边寺。规模宏敞，焕然一新。”[7] 从此“无边寺”一名沿用至今，并且布局与建筑没有发生过大的改变。

“文革”期间“无边寺”由“太谷师范”学校作为教师宿舍占用。1979 年太谷县文物管理所成立，以无边寺为办公场所，太谷师范教师宿舍迁走。1982 年，无边寺得以修缮、开放，为当地的社会、经济、文化服务。

三 保护工作的梳理与述评

无边寺是太谷城内最重要的地标性建筑,保护、研究、利用不仅是文物工作的需要，更是太谷区域内社会、经济、文化、人民精神文明建设的需要。自太谷文物管理所成立之后，无边寺的文物工作也进入了全面的保护和利用，1980 年至 1983 年对东配殿进行落架大修，对白塔塔刹、楼梯、内壁、外壁进行了整修、粉刷，对中线建筑及殿、亭、楼、台 90 余间进行了局部维修、彩绘，对太谷文管所内保管的文物进行了保养。由当时的所长马振家亲自主持，有段祥龙、赵振忠、刘亚飞、李金兰、杨羡萍、田惠民等参加，施工人员是太谷有名的工匠师傅杜东生、范二清等。通过本次维修，解决了无边寺多年以来破败的景象，也为太谷的文物工作开创了新的局面，也是 1982 年通过的《中华人民共和国文物保护法》一次重要的文物保护实践。

1995 年对献殿进行了揭顶局部维修。2001 年省计委拨款 20 万元整修办公室 17 间、文物库房 12 间。2007 年对白塔塔刹、楼梯、内壁、外壁进行了整修、粉刷。太谷文管所一直以来承担着无边寺的日常保养工作，通过多年的文物保护实践，无边寺的保护工作在管理、制度、研究、保护、经费、人员培训等多方面有了很大的提升，并且在太谷社会、文化、经济建设中的作用也越来越突出。

作者 2007 年 11 月和 2013 年 5 月参加主持了无边寺两次文物建筑本体的现场勘测、维修设计工作，维修方案最终于 2014 年得到了实施，此次保护工作由王铁忠主持，侯安钢、李国蕊、张晓峰参加。设计单位由山西重德古建筑规划设计院有限公司承担。施工单位由山西省古建筑保护工程有限公司承担。同年，清华大学建筑设计研究院文物保护研究院为无边寺制定了《无边寺保护规划》。这些保护工作的实现得益于 2007 年修改的《中华人民共和国文物保护法》、2016 年通过的《国务院关于进一步加强文物工作的指导意见》，无边寺的保护工作也迎来第三次的全面提升，不仅解决了保护单位的建筑安全问题，也为无边寺未来的发展制定了长期目标。

四 相关研究综述

目前，无边寺研究与介绍的文章，能见到的公开书目有《中国名胜词典》[8]、《佛教寺塔》[3]，以及明、清、民国版《太谷县志》几本书中。

1982 年后，国家文物局莫宗江、徐邦达、黄景略等专家学者，山西省文物局柴泽俊、吴克华、张丑良等专家及清华大学、上海理工大学教授、学生曾多次实地考察无边寺白塔的创建年代及现存年代，提到无边寺的平面布局，完全沿用了西晋时期“寺中建塔，塔中建寺”的平面格局，保留了早期建筑风格。现存白塔为宋代重修后的风貌，是唐中空到宋实心过渡时期一实物典范，据《太谷县志》记载，“无边寺白塔创建于西晋泰始八年(272 年)，宋治平年间(1064—1067 年)重修……”。由此可见，专家实地考察与文献记载完全吻合（来源：《中华人民共和国全国重点文物保护单位记录档案》）。

据《山西通志》载：“太谷属参井分野”。[9] 参井指参宿和井宿，都是二十八宿中的俗名。古人以天空中的某个星宿对地面的某个地域，叫某星宿在某地之分野，而白塔正好居于参井分野中，说明白塔所处位置的重要和崇高，也就有了“先有白塔村，后有太谷城”的传说。

“无边寺保持了中国早期佛教建筑‘塔院式’建筑院落格局，白塔又经宋代重修，为典型阁楼式砖塔，逐渐增设的倒座戏台、献殿和大雄宝殿等晚期建筑，又融入明清时代布局元素。整体建筑群的规划、设计、建造和装饰手法呈现多样化风貌，体现了在不同社会背景下，佛教寺院建筑的复杂演变史，保存了丰富的历史信息。无边寺先于太谷古城而建，很大程度上决定了古城选址原则和所在区域的城市职能,其历史价值早已超出了文物建筑本身，体现出建筑与城市的互动发展。无边寺至今仍为太谷古城重要的地标建筑和景观节点，在当地社会经济发展中扮演重要角色。”[10]（来源：《无边寺保护规划》）

白塔建于宋代，保留至今，现状可见浑然一体，说明历代没有大的改变，如此纯净的宋代砖塔实属难得,理应是研究早期建筑及早期砖构的典型实例。

山西现存宋代砖塔数量较多，通过比较分析，其主要特征与无边寺白塔相比较，可以看出：

①以楼阁式砖塔为主，塔体多为八边形。

②多数可以攀登眺望。

③檐下多施仿木砖制斗栱。

④无论是密檐式还是楼阁式砖塔，一层较为突出，高度明显高于其他各层。

⑤无边寺白塔是唯一保留通身抹砌白灰的砖塔，其他各塔目前没有发现，“宋及宋以前的塔砖砌的粗糙、缝隙大，这种情况下，都将塔表面涂饰粉光，抹以白灰，使表面整齐，增加塔室之光亮度”[11]。

⑥无边寺白塔在平座层施铺作，这在其他各塔中较为少见，大多楼阁式砖塔不施平座或没有各层均施平座的。

无边寺白塔各层面阔、高度尺寸大体为 30 厘米的整倍数或 0.5 倍数，《中国历代度量衡考》“各家所考宋尺，长度虽略有出入，但多在 30 厘米左右，当属可信。”[12] 无边寺白塔所用营造尺应当为 1 尺等于 30 厘米，一层边长 480 厘米，合营造尺 1 丈 6 尺，塔高从现存入口至刹顶 42 米，合营造尺 14 丈。

无边寺白塔除一层塔身收分外，其余各层均无收分，各层边长递减尺寸的变化，也由小到大，再由大变小，一层、二层边长相差最小仅半尺（营造尺），三层、四层边长相差最大为二尺半（营造尺），白塔的轮廓形成了一条优美的抛物线。“宋代以后，轮廓线变的刚直挺拔，显得呆板生硬了，艺术性不够强。”[11] 然而无边寺白塔的外立面保留了早期的曲线做法，使整座塔显得雄伟壮观、庄严稳重的同时，平座与抛物线增加了塔身的美观，更加接近于木构楼阁。

塔体一层边长为 1 丈 6 尺（营造尺），八边形总宽约 4 丈（营造尺），白塔总高 14 丈（营造尺，不含塔基的高度），高宽之比 3.5—4 ： 1，“胖瘦”均匀合理。各层平面递减由缓到急，外观形成的抛物线，与立面的平座、斗栱、檐口曲线、门窗、佛像等装饰构件相配合，视觉上既不直板也不偏差，塔身通体白色，整座建筑华丽大方，给人一种赏心悦目、美不胜收的感觉。

白塔各层、各平座层均有斗栱承托，斗栱种类多达十种，层层不同，层层变化，包括了木构斗栱的多种式样，砖制斗栱力求与木制斗栱在功能与造型上一致，匠心独具的设计，是建筑师为中国古代建筑史上留下的浓重一笔。木塔难以保存，砖塔仿木塔在无边寺白塔上体现得淋漓尽致。无边寺白塔在中国传统多层建筑的研究中有不可替代的重要意义。

注　释

[1] （明）乔允升撰《太谷县志》，金卷第十六页，万历丙申（1596 年）。
[2] 刘敦桢：《中国古代建筑史》，中国建筑工业出版社，1984 年第二版，第 87 页。
[3] 张驭寰：《佛教寺塔》，宗教文化出版社，2007 年，第 205 页。
[4] （清）王泽沛：《太谷县志》，卷二第十二页，乾隆四年（1739 年）。
[5] （清）章青选：《太谷县志》，卷二第十四页，咸丰五年（1855 年）。
[6] （清）赵冠卿：《太谷县志》，卷二第十四页，光绪十二年（1886 年）。
[7] （民国）胡万凝：《太谷县志》，卷七，十八页至十九页，民国十九年（1930 年）。
[8] 国家文物事业管理局主编：《中国名胜词典》，第 161 页，上海辞书出版社，1981 年。
[9] （清）王轩等纂修：《山西通志》，中华书局，1990 年。
[10] 清华大学建筑设计研究院有限公司，文物遗产保护研究所《无边寺保护规划》，2014 年，第 4 页，“第三章文物价值评估”。
[11] 张驭寰：《中国塔》，山西人民出版社，2000 年，第 181 页，“总论”，第 2 页。
[12] 丘光明：《中国历代度量衡考》，科学出版社，1992 年，第 98 页。

浑源永安寺

简　莉

浑源永安寺位于山西省浑源县城内鼓楼北巷，创建于金代，重建于元代初年，明、清时期屡有扩建与修缮。该寺坐西北朝东南，现存两进院落，东西宽 52 米，南北深 124 米，占地面积 6450 平方米[1]，中轴线上由南至北依次存有山门、天王殿、传法正宗殿，东西两侧存有东西配殿、东西垛殿。寺内现存文物建筑物 7 座（传法正宗殿为元代建筑，其余均为清代建筑）、明清壁画 305.4 平方米，元代、清代碑碣各 1 方（图一、图二）。

传法正宗殿完整地保存了元代建筑结构形制、建筑风貌、材料工艺和营造技法，是我国晋北地区早期木构建筑技术史的重要经典实例，殿内现存的巨幅水陆壁画，画面完整，规模恢宏，内容丰富，画技高超，是国内现存水陆壁画中的精品。

1986 年 6 月浑源永安寺被山西省人民政府公布为第二批省级文物保护单位；2001 年 6 月被国务院公布为第五批全国重点文物保护单位；传法正宗殿水陆壁画于 2014 年 11 月被列入第四批国家级非物质文化遗产名录。

一　历史沿革

永安寺的创建年代，根据明景泰《寰宇通

图一　永安寺鸟瞰图（由南向北）

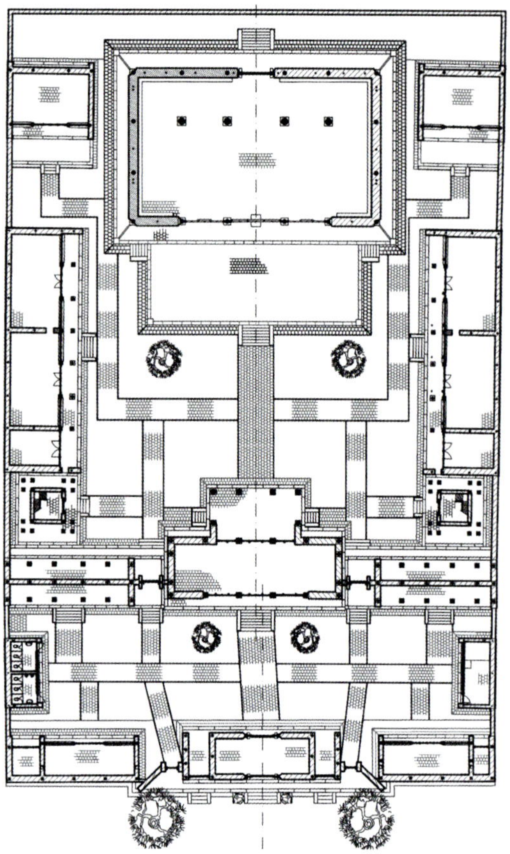

图二 永安寺总平面图
（来源：吴锐提供）

志》卷八十一记载为金代[2]。寺内保存的元代至元三十一年（1294 年）《神州大永安禅寺铭》碑文记载[3]，永安寺曾被一场大火全部烧毁，但未记载损毁的具体年代，根据后文可大致推测为兴定四年（1220 年）之前。

元朝初年，永安军节度使高定捐资重建永安寺，修建了佛殿、云堂、方丈、府库[4]，邀请高僧归云禅师住持，归云成为永安寺复兴后的第一代住持禅师。归云圆寂之后一直到至元二十六年，高家族人高仲挥、高琰听闻保德州云溪嗣法西庵公长老也是一位有德宗师，遂邀请他来住持，并捐资修建山门[5]。元延祐二年（1315 年），高定之孙高璞捐建了保存至今的永安寺主殿——传法正宗殿[6]。

明洪武十六年（1383 年），永安寺修葺一新[7]，成为州属僧众管理机构的驻所[8]。嘉靖二十二年（1543 年），山西行都司大同后卫指挥使郭江重新修缮传法正宗殿[9]。

顺治五年，浑源城被兵火摧毁，城内殿舍几乎全部被毁，永安寺内建筑应亦有部分殿宇损毁[10]。康熙初年，当地人士捐金修缮永安寺[11]，之后又于康熙、乾隆、嘉庆年间四次进行修缮[12]。据清乾隆二十六年《浑源州志》卷一第六页之图示，其时永安寺中轴线由南至北依次建有牌坊、山门、东西腋门与八字影壁、天王殿及倒座戏台、传法正宗殿、铁佛殿，东西两侧分别建有钟鼓楼、东西配殿、东西垛殿（图三）。

民国末年，寺前牌坊和三进院（铁佛寺）全部建（构）筑物被毁。

中华人民共和国成立后曾被城关二小、县剧团占用，1980 年起由浑源县文物管理所负责保护管理。

1998 年至 2000 年国家文物局、省文物局拨专款对传法正宗殿、山门、天王殿进行修缮。

二 主要文物概况

永安寺主要文物遗存有中轴线上山门、天王殿、传法正宗殿及东西两侧配殿、朵殿。山门面宽五间，进深两间，单檐悬山式屋顶，开列三门，正中门面高大，两旁各有一砖拱精雕小门。天王殿面宽五间，进深两间，单檐悬山式屋顶，青灰筒板瓦布顶。东西配殿面宽七间，进深三间，单檐硬山顶，青灰筒瓦盖顶。东西朵殿各三间，硬山顶，青灰筒板瓦布顶。

传法正宗殿为元延祐二年（1315 年）原构，殿内满堂水陆画、建筑彩画及殿顶五彩琉璃均保存完好。传法正宗殿为单檐庑殿顶建筑，殿身面阔五间，进深三间。梁架为六架椽屋四椽栿对后乳栿通檐用三柱，四椽栿前端伸至斗栱之上截成方形，后端插于金柱之上。大殿由 16 根檐柱与 4 根金柱组成，柱顶卷杀，殿内施减柱造，当心间顶部设天宫楼阁式藻井（藻井顶部为八角形，中心为井底盖板，两层斗栱叠置承托；中层为天宫楼阁下加斗栱承托，底层又施以斗栱），其余部位为彻上露明造。斗栱分布于四面檐柱之上，一周共设 34 朵，补间斗栱

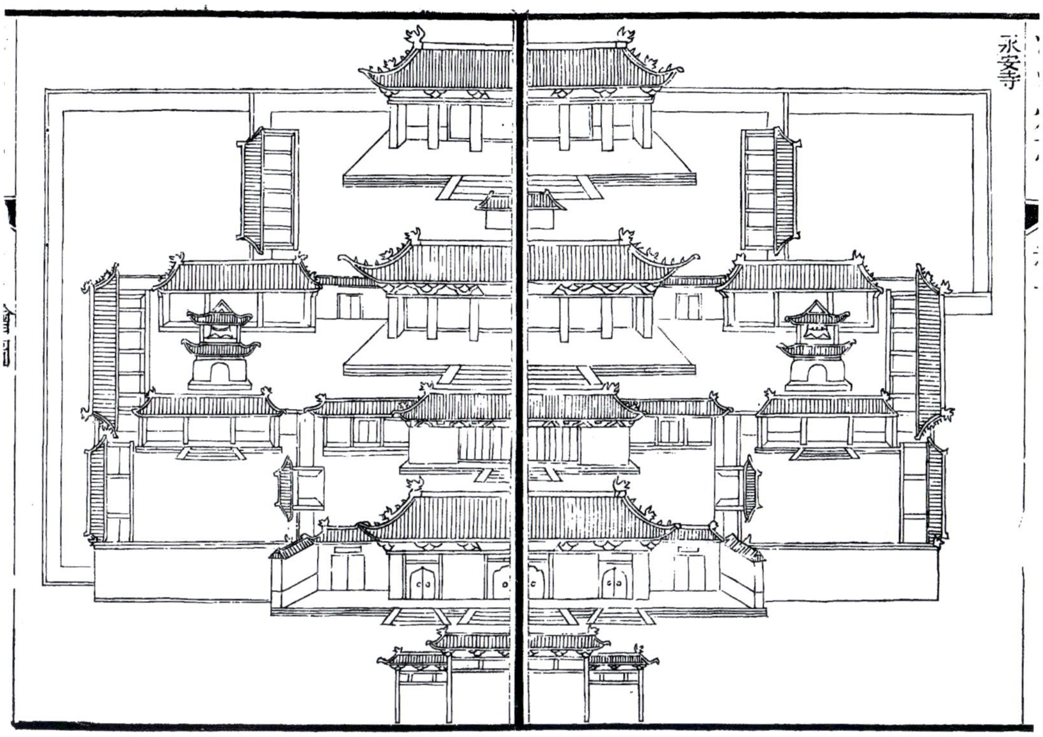

图三　清乾隆二十六年永安寺寺庙格局图

（来源：清乾隆二十六年《浑源州志》卷一第 6 页，吴锐提供）

除明间为 2 朵外，其余皆为 1 朵。斗栱为五铺作单杪单下昂里转双杪计心造做法，昂为琴面昂，并有假华头子，瓜子慢栱均为隐刻，耍头为蚂蚱头，梢间转角铺作与补间铺作做成鸳鸯交首栱，整体形状简洁古雅，完全保留了元代斗栱的基本特点。瓦顶筒板布瓦覆盖，前坡为黄琉璃筒瓦，山面及后坡为黄、绿、蓝琉璃筒瓦杂色相间，正脊施脊筒子，端设大吻，中央置宝刹；戗脊端设戗兽，岔脊端坐仙人，其后立走兽三枚。殿身除前檐明间及两次间设槅扇门、后檐明间设板门外，其余部位均砌造檐墙（图四—图六）。

传法正宗殿殿内四壁满布着巨幅工笔重彩壁画。后檐墙内壁绘制十大明王，前檐墙内壁绘制佛道合一的水陆神王图。东壁和东南壁画上层是天界四方天王和日、月、金、木、水、火、土诸星君像；中层是天干、地支、二十八宿及北斗诸星君像；下层是人间帝王宫妃、文武百官、黎民百姓、僧尼道姑以及贤儒烈女、孝子贤孙等人像。西壁和西南壁画上层是五岳圣帝，四海龙王及五湖百川，风、雨、雷、电诸龙神像；中层是十殿阎君及地府诸官像；下层是十八层地狱及人间各种惨死的六鬼神像（图七、图八）。

三　文物保护工程

因年久失修，永安寺传法正宗殿、天王殿、山门等文物建筑残损险情严重，寺院及周边环境破坏严重，文物管理用房、游客接待用房及安防、消防、水、电等基础设施缺失，严重影响了永安寺保护管理工作的正常开展。自 20 世纪 80 年代以来，对永安寺的保护修缮工程先后持续近二十年，大致可分为两个阶段：

第一阶段为 20 世纪 80 年代末至 90 年代初，山西省古建筑保护研究所与大同市文物局、浑源县文物局共同组织技术力量开展现状勘察测绘与修缮设计方案编制工作，并实施了局部抢险加固工程；

图四 传法正宗殿正立面图

图五 传法正宗殿内部梁架、斗栱、彩画

图六 传法正宗殿内部藻井

第二阶段为 1998 年至 2004 年，国家文物局与山西省文物局共同拨款 314 万元、浑源县人民政府自筹经费 75.79 万元对永安寺开展全面修缮、基础设施建设及内外环境整治工程，山西省古建筑保护研究所派遣技术组完成现状补充勘察、修缮设计方案优化及保护修缮工程施工等系列任务。

具体实施的保护修缮项目为：1999 年 7 月—2000 年 12 月，对传法正宗殿实施局部落架大修、构架打牮拨正、斗栱补配维修、台基月台与建筑基础加固补强、屋顶琉璃脊饰补配修复、木雕藻井修复、栱眼壁画整体拆卸修复等保护内容；2001 年 6 月—2002 年 10 月，对传法正宗殿殿内水陆壁画、建筑彩画及栱眼壁画实施原位清污去尘与保护维修，治理起甲、龟裂、脱落、划伤、污染等病害；2002 年 3 月—2002 年 12 月，对天王殿及倒座戏台、山门实施保护修缮，完成院落铺墁及消防设施建设工程；2003 年 4 月—2003 年 11 月，对东西配殿、东西朵殿、寺院围墙实施保护修缮；2004 年 4 月—2004 年 11 月，实施保护管理用房建设及内外环境改造工程（图九—图十二）。

图七 传法正宗殿内壁画

图八 大殿西壁上行左数第八组壁画

四 相关研究综述

对永安寺的保护研究工作始于1950年，新中国成立之后文化部文物局首次组织的大规模文物勘察团队——“雁北文物勘查团”对雁北地区历史文化遗产开展实地调查研究，宿白撰写的《浑源古建筑调查简报》之“永安寺”[13]刊载于调查结束后发表的《雁北文物勘查团报告》中。该简报是最早对永安寺做记录研究的论文，宿先生详细调查了永安寺历史沿革涉及的相关县志、碑文等信息，

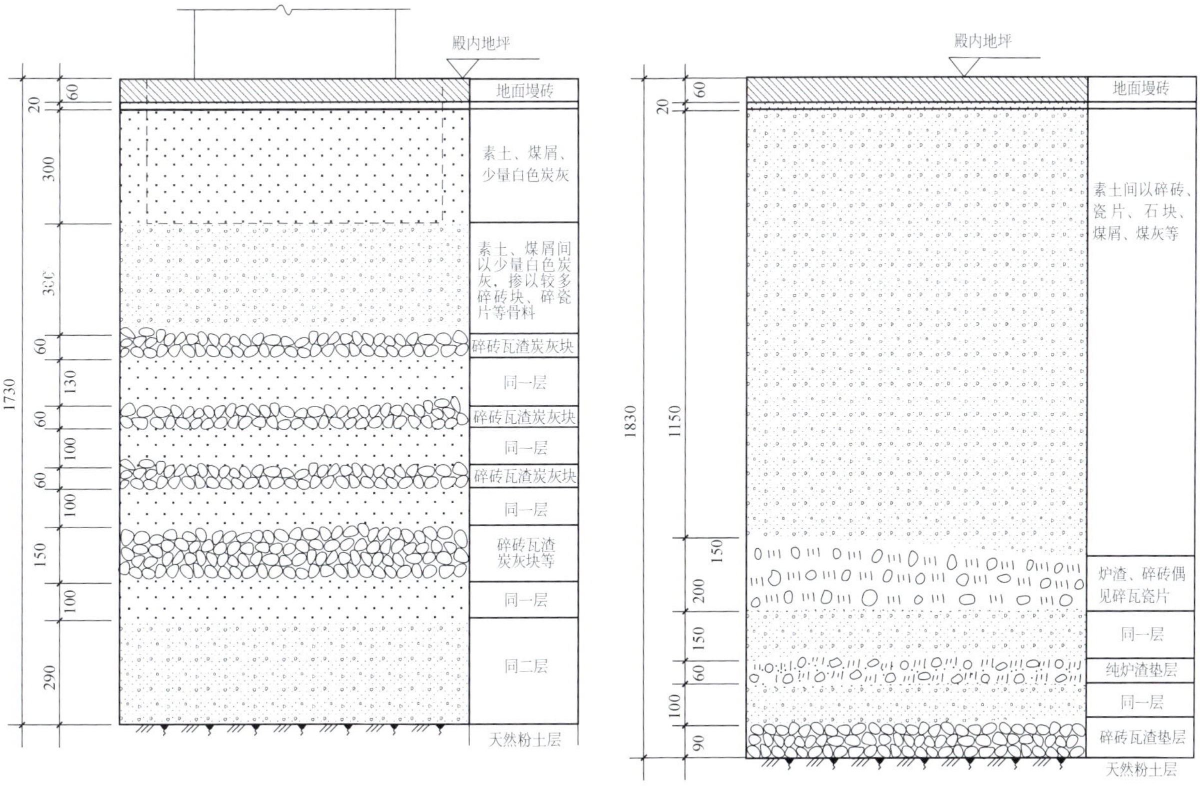

柱下垫层土做法剖面图（T1） 柱间垫层土做法剖面图（T3）

图九 元代基础做法剖面示意图

图十　传法正宗殿夯筑灰土桩现场

图十一　传法正宗殿考古勘探现场

重点梳理出自金代创建、元初重建、明清屡次修建的完整沿革脉络；通过对传法正宗殿木结构形制分析比对，确认其为元延祐年间的遗构；同时对寺名变更、格局演变、殿宇形制、遗存现状等问题也做了详细记录与研究分析。

自 20 世纪 80 年代起，对永安寺的研究主要是从传法正宗殿内水陆壁画的绘制年代、艺术特色等方面开展的。对永安寺壁画创作年代的研究有两种结论，一为明代作品，二为清代作品，但学界并无

图十二　采用洛阳铲成孔

定论。如俞剑华认为永安寺壁画“可能是明代创作，清代重修的”[14]；柴泽俊认为“虽然未觅得画师和年款题记，但依其题材、风格和人物造型来判断，应是明代作品”[15]；赵明荣从供养人和服饰纹样两个角度分析永安寺壁画绘制年代，得出结论“现存永安寺壁画绘制于清朝乾隆年间，它未经后人重描，为乾隆时期的原作”[16]；王帅从永安寺壁画中的男性头冠入手进行分析，如冕冠、凤翅盔、幞头、乌纱帽、纯阳巾、通天冠的形状样式、颜色材质、流行时代等方面展开研究，并与同时期、同地域、同类型寺观壁画内容进行比对，认为“永安寺壁画极有可能也于明代所绘”[17]；刘栋通过对现存碑刻及前人调查成果的整理，得出结论“永安寺水陆壁画应为明清共作，以清朝为主”[18]。另有余嘉乐、代瑞雪从壁画内容、神像解读和艺术价值特色等方面对永安寺壁画进行过较为深入地解读[19]。

永安寺文物保护修缮工程结束后，项目负责人吴锐、壁画彩画保护修缮工程技术负责人郑军发表了两篇从保护修缮技术与保护工程管理等方面进行总结的论文，其中一篇文章记录了传法正宗殿整体变形情况及其基础做法探查结果，在论证“整体

置换法”“中心挤密法”“周边围固法”三种实施方案的可行性与优缺点基础上，得出最终的优化方案——“小直径密排灰土侧围桩加固补强技术方案”，以此方案对永安寺传法正宗殿基础的下沉变形问题实施维修保护[20]；另外一篇文章记录分析了传法正宗殿壁画、彩画保存现状与病害成因，对壁画、彩画保护修缮工程的工作规范与工作方法进行了梳理总结，并对于“结构纠偏不落架，墙体修复不揭画”“壁画、彩画材料的机理分析及其选择”等技术内容进行理论思考与对策分析[21]。

五 结 语

新中国成立70余年来，一代代文物工作者与研究学者围绕浑源永安寺开展保护和研究工作，取得了良好效果和若干成果。随着新时代文物保护工作的内涵与手段不断提升更迭，采取科学理念对永安寺进行更多层面、更深层次的保护研究仍将继续，运用科技力量对永安寺进行全息记录及展示利用等方面的工作也必将有序开展。

致谢：原山西省古建筑保护研究所副所长吴锐先生无私提供了其即将出版的著作《浑源永安寺保护与研究》书稿，对本文撰写起到了不可或缺的帮助，谨此致谢！

注 释

[1] 山西达志古建筑保护设计研究院编制：《永安寺保护规划》，国家文物局2021年3月10日批准。

[2] 明景泰《寰宇通志》卷八十一：“永安寺，浑源州治东北，金建。”

[3] 元至元《神州大永安禅寺铭》：“神州永安寺者，古之道场。经烽火后，僧亡寺废。”

[4] 元至元《神州大永安禅寺铭》：“有本郡高君永安居士，其子仲栋乐善居士……敬三宝……大修伽蓝时，实高君之力也……时闻燕京归云大宗师退居竹林……乃驰疏敬请，师欣然而来，驻锡不数年，创建佛殿、云堂、方丈、府库，轮奂一新，成大丛林……”

[5] 元至元《神州大永安禅寺铭》：“至元己丑（二十六年），永安虚席，寺门执事，谋于口口州执节高仲挥、宣武将军高琰，闻保德州承天寺云溪嗣法西庵公长老，归云重孙也，有德宗师，驰疏邀之，师诺然来居……不再年……创建大解脱门五楹，次年遇大坛越宣差人都鲁，经过神州，感师之德，闻叙藏经之缘，遂捐已财宝钞五千，以充经价。遍化信心，所获不啻前数，输资一万贯，置贝章六千轴，口六百偈。三门严丽，藏教焕然，成一时之壮观。”

[6] 传法正宗殿明间牌匾西侧题刻：“时大元国延祐二年四月日大功德主永安居士孙将仕郎前本州判官高璞创建。”

[7] 明景泰《寰宇通志》卷八十一及玄览堂《书续集》第十六册：“永安寺……国朝洪武十六年修。”

[8] 清雍正十二年（1934年）《山西通志》卷一百六十九清乾隆《浑源州志》卷八：“明洪武间置僧会司，并报国寺入焉。”

[9] 传法正宗殿明间牌匾东侧题款：“旹大明嘉靖二十二年岁次癸卯五月吉旦山西行都司大同后卫指挥使郭江重修”。

[10] 顺治《浑源州志》：“（顺治五年）三月初四日，炮陨东北城隅，……城中……殿舍，焚折几尽，乡村扰掠一空。”

[11] 康熙《永安寺焚修碑》：“旧有永安寺，兵燹后……幸我郡宣公，讳喻斋，三韩人，来莅兹土，捐金（兴建）……告竣。”

[12] 康熙四十九年（1710年）、乾隆二十六年（1761年）、乾隆三十四年（1769年）、嘉庆十年（1805年）。

[13] 宿白：《浑源古建筑调查简报》//中央人民政府文化部文物局《雁北文物勘查团报告》，1951年，第96—109页。

[14] 俞剑华：《中国壁画》，北京古典艺术出版社，1985年，第148页。

[15] 柴泽俊：《山西寺观壁画》，文物出版社，1997年，第112页。

[16] 赵明荣：《永安寺壁画绘制年代考》，北京大学硕士学位论文，2004年，第33页。

[17] 王帅：《山西浑源永安寺壁画中的男性头冠》，《大众考古》，2020年第5期。

[18] 刘栋：《山西现存佛教水陆壁画调查与研究》，山西师范大学硕士学位论文，2019年，第114页。

[19] 余嘉乐：《浑源永安寺传法正宗殿壁画的艺术特色与价值研究》，山西师范大学硕士学位论文，2013年；代瑞雪：《浑源永安寺传法正宗殿壁画的考察和研究》，中央美术学院硕士学位论文，2016年。

[20] 吴锐：《永安寺传法正宗殿元代殿基做法勘察及保护补强技术研究》，纪念梁思成先生诞辰110周年学术论坛暨中国文物学会传统建筑园林委员会第十七届年会《建筑文化遗产的传承与保护论文集》，天津大学出版社，2011年。

[21] 郑军、吴锐：《永安寺壁画、彩画保护技术及其相关问题研究》，《文物保护工程典型案例》，科学出版社，2009年。

柳林香严寺

宋 磊

香严寺是山西省吕梁地区柳林县境内的一所保存较为完整的寺庙建筑群（图一），它位于吕梁山脉的西麓，柳林县城东北隅的万佛山上。地理位置东经 111.23°，北纬 37.2°，海拔高度约 760 米。

1986 年，香严寺被山西省人民政府公布为山西省文物保护单位，2001 年 6 月 25 日被国务院公布为第 5 批全国重点文物保护单位。

香严寺坐北朝南，整体建筑群依地势而建，高低错落，建筑层层叠叠。香严寺四面群山环抱，北侧依靠万佛山，东侧由三川河呈环抱状绕寺而过，三川河由上游的南川河、东川河、北川河汇聚而成，由东北曲折向西南注入黄河，香严寺的位置正好处于三川河的中游（三川河流经柳林县城，当地人称为抖气河，又由于位于县城东侧还称为青龙河），山水相依，映印于苍松翠柏之中。

香严寺利用自然的地势条件，自南向北层层递进，达到与自然的和谐与融合，柳林县地处吕梁山脉的西麓，整体地势呈东北高西南低，香严寺位于县城东北方位，是柳林县城的最高点，站立香严寺山门，可以俯瞰县城全貌，威严肃穆的香严寺护佑着一方百姓的安宁。

一 文物概况

香严寺，院落南北长 74.33 米，东西宽约为

图一 香严寺建筑群

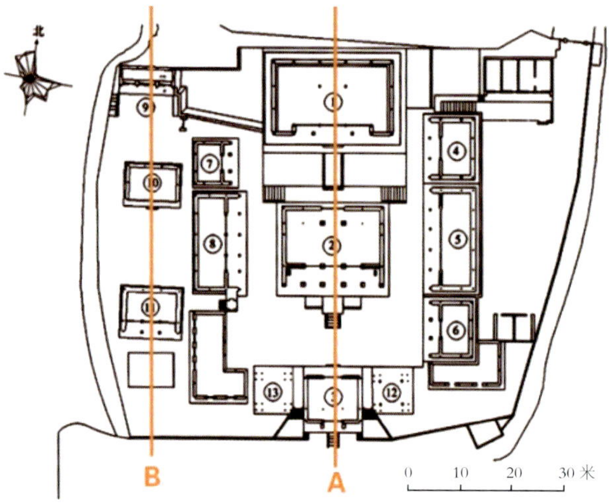

图二　香严寺平面布局图

54.29米，占地面积6160平方米（图二）。寺院平面遵循传统建筑风水的布局理念。香严寺历经六个朝代修建，至今形成了两路轴线的建筑格局，遵循传统“礼制”思想，中路为尊，故沿中路轴线采用对称布置各主题建筑。主轴线上根据寺庙建筑的主次关系，自南向北由低到高设置三级平台，用以展现出佛寺主要建筑的空间感和建筑等级。在最北部则利用地形特点，将作为主体的佛寺建筑与地方传统窑洞式建筑巧妙地结合在一个完整的空间之中，达到浑然一体的空间效果。

寺庙建筑由于选址大多位于山区，或生活区域的高处，就会受到地形位置等场地的限制，香严寺建筑群巧妙利用千佛山的地形，实现了建筑功能、建筑空间和建筑等级制度的有机融合，使空间性、精神性达到完美统一。

香严寺现存的古建筑自宋代，历经金、元、明代，至清代共计13座，形成了古建筑时间上的延续。中轴线上的建筑为两进院落，自南至北依次为：天王殿（即山门）（元代）、大雄宝殿（金）、毗卢殿（金），天王殿东侧为钟楼（清），西侧为鼓楼（明）；主院东侧建筑自南至北依此为东配殿（宋）、伽蓝殿（元）和观音殿（元）；主院西侧建筑自南至北依此为：建筑遗址、地藏十王殿（元）、慈氏殿（元）。西侧轴线自南至北依次为藏经殿（明）、崇宁殿（明）和下层为窑洞的二层建筑七佛殿（明）。

（一）天王殿

天王殿即香严寺山门（图三—图五），位于中院轴线最南端，面阔三间，进深四椽，单檐悬山顶，建筑面积147.57平方米。殿身台明下脚用条砖砌成平台，前后施压沿石。平台外南临悬崖、东西两侧铺筑条砖礓
礤坡道，是古代由城内登临寺院的必经之路。殿宇创建时代不详，现存建筑主体结构为元代，屋顶、装修为清代风格。

（二）伽蓝殿

伽蓝殿位于中院大雄宝殿东侧，厢房居中位置，南接东配殿，北连观音殿，坐东朝西，元代建筑。

图三　香严寺天王殿

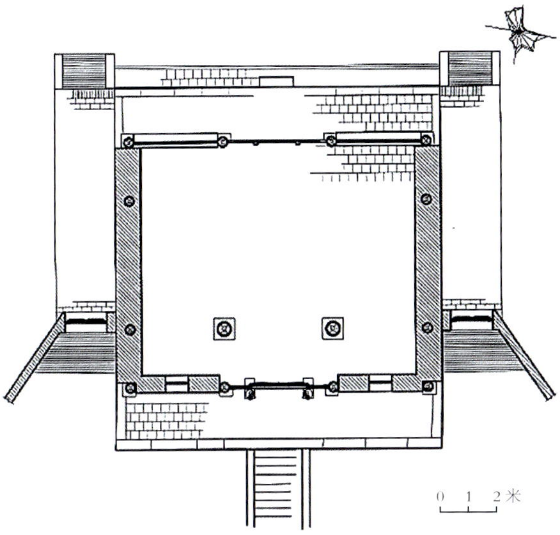

图四　香严寺天王殿平面图

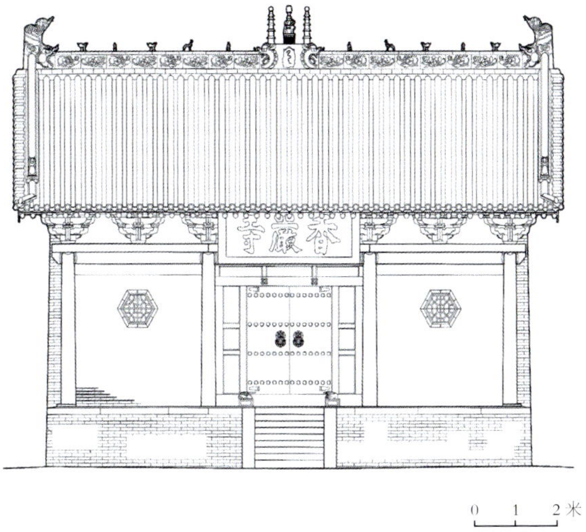

图五　香严寺天王殿正立面图

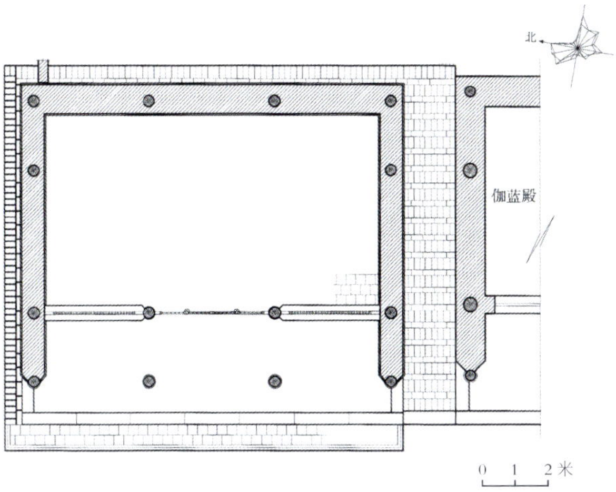

图六　香严寺观音殿平面图

图七　香严寺观音殿正立面图

其位置与地藏十王殿对称，其建筑构造和形制与地藏十王殿基本相似。面阔五间，进深两间，梁架结构为三椽栿对前劄牵梁通檐用三柱，前出廊，悬山顶。

（三）观音殿

观音殿位于毗卢殿东南，南与伽蓝殿紧邻（图六、图七）。

元代木构建筑，殿坐东面西，面阔三间，进深四椽，悬山顶。明间面宽 3.81 米，北次间面宽 3.50 米，南次间面宽 3.54 米，通面宽 10.85 米；通进深 8.67 米，其中前廊进深 2.15 米，建筑面积 101.50 平方米。

（四）慈氏殿

慈氏殿位于毗卢殿西南，与地藏十王殿北侧紧邻，即二进院落的西配殿，元代建筑（图八—图

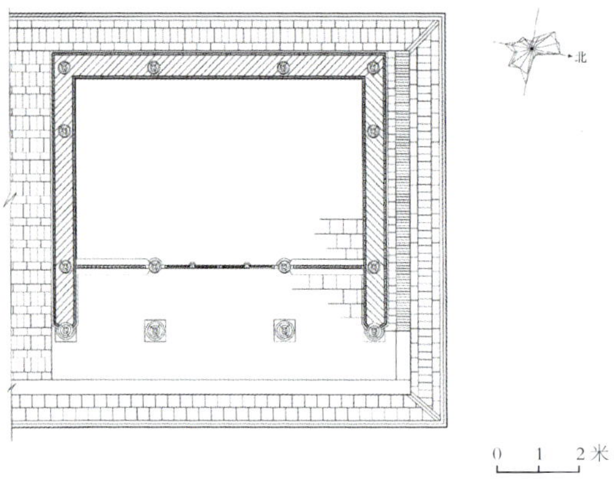

图八　香严寺慈氏殿平面图

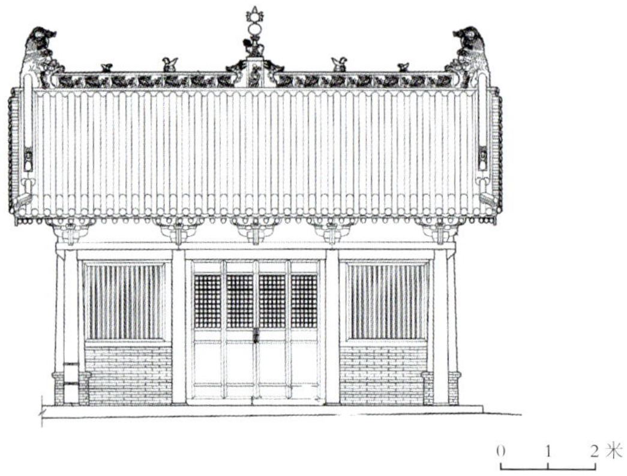

图九　香严寺慈氏殿正立面图

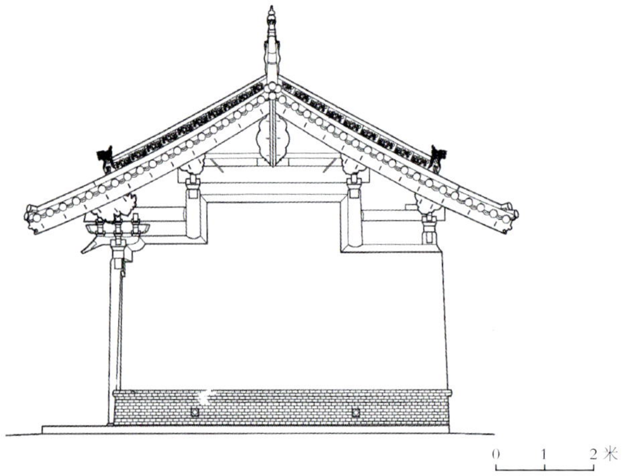

图十　香严寺慈氏殿侧立面图

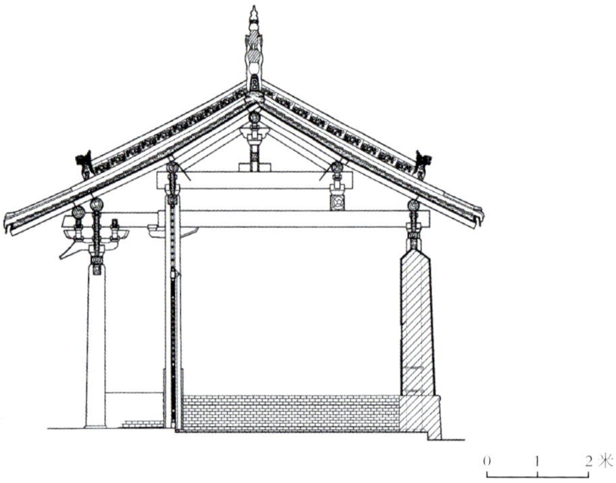

图十一　香严寺慈氏殿剖面图

十一）。

梁架为厅堂式四架椽屋，总计四缝。明间梁架为三椽栿对前劄牵梁通檐用三柱，两山梁架为平梁对前后劄牵梁通檐用四柱，平梁直接由墙内山柱头的襻间斗栱承载。三椽栿背在后槽柱对应处设大额枋一道，上承襻间斗栱，令栱与平梁十字相托平榑及替木。

（五）地藏十王殿

地藏十王殿位于中院大雄宝殿西侧，坐西面东呈长方形，元代建筑（图十二、图十三）。台基南北宽 19.66 米，东西深 10.3 米，建筑面积为 162.71 平方米。

地藏十王殿面阔五间，进深四椽，单檐悬山顶。平面布列四排六列断面圆形的木柱总计 20 根，通面宽 17.87 米，通进深 8.28 米，其中当心间面宽 3.85 米，北次间 3.85 米，南次间 3.90 米；南梢间 3.16 米，北梢间 3.16 米。

二　历史沿革

根据清嘉庆十六年版的《永宁州志》（图十四）、乾隆版的《汾州府志》、光绪版《永宁州志》的记载，香严寺创建时间约在唐德宗贞元年间，约公元 785 年到公元 805 年之间。以后，历经宋、金、元都有修葺，尤其是明清时期更多。

宋代的修建未见明确记载，从主院东侧配殿的形制，可见具有宋代明显的特征。

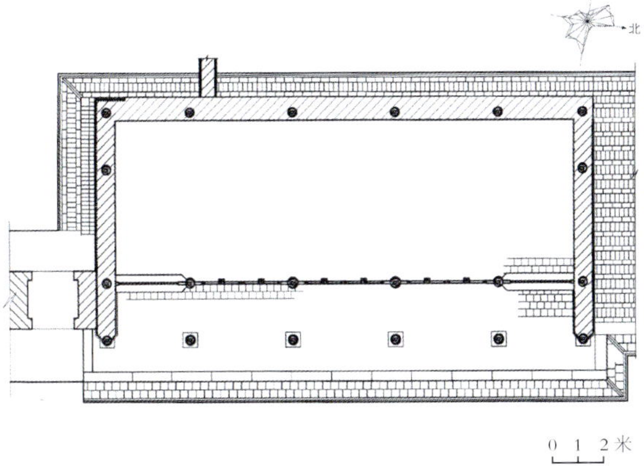

图十二　香严寺地藏十王殿

图十三　香严寺地藏十王殿

图十四　香严寺地理位置图

（来源：《永宁州志》）

自唐德宗贞元年至金正隆（1156—1161）年间，香严寺已逾三百多年的历程，历经风雨的唐代老建筑，香严寺在金正隆、大定年间进行了重新翻修（根据《汾州府志》、《永宁州志》的记载）。

根据在香严寺的两通碑和两处题记，可知在元代大德二年（1298 年）砌造龙凤华锦供床，明宣德九年（1434 年），维修瓦顶、神像工程及修造佛龛台。另外，在大雄宝殿西墙补修时所发现记有“大德九年七月十一日表墙修造”方砖，和大殿明间脊槫底皮墨书题记“大明国宣德九年七月十三日”的文字遗存，充分证明了大殿在元代和明代进行了维修，建造了七佛殿内佛龛台。

明正统四年（1439 年）至六年（1441 年）重修妆塑佛像[1]。明正统十一年（1446 年）进行维修，屋顶换绿色琉璃，正统十四年（1449 年）完工。明天顺元年（1457 年）寺内西建藏经殿。弘治十一（1504 年），在南京印制经书卷，修造藏经龛柜。嘉靖四十二年（1563 年）修复七佛殿，并重塑佛像、悬塑、壁画。明万历四十二年（1614 年）重修藏经殿。

清康熙三十四年（1695 年）修缮地藏十王殿，宣统三年（1911 年）将山门“香严寺”匾额重修[2]。

香严寺历经唐宋至明清近千余年的修葺增建，形成现在的规模，囊括了五个时代的建筑，在现存的古代建筑群中实属珍贵，其建筑遗存的连续性和整体性的特点，给我们今天对古建筑的保护与修缮提供了丰厚的实物借鉴经验。

三　保护项目的梳理与述评

香严寺是保存较为完整的建筑群，从唐代立寺初创，历经宋至清代近一千余年的战乱以及自然灾害等因素，在未立项修缮前，各个殿宇均有不同程度的破损，破损程度最严重的是修建于明朝的七佛殿，近当代最主要的破坏因素是当地政府及居民对文物古建筑的保护意识淡漠，对周边环境的不合理建设所导致的山体滑坡等人为性地质灾害，一旦积累到一定程度，随时都可能造成香严寺毁灭性的灾害，故而树立保护意识，从立法到技术层面均应同时采取相应的措施，而且刻不容缓，并应形成长效的保护机制。

香严寺依山傍水的选址和布局以及建造技术、装饰图案，是吕梁山区建筑传统文化特征、建筑材料、结构技术、排水技术、琉璃技术等的综合反映，香严寺现存的殿宇由宋金元明清时期的建筑组成，具有历史的延续性，在历代的修缮和续修的过程中，虽历经上千年的时间，但布局和样式依然能组合在一个有机的整体上，并保留了每个时期的建筑特点，这一建筑技术演变的序列特征，为我们的建筑文物的保护提供了直接的借鉴经验，这一遗存又是研究不同时期佛寺建筑的重要实物资料，故香严寺建筑群具备了其特有的、较高的历史价值。

从 2002 年开始勘察设计工作起至今，香严寺的修缮保护工作在乔云飞等专家和技术人员的共同努力下，本着科学、严谨的态度，每一过程都在法律法规的规范下进行。使得千年古刹香严寺焕发出勃勃生机。2007 年，对香严寺钟鼓楼挡土墙及寺内院地面铺装进行了勘察与设计。2008 年，山西省柳林县香严寺钟鼓楼挡土墙，就香严寺保护与院地面铺装修设计方案，经国家文物局批准同意。后经历年的修缮达到现在的面貌。

四　保护的理论特色与修缮技术的科学性

香严寺的保护与修缮有如下几个特点：一是建筑群的规划保护建立在与周边环境的整体治理上，并制定了近期、中期、远期的保护计划，将时间、空间和建筑本体构成了一个严密的保护闭环；二是建筑保护建立在行业法律、法规的框架之中，从测绘、设计到施工，经过相关主管部门的审核批准，使得保护修缮的整体过程有法可依，有理有据；三是对香严寺的未来发展与保护能提出具有前瞻性的构思，与现代科技手段相结合，以期达到香严寺的时代特色；四是对香严寺文化特色的活化与地方民俗相结合，提出了有效的建设性的思路。

五　结　　语

香严寺建筑群集宋至清五朝的建筑特点，在山西乃至全国都是极为珍贵的建筑文物遗存，古建筑是一个民族文化的重要载体，保护古建筑就是保护传统文化，通过认识古建筑可以激发爱国情怀，其意义非常重大，所以古建筑的“活化”是值得深入研究的领域。一方面将香严寺的建筑利用 3D 打印技术，或木质模型技术，制作成大众喜闻乐见的玩具形态，进入人们的生活；另一方面通过发展地方旅游，健全周边服务设施，与高校建筑专业、学术研究机构合作，带动研学，从而有效活化香严寺建筑的效用；此外，组建或与专业团队合作，研发香严寺的文创产品，通过与地方文化、地方特产嫁接，扩大香严寺的知名度；同时通过文物认养的形式，利用社会力量、社会资金，达到精准保护的作用[3]。

总之，通过香严寺古建筑的活化，在保护的前提下，达到文化效益和经济效益的双赢。

注　释

[1] 乔云飞：《柳林香严寺研究与修缮报告》，文物出版社，2013 年。

[2] 王曙光、张声金：《浅议古村落文化遗产保护与乡土文化复兴》，《中华民居》，2020 年。

[3] 戴先任：《保护古建要更好发挥“文物认养”作用》，《中国旅游报》，2020 年。

霍州州署大堂

聂 磊

山西自古被称为“三晋大地”，物华天宝，人杰地灵。遍布于地上、地下的文物古迹有如镶嵌于历史长卷中的颗颗明珠，流光溢彩，熠熠生辉。位于山西中南部的霍州更是历史悠久，亘古而悠长，境内名胜古迹甚多。其中最为著名的便是霍州州署大堂。

一 文物概况

（一）地理位置

霍州市位于东经 110° 38′—112° 03′，北纬 36° 26′—36° 42′，山西省南部，临汾盆地的北端，地理位置优越。占地面积 768 平方公里，人口 26 万，辖 5 镇 7 乡 215 个行政村。

霍州州署位于山西霍州市东大街北侧，坐北朝南，始建于唐代，占地面积约 3.85 万平方米。

（二）属地环境

霍州市位于山西省中南部的临汾盆地，属于高原性季风气候，一年四季分明，主导风向为北风，夏季多为东南风，冬季多为西北风。该地区地震烈度为 8 度，土壤最大冻结度为 0.67m。是山西重要的能源重化工基地之一，四周群山环绕，汾河从西北穿境而过。无论是山水相倚的灵秀恬静，还是古风弥漫的厚重大气，霍州之美俯拾皆是。当你将身心融入到霍山汾水之中，去闭目养神与吐故纳新，你会沉醉于大自然的恩赐而不愿抽身；当你穿梭于市井街巷，去触摸与倾听，你会发现文化的坚韧与历久弥新，还有“华夏州署”的廉政文化可以涤荡你的心灵。

霍州州署建于唐代，与北京故宫、河北保定直隶总督署、河南内乡县衙并称“中国四大古代官衙”，现存古建筑为元、明、清古文化遗产。无论其位置选择、建筑规模，还是整体布局、形制设计，均为全国现存同类衙署之冠，是我国目前尚存唯一一座最为完整的古代州级署衙，其中元代大堂建造年代比故宫还要早一百多年。明代霍州学正曹端的警世名句言犹在耳：吏不畏吾严，而畏吾廉；民不服吾能，而服吾公，公则民不敢慢，廉则吏不敢欺。公生明，廉生威。这段话曾被原国务院前总理朱镕基所引用，成为其任内推介的官箴。

霍州州署廉政文化馆于 2012 年 9 月顺利通过中纪委审核，并对外开放，之后被山西省纪委授予山西省廉政教育基地。2014 年 12 月 7 日，山西省委书记王儒林在山西省委十届六次全体会议上表示，要弘扬山西源远流长的法治文化、博大精深的廉政文化、光耀千秋的红色文化，净化政治生态、实现弊革风清、重塑山西形象、促进富民强省。随着“三个文化”的提出与推进，霍州署廉政文化馆也创下了近年来的接待人数之最。据了解，该市还建设了廉政文化一条街，廉政名言、漫画、警句随处可见，促使廉政教育温馨化、常态化。

霍州州署入口处，一块保护修缮竣工碑立于东侧，上面记载：州署自隋唐以来，迄今已一千三百余年，其间天灾战祸，几度劫复，而至今日，卓为华夏瑰宝。后因诸多变故，两辅厅房尽已坍毁，中轴主线也仅余大堂、仪门及东西科房等建筑，使世人难窥我州署威仪……修缮署衙，功在千秋。民众皆称其为转型工程、世纪功臣、功德工程、圆梦工程……事实上，霍州署能有今日的规模并不容易，与地方政府的不懈努力息息相关。

（三）保护级别

1996 年 11 月，霍州州署被国务院公布为全国重点文物保护单位，1999 年 5 月 1 日以中国现存

图一 霍州署保护标志（自南向北）

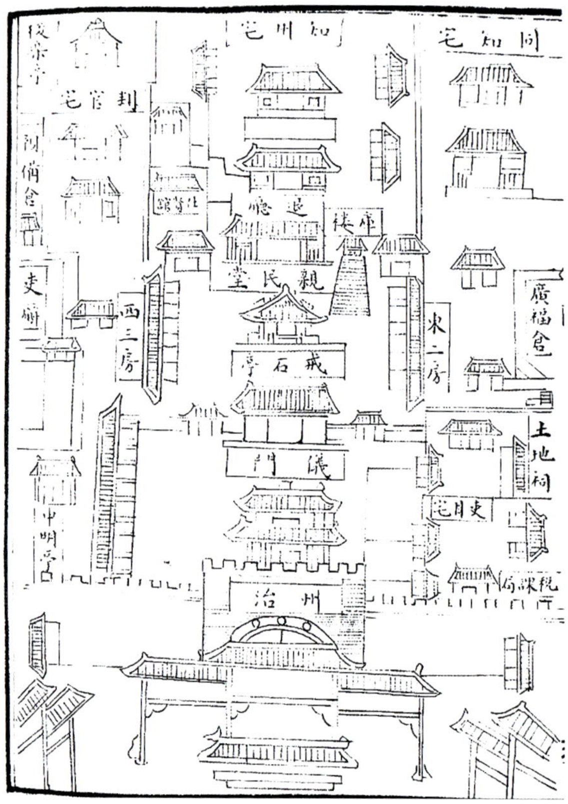

图二 《嘉靖志》中的霍州署图

唯一古代州级衙门博物馆对外开放。其建筑规模宏大，形制壮丽，元代大堂粗犷豪放，结构奇特，被中国古建筑研究专家梁思成先生称为“滑稽绝伦的建筑独例”，在中国绝无仅有（图一）。

（四）详细布局

霍州州署坐北朝南，由南而北分中、东、西三轴线而展现三个建筑群及一些署外建筑。该署主体建筑，雄伟高大，古朴典雅，结构奇巧，工料俱佳；附属建筑，规模宏大，布局得法，形制壮丽，内实外华。岁月沧桑，天灾战祸，州署现存面积为18700 平方米。以中部轴线为主的州署建筑基本保存完好。由南至北现存建筑分别有：牌坊、谯楼、丹墀、仪门、甬道、戒石亭、月台、抱厦、大堂、二堂、内宅（图二、图三）。

牌坊，位于霍州署入口处，中间的门较宽，两边的较窄，悬山式顶。原建筑解放初期被毁，现存建筑为 1999 年重建。

谯楼，置于牌坊以北，雄伟高大，宛若城门，砖砌拱券式基座，上为木构楼阁，十字歇山顶，门洞上部镌“拱辰”两个大字，拱辰出自《论语》“以政为德，譬如北辰，居其所而众星拱之”。此楼始建于明嘉靖二十一年（1542 年）。1985 年倒塌，1990 年复建。

丹墀，位于谯楼与仪门之间，因古代宫殿阶上地以丹漆之而得名，是署内广场。原为知州举行仪式和群众“闹社火”集会的地方。西侧原为监狱，现存部分遗址。

仪门，丹墀之北，即州署第二正门，官府将仪门作为观礼台，晓喻检阅。仪门为高台基建筑，面宽、进深各三间，悬山顶，灰瓦覆盖，大门前有宽 4.5 米宽的台阶 18 级。仪门东西两侧各设一门，东为人门，供平时行人和车马出人，西为鬼门，被判死刑的犯人即由此门推出斩首。

甬道，即连接大堂与仪门间的通道，直达月台和大堂，供知州迎送贵宾及官员。

戒石亭，仪门北十米甬道中的木牌坊，南楣书“天下为公”，北楣书“清慎勤”。原设亭的地方立一石碑，后为出入方便改建“戒石亭”。原石碑南刻“公生明”，北刻“尔俸尔禄，民膏民脂，下民易虐，上天难欺”。用以告诫官吏，永铭不忘。

图三　霍州署中轴线鸟瞰（自南向北）

图四　霍州署大堂月台唐代石虎、元代石狮（自东向西）

月台，戒石亭以北为大堂前平台，南沿边伏卧石虎为唐代遗物，石狮为元代作品（图四）。

抱厦，位于月台之上，明代所建。1934年8月，已故建筑学大师梁思成偕夫人到霍州署进行调查，在《梁思成文集·晋汾古建筑预查纪略》中曾有如下叙述“在霍县的政府大堂的结构上，我们得见到滑稽绝伦的建筑独例。大堂前有抱厦，面阔三间，当心间阔而梢间稍狭，四柱之上，以极小阑额相联，其上却托着一整根极大的普拍枋，将中国建筑传统的构材权衡完全颠倒，这还不足为奇；最荒谬的是这大普拍枋之上，作者竟将斗栱在结构上之原意完全忘却，随便位置。斗栱位置不随立柱安排，除此一例外，惟在以善于作中国式建筑自命的慕菲氏所设计的南京金陵女子大学得观之。”梁思成先生以纪实而幽默的笔法，一语道破霍州署大堂及其抱厦在中国建筑史上的独特和珍贵之处。

大堂，抱厦后便是之，即正厅。为州署的主要建筑，其所在地面为霍州城市制高点。大堂后墙及山墙左右分别嵌存重要碑石三方，其一为记霍州城署创建历史的元代白话碑，另为元大德九年（1305

年）王士祯《霍州创建公宇记》和清光绪十七年（1891年）《重修霍州大堂记》碑两方，均事关州署和大堂的沿革历史。大堂东西各设耳房一座，东为议事厅，西为刑厅（图五）。

二堂，大堂之后为退厅，清代改为二堂，是知州初审民事、刑事案件及处理日常事务之所，面宽、进深各三间，硬山顶，后设回廊。

内宅，置于二堂后，是知州及其家眷生活起居的地方，也是州署中轴线上最后的一座建筑，面阔、进深各三间，悬山顶。

（五）特点分析

通过对霍州州署的布局描述及分析，不难看出署衙的布局完整、规则。那么，霍州州署大堂的“滑稽绝伦的建筑独例”究竟又是为何如此呢？

首先，我们先来看它的柱网布局。大堂开间前檐三间，后檐五间，其中前檐明间面阔相当于后檐明、次间的总和。通面阔 18.7 米、前檐明间 13.97 米；通进深七架六椽，约 15 米。大堂前檐柱与后檐柱数量不同，其原因不外乎为了提高大堂的实用性和威严感，所以使用了减柱造[1]。大堂前出抱厦三间，与明间面阔同宽。大堂前檐明间檐柱直径约80 厘米，柱础现基本与室内地面平，原柱础痕迹式样已不可辨；殿内金柱四根，柱径亦约 70 厘米。前金柱在距檐柱一椽的位置，与前檐明间柱对位；后金柱距后檐柱一椽位，与后檐明间对位，殿内柱网布局简省。殿内除四根金柱外还有柱子六根，从结构逻辑和构造的差异不难辨认为后期维修时补加（图六）。

其次，我们来看其梁架结构。大堂和抱厦均单檐悬山顶，以其正面硕大的大横额和其上布局特殊的斗栱引人注目。抱厦面宽 13.97 米，进深 6.30 米，面阔三间，进深一间，四椽栿柱，斗栱四铺作单下昂计心造，共七组。但无一组放在柱头之上，这一奇特结构，在中国古代建筑史上被称为移柱造[2]，其作用一般是为了扩大明间使用空间。大堂前檐柱额布局特殊，并与前出抱厦梁架成一整体，前檐斗栱配列与檐柱没有对位关系而与抱厦上部梁架相对应。明间大额之上斗栱七朵，其中四朵为抱厦梁头搁置其上形成的节点，组织简单，施护斗和十字实拍栱承托抱厦梁头；在如上四组节点斗栱之间，共有四铺作重栱计心造斗栱三朵，华栱为插昂式假昂，令栱抹斜，上承通替木和橑檐槫。次间柱头斗栱一朵，补间一朵，斗栱组织与上述三朵同。斗栱在近

图五　霍州署大堂里面全景（自南向北）

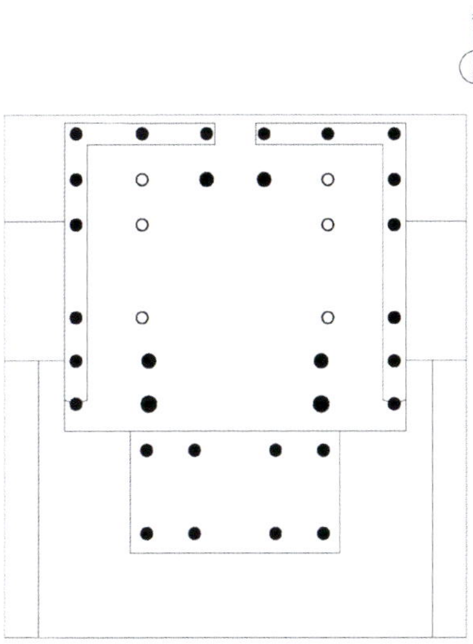

图六　霍州署大堂平面柱网示意图

图七　霍州署大堂梁架局部（自北向南）

年保护性维修中多已更新，但斗栱布列与柱额、梁架密切的相互关系未曾改变。大堂前檐明间柱之上横置一条直径约 70 厘米的整材大额[3]。明间柱和次间柱之间，施一较细的横额，穿明间柱，托在明间横额下出为楷头绰幕；次间柱比明间柱高，其上施阑额、普拍枋，与大额上皮平，上面施斗栱；阑、普在角柱直截式出头。与大额相比，阑额普拍枋断面纤小。前金柱上亦置一根巨大的横额，做法与前檐柱同。后金柱上各施巨大栌斗，左右施一横杭，穿栌斗出为楷头绰幕，上承置于金柱和山墙柱上的两根巨大横额，两大横额间放置没有结构作用的短横木。前后四条巨大的横额置于柱上，构成了大堂建筑承重的主体，上部六组屋架，与后檐柱缝对位，搁置其上。正因如此，大堂及抱厦才可使用减柱造和移柱造，减柱造和移柱造一般会干扰力的传导，使额枋出现垂弯变形，但是这种与通常木结构逻辑不同的结构形式，学界称为大额承重式结构，完美地解决了这一问题。霍州大堂被认为是这类结构的典型代表[4]（图七、图八）。

二　历史沿革

（一）历史脉络

霍州，古为冀州地。西周初年，周武王封其弟叔处于霍，称为霍国。因境内有彘水，故又名彘，都城在今汾河西岸白龙镇陈村一带。春秋时期，晋献公于公元前 661 年率军灭霍，霍哀公奔齐。霍地由此归晋，称为霍邑。

霍州署最早的渊源，可上溯自隋唐易代之时。隋义宁元年（617 年）八月，李渊从太原起兵反隋之后，南下经过霍州，打过一场著名的霍邑之战。

唐朝立国过程中，霍邑之战意义重大。这次战后，唐兵势如破竹，直捣长安拥立代王杨侑为帝。公元 618 年，李渊称帝建唐。

时隔两年，李世民亲自挂帅再次返回霍邑，同驻守在此的刘武周部将尉迟恭展开激战。一战不敌，李世民只好带兵转战于霍邑南部，等待时机。后来李世民招降尉迟恭，并派尉迟恭驻扎于霍邑。镇守霍邑的尉迟恭在隋末中郎将宋老生的军中幕府基础上建造了自己的帅府行辕，霍州署衙的雏形便也从此诞生。帅府占地面积 38500 平方米，分中轴和东、西辅线三大建筑群。可惜的是，作为历史的见证，州署最早的形迹多已毁灭，几至无存。经专家考证，霍州署自唐代留存至今的实物有一对石虎，由于时间久远，这对石虎已被风化，失去了本来的面貌，但它依然带着时光的刻痕，伏卧于州署月台的边缘上，静静地讲述着唐时的故事（图九）。

我们目前所见的霍州署是全国仅存较为完好的古代州级衙署，建于元大德八年（1304 年），

图八　霍州署大堂抱厦侧立面（自西向东）

图九　霍州署唐代石虎

大德九年（1305年）夏落成。元至正十八年（1358年），州署被乱兵焚毁，惟大堂幸存。此后多年历经修扩。现存建筑大堂为元代原构，仪门、戒石亭为明代建筑，余皆多为清代所建。

清道光年间《霍州记》载："明洪武四年（1371年）同知吕稷建。成化初，知州张王己、鲍克恭继修。嘉靖三十六年，知州褚相主路建坊，筑东西南垣墙，立左右廊房各三楹于大门外。国朝顺治时，知州王国梁、黄登孝、闫承儒继修。乾隆三十九年、四十四年，知州范树礼、单寿，相继详修。"至光绪十七年（1891年），知州铁岭德生再度重修，两年后竣工。这是封建社会维修州署的最后一次。至今历时百余年。通过元、明至清三次修建高潮后，署衙发展成"署以间计，在宅门以内，大小七十余楹"。[5]

霍州署位于霍州市东大街北侧，是国内唯一一座保存较完整的元代州署衙门，其作为州治衙署，至今已有1300多年历史了（图十）。

（二）历史大事件

众所周知，长安（今陕西西安）是唐朝的定鼎之地。可不为大众所知的是，霍邑（即指霍州市）是初夺隋朝政权的秦王李世民率军灭隋建唐的重要基地，也是他们走向胜利的吉祥之地。霍州地处三晋南北交通要道，境内有全国八大关隘之一——韩信岭与白壁关，是重要的军事要隘，故霍州署除担负主要行政职能外，还担负驿站与军事两项职能。取得艰辛的胜利后，李世民派新收降的猛将尉迟恭来镇守此地，霍州署衙的雏形便从此诞生。镇守霍邑的尉迟恭在前朝霍州署衙的地基上建造了自己的帅府行辕。只可惜，元大德七年（1303年）洪洞、赵城遭受特大地震，波及霍州，官民居舍荡然无存，霍州署也未能幸免。

大震后的第二年（元大德八年），监州失剌不花和知州李伯渊主持重修霍州署衙。堂内既不雕梁画栋，又不彩壁绘墙，完全给人一种朴实无华、庄严肃穆的感觉。

后经明清两代陆续增补修葺，日臻完善，现存古建筑为元、明、清古文化遗产。无论其位置选择、建筑规模，还是整体布局、形制设计，均为全国现存同类衙署之冠，是中国已知唯一一座保存较完整的古代州级署衙，凝聚着古代汉族劳动人民聪明才智，闪耀着中华民族历史文化光辉的璀璨明珠，在霍州大地重放异彩。

自清末到民国，天灾无常，兵连祸结，霍州署除中轴线建筑保存基本完好外，东西辅线及署外建

图十　霍州署正立面（自南向北）

筑或圮、或毁、或改作他用。近年来，古建筑专家多次研究考证认为在已知的明、清州县衙建筑中，霍州署不仅主体建筑保存较好，而在因地制宜地营造环境及空间、台基和梁架结构设计，甚至尺度处理等方面，都极富特点和创造性。

三　保护历程

为了弘扬中国古代文化，从1986年起，霍州市委、市政府积极筹建“霍州市州署博物馆”。经过十几年的不懈努力，霍州署前大院主体维修已大部竣工，目前“霍州市州署博物馆”已对外开放。一颗凝聚着古代劳动人民聪明才智，闪耀着中华民族历史文化光辉的璀璨明珠，在霍州大地重放异彩。

霍州署因“文革”或一些战乱曾多次部分建筑被毁，而霍州署内东轴线上的部分原建筑所在地自“文革”以来也一直被霍州市教育局所占，因此现存霍州署只有1.83万平方米。

因此从2009年起，国家和当地共投资3000余万元对霍州署衙进行了保护性修缮，工程包括中轴线文物本体修缮、谯楼两侧旅游接待中心、消防以及大堂院落的技防、绿化等内容。

霍州市政府于2011年初开始重建、修缮工作，一期工程要恢复霍州署中轴线上所有建筑及东面轴线上静怡轩周边、西周线上马王庙周边的部分建筑，已于2011年10月1日完成一期恢复，对外开放参观。而二期工程也在以后的几年里开工，恢复除一期工程外的其他建筑。此工程耗费2亿元左右人民币，霍州市政府官方说：恢复后的霍州署将成为国内最大的古代州署影视拍摄基地。

当地政府计划全面恢复霍州署鼎盛时期古代建筑规模和历史原貌，扩建中国历代官吏制度体验馆、中国历代官服、官印文化展示中心、静心堂等，打造中国唯一官场文化主题公园，并建设全球华裔霍氏宗祠、霍氏名人堂等。该工程已列入2013年霍州市十大重点工程。2013年4月6日，署衙主体修缮完毕。

四 结 语

这是祖先历尽艰辛创造出的心灵之作。每一处遗址都讲述了先人的求索，每一幢古建都叠加着精神的渴望，每一件文物都凝聚着隽永的智性。这是三晋大地不散的精魂，是三晋儿女自豪之所在。山西文物在全国乃至世界文物宝库中居于首位的很多，这里，我们仅撷取其中之一处，以飨读者。沧海遗珍，挂一漏万，斑竹窥豹，已足慰矣。

注 释

[1] 减柱造是古代木构建筑中，减少部分内柱的做法。这种做法，在明、清建筑中已不使用。大概是因为移动柱子所形成的大跨度内额和不规则的梁架，往往在结构上不够安全和带来施工上的麻烦。

[2] 移柱造在中国古代木结构建筑中，将若干内柱移位，增加或减少柱距，以达到所需要空间和功能的做法。这种做法常见于宋、辽、金、元时代的建筑中。在建筑史上，一般认为是因为宋代的《营造法式》限制较少，以至于建筑设计能有较大弹性创造的空间，才会有移柱造这样的手法出现。

[3] 李志荣：《霍州大堂与霍州州署布局》，《文物》，2007年第3期。

[4] 陕西学者刘临安称作：“中国古代建筑的纵向构架”，参见《文物》1997年第6期，刘临安《中国古代建筑的纵向构架》。

[5] 庄禾：《霍州署衙》，《三晋文明》，2010年第6期。

太原文庙

叶若琛

文庙，是中国文化道统的至高殿堂，是集中体现传统政德治化思想的重要场域，在其两千多年的发展史中凝聚了各个历史时期上层统治者对于孔子思想及儒家学说的认同、推崇和褒扬，在源远流长的历史中集精神信仰、学术传承、人文教化为一体，成为人文性和历史性兼容的特质建筑，体现礼制建筑独有的特色[1]（图一）。

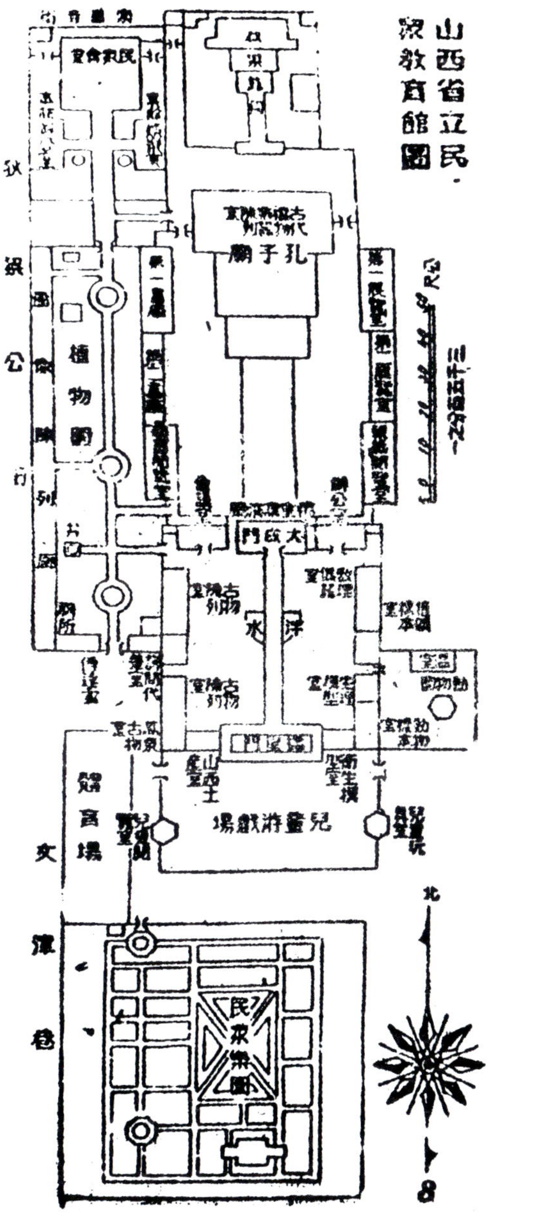

图一 1936 年山西省立民众教育馆平面图

（来源：山西省博物馆《山西省博物馆八十年》，山西人民出版社，1999 年，图 E）

一 文物概况

太原文庙位于山西省太原市迎泽区文庙巷西 40 号，始建于北宋，金、明、清重修并扩建。坐北向南，占地3.1万余平方米。太原文庙为四进院落，其中照壁、棂星门、大成门、大成殿、崇圣祠沿中轴线布设，各院均有东、西厢房。木牌坊原位于文庙最南端，现迁至西偏院院外[2]。

二 历史沿革

北宋太平兴国七年（982 年），太原文庙旧址于太原城西水西关始建[3]。

清同治三年（1864 年）十月十五日午时，崇善寺发生火灾，寺内主要建筑焚毁，仅留寺南的照壁、牌坊、井亭和寺北的钟楼与大悲殿（也就是现在的崇善寺院）[4]。

清光绪八年（1882 年），山西巡抚张之洞在崇善寺旧时前殿废墟上改建成为“文庙”。

1913 年，文庙内由阎锡山等发起成立“宗圣会社”是山西最大的尊孔社团。

1918 年，阎锡山下令筹设“山西圣庙教育图书馆”。

1919 年，“山西圣庙教育图书馆”更名为“山西省图书博物馆”。

1925 年，“山西省图书博物馆”更名为“山西公立图书馆”[5]。

1933 年，“山西公立图书馆”易名为“山西省立民众教育馆”，西偏院该做民众会堂，原格局偏院不存，在其东南区域修建动物园，并在太原文庙前修建民众乐园。

1937 年，日军占领太原，并在文庙成立“山西文化保护会”。同年，“山西省立民众教育馆”改为“太原博物馆”。

1940 年，山西陆军特务机关将“太原博物馆”移交给伪山西省公署，更名为“山西省立新民教育馆”。

1945 年，日本无条件投降，恢复“山西省立民众教育馆”。

1949 年，“山西省立民众教育馆”改为“山西省图书博物馆”。

1953 年，与太原市文物馆合并，定名为“山西省博物馆”。

2003 年改称“山西省民俗博物馆”。

2013 年，太原文庙被列入第七批全国重点文物保护单位[6]。

三　建筑形制特征

（一）建筑群体特征

文庙建筑群的一个特点是遵从了儒家的序、正、和的思想而这种秩序感的产生正是由于文庙作为礼制建筑，其本身就是儒家传统思想的物化[7]。

太原文庙以一条纵轴线为主对称轴，统领木牌楼、照壁、棂星门、大成门、大成殿和崇圣祠主要建筑，两侧主要建筑有井亭、一进院东西配房、二进院东西廊房和三进院东西配房[8]。儒学倡导的社会模式反射到文庙建筑群的关系上，就是讲求“序”即各重要建筑的先后次序[9]。这种井然有序的对称模式又有赖于在空间环境的布置、体量的组合、装饰的处理、比例尺度权衡等相互融合，且恰当地运用对比、衬托手法，使文庙整个建筑群由序幕经高潮到结束，形成一个主次分明、层层递进的院落整体。

太原文庙建筑群布局的另一个特点就是院的运用。院由各单体建筑组合而成，若干院组成建筑群。每个院落规格布局各不相同，大小不一，氛围和观感也有所不同。

文庙的院落多至九进，而只有曲阜孔庙是九进院落，“极于九”一般只用于皇宫。其他的还有七、五、三进院落等。与原崇善寺遗构合并，太原文庙属四进院落，一、二进院是文庙建筑群的铺垫，是烘托主殿的准备性空间，花园样式体量较小，建筑布局稀疏，为进入三进院做准备。三进院为整个建筑群的核心院落，是文庙建筑群的高潮部分，院落空间宽阔，突出主体建筑大成殿，且与一进院空间对比起到视觉冲击的作用。四进院体量缩小，视觉中心落回面阔较小的崇圣祠，这样又突出核心大体量建筑大成殿，起到首尾呼应的作用。文庙建筑群通过院落的层次递进、大小对比、序列组合等手法来突出主体建筑，表达了对孔子及其思想无限的尊崇，营造儒家文化氛围。

（二）主要单体建筑特征

太原文庙建筑群西侧是木牌楼（图二），原在文庙的最南侧，20 世纪 80 年代初因新建楼房被迁到现在的文庙西侧。形制为四柱三楼木牌坊，歇山顶，绿色素面琉璃脊饰，绿色琉璃瓦顶，中间檐下有楷书“文庙”两个大字。

第一进院落最南端是照壁（图三）。一字青砖蓝瓦硬山式，原崇善寺的遗物，壁长 22.3 米，高约 11 米，厚 1.6 米。照壁下为须弥座，正面上部中间有砖砌“仰之弥高”四个大字，是清代后刻，取《论语》“仰之弥高”之义。20 世纪 70 年代初用白灰抹面覆盖。背面正中为琉璃龙饰，中心花为琉璃二龙戏珠，四角以琉璃烧制的云龙装饰，软心刷红土浆，孔雀蓝琉璃须弥底座和顶部檐下的斗栱、垂柱装饰，远远望去颇显朴素大方，别具特色。

照壁正对的棂星门为文庙的正大门，此门建在高台上，三间六柱冲天式牌坊，双坡悬山顶（图四）。门为砖木结构，开辟三门，中间正门开阔高大，顶部匾额上写有楷书“棂星门”。两旁偏门略小，与正门形式相同。三门整体仿木构牌坊式建筑，门檐上均系黄蓝色琉璃脊兽盖顶，檐下为重叠的清式如

图二　牌楼正立面

（来源：自摄）

图三　照壁北面

（来源：自摄）

图四　棂星门正立面

（来源：自摄）

意斗栱，玲珑秀丽。门身为两柱框架支撑，与木牌坊不同的是在三门之间以四座小型琉璃照壁间隔。照壁采用须弥座，壁身正面中间有浮雕的云舞团龙，四角云纹装饰。顶部壁檐仿木构建筑形式，有琉璃檐椽斗栱装饰。棂星门以四座孔雀蓝琉璃照壁相衬，更显规模之大，雄丽壮观。

棂星门前台阶上有一对铜狮和一对铁狮。铜狮铸于明洪武二十四年（1391 年），原在晋王府，后移于此。铁狮铸于明万历年，为 20 世纪 50 年代初期从太原其他地方移来。

照壁与棂星门之间的东西两侧为井亭（图五）。亭为六角攒尖式，原是崇善寺内建筑，始建于明洪

图五　六角井亭

（来源：山西省古建筑与彩塑壁画保护研究院）

武十四年（1318 年），亭基是砖砌台座；亭身为木结构，施三踩斗栱；亭顶为筒、布瓦，蓝琉璃剪边，六角盝顶，明代典型的亭式建筑。亭内中间原有深水井，因井亭分属左右两旁，形似两个明亮的眼睛，取祥瑞而建造。后因亭内时常潮湿，现已将深井填平。在井亭北侧，还有左右两个小门楼，东门楼曰：“义路”，西门楼曰：“礼门”。

由棂星门进入文庙为二进院落，院落中央是一个半圆形的池子，谓之“泮池”形状为半月形，外圆内直，池上架设石拱桥，这也是文庙泮池的一种特有形制（图六）。形状为半月，不盈不亏，象征中庸之道。孔子提倡学无止境，就像这半圆的水池，永远也不可能成为满圆形的[10]。泮池长 13.5 米，宽 8 米，池深 2 米，池壁厚 55 厘米，池周环绕石栏杆，共有三十根望柱及三十块雕刻栏板，泮桥宽 4.1 米，两侧设有石栏杆，有十六根望柱、十四块雕刻栏板。

古代学子初入学时，需绕行泮池三圈，此举寓意遨游学海。而且半圆形的泮池与整个呈方形的文庙，方圆结合，不仅避免了整个建筑群的单调之感，还给文庙增添了些许灵气。

泮池北侧为大成门（图七），是通向三进院落的第二道门，位于棂星门与大成殿之间，名取孟子称“孔子之谓集大成”语意。门面阔五间，进深六椽，减柱造，单檐歇山顶，黄琉璃脊饰，筒瓦盖顶，中间前后辟门。殿内檐梁架、檩枋等处绘有精美的彩画，是现存的清代彩画原物，纹样为梁身通体绿底墨色祥云图案。

图六　泮池

（来源：自摄）

图七　大成门正立面
（来源：山西省古建筑与彩塑壁画保护研究院）

图八　大成殿东－西透视
（来源：自摄）

第三进院落为整个文庙的核心空间，象征庙主孔子的等级和地位。二进院落的正北面为大成殿（图八），唐代称文宣王殿，宋徽宗赵佶尊崇孔子“集古圣先贤之大成”更名为大成殿。大殿下筑砖砌高台基，平面为长方形，长39.2米，宽22.8米，高1.4米。大殿面阔七间，进深十椽，单檐歇山顶，殿顶用素面黄琉璃脊饰和套方、绿琉璃瓦盖，是除山东曲阜孔庙大成殿外，目前国内仅存的为数不多的雄伟宏丽，气象庄严的大成殿檐下斗栱承托上部梁架和深远翼出的屋檐，殿内减柱造。大殿正面装修为槅扇，门窗系玲珑透雕窗花，雕花规整，结构精巧。殿前月台宽敞，四周有汉白玉雕刻的护栏，旧时是祭祀“八佾舞于庭”的场所。

四进院主体建筑为崇圣祠（图九），是供奉并

图九　崇圣祠正立面

（来源：山西省古建筑与彩塑壁画保护研究院）

祭祀孔子先人牌位的地方。殿面宽五间，进深四椽，单檐歇山，背面单檐硬山顶，孔雀蓝瓦盖顶。殿身正面三间出前廊，两梢间有窗户。殿前为砖砌月台，无栏杆。崇圣门前，大成殿两侧辟东西小门，东曰：“履中”，西曰：“蹈和”[11]。

四　修缮历程

近年，对太原文庙有记录的修缮共进行两次：

1996 年，山西省人民政府公布太原文庙为省级文物保护单位，修缮二进院东西厢房、崇圣祠院东西厢房，落架大修了大成殿、西庑（西 21 间）。

2013 年，对太原文庙部分建筑进行修缮。本次修缮范围涵盖大成殿、二进院东廊房、二进院西廊房、崇圣祠大殿、泮池，具体工程包括：

（1）揭修各建筑屋面，探查修复木基层；

（2）整修各建筑地面、补配台明压沿石、对台帮条砖的勾抿并剔补缝隙；

（3）对门窗装修中后人改制部分进行清除，部分油饰做旧；

（4）对各院落的院面进行重新铺墁；

（5）对泮池部分泮桥、池壁、栏杆、池底等部位的修缮。

本次修缮坚持最大限度延用原有构件，最小干预文物原状；可逆性与可识别性；最大程度采用传统工艺，保持建筑原始风貌的原则[12]。

五　研究综述

目前，对太原文庙系统性研究为数不多，在查阅相关资料文献后总结出以下研究情况：

由太原市地方志编纂委员会编修的《太原市志》（第六册，山西古籍出版社）、太原市南城区编纂委员会编修的《太原市南城区志》（红旗出版社，2007 年 12 月）对太原文庙相关部分历史进行记载研究；

由山西省博物馆编写的《山西省博物馆八十年》（山西人民出版社，1999 年 10 月）在对太原文庙作为山西博物馆前馆址期间大事记进行了详细记述；

由孙效敏编写的《山西是个好地方》（新华出版社，1994年9月）、孟德东与吴国荣编写的《晋阳文化概说》(山西人民出版社，2007年12月)、《中国文化遗产保护》中《锦绣太原》（2008年第1期）对太原文庙相关特征进行描述记载，对文物历史、文化、科学、艺术等诸多方面价值开展探讨和研究，尤其是对于太原文庙在反映明清时期太原地区文庙建筑风貌格局的阐述方面造诣颇深。

六 结 语

太原文庙是研究山西省清代建筑的重要实物例证，是研究古代教育及科举制度的实物载体。同时，太原文庙表现出本地区的物质生产、生活方式、思想观念、风俗习惯和社会风尚，为研究清代太原的历史提供了珍贵的研究范本。

太原文庙堪称品类丰富的建筑艺术宝库，在建筑构造、建筑风格、建筑装饰等方面给人们带来了视觉审美感染力，建筑整体风韵彰显体现了太原地区明清时代建筑的特点[13]。

注 释

[1] 柳雯：《中国文庙文化遗产价值及利用研究》，山东大学博士论文，2008年11月。

[2] 章立、章海君：《〈无锡建议〉与无锡城市近代遗产保护与利用》，《北京规划建设》，2011年第1期。

[3] 关廷访：明万历四十年《太原府志》，卷之二十四，二十八。

[4] 周阳、赵健彬：《关于太原市历史文化街区的探索》，《太原理工大学学报》，2009年第6期。

[5] 唐红炬：《文庙的保护与利用：应在冲突中寻求和谐》，《中国文物科学研究》，2007年第2期。

[6] 山西省博物馆：《山西省博物馆八十年》，山西人民出版社，1999年，第212—255页。

[7] 李轶夫：《韩城文庙建筑研究》，西安建筑科技大学硕士论文，2004年12月。

[8] 徐斌：《曲阜孔庙的建筑艺术特色与文化内涵研究》，山东大学硕士论文，2008年12月。

[9] 林从华、邱宏、林兆武、于苏建、薛小敏：《探析福建汀州府文庙建筑文化特征》，《福建工程学院学报》，2004年第4期。

[10] 严屏、张婉婷：《孔庙泮池的艺术美探析》，《安徽农业科学》，2013年41卷29期。

[11] 山西达智古建筑保护设计研究院：《太原文庙保护规划》，国家文物局2021年3月10日批准。

[12] 山西省文物技术中心、山西重德古建筑规划设计院有限公司：《太原文庙部分文物建筑保护修缮工程设计方案》，2012年8月。

[13] 李金元、王鹰：《吉林、黑龙江两省文庙的历史与现状研究》，《牡丹江教育学院学报》，2013年第4期。

太原纯阳宫

李 莉

太原纯阳宫位于太原市五一广场西北隅，坐北朝南，占地1万余平方米。原为供奉唐代著名道士吕洞宾的道观，因吕洞宾道号纯阳子而得名，俗称吕祖庙。现存五进院落（图一），一进院落为中华人民共和国成立后新建，其余为明清遗构。整个建筑群沿用中国传统建筑手法，沿中轴线前后迭进、左右基本对称展开。中轴线由南往北依次为山门、四柱三楼木牌坊、硬山顶式原宫门、吕祖殿、回廊亭、灵宝洞、玉皇阁（图二）。宫内总计殿堂70余间。整体布局紧凑，组合巧妙精美，亭洞幽曲，吸收了南方古典园林建筑风格，又突破了北方官式建筑布局宏大庄重的特征，是一座完整的道教建筑群落。太原纯阳宫现被使用为山西古建筑博物馆所在地，属第七批全国重点文物保护单位。

一 太原纯阳宫概况

纯阳宫一进院内有关公亭、碑廊、假山等，颇具园林意趣。院内正中为清代四柱三楼木牌坊，单檐歇山顶，绿琉璃瓦覆顶，檐下为九踩斗栱。院内东侧为假山，关公亭坐落其上，亭内陈列明代关公提刀跨马铜像。院内西侧是长达60米的碑廊，碑廊内有汉、北魏、唐代的碑刻及造像等，具有较高的历史及艺术价值。

木牌坊往北，是二道宫门，宫门为明代建筑，

图一 纯阳宫鸟瞰图

（来源：纯阳宫提供，自东南向西北）

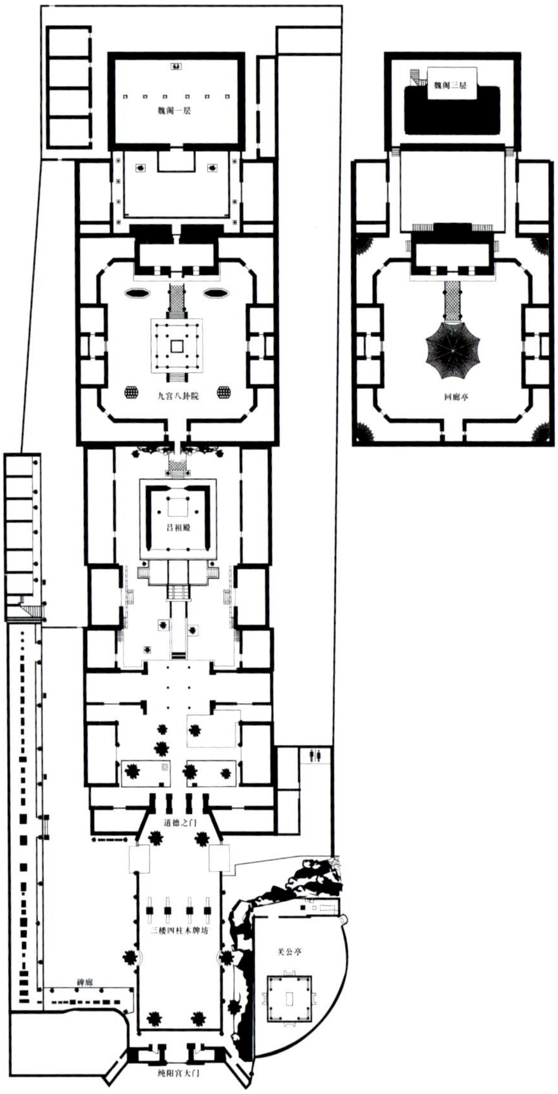

图二　太原纯阳宫（现为山西古建筑博物馆）平面图
（来源：纯阳宫提供）

正门上方有砖雕“道德之门”四个大字，宫门两侧有一副对联“道合昊天蓖上仙班第一，祠開晋地埊下栋宇无双”，题名为“太白山人题”。宫门东西两侧分别刻“龙飞”、“虎伏”，宫门背面上方刻“蓬壶佳瑞”九叠篆文。

进入道德之门，便是二进院。院内种有四株古树，国槐、藤缠柏各有两株。两侧的耳房、东西配殿，为清代建筑，整个院落是典型的北方四合院。献殿是二、三进院间的过渡地带，是开放式空间，无门无窗，不设供奉，是过渡性的“虚”殿。

往北是第三进院，院正中为吕祖殿，是纯阳宫的正殿，殿前设高 80 厘米的砖砌台基，面宽三间，进深三间，平面呈方形，单檐歇山顶，黄绿白三色琉璃覆顶，吻兽齐备。吕祖殿两侧有东西配殿、东西厢房等，是清代建筑。

吕祖殿往北，正中有山石壁立的门洞“虚无洞”，其上有砖刻“别有洞天”四字匾额，洞上楼檐下悬匾额“瀛洲妙境”。虚无洞往北是四进院——九宫八卦院。该院是整个道教建筑群的精华所在，平面布局呈方形，抹角八面。八面设有砖券窑洞，俗称“九窑十八洞”。洞顶四面建楼，四角建九角攒尖亭，楼亭之间以围廊相通。

沿着中轴线，四进院往北是灵宝洞，其中陈列着山西离石马茂庄和杨家坪的汉画像石。这些画像石突出描绘了汉代的生产、生活、田猎、出游、军旅、征战等千姿百态的现实生活场景及历史故事、神话故事、符瑞、谶纬等方面内容。

灵宝洞往北是第五进院，院正中有潜真洞、巍阁，东西设有相对称的配殿，潜真洞内陈列着泥塑、木雕、铜造像等。

纯阳宫内还收藏着众多珍贵文物，囊括珐琅器、石刻、造像、青铜器等多种门类。其中唐代涅槃变相碑、唐代常阳天尊像更是国家级艺术珍品，属于 2002 年国家公布的首批禁止出境展览文物。涅槃变相碑（图三）描述了佛祖涅槃故事，是武则天利用宗教巩固政权的产物。唐代常阳天尊像（图四）是现存全国为数不多的汉白玉道教石像，体现了盛唐时期的造像风格。

二　纯阳宫历史沿革

根据纯阳宫现存最早的碑刻：明天启六年《修缮纯阳宫碑记》，至少在明天启时，纯阳宫已存在。在文献记载中，我们也可以找到关于纯阳宫的介绍：

万历《太原府志卷之二十四·寺观》“纯阳宫，贡院东，万历年建。”[1]

乾隆《太原府志卷四十八·寺观》“纯阳宫，在天衢街贡院东。明万历二十五年朱新瑒、朱邦祚建。相传规划皆仙乩布置。内八卦楼、降笔楼，亭洞幽曲，对额皆乩笔题。碑二，一钟离权乩笔，一李太白乩笔。”[2]

图三　（唐代）涅槃变相碑
（来源：纯阳宫提供）

图四　（唐代）常阳天尊像
（来源：纯阳宫提供）

康熙《阳曲县志卷之五·寺观》“纯阳宫，在贡院东，明万历二十五年朱新瑒、朱邦祚建，景致幽雅，颇称胜境。”[3]

道光《阳曲县志》“纯阳宫，在贡院东，明万历年晋藩王朱新瑒、朱邦祚建，其前后规划布置迥异，凡工亭洞幽曲，至今称胜地，联额皆乩笔书，碑二一钟离权乩笔，一李太白乩笔。乾隆间郡守郭晋面文瀛湖建巍阁三层，延邑人曾召南督工。附前明朱求桂纯阳宫诗：嚣尘不到处，碧洞可栖霞。白鹤时临水，青猿独卧沙。古松邀月影，修竹弄风斜。闲共山人语，清幽兴最赊。”[4]

从上述文献记载可知，纯阳宫到清代时已是风景秀丽，远离喧闹的清幽胜境了。

纯阳宫历经几百年风霜，周边环境变化较大。在明代太原城、清道光太原城[5]（图五、图六）的地图上，我们可以看到纯阳宫的位置并未有大的变动，皆位于太原城东南承恩门附近，与贡院相邻。

纯阳宫从明万历二十五年（1597 年）到建国初期（1949 年）都作为道教建筑使用，为祭祀吕洞宾的道观。“新中国成立后，人民政府于 1951 年接管了这座古老的道观，并在此成立了太原市人民文物馆。1953 年与山西省图书博物馆合并成山西省博物馆专题陈列部，俗称二部（图七—图九）”[6]。2003 年在此成立山西省艺术博物馆，2007 年正式挂牌。常设“石刻文物展”、“道教、佛教文物造像展”、“瓷器艺术精品展”、“珐琅艺术精品展”、“书画精品展”、“汉画像石和宋金墓葬砖雕展”等基本陈列，向社会提供高品质的公共服务。2020 年 4 月，适应事业单位改革要求，并入山西省古建筑与彩塑壁画保护研究院，成为山西古建筑博物馆所在地，为弘扬古建筑文化遗产而继续发挥作用。

图五 明代太原城地图

（来源：《山西省历史地图集》，中国地图出版社，2000 年，第 241 页）

图六　清道光太原城

（来源：《山西省历史地图集》，中国地图出版社，2000年，第242页）

图七　山西省博物馆纯阳宫专题陈列部俯视图

（来源：纯阳宫提供）

图八　1953 年山西省博物馆纯阳宫专题陈列部陶瓷室

［来源：山西博物院微信公众号【约读】王平：山西省博物馆二部——纯阳宫往事（1953 — 2003 年）］

图九　纯阳宫吕祖殿正立面

（来源：自摄）

三　纯阳宫保护修缮概况

纯阳宫一进院碑廊内保存有历代修缮碑刻七通，分别为：《修缮纯阳宫碑记》（明天启六年）、《补修纯阳宫诗碑》（乾隆甲寅年）、《重修殿前二院碑记》（大清乾隆五十九年）、《补修纯阳宫后二院碑记》（大清嘉庆四年）、《补修纯阳宫碑记》（大清嘉庆七年）、《新建纯阳宫洞后观音大士阁碑记》（大清嘉庆十二年）、《纯阳宫碑记》（民国三十二年）。碑文记述结合太原府志及阳曲县志的记载，可总结出纯阳宫的修缮记录如下：

明万历二十五年（1597年）晋藩王朱新瑒、朱邦祚出资，对纯阳宫进行了大规模的扩建；

明天启六年（1626年）修缮纯阳宫；

清乾隆（1736—1796年在位）年间郡守郭晋及太谷人范朝升先后出资进行扩建；

清乾隆甲寅年（1794年）补修纯阳宫“言有范善士□钜工以之成，后人屡修葺，遂以没其名……”[7]；“修葺正殿三间□西配殿□□……坊一座，照壁一座，砌筑□西围墙六十余丈，添盖香厨廊厦、便门角间十数所……”[8]；

清嘉庆四年（1799年）道士高炼昌补修纯阳宫后二院，“乾隆甲寅，羽士高炼昌募化更新之，□邃洞层楼，夙推□□倾圮……”[9]；

清嘉庆七年（1802年）高炼昌与范朝引合力募资补修纯阳宫，“谷邑巨族□何盛也，闻朝引君多阴德，好修祠宇，此岂非积善余甚，当天仙祠之倾圮也，道士高炼昌募修有年而力不足，方以为夏，与炼昌善其后……”[10]；

清嘉庆十二年（1807年）由道士高炼昌主持，在后院窑洞顶上筑巍阁三层，“斯阁适告成金光闪烁，焕然一新，登□阁也府……面之城楼，拱向东南之双塔峥嵘……”[11]；

民国三十二年（1943年）修缮纯阳宫，碑文主要为捐资人及募款数额记录；

中华人民共和国成立以后，纯阳宫也进行了数次修缮，管理单位于2004—2009年间，先后对宫内玉皇阁大殿、九窑十八洞院内回廊亭、玉皇阁大殿东西配殿进行了落架维修，并修缮复原了九窑十八洞，对二层建筑进行了揭顶维修，对二层北殿进行了纠偏，同时，对宫内石刻造像等重要文物实施了保护修复，并对地面、门楼和院内古树等进行了维修保护。2018—2019年，管理机构又对吕祖殿、四进院二层北殿进行了维修。

纯阳宫历经多次修缮，馆内建筑基本恢复原貌，解决了排水、漏雨、地面塌陷等多种问题，但现存周边环境较为复杂。其西侧为居住用地，北侧、南侧紧邻商业金融用地，东侧为居住用地、商业用地、广场用地等，多为现代建筑，影响了纯阳宫的整体风貌和景观视廊，仍需改造。

四　研究综述

到目前为止，山西公开出版过的关于太原纯阳宫的书籍有：山西出版传媒集团、山西经济出版社于2016年出版，张建华、刘国华编著的《山西省艺术博物馆馆藏碑志集萃》，按年代对碑刻、墓志进行了辑录，但缺少深入研究及解读，且仅辑录部分内容，并未覆盖全部石刻文物，还需进行完善。还有中国建筑工业出版社于2015年12月出版，张建华编著的《山西省艺术博物馆石质文物保护与材料研究》，针对馆藏石质文物病害进行分析并提出相应的保护方案。

与太原纯阳宫相关的学术论文涉及多方面，有一些学者从建筑学角度、周边环境等分析纯阳宫空间布局、建筑风格、物理环境等，如闫鹏《太原纯阳宫传统建筑花格的空间再生设计探索》、王砚琪、王崇恩、胡川晋《基于空间界面对院落及构图方式分析——以山西太原纯阳宫建筑群为例》、刘柯新《城市商业区古建筑周边景观环境探析——以太原纯阳宫和唱经楼为例》、杜倩《太原市纯阳宫物理环境分析》、薛超《试析太原纯阳宫的冷与热》、赵海星《山西太原府纯阳宫院落样式探微》。也有学者从宗教学角度切入进行分析，探讨纯阳宫与道教发展的密切联系，如李晓霞《太原纯阳宫“道德之门”》、苏金河《太原纯阳宫——道家风骨晋商魂》、鲁冠琼《太原道教文化事业发展的现状、问题及对策研究以太原三大道教场所为例》。还有从文物保护修复、修缮方面等进行论述的，如马燕莹、张建华、胡东波《山西太原纯阳宫所藏明代一尊星宿彩塑颜料分析》、张建华、魏华《曹恪碑等石质文物的材质分析与保护》、张建华《太原纯阳宫九窑十八洞的修缮保护》、王晓磊《太原纯阳宫九窑十八洞勘察及修缮建议》。此外，还有针对纯阳宫现藏碑刻进行研究的一些成果，如侯毅《唐代道教石造像常阳天尊》、李晓霞《纯阳祖师命书符碑》、王婷《有关太原纯阳宫的几通碑刻》、张建华《山西临猗〈涅槃变相碑〉》、李莉《从馆藏佛教文物看佛教的传播——以唐四面造像碑、明毗卢遮那佛、唐弥勒佛为例》等。

总之，关于纯阳宫的研究整体较少，还需对其现藏文物进行深入解读，理清文物的入藏来源，整理出清晰的文物目录，探索其反映的历史、科学、文化价值，挖掘文物所反映的山西历史、文化、经济等多方面信息。

五 结 语

纯阳宫现为山西古建筑博物馆所在地，文物资源丰富，文物建筑及附属文物有极高的历史、科学、艺术价值。我们还需加强对其文化内涵的研究，处理好古建筑保护与开发利用的关系。同时，适应时代发展要求，做好博物馆应发挥的宣传教育功能，更好地弘扬山西优秀传统建筑文化，成为展示山西古建筑的一张名片。

注 释

[1] 安捷：《太原府志集全・万历太原府志卷之二十四・寺观》，山西人民出版社，2005 年，第 477 页。

[2] 安捷：《太原府志集全・乾隆太原府志卷四十八・寺观》，山西人民出版社，2005 年，第 1223 页。

[3] 太原市地方志编纂委员会编：《山西历代方志集成・太原古县志集全上・康熙阳曲县志卷之五・寺观》，山西出版传媒集团、三晋出版社，2012 年，第 110 页。

[4]（清）戴梦熊修，李方蓁、李方芃纂：《中国地方志集成・山西府县志辑・道光阳曲县志》，凤凰出版社，2005 年，第 154 页。

[5] 明代太原城、清道光太原城引自《山西历史地图集》，中国地图出版社，2000 年，第 241、242 页。

[6] 图文转载自“山西博物院微信公众号【约读】王平：山西省博物馆二部——纯阳宫往事（1953 年—2003 年）”。

[7] 赵海星：《山西太原府纯阳宫院落样式探微》，《美术大观》，2011 年第 9 期。

[8] 赵海星：《山西太原府纯阳宫院落样式探微》，《美术大观》，2011 年第 9 期。

[9] 赵海星：《山西太原府纯阳宫院落样式探微》，《美术大观》，2011 年第 9 期。

[10] 赵海星：《山西太原府纯阳宫院落样式探微》，《美术大观》，2011 年第 9 期。

[11] 赵海星：《山西太原府纯阳宫院落样式探微》，《美术大观》，2011 年第 9 期。

运城池神庙

冯 燕

池神庙，即盐池神庙，位于山西省运城市盐湖区解放路南端。建筑依据卧云岗地形，建在一个30°的斜坡之上，面盐池，背禁墙，是历代统治阶级为敬奉盐神而设立的神庙（图一）。始建于唐代，历代重修，现主要建筑为明清所建。庙宇坐北朝南，前后三进院落，占地面积2.8万平方米，从南向北中轴线上原依次排列有歌薰楼、舜弹琴处木牌坊、海光楼、奏衎楼（戏台），最后为并列三大殿（图二）。现仅存三大殿、奏衎楼、商厅、西厢房等建筑。同时庙内现存宋、元、明、清各代碑刻43通（图三）。

三大殿为池神庙内主体建筑，分别为灵庆公神祠（中殿）、太阳神祠（东殿）、风洞神祠（西殿）。中殿建于明嘉靖十三年（1534年），东西两殿建于明万历二十年（1592年）。三大殿殿前月台相连，形制、规模和结构基本相同，中大殿体积略大，面宽三间，进深六椽，四周围廊，重檐歇山顶，筒板布瓦覆盖，琉璃剪边。梁架结构略有不同，中大殿为五架梁搭接大内额交抹角梁通檐用两柱，东、西大殿均为七架梁通搭前后通檐用两柱（图四）。

池神庙是全国唯一的一座盐池神庙，其见证了8世纪以后河东地区盐业生产与城市的发展与兴衰。2013年，池神庙同盐池禁墙被公布为全国重点文物保护单位（图五）。

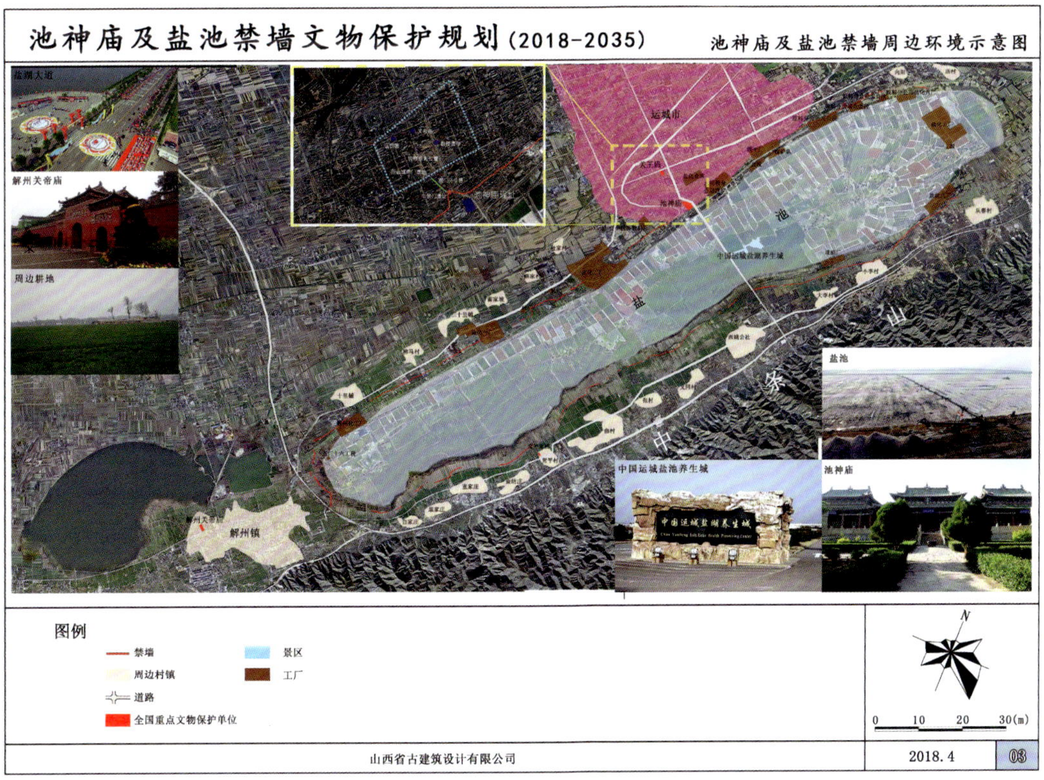

图一　池神庙与周边环境关系图

（来源：山西省古建筑设计有限公司《池神庙与盐池禁墙文物保护规划》）

图二　池神庙俯瞰图

（来源：山西省古建筑与彩塑壁画保护研究院提供，自南向北）

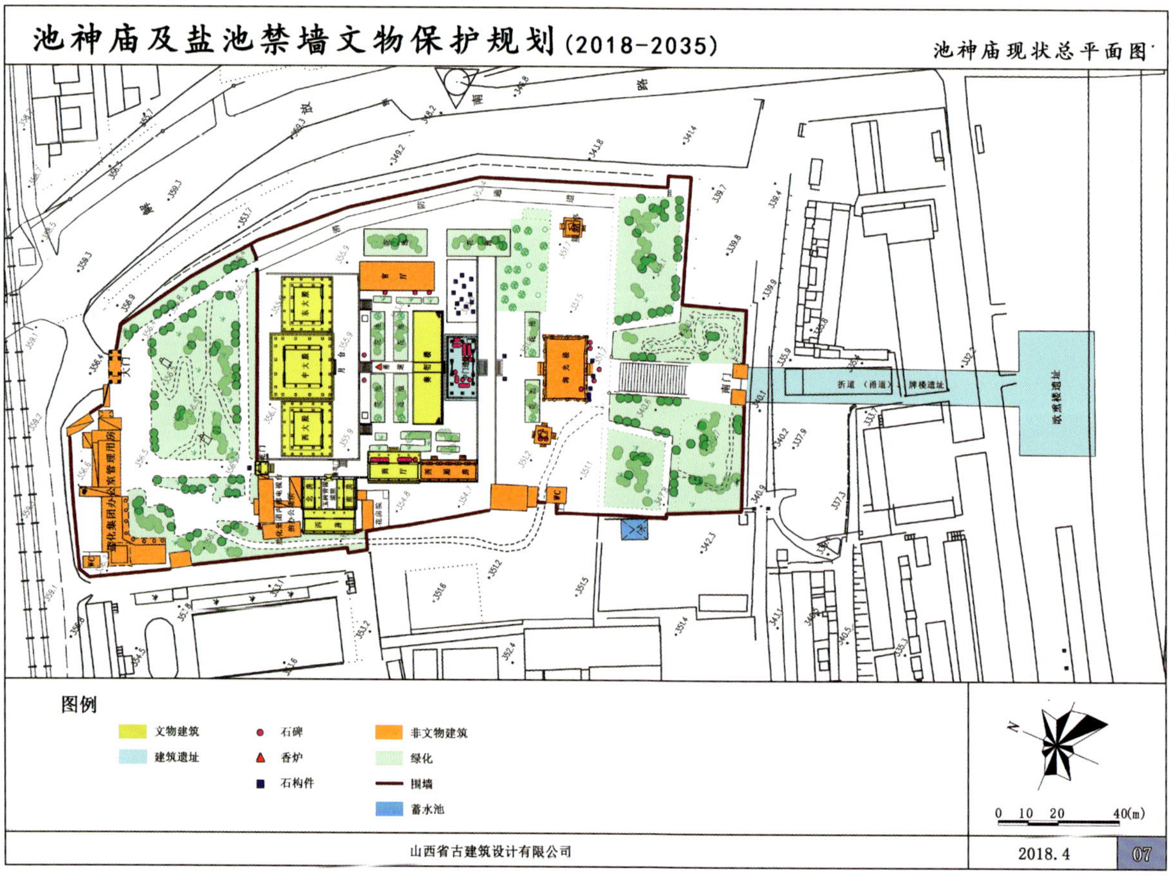

图三　池神庙现状总平面图

（来源：山西省古建筑设计有限公司《池神庙与盐池禁墙文物保护规划》）

图四　三大殿正立面（来源：山西省古建筑与彩塑壁画保护研究院，高宇星摄）

图五　池神庙奏衍楼照片（来源：山西省古建筑与彩塑壁画保护研究院，高宇星摄）

一　历史沿革

（一）唐

唐大历（766—779年）前，安邑县东南十里处有盬宗庙。“今安邑东南十里有盬宗庙，吕忱云：宿沙氏煮盐之神，谓之盬宗，尊之也。”[1] 相传在今盐湖区庙村一带曾建有盬宗祠，与《路史》的记载大体吻合。

唐大历十二年(777年)秋天，盐池一带连降暴雨，池盐生产受到极大的影响。后天气放晴，“红盐自生，盈掬倾筐。或茧或栗，形攒伏虎，色沏丹砂，古之未有”[2]。当时兼知河东租庸盐铁史崔陲便把这一“池生瑞盐”的现象报告给户部侍郎韩滉，韩滉认为这是“神赐瑞盐”，是国家富强的吉兆，请求唐代宗李豫封神予以嘉赏，于是在大历十二年十月，唐代宗便诏赐池神为“宝应灵庆公”。

大历十三年(778年)正式建立庙宇，列入祀典。

《河东盐法备览·盐池》记载："唐大历间，度支韩滉请加神号为灵庆公,后礼部尚书崔纵知河中院，以神之旧宫僻在幽阻，迁卧云冈，开殿设像，容卫毕备。"由此可知，礼部尚书崔纵知河中院后，认为神祠"僻在幽阻"，不便奉祀，于是在盐池北畔较高的卧云岗重建灵庆祠，开殿设像，予以供奉。至此，池神庙位置固定下来延续至今。

（二）宋元

元宪宗五年（1255 年），"奏奉圣旨，建立二王神庙……建正殿于中央，翼以列庑，缭以崇墉，像设仪卫，焕然一新"[3]。

元至元十二年 (1275 年)，重修池神庙，赐庙号"弘济祠"。

元皇庆二年（1313 年），重修池神庙，冠大门为楼，匾曰"宝庆"。落成之日，迁"永泽资宝王"、"广济惠康王"于新庙，葺旧庙以祀"成宝公"[4]。

（三）明清

明天顺三年至四年（1459—1460 年），重修池神庙，并增建翼廊、香亭。明天顺七年（1463 年）的《重修盐池神庙记》对此次修缮予以记载"……殿宇倾圮者修葺之，廊庑摧仆者扶植之。又增构翼廊四十余间，以回护殿庭，及增构殿前香亭一间，以便于祭献，规模宏敞，藻绘一新……"。

明嘉靖十二至十三年（1533—1534 年），对中殿及左右殿进行维修，并于正殿前设檐廊，中殿前建厦屋、设石栏；其前设乐台、中门、角门；中门外左右分别设神厨和土地庙。前为楼门海光楼，楼门外建盐风亭，折道上设坊门 3 座；后面空地上建官厅。庙内中殿祭祀东、西盐池之神，左殿祭祀条山、风洞之神，右殿祭祀忠义武安王之神[5]。

明万历十九年（1591 年），建歌薰楼[6]。同年十月，奉敕重修池神庙，《奉敕重修盐池神庙碑记》予以记载："正殿仍旧，而加修饰，左右二殿舍其旧而新……又益以香亭……至于神厨、土地庙亦更置之，非复旧矣。……三殿并尊，略无等杀"。庙内中殿祭祀东、西盐池之神，左殿祭祀中条山之神，右殿祭祀风洞之神。

明万历三十年（1602 年），新建太阳祠。

明万历三十八年(1610 年)，建雨神庙、土地祠。

明万历四十七年（1619 年），重修池神、条山、风洞三殿，修石栏、廊庑及二角门。庙内中殿祭祀东、西池神，左殿祭祀中条之神，右殿祭祀风洞之神。

明崇祯八年（1635 年），维修海光楼、歌熏楼、三正殿、三享殿等。

清顺治九年（1652 年），重修三殿以及廊庑、门台、楼阁、屏垣等，并于庙后创僧舍一所，佛殿庑房十七间。刻立于明崇祯九年（1636 年）的《重修池神庙碑记》对此有记载："宾贡坊为人池具瞻也，扶其额；中东两禁门为池锁钥也，擎其坠；海光楼之眺池如鉴，整其凋零；歌熏楼之指池如掌，振其败落；三正殿之渗漏也，甃而新之；三享殿之倾剥也，立而正之；又为铁连环牵之。乐厨之垂拱如左右手，碑楼之张好也如两翼……经始七月，成于明年正月。"

清乾隆四十八年（1783 年），《重修池神庙诸殿宇碑记》记载，维修"先池神殿，左条山神殿，右风洞神殿，南霓裳楼，又南海光楼、歌薰楼，东关帝庙、日神庙、雨神庙、甘泉神庙。……整其倾圮，丹漆金壁"。

清道光十四年至十七年(1834—1837 年)，《重修盐池神庙碑》记载，维修"庙前海光楼、歌熏楼、地宝天成坊，庙左右关帝庙、条山风洞祠、太阳庙、雨神庙、甘泉庙、土地祠"，维修池神中殿、享殿、乐楼、午门、东厨祠、土地祠、廊房、角门、牌坊、碑亭，并于庙西新建玉树青霞道院。庙内中殿祭祀东、西盐池神，左殿祭祀条山神，右殿祭祀风洞神。

清光绪十五年至十七年（1889—1891 年），维修"庙前海光楼、歌熏楼、地宝天成坊，庙左右关帝、条山、风洞各殿，太阳、雨师庙以迄甘泉、土地祠"。

（四）民国

民国时期，池神庙逐渐走向衰败。民国后期已不见雨神庙和太阳庙，庙内建筑仅剩三大殿、奏衍楼、商亭以及玉树青霞道院内的三座建筑（图四）。

1947 年，海光楼、歌薰楼毁于战火。

（五）中华人民共和国成立后至今

1985—1998 年，占用单位盐化局（现南风集团）自筹资金，重修东、中、西三座大殿。

1995 年，国家文物局拨款将散落于各处的碑刻收集到一起，建起了碑林。

1996 年，池神庙被公布为山西省重点文物保护单位，并设立河东盐业博物馆对庙宇进行管理和使用。

2013 年，池神庙与盐池禁墙被公布为全国重点文物保护单位。

2016 年至 2019 年，国家文物局拨款对池神庙内文物建筑进行了修缮。

二　相关项目综述

（一）修缮项目

1. 自筹资金修缮项目

1985 年至 2002 年占用单位盐化局（现南风集团）自筹资金，由河津市园林古建有限责任公司设计，对庙内建筑进行了重修，修缮内容如下：

1987 年 7 月至 1990 年 7 月，修缮中大殿。修缮内容为台明地基增高；更换全部外廊柱（加大柱径，更换 20 根）；加补柱顶石 16 颗；两山檐加飞头；新换檩、椽子与瓦件；围脊保留了原有的老琉璃构件。

1985 年 10 月至 1987 年 3 月，修缮东大殿。修缮内容为更换全部的椽子、望板及瓦件，更换 2 根梁，更换比例为 30%。

1994 年 10 月至 1996 年 3 月，修缮西大殿。修缮内容为更换了全部的椽子、望板及瓦件。

1998 年修缮奏衍楼。

2002 年对奏衍楼予以重修。

2. 国家文物局拨款修缮项目

2016 年，山西省古建筑设计有限公司编制《山西省运城市盐湖区池神庙修缮工程设计方案》获得山西省文物局批复同意。该项目负责人为卢宝琴，参加人员为史国亮、王林枫、陈海荣、郭亚伟、张东星等（图六）。

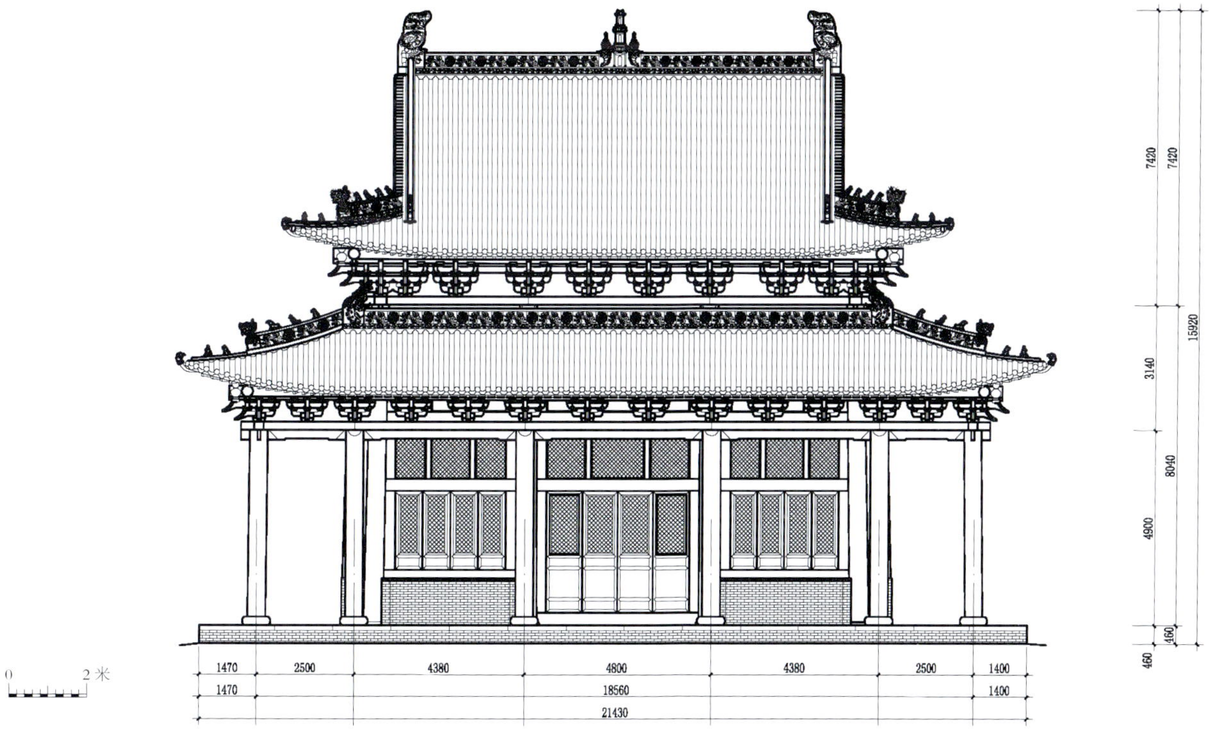

图六　中大殿修缮工程设计图

（来源：山西省古建筑设计有限公司《运城市盐湖区池神庙修缮工程设计方案》）

2016 年底，山西万荣古建工程有限公司对池神庙内全部文物建筑予以修缮并进行了院落铺墁，于 2019 年 4 月完工。

（二）规划项目

2015 年，国家文物局拨款 120 万元用于池神庙与盐池禁墙文物保护规划项目。该项目由山西省古建筑设计有限公司负责，并于 2018 年上报国家文物局。该项目负责人为袁琦，参加人员为张映莹、耿怀民、韩世荣、史君、高建军、白利霞、陈文平等。规划明确了池神庙的保护对象，对池神庙的价值、保存现状、周边环境、保护区划、管理现状等进行了评估，并提出了文物保护措施、调整了保护区划、明确了管理及展示规划等内容。目前，该规划已上报国家文物局，等待批复中。

三 相关研究综述

1941 年日本学者水野清一、日比野丈夫来运城考察之时，对池神庙庙进行了详细的考察，记录了大量的文字资料，拓制了一些拓片，并留下了一些照片资料。在其编写的《山西古迹志》一书中详细介绍了池神庙的现状及历史沿革概况[7]。

目前，学者们对池神庙与盐池、运城关系的研究较多。如杨强在 2008 年发表的《试论池神庙与运城的兴建与发展》[8]指出池神庙对运城的价值，提出了池神庙的现状及开发对策；其 2009 年发表的《池神庙的变迁与河东盐池的生产》[9]，分析了池神庙自唐以来的格局、建筑的变迁，分析了盐池生产对池神庙的影响，得出神庙的建立、繁荣、衰落、封神建庙都与同时期盐业生产紧密相关。崔妍妍 2016 年发表的《论池神庙兴衰及其原因》[10]，分析了池神庙不同时期的兴衰与当地盐业生产的关系；马云霞 2014 年《河东盐池神庙》[11]对池神庙的历史沿革及总体布局进行了分析。秦雪静 2018 年硕士论文《明代河东盐池碑刻整理与初探》[12]第三章，通过对池神庙内碑刻内容分析池神庙修建与盐业生产的关系，池神庙的兴修与民间信仰的关系。

部分学者研究了池神庙的开发与利用问题。张崇、张定青、王朝霞发表的《城市文物古迹周边建筑群体空间的视线设计研究——以运城池神庙周边片区规划设计为例》[13]结合池神庙周边片区规划设计方案，探讨视线设计在城市文物古迹周边建筑群体空间设计中的重要意义与具体应用方法。另外还有张崇、张定青《论山西省运城市池神庙的保护与利用》[14]；杨强《文旅融合背景下盐池神庙文化遗产的活化利用》[15]等研究。

目前针对池神庙文物本体的研究较少。高山 2004 年硕士论文《运城盐池神庙建筑研究》[16]以运城盐池庙为主要研究对象，以盐池文化为背景，对运城盐池庙的历史沿革、选址与环境、总体布局、单体建筑及细部特征进行了总结与论证，并且在详细分析与比较建筑群现状的基础上，对运城盐池庙建筑群总体布局进一步深入的研究；孔令杰 2016 年《运城池神庙旧石刻评析》[17]对池神庙内现存的石刻进行了研究。

另外还有部分学者从池神崇拜、戏曲、文化、文学等角度对池神庙进行了研究。如薛卫荣《运城盐业生产的池神崇拜》[18]、《山西运城盐池神庙三连戏台及演剧活动考》[19]；黄娟《一个神庙建筑的空间文化解读——山西运城池神庙建筑的象征文化和审美意蕴探论》[20]；李文《运城池神庙〈海光楼赋〉考论》[21]。

综上所述，学界目前对池神庙的研究较少，且多集中于研究池神庙与盐池开发的关系上，对文物本体的保护及利用的研究则更为缺乏。

四 结 语

池神庙作为全国唯一一座祭祀盐池的庙宇，其发展见证了我国自唐以后盐业生产的兴衰、运城的产生与发展，同时也是盐池文化信仰的具体物质遗存，具有重要的价值和保护研究意义。目前，运城市政府为加强盐湖生态保护修复，加快文旅产业发展，正在进行池神庙片区的开发建设工作。该项目的建成，无疑将进一步丰富池神庙的文化内涵，促使其从独立封闭的文物保护单位向对外开放性更高的文化旅游景点转变。

注　释

[1]（宋）罗泌：《路史·后纪四》，北京图书馆出版社，2003年。

[2]（清）蒋兆奎：《河东盐法备览》第十二卷《艺文》，清乾隆五十五年（1790年）刻本。

[3] 南风化工集团股份有限公司：《河东盐池碑汇》之《解盐司新修盐池神庙碑》，山西古籍出版社，2000年，第30—33页。

[4] 南风化工集团股份有限公司：《河东盐池碑汇》之《大元敕赐重修盐池神庙之碑》，山西古籍出版社，2000年，第50—56页。

[5] 南风化工集团股份有限公司：《河东盐池碑汇》之《大元敕赐重修盐池神庙之碑》，山西古籍出版社，2000年，第89—93页。

[6]（清）蒋兆奎：《河东盐法备览》第十二卷《新建歌薰楼記》，清乾隆五十五年（1790年）刻。

[7]（日）水野清一、日比野丈夫著，孙安邦等译：《山西古迹志》，山西古籍出版社，1993年，第135—156页。

[8] 杨强：《试论池神庙与运城的兴建与发展》，《盐业史研究》，2008年第1期。

[9] 杨强：《池神庙的变迁与河东盐池的生产》，《运城学院学报》，2009年第3期。

[10] 崔妍妍：《论池神庙兴衰及其原因》，《晋城职业技术学院学报》，2017年第1期。

[11] 马云霞：《河东盐池神庙》，《文物世界》，2014年第6期。

[12] 秦雪静：《明代河东盐池碑刻整理与初探》，郑州大学硕士学位论文，2018年。

[13] 张崇、张定青、王朝霞：《城市文物古迹周边建筑群体空间的视线设计研究——以运城池神庙周边片区规划设计为例》，《华中建筑》，2013年第10期。

[14] 张崇、张定青：《论山西省运城市池神庙的保护与利用》，《人类文化遗产保护》，2012年。

[15] 杨强：《文旅融合背景下盐池神庙文化遗产的活化利用》，《中国文物报》，2020年5月19日。

[16] 高山：《运城盐池神庙建筑研究》，西安建筑科技大学硕士学位论文，2004年。

[17] 孔令杰：《运城池神庙旧石刻评析》，《运城学院学报》，2016年第4期。

[18] 薛卫荣：《运城盐业生产的池神崇拜》，《运城学院学报》，2010年第1期。

[19] 薛卫荣：《山西运城盐池神庙三连戏台及演剧活动考》，《中华戏曲》，2009年第2期。

[20] 黄娟：《一个神庙建筑的空间文化解读——山西运城池神庙建筑的象征文化和审美意蕴探论》，《沧桑》，2010年第2期。

[21] 李文：《运城池神庙〈海光楼赋〉考论》，《运城学院学报》，2003年第6期。

浑源悬空寺

郭 帅

悬空寺，原名玄空阁，位于山西省大同市浑源县恒山金龙峡西侧翠屏峰的峭壁间，取道家之玄，佛家之空，形貌如楼阁而名，因悬、玄在汉语中谐音，又称悬空寺，与其悬挂于峭壁间的独特建筑形式更贴近（图一）。

恒山，为中华五岳之一，是为北岳，东西绵延五百里，锦绣一百零八峰，呈东北走向，叠嶂拔峙，横亘塞上。主峰天峰岭位于浑源县境内，海拔2016.1米，被誉为人天北柱、绝塞名山。恒山自然与人文景观兼胜，林海松涛、古庙奇阁、道佛仙踪、怪石幽洞构成恒山古十八景，其中悬空寺坐落于恒山第二主峰翠屏峰的半崖峭壁之间，凌空构建，上载危岩，下临深谷，被誉为恒山“第一胜景”，名扬海内外。

北魏天兴元年（398年），拓跋珪迁都平城，佛事兴盛，信奉神佛风尚日重，营建大量庙宇。天师道长寇谦之（365—448年）仙逝前留下遗训，要建一座“上延霄客，下绝嚣浮”的空中寺院。弟子们精心选址，终在此确定寺院营造位置。

一 文物概况

悬空寺（图二）坐西朝东，寺门南向，依托陡峭的翠屏峰峭壁而建，总体布局既不同于山地寺庙的逐步抬升，也不同于平原寺庙的中轴对称，而是凭借地势呈南北向、多层次的横向布局，依岩壁凹凸、凌空而构，呈现“一院二楼”的布局特征。全寺分为三组建筑，第一组以三官殿为主体，奉祀道教之神。中间一组以三圣殿为主体，供奉佛教之神。最后一组以三教殿为主，奉儒、释、道三教之祖。

图一 悬空寺全景（来源：山西省古建筑与彩塑壁画保护研究院，郭帅摄）

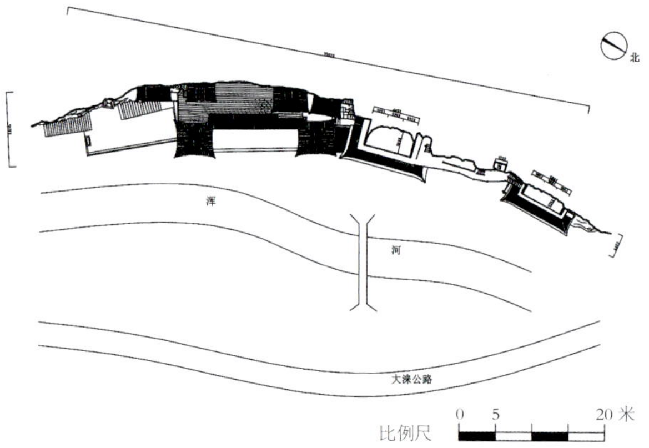

图二 悬空寺平面图

寺内楼阁殿宇 40 间，分别设为供奉佛、道、儒三教的相关殿堂，如山门、山神庙、钟楼、鼓楼、佛堂、大雄宝殿、伽蓝殿、地藏殿、送子殿、千手千眼观音殿、纯阳宫、三官殿、雷音殿、五佛殿、三圣殿、三教殿、法身佛龛、应身佛龛、报身佛龛、霞客亭等，满足众生多神崇拜的社会需求。

山门面南，砖砌仿木结构，圆拱门洞，檐下砖雕斗栱 3 攒，额雕“悬空寺”（图三）。南北两侧为钟鼓楼，面宽、进深均为一间，平面呈方形，高二层，歇山顶，琉璃瓦覆盖。

南北两座高楼凌空相望，悬挂于刀劈般的悬崖峭壁上。南楼高三层，长约 8 米，宽约 4 米。一层设为纯阳宫，也称吕祖庙；二层为三官殿，背部设有山崖通道；三层为雷音殿。北楼高三层，一层为五佛殿，面宽三间，进深一间，前出廊，因供奉五方佛而得名；二层为三圣殿；三层为三教殿，是全寺最高的建筑，单檐歇山顶，琉璃瓦屋面。殿内供奉佛教创始人释迦牟尼、儒家创始人孔子、道家鼻祖老子，是三教合一的真实体现（图四）。

二 历史沿革

悬空寺建造年代在史籍中有记载，清顺治版《云中郡志》记载：“悬空寺，州南十里磁窑口，崖悬穴三百余丈，后魏建。”[1] 清乾隆版《浑源州志》：“悬空寺在州南恒山下磁窑峡，悬崖三百余丈，崖峭立如削，倚壁凿窍，结构层楼，危梯仄蹬，上倚迂空，飞阁相通，下临天地，恒山第一景也，后魏

图三 悬空寺立面

（来源：山西省古建筑与彩塑壁画保护研究院，郭帅摄）

时建。”[2]《佛教年表》记载：“北魏宣武帝景明元年，山西浑源悬空寺兴建。”[3] 上述三种资料均记载悬空寺的建造时间为“后魏”。

寺内现存清乾隆十二年（1747年）《重修大墙耳楼碑记》[4]、清同治三年（1864年）《重修悬空寺碑文》[5] 均提及寺“不知创于何代”。清光绪版《山西通志》中的悬空寺也没有提及其建造年代。[6]

悬空寺观音阁石壁上嵌《悬空寺记》碑一通（图五），上刻“大定拾陆年重九后二日……因与友韩同游。邑之南六七里，石峡桥栈若巴属之道，则经商之大驿路也。风回路转，仰有临壑之数峰犹美，目不暂舍。信悬空之巇，古之遗迹，始自建兴于何代？又不知栖隐者谁也。明巍峨之万丈中焉，凿石为龛，插木为榭，上不至于山之巅，下不至于陆地，悬空置屋，四山掩映，似博壁之翠屏，流水潺湲，泻清声之淑玉，非丹青而图画者哉？嗟乎！一废一兴，迄今几□百年矣。……访二禅者，乃敦林之人也，系云中宣宁县石佛院僧也。善慈四十有九，住持不入俗门，行满七十二岁，荷真未尝有惮。……”。[7] 据此，悬空寺的建造年代当为金大定十六年（1176年）前约100年，为辽大康二年（1076年）前后。

目前，有关悬空寺始建年代的主流观点为北魏后期，大同市人民政府官网介绍“悬空寺始建于北魏后期，距今已有1500余年历史。”[8] 众多宣传资料也以此为依据，但有关悬空寺的建筑年代仍待进一步研究确定。

明万历三十二年（1604年），重修山门，现存“磁窑备口重修悬空寺山门碑记”予以记载。

清乾隆十二年（1747年），重修大墙耳楼，寺内现存“重修大墙耳楼碑记”予以记载。

清同治三年（1864年），重修悬空寺，寺内现存“重修悬空寺碑文”予以记载。

三 文物保护工作

1957年，悬空寺被列为山西省省级文物保护单位。

1973年，悬空寺上方风化坠落的山石对鼓楼和木质悬梁栈道造成破坏，1975年对鼓楼和栈道进行测绘，编制修缮技术方案并实施。

图四 悬空寺塑像

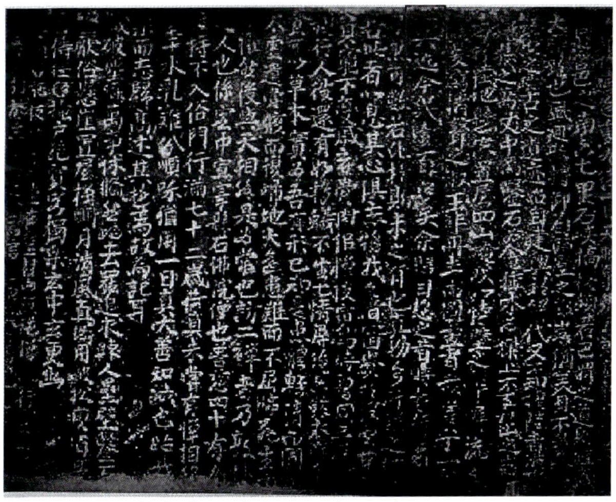

图五 《悬空寺记》碑

1978年，更换栈道及其支撑柱子，修复悬梯、回廊及楼板，对全寺建筑进行通体彩绘。同年，成立悬空寺文物管理所，以加强其保护和管理。

1982 年，国务院公布悬空寺为全国重点文物保护单位。国家文物局两次拨款，通过应用环氧树脂等高分子化学材料对悬空寺进行保护性施工。

1983 年，针对寺下岩石风化问题进行处理。

1985 年，整修山门外的台阶。

1992 年，恢复各殿琉璃瓦屋面。

1994 年，修缮屋顶，维修楼板。

2001 年，完成消防设施建设。

2002 年，山西省人民政府《关于公布太原晋阳古城遗址等 102 处全国重点文物保护单位保护范围的通知》（晋政函〔2002〕159 号）划定并公布悬空寺保护范围和建设控制地带。

2006 年，恒山失火，悬空寺面临大火威胁，后经消防扑灭大火，有惊无险；

2007 年，对悬空寺环境进行综合治理，清除河床淤泥，使悬空寺与谷底的距离重新回到 80 米的历史高度，再现了其真实性，也使其悬的独有特质更加突显。

2010 年，被美国《时代周刊》评选为“全球十大最奇险建筑”。

2012 年，有人举报悬空寺后方有人偷挖煤，政府制止了挖煤活动，进一步加强了悬空寺的安全保障。

2015 年，受降雨影响，鼓楼屋顶再次被落石击中，随即开展整治与修缮工程，并提高了防护标准。

2016 年，实施修缮排险工程。

2018 年，实施油饰彩绘工程。

四　研究综述

国内关于悬空寺的研究并不少，首先，在其建筑设计分析方面有学者针对其力学进行了分析，左冉东、张铮等学者在研究中揭示出悬空寺梁结构的安全区域，即立木直径与长度在一定范围内，可以确保本文建立的梁结构类似的实体悬空结构，不仅有弯曲强度的保证，同时，也完全可以避免屈曲问题的发生[9]。张越、王心旭在研究中提到悬空寺的建设和《考工记》有很大关联，应用了很多技术手法，除此之外在悬空寺在其承重悬臂梁设计中还应用到了膨胀螺栓的理论以及杠杆理论，如此一来无论是从动态还是静态都加大了悬臂梁的稳固性[10]。

在其安全性方面，张兵在研究中提到。悬空寺是半藏与绝壁的间隙，其上方有巨崖挡住了雨水雨，在其两旁还有一些石壁来遮阴，这样降低了落石冲击的风险，而且能够降低阳光照射，如遇大雨的时候，山洪经过寺顶突出部分的岩石会绕过建筑而直入谷底，降低了雨水冲击的风险，两侧石壁还能挡住大风的侵袭，大大降低了风化的威胁。在其对面是恒山主峰天峰岭为其挡住了太阳，一天下来其太阳照射不过三四个小时，有效提高了其使用寿命[11]。

关于其历史价值，张兵也提到悬空寺是国内唯一现存的佛、道、儒三教合一的独特寺庙。也正是因为悬空寺内佛、道、儒三教兼有，更是体现了恒山“和”文化特殊，因而历代朝野臣民更是对其爱护有加。包括英国也有位建筑学家提到：“中国的悬空寺把美学、力学、宗教巧妙地融为一体，达到了尽善尽美，我真正懂得毕加索所说‘世界上真正的艺术在东方’”[12]。

对于如此价值的建筑，当然也少不了对其保护，岳娜在其研究中首先分析了悬空寺的文化内涵，进而提到了呼吁对其保护，还提到悬空寺的保护适合恒山的保护息息相关的，所以，对悬空寺的遗产保护应该和恒山的遗产保护工作相结合[13]。

悬空寺不仅在国内备受关注，甚至在全球也很受关注，美国的《时代》周刊曾在 2010 时候将悬空寺列为世界看似“岌岌可危”的“世界上十大最危险建筑”。而学者同顺也在文章中提到山西悬空寺不单单是我国古代木制建筑的卓越之作，更是世界 10 大最险建筑之一[14]。

从以上不难看出，大同悬空寺不单单是受到国内学者的关注，在国外也享有盛名，而对于其研究也是在方方面面的，无论是其宗教方面还是其艺术方面甚至是在其建筑设计方面均备受关注，这是一个值得研究的对象，其研究有着深远的意义。

五　结　语

悬空寺蕴含丰富的宗教文化内涵，是中国古代建筑史上的奇迹，不仅是研究中国古代建筑艺术的样本，更是研究中国古代宗教融合的典型例证，具有广泛的社会价值。

在其历史价值方面有着深远的意义，悬空寺是研究大同地区宗教发展的重要实例。悬空寺设三教殿，供奉佛、道、儒三教鼻祖，是三教合理思想的最早实践证，也是研究三教合流的真实遗存。

大同悬空寺除了有深远的历史价值之外，其艺术价值也很重要，无论从建筑风格，还是内部设施，以及其宗教设置等方面，包括内部的佛像等等均属罕见，造型精美，有着很高的艺术造诣，其艺术价值也很是重要。

从其建筑风格以及施工技术方面来看，悬空寺还有着很高的科学价值值得研究，从选址来看，当初的悬空寺选址是经过多方考虑的，因地制宜的建筑是充分利用峭壁的自然状态布设来进行建造的，在布局方面也很是合理，这也是悬空寺得以保存至今的一大原因。而且在具体的设计中应用了很多力学知识，这对于研究古代建筑有着很大意义，其科学价值可见一斑。

悬空寺有着很强宗教氛围，古往今来，我国历朝历代均受宗教影响，研究我国历史中的社会构成均与宗教是分不开的，因此对悬空寺的研究有着不小的社会价值。

唐开元二十三年（735 年），诗人李白登恒山时在石崖上亲书“壮观”赞叹其奇险。明代旅行家徐霞客在《徐霞客游记》中写道：“西崖之半，层楼高悬，曲榭斜倚，望之如蜃吐重台者，悬空寺也……仰之神飞，鼓勇独登。入则楼阁高下，槛路屈曲。崖既矗削，为天下巨观，而寺之点缀，兼能尽胜。依岩结构，而不为岩石累者，仅此。而僧寮位置适序，凡客坐禅龛，明窗暖榻，寻丈之间，肃然中雅。”并挥毫写下“天下巨观”赞美这一奇观。明代诗人王湛初赞叹：“谁凿高山石，凌虚构梵宫。蜃楼疑海上，鸟道没云中。莫讶星枢近，应知帝座通。恒河沙作观，大地总成宫。”[15]

注 释

[1]（清）胡文烨纂修，许殿玺、马文忠点校：《云中郡志》，大同市地方志办公室，1988 年，第 153 页。

[2]（清）桂敬顺：《浑源州志（清光绪七年重印本）》，北京师范大学图书馆藏，卷八。

[3] 佛教年表 [EB/OL]，http://www.xuefo.net/nr/article14/141359.html，2013：01—02.

[4] 陈学峰、刘泽民：《三晋石刻大全（大同市浑源县卷）》，三晋出版社，2013 年，第 124 页。

[5] 陈学峰、刘泽民：《三晋石刻大全（大同市浑源县卷）》，三晋出版社，2013 年，第 203 页。

[6]（清）曾国荃：《山西通志》［清光绪十八年（1892 年）］，北京大学图书馆藏古籍影印本，卷五十七古迹考八。

[7] 陈学峰、刘泽民：《三晋石刻大全（大同市浑源县卷）》，三晋出版社，2013 年，第 10 页。

[8] 大同市人民政府 . 悬空寺 [EB/OL].http://www.dt.gov.cn/dtzww/jdjq，2017-09-01.

[9] 左冉东、张铮、苏飞、王硕：《“空而不悬”的悬空寺》，《力学与实践》，2018 年第 3 期。

[10] 张越、王心旭：《探析《考工记》中结构美对工匠精神的启发——以恒山悬空寺为例》，《美术教育研究》，2019 年第 20 期。

[11] 张兵：《恒山悬空寺》，《文史月刊》，2016 年第 4 期。

[12] 张兵：《恒山悬空寺》，《文史月刊》，2016 年第 4 期。

[13] 岳娜：《论悬空寺的文化内涵及其遗产保护》，《太原学院学报（自然科学版）》，2016 年第 4 期。

[14] 同顺：《山西悬空寺》，《中国地名》，2016 年第 4 期。

[15]《徐霞客游记》、《游恒山日记》。

平遥文庙

张雅婕

平遥文庙位于山西省平遥县城内东南隅云路街北侧，南临古城墙魁星楼，北临城隍庙，东西皆临古街道，是平遥古城重要的组成部分。平遥文庙规模宏大，规制齐全，主殿大成殿重建于金大定三年（1163 年），是山西现存年代最早的文庙大成殿。1965 年平遥文庙被列为山西省重点文物保护单位，2001 年列入第五批全国重点文物保护单位。

一　文物概况

平遥文庙坐北朝南，总占地面积 40580 平方米，庙区占地 8649.6 平方米[1]，整体由三组建筑群组成，中为文庙，左为东学，右为西学。文庙以大成殿为中心，中轴线由南向北依次为影壁、棂星门、泮池、大成门、大成殿、明伦堂、敬一亭、尊经阁，共五进院落。

由棂星门进入第一进院落，泮池位于院中央，东西两侧配殿分别为名宦祠与乡贤祠。大成门是贯通第一、第二进院落的建筑物，横向之东西耳殿为更衣厅、斋学所。二进院由主殿大成殿，配殿东庑、西庑及大成殿横向之东、西掖门组成。大成殿之后为明伦堂，由此形成第三进院落，院内两侧为日新斋、时习斋，明伦堂东西耳殿名为贤侯祠、忠孝祠。从明伦堂穿过是第四进院落，主体建筑敬一亭，与之后尊经阁形成第五进院落，第四、五进院落共同构成超山书院。平遥文庙的东学分别包括讲堂、教谕宅、节孝祠、崇圣祠，西学有讲堂、训导宅。

文庙建筑群中大成殿为金代重建，泮池、明伦堂，东西两侧更衣厅、斋宿所、东西廊庑，东掖门、时习斋、日新斋、贤侯祠、忠孝祠以及东学的讲堂、教谕宅和崇圣祠正殿为明清遗构，其余建筑均为 2004 年重建。

大成殿是平遥文庙中最重要的建筑物，单檐九脊顶，面阔五间，进深十椽，平面近似方形，十二架椽屋前后乳栿用四柱。檐柱略有生起，普拍枋至角柱出头，无阑额。前檐柱头铺作，补间隐刻，施扶壁栱及斜梁，柱头铺作为七铺作双杪双下昂计心造，隔跳异形栱。屋内梁架分明栿和草栿，草栿下设平棊，中央置藻井。当心间为十二架椽屋前四椽栿后三椽栿用四柱，为扩大殿内空间，减去前内柱，且向内移一步半步架，前檐四椽栿后端插入内柱，其上叠架三椽栿、劄牵。六椽栿之上，四椽栿及平梁间用斗栱、蜀柱、驼峰承托，平梁上立蜀柱置两材襻间及替木承脊槫，脊槫两侧设两道叉手。整体形制及营造手法皆具早期建筑特征。

其余文物建筑中，泮池是文庙的象征，围栏石板精雕各式吉祥图案。明伦堂，面阔五间，进深六椽，七檩硬山前后廊式。

东西两侧建筑更衣厅、斋宿所均为三开间，进深四椽，双坡硬山前廊式；东、西廊庑均为九开间，进深四椽，双坡悬山顶，出前廊，廊下三踩单昂栱；东掖门面阔三间，进深四椽，双坡硬山前后廊式；时习斋、日新斋均为七开间，进深三椽，双坡硬山顶，出前廊；贤侯祠、忠孝祠均为三开间，进深四椽，双坡硬山顶，出前廊。

东学讲堂面阔三间，进深五椽，卷棚硬山顶；教谕宅面阔三间，进深四椽，双坡硬山顶，出前廊，廊下不施斗栱；崇圣祠正殿面阔三间，进深四椽，双坡硬山前廊式。

二　历史沿革

平遥文庙创建年代不祥，大成殿脊槫下有手书墨迹“维大金大定三年岁次癸未四月□日辛酉重建”可知大成殿重建于金大定三年（1163 年）。

据《汾州府志》记载：“平遥县儒学。旧在治东，

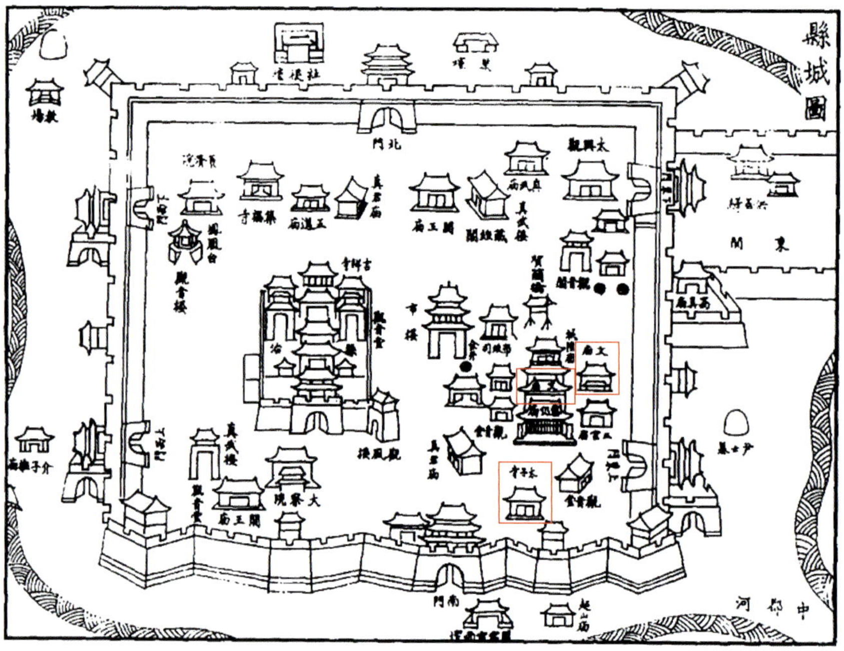

图一　明代平遥县城图

［来源：改绘自平遥县地方志编纂委员会《平遥县志》（中华人民共和国地方志丛书），中华书局，1999 年，第 76 页］

嘉靖八年（1529 年），以县治东南太子寺更之。”[2] 即平遥文庙原址位于县治东，嘉靖八年与县东南太子寺更换（图一）。

据《重修平遥县志》卷七《艺文志·何公重修庙学记》明万历十九年（1591 年）记载：数月告成，成工维何，曰敬一亭、曰尊经阁、曰启圣祠凡四楹；曰先师庙六楹；曰明伦堂六楹；曰东庑、曰西庑各十二楹；曰名宦祠、曰乡贤祠各四楹；曰时学斋、曰日新斋各四楹；曰棂星门、曰文庙坊各六楹。至于崇正学坊、辟异端坊、左右儒林坊、腾蛟起凤坊、泮池、墙垣之类遍为修饬……”。[3]

《平遥县志》卷四学校志中记载：“文庙本在县治东南，旧制宏阔壮丽，极为善地，崇祯九年（1636 年），知县王凝命忽举而移之治东太子寺。以寺为庙，既已今庙为寺。寺称太子者，以佛未出家时为梵王太子，盖西方家语也……至康熙十四年（1675 年）知县柏乡魏裔懿至询得其由，按图考究，慨然兴作，详具各宪，仍以故寺为寺而建圣庙于旧所，阖邑称快。”[4]

大成殿东侧内《重修文庙碑记》记载：“平遥县文庙创始在县治东南，《志》称宏阔壮丽。及前明崇祯九年（1636 年）徙治东太子寺，改寺为庙。逮国朝康熙十四年（1675 年），邑侯魏君裔懿始兴复旧制，嗣是葺故增新，屡经修饬。”[5]

以上两条记载说明，明崇祯九年，平遥文庙换至县治东太子寺，之后平遥文庙内建筑虽有毁坏、重建但位置无更改（图二）。

平遥文庙内大成殿之东碑文《重修平遥县儒学文庙碑记》清乾隆四十年（1775 年）记载：“经始于乙未夏葳。惟大成殿也五间，惟东西庑也各九间，惟崇圣祠也三间，惟乡贤名宦祠也各三间，惟尊经阁也三间，惟明伦堂也五间，惟东西斋房也各七间，惟贤候忠孝祠也各三间，惟戟门也五间，惟斋宿更衣亭也各三间，惟棂星门也三间，惟省牲所也六间，惟绰楔屏墙泮池之类，旧者新之，无者有之，胥如是。”

嘉庆二十四年（1819 年）知县杨霖川在县城文庙大成殿后创建古陶书院。

道光二十二年（1842 年）知县陈崑玉撰《新建超山书院碑记》，此后改古陶书院为超山书院。

平遥文庙内碑文《平遥县重修文庙碑记》清道光二十四年（1844 年）记载“自大成殿尊经阁、东西庑暨诸祠、门、厅、斋、所、堂、廊、亭、池、厨、库、绰、楔、屏、墙与外之文昌阁、魁星阁、以讫东西学宫，罔不焕然聿新。”

由此可知，平遥文庙整体格局及建筑明清两代屡有修缮，清道光二十四年（1844 年）已基本形成大规模完整体系（图三）。

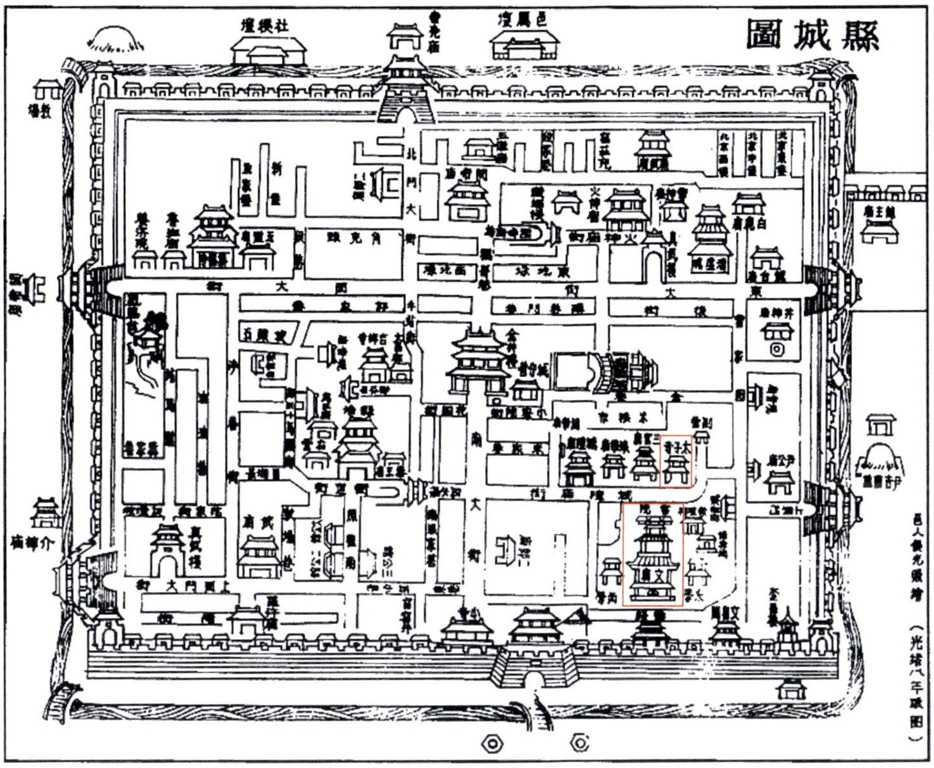

图二　清代平遥县城图

［来源：改绘自平遥县地方志编纂委员会《平遥县志》（中华人民共和国地方志丛书），中华书局，1999 年，第 77 页］

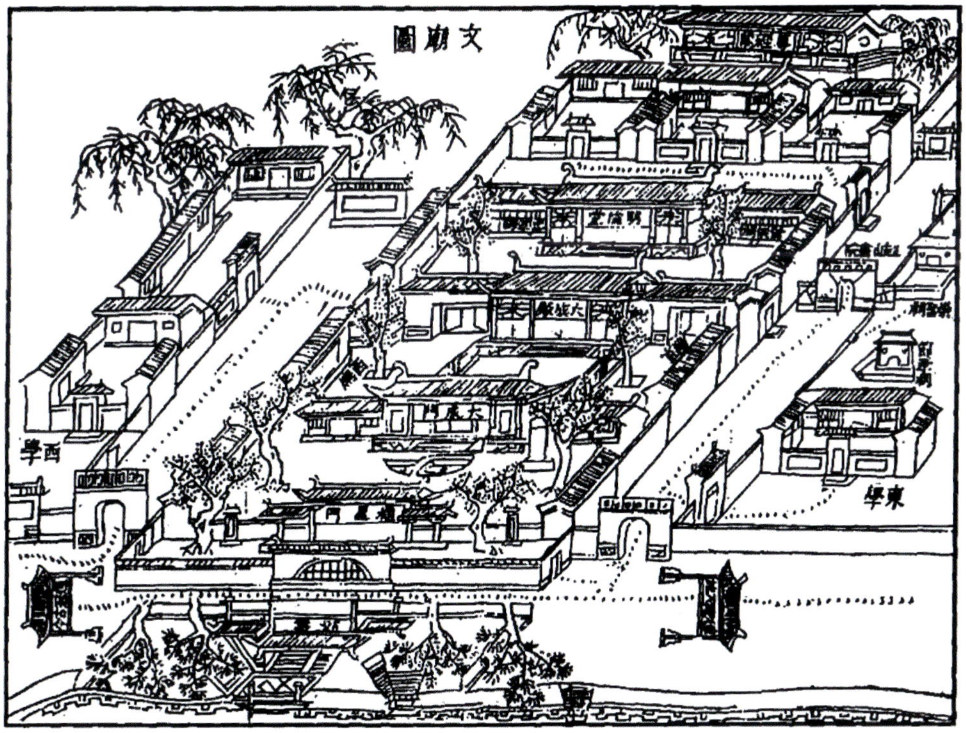

图三　平遥文庙图

［来源：平遥县地方志编纂委员会《平遥县志》（中华人民共和国地方志丛书），中华书局，1999 年，第 773 页］

1957 年，国家拨专款，对大成殿进行局部落架维修，并翻修整个殿顶。

据《平遥县志》记载：“新中国建立后，文庙为平遥中学校址，对文庙古建筑的拆改也十分严重，1958 年拆除尊经阁，新建教学楼，遂又废除泮池、泮桥。庙内节孝祠、乡贤祠、名宦祠之类，也无踪影，幸存者除大成殿外，还有殿前东、西庑，殿后明伦堂、贤候祠、忠孝祠、时习斋、日新斋等。”[6]

1990 年，大成殿归县文物局直接管理，再度维修殿顶后利用大成殿开设了“孔子生平事迹展览”。

2003 年，平遥中学全部搬迁。

2004 年 3 月，由平遥中学投资承办，县文物局派专职人员及技术骨干将文庙除大成殿外的所有建筑群进行维修复原，并于 2005 年 10 月竣工，正式向游人开放。现同时具有平遥文庙学宫博物院、平遥国际摄影博物馆、中国科举博物馆。

三　文物保护工程

（一）大成殿保护工作

大成殿是平遥文庙内核心建筑，1953 年，由国家拨款进行保养维护。1957 年，因遭地震，大殿东山梁架劈裂，屋顶塌陷。经省县有关部门多次研究决定对其全部揭瓦、局部落架，依原貌修缮。同年 8 月动工，修缮过程中发现六椽栿以上梁架向西倾斜，后在东西内槽的墙头上各施两根童柱，并将后檐下沉的东北角柱与西次间两根檐柱均照原制抄复油饰。此次修缮以“不改变原状”为原则，在保留原生历史遗存的基础上，清除大成殿梁架结构安全隐患，并做到具有可识别性，为后人进一步维修提供有效信息。

2005 年，原山西省古建筑保护研究所对大成殿进行全面勘察并编制修缮设计方案，勘察中发现：墙体内柱糟朽严重；檐柱、金柱走闪较大；脊榑、平榑滚动较大；后檐墙、东山墙有开裂现象；屋面瓦顶筒瓦、板瓦、勾头、滴水规格不一；斗栱部分散斗散落；普拍枋、内额有劈裂现象；蝙蝠等鸟类粪便对构件的腐蚀。[7] 之后申报国家文物局立项，因缺乏资金，至今仍未修缮（图四—图六）。

（二）平遥文庙整体保护工作

《山西文物建筑保护 50 年》书中详细记录了《平遥文庙修缮工程》，2004 年专业技术人员依据清光绪八年《平遥县志》史料记载，以还原文物

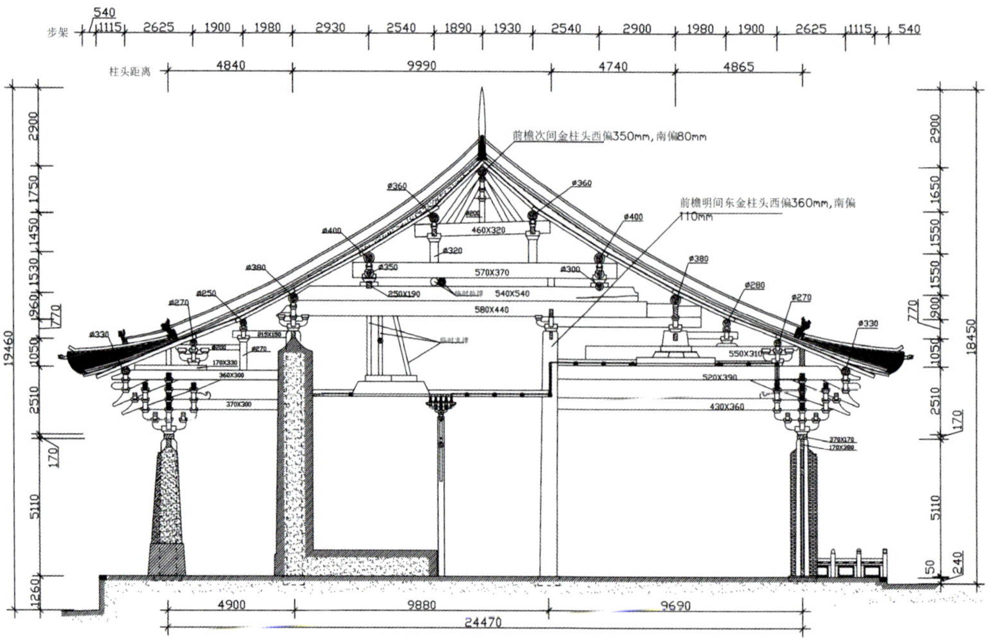

图四　平遥文庙大成殿当心间横断面图

（来源：山西省古建筑与彩塑壁画保护研究院提供）

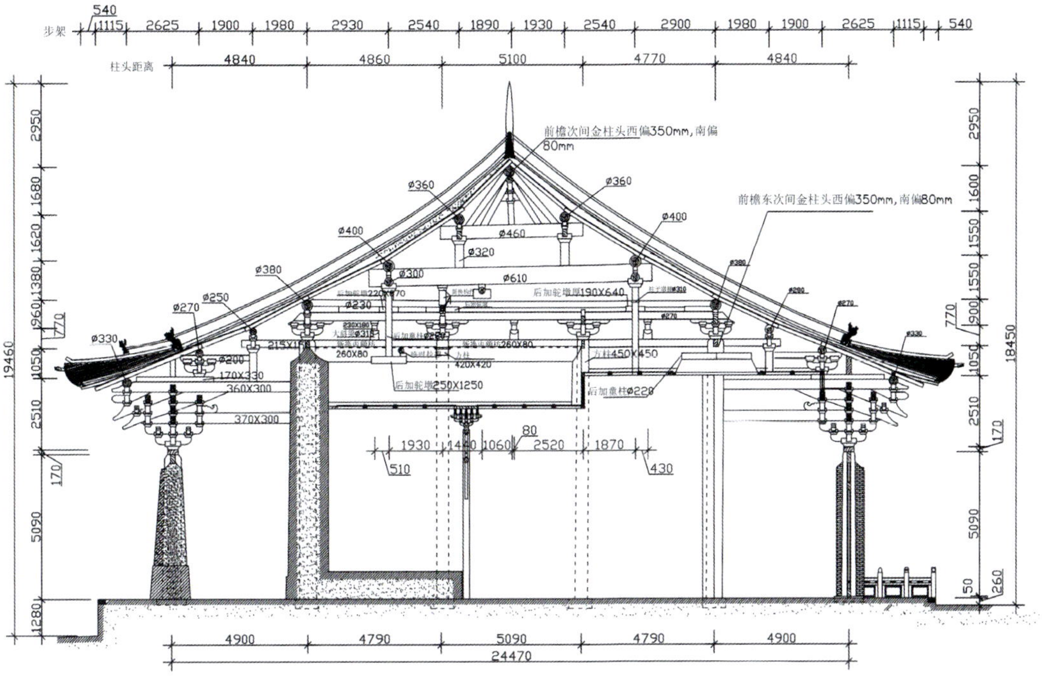

图五　平遥文庙大成殿次间横断面图

（来源：山西省古建筑与彩塑壁画保护研究院提供）

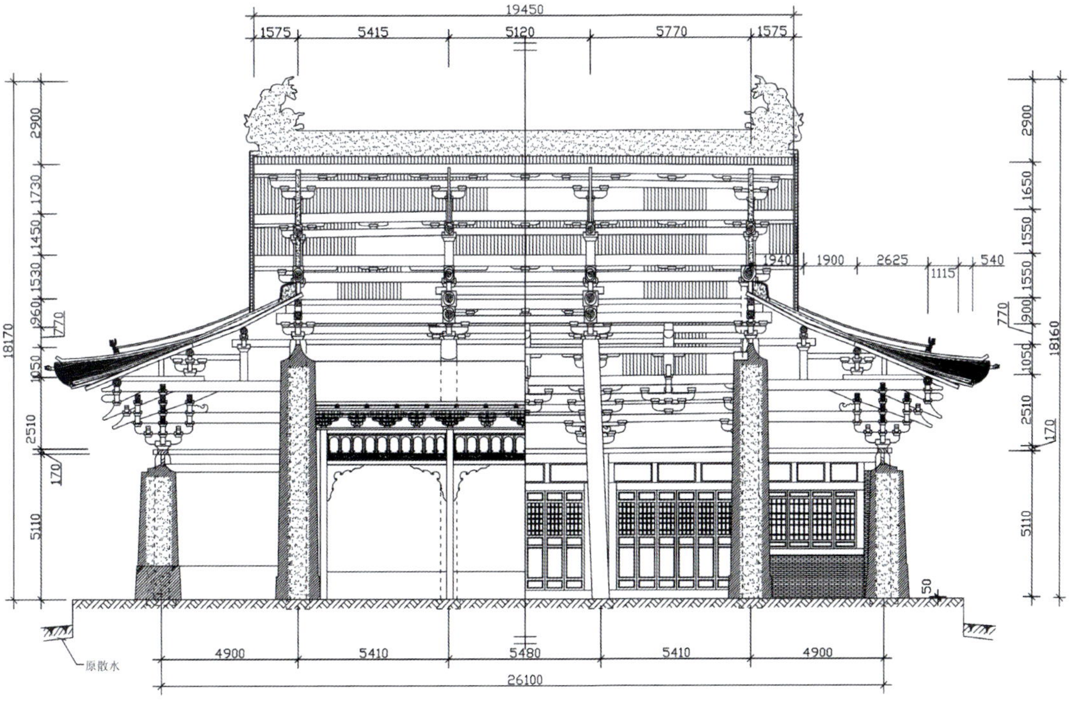

图六　平遥文庙大成殿纵断面图

（来源：山西省古建筑与彩塑壁画保护研究院提供）

建筑原形制原结构原工艺为目的：修复影壁已毁屋顶；补砌泮池池壁、池底残损部分；复原状元桥红石板桥面并补配青石栏板望柱；对更衣厅、斋宿所、东庑、西庑进行了大落架修缮；对东掖门、时习斋、日新斋、明伦堂、忠孝祠、贤侯祠、东学教谕宅进行了半落架修缮；对东学讲堂、崇圣祠正殿及所有修缮建筑拆除后期改建中不合理的添加物和构筑物，补配缺失构件；对大成殿月台依现存残损构件分析研究，实施复原修缮。

经现场调研严格考证，重建棂星门一座；过街牌坊两座；大成门一座；西掖门一座；超山书院一处；东学前后院东西房，教谕宅、讲堂耳房；节孝祠；崇圣祠厢房、祠门；西学训导宅等建筑。[8]

各项工程的实施全面消除了文物建筑安全隐患，恢复平遥文庙历史建筑原貌，使其格局达到完整并开放展示（图七—图十）。

四 相关研究综述

近年来，平遥文庙的相关研究主要为历史沿革、建筑形制、旅游发展及文化价值等。

（一）历史沿革、建筑形制方面

关于平遥文庙的始建年代的研究，在 2004 年董培良《平遥文庙》书中所述“据《新唐书·礼乐五》载：武德二年，始诏国子学立周公、孔子庙……（贞观）四年，诏州、县学皆作孔子庙。开元二十七年（739 年），朝廷对孔子的尊号、孔庙规格、祭祀礼制、配飨者名单等制定了统一规范，尊孔崇儒达到了新高峰。唐代将全国各县按人口、税赋、物产、地理位置等分为七个等级，即‘赤、畿、望、紧、上、中、下’，平遥属‘望’，即第三等。由于位置重要，率先奉诏修建孔庙。”[9] 作者由此推

图七 大成殿旧照
（来源：山西省平遥县文庙管理处提供，自南向北，2002 年）

图八 日新斋旧貌
（来源：山西省平遥县文庙管理处提供，2002 年）

图九 修复棂星门
（来源：山西省平遥县文庙管理处提供，自北向南，2002 年）

图十 维修东泮池
（来源：山西省平遥县文庙管理处提供，2002 年）

断平遥文庙始建于唐贞观初年，这与2007年李彦、张映莹在《山西现存文庙简述》[10]一文中提出的“平遥文庙始建于唐贞观初年”所述观点一致，但历史文献中并无确切记载。

董培良《平遥文庙》书中，从山西旅游风景名胜角度全方位地介绍了平遥文庙的历史沿革及文庙各单体建筑、附属文物概览，突出体现平遥文庙的历史文化价值。

2015年，西安建筑科技大学邱煜雯硕士论文《山西平遥文庙建筑初步研究》[11]从平遥文庙的历史沿革、选址、总体布局及其布局类型等方面逐一分析，并梳理文庙大成殿历史沿革中记载的六次修葺，从其梁架结构、翼形栱的使用、屋架举折、营造用尺方面与同时期建筑对比研究，印证了大成殿所体现出的金代建筑特征，另对平遥文庙内其他主体建筑分别概述，是对平遥文庙建筑群及各单体建筑较全面的基础调查研究。

2016年，李会智在《山西唐至清宗教木构建筑梁架结构演化及图解（下）》[12]中总结出平遥文庙大成殿是“多种结构手法的继承运用”，“反映了金代木构建筑总结性的继承和沿用前代多种纯熟结构技术。”是目前对平遥文庙大成殿梁架结构体系特征中细致、专业的分析研究。

2018年，郭兴平《平遥文庙大成殿金代重建浅析》[13]将金代文庙发展归纳为太祖、太宗时破坏期，熙宗、海陵王时初步发展期，世宗、章宗时繁荣大发展期，卫绍王、宣宗、哀宗时衰落期。依据史料推测出平遥文庙毁于建隆元年（960年）或靖康元年（1126年）的战火之中，但具体损毁年代不能确定，并提出平遥文庙重建于金代修复文庙的高峰期，是金代社会文化发展所致，并非偶然。

另有相关硕士论文对山西境内文庙做区域性的调查及对比分析研究，如2018年孟梓良《山西现存孔庙调查与研究》[14]中，统计山西现存孔庙约七十余座，整理现存孔庙的分布及特点，将其分为府州县孔庙和乡村孔庙两大类，并分别阐述孔庙的基本情况和存在意义，分析山西的孔庙祭祀概况与孔子形象的演变。平遥文庙归类为府州县孔庙中的县文庙。2020年，王静《晋中地区文庙建筑形态设计研究》[15]对晋中地区包括平遥文庙在内的现存13座文庙的概况、总体布局、组织方式、空间形态进行整合研究，并对不同时代大成殿营造技艺、建筑形制对比分析，归纳文庙建筑装饰特色。提出平遥文庙在“中庙左右学”基础上的“中间为庙、东西为学、北为书院”的独特文庙建筑组群布局类型。

（二）文化价值、旅游发展方面

有部分学者针对平遥文庙的历史、人文价值作详细解读，如2009年，刘爱琴《平遥文庙的历史文化内涵及价值》[16]中对平遥文庙作为景区在儒学内涵、文化珍藏、历史价值方面所展示的内容分别叙述。2019年，杨丽燕《试论平遥文庙的人文价值和文化特征》[17]中研究了平遥文庙“三路布局、五进院落”所体现的“封建礼制色彩”，以及文庙沿中轴对称、完善的格局所展现的“孔圣儒家思想”。

另有部分学者从旅游资源开发、活化利用视角对平遥文庙进行研究。如2011年吉丽娜《山西文庙旅游资源开发利用研究》[18]中提到的，平遥文庙是山西文庙旅游资源综合评分等级最高的，位于热门景区平遥古城内，建议针对文庙特色全方位开发，发挥其教育功能开发游客参与项目以及具有文庙特色的旅游纪念品。2018年宋小伟《岁月失语惟石能言——浅析平遥文庙的“活化传承”》[19]中提出运用举办仪式、开设国学讲堂、设置立体展陈等方式促进文化传承。

综上所述，当前研究者对平遥文庙整体研究包括平遥文庙建筑格局、历史背景、人文价值和旅游发展等方面，对单体建筑结构研究主要集中在文庙大成殿，其余建筑结构的分析较缺乏。

五 结 语

平遥文庙整体布局完整，规模庞大，承载并象征着儒家思想文化，其建筑时空分布展现出文庙由个体到群体再到完整体系逐渐形成的过程，是研究我国儒家传统建筑格局及历史文化发展的有力依据。文庙大成殿属大体量殿堂建筑，柱网布置灵活，柱上使用大跨度的横向复梁以承纵向的屋架，斗栱结构使用斜向出栱的方法，金代建筑特征明显，是我国建筑历史上不可多得的早期建筑实例。将平遥文庙的保护与利用相结合，既是对传统建筑的有效保护，也是对儒家文化的持续传承。

注　释

[1] 赵鹏图：《平遥文庙修缮工程》，载山西省文物局编《山西文物建筑保护 50 年》，2006 年，第 444 页。

[2] （清）孙和相：《汾州府志》，据清乾隆三十六年刻本影印，第 311 页。

[3] 王绶：《重修平遥县志》，清康熙四十六年（1707 年），卷七・艺文志。

[4] （清）恩端修，武达材、王舒萼纂：《中国地方志集成・山西府县志辑・17・光绪平遥县志》，凤凰出版社、上海书店、巴蜀书社，2005 年 5 月，第 79 页。

[5] 平遥县地方志编纂委员会：《平遥县志》（中华人民共和国地方志丛书），中华书局，1999 年，第 1075 页。

[6] 平遥县地方志编纂委员会：《平遥县志》（中华人民共和国地方志丛书），中华书局，1999 年，第 772 页。

[7] 山西省古建筑保护研究所：《平遥文庙大成殿勘察报告与修缮设计方案》，2005 年。

[8] 赵鹏图，《平遥文庙修缮工程》，载山西省文物局编《山西文物建筑保护 50 年》，2006 年，第 444 页。

[9] 董培良：《平遥文庙》（山西旅游风景名胜丛书），山西经济出版社，2004 年，第 1 页。

[10] 李彦、张映莹：《山西现存文庙简述》，《文物世界》，2007 年第 4 期。

[11] 邱煜雯：《山西平遥文庙建筑初步研究》，西安建筑科技大学硕士学位论文，2015 年。

[12] 李会智：《山西唐至清宗教木构建筑梁架结构演化及图解（下）》，《文物世界》，2016 年第 3 期。

[13] 郭兴平：《平遥文庙大成殿金代重建浅析》，《文物世界》，2018 年第 5 期。

[14] 孟梓良：《山西现存孔庙调查与研究》，山西师范大学硕士学位论文，2018 年。

[15] 王静：《晋中地区文庙建筑形态设计研究》，河南大学硕士学位论文，2020 年。

[16] 刘爱琴：《平遥文庙的历史文化内涵及价值》，《沧桑》，2009 年第 6 期。

[17] 杨丽燕：《试论平遥文庙的人文价值和文化特征》，《文物世界》，2019 年第 4 期。

[18] 吉丽娜：《山西文庙旅游资源开发利用研究》，山西大学硕士学位论文，2011 年。

[19] 宋小伟：《岁月失语惟石能言——浅析平遥文庙的“活化传承”》，《文物世界》，2018 年第 5 期。

平遥日昇昌

张晓清 雷雅仙

平遥日昇昌作为平遥古城的重点文物单位，在这个位于山西省中部作为明清时期县城的典型代表的城镇中发挥着重要作用，平遥日昇昌较为完整的保存了中国早期银行类建筑的鲜明特色，有着突出的价值。作为中国早期银行的雏形的票号建筑，平遥日昇昌代表着中国票号建筑的辉煌。票号建筑作为平遥古城这一典型历史建筑群中不可或缺的建筑单位，对于我们研究中国早期银行建筑——即票号建筑，有着较高的参考价值。无论是日昇昌自身的整体状况还是其在历史中的发展变革，都在商业的浮动中最终形成了较为稳定的建筑样貌。对平遥日昇昌的建筑进行总体的把握，能够拓展我们面对古建筑的视野，丰富古建筑研究的视角。

一 文物概况

日昇昌所处的平遥古城建筑群，从宏观角度来看，平遥古城从下西门（风仪门）至下东门（亲干门）东西大街全长约 860 米，道宽 5 米，西段多设有公共设施，如西大街北侧养济院、鲁班庙、五道庙、集福寺，其南侧为凤鸟栖台游玩之地。东段依次向东排列着为数众多的客栈、货栈。其空间布局多为“前店后寝”、“前店后坊”的四合院式的商业建筑构成。平遥古城沿着东、西大街两侧，密布着三至五间面宽，进深 67—87 米左右的二、三进的“前店后坊、前店后社”的街区建筑群[1]。这样的聚落建筑特点也决定着日昇昌的建筑特色。

日昇昌占地 1386 平方米，拥有建筑 21 座，建筑总面积 1240 平方米，正院沿南北纵轴线，由三进式穿堂楼院组合而成。东侧为狭长的南北小跨院，西院为日中新票号。中院铺面、临街铺面与中厅以及西院后厅、东西厢房，为上下两层的木结构房舍，院落布局完整，日昇昌整体建筑包含着多种建筑结构，并且在复杂的结构中形成了具有自身特色的诸多样式，具有明清商业建筑特征和地方特色（图一）。

根据平遥县志记载，日昇昌旧址分属于两个不同的建筑时期，前院、中院，包括中厅为清雍正年间，即原“西裕成”颜料行；后院、后通道、后大门等，则是后期建筑。其显著特征表现在中厅与掌柜居室采取了并墙而立的方式，且两墙高差教大地面水平不一[2]。虽分属两期，但做到了珠联璧合。中院占地 1400 平方米，铺面之后，由中轴线上的宅门、中厅和南厅组合为三进式的穿堂楼院。铺面用板门装修，门厅居中，内置屏门；次、梢间即是对外营业的“栏柜”，里通“柜房”即前院的东西厢房；厢房内筑有窖式金库，但外形设计的与一般建筑无两，较为隐秘（图二）。

中院的东西厢房各三间，是为当年的“信房”和“账房”。中厅面阔三间，单坡硬山顶，上建木板楼，前檐出廊，是当年会客议事、商谈业务之所。中厅前左右各有旁门与西院、东跨院互通。与中厅相背而坐的是后院的正房，为经理的起居之所。面阔三间，后檐墙与中厅共为一体，明间为过道，两次间相向辟门，前檐墙筑成窑洞式窗户，屋顶加木板楼，前插廊。东西厢房各三间，是店铺伙计的居室和客房。

南端有南厅五间，厅前东侧的内宅门外，是贯通西大街至东郭家巷的夹道，前夹道设灶房、餐房、书房（直到临街的铺面），形成东跨院。后夹道则有马厩、厕所。南有拱圈大门，面临东郭家巷。西院的铺面布局与中院铺面雷同，宅舍的格局、气势虽不如中院，但别有意趣（图三）。

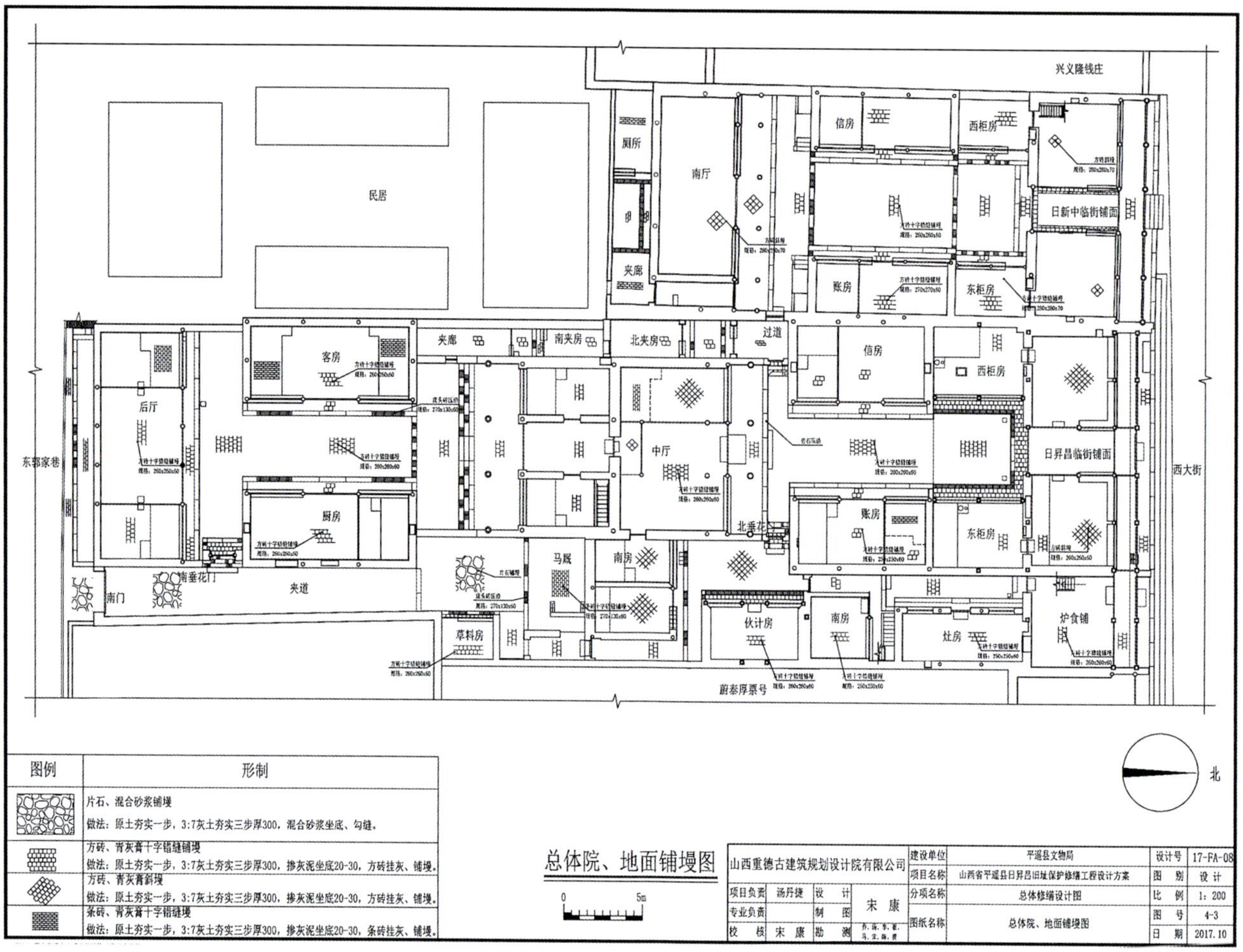

图　日昇昌院平面图

（来源：山西重德古建筑规划设计院有限公司提供）

"日昇昌"票号前临繁华街市，后通幽静巷道，纵深 67 米，横跨三宅庭院，铺面端庄大气，在店铺如林的街面上，十分显眼。东、西、南三面都是高厚的实砌砖墙，敦实牢固，封闭性极强，其建筑艺术和使用功能达到了完美统一，日昇昌的建筑构思，是在晋中传统民居基础上融进了商业店铺特点的典型范例（图四）。

同时日昇昌内存藏的票号遗物种类繁多，诸如公章、票章、砝码专章、具有防伪标记的会票用纸、往来信札、各种账簿、会票、存褶、票据印版、官方文书、伙友合影相片、门厅匾额、木器家具、炊具、器皿等，早自清道光初年，晚至民国时期，时限跨越百余年，史料价值不容低估，在为古建筑研究提供实物资料的同时，其保存的一些来往收据等，还可作为文字史料。可以说，日昇昌中保存的票号遗物，是中国票号发展历史的突出代表。

二　历史沿革

探讨日昇昌建筑的历史，可以沿着平遥古城的历史发展入手。平遥县票号聚集的西大街在明清时期最为繁荣鼎盛，在这一时期，平遥县的商业建筑也逐渐形成了固定的模式。与以往的商业建筑模式不同的是，一般的传统商业建筑作坊模式通常在建筑全部分设置店铺在后部分设置坊，而票号则是在建筑前面设置柜台，后面与之不同，是用来清点交易的社[3]。这也就显示了票号的集体寄宿以及股份制经营的创新的模式。久而久之，就在平遥县的总

图二　日昇昌客房侧面

（来源：山西重德古建筑规划设计院有限公司提供）

图三　日昇昌南院

（来源：山西重德古建筑规划设计院有限公司提供）

图四　日昇昌临街铺面

（来源：山西重德古建筑规划设计院有限公司提供）

体票号建筑的产生了一种场域效应，也基于这样具有代表性的票号建筑，构成了平遥古城中心区域功能和金融空间的结构系统。

日昇昌的位置也与众多著名钱庄票号相近，坐南朝北，前临西大街，后达东郭家巷，左右各与义隆钱庄、蔚泰后票号九至毗邻。日昇昌始建年代不详，前院重建于清，后院东西厢房明代特征明显。“日昇昌旧址”其前身为木器厂，道光初年卖予平遥县达铺村李大全[4]。清道光三年（1823 年）县城西大街“西裕成”颜料庄总掌柜雷履泰将颜料庄改为“日昇昌”票庄，专营汇兑、存放款业务。雷履泰出任总经理（大掌柜）寓意期望票号生意如旭日东升、繁荣昌盛[5]。平遥日昇昌总号的对联，也显示出这种气派：“日丽中天，万宝精华同耀彩；升临福地，八方辐辏独居奇。”“日昇昌”票号成立后，解决了国家银行未出现前大宗项银两往来的困难，并很快在全国 40 余个大中城市设立了分号，票号业务搞得红红火火。

1840 年鸦片战争后“日昇昌”票号受到外国银行的冲击。1851 年太平天国起义使票号业务受损，同时，官款汇兑业务产生。1861 年“日新中”票号因故倒闭。1864 年太平天国起义失败，票号业恢复元气。1900 年八国联军入京，票号业再度受损，同时，官款汇兑业务兴盛。1914 年农历九月，在金融界活跃 90 余年的“日昇昌”票号宣告倒闭。1932 年“日昇昌”票号改营钱庄，钱庄只占据了日昇昌中院之南半部，其余租给了新成立的“中阜银号”占用。1941 年中孚银号歇业。日昇昌钱庄经营二十年，根据经营的需求不断改建重装，形成现存之格局。

1948 年钱庄末任经理霍天一，在宣告钱庄歇业的同时，把“日昇昌”票号捐献给了政府。政府收为国有资产后，安排平遥县供销合作社进驻[6]。1995年，随着平遥古城旅游热的急剧升温，平遥县文物局利用“日昇昌”票号筹建“中国票号博物馆”。1996年1月12日山西省人民政府公布为省级文物保护单位。1999年“日新中”票号收回管理。2003年炉食铺院收回管理。2006年5月25日日昇昌被国务院公布为第六批全国重点文物保护单位。

作为小小的票号，日昇昌在中国近代起伏的洪流中发展了近百年，在历史的沿革中发展的同时也被历史不断的检验着。作为中国历史建筑中金融行业的典型代表，它所承载的，是我们必然要保护起来的，中国金融行业的历史脉络与见证。

三 保护综述

（一）整体保护环境

日昇昌作为平遥县的票号建筑代表，对于其保护项目的钻研是基于平遥县的文物建筑保护环境的。平遥县被列入《世界遗产名录》以来，对于日昇昌的保护研究工作就越发受到重视。在申遗成功之后，国家及地方政府对“日昇昌”票号进行相应的旅游开发，使其具有了更多文化旅游价值。

（二）保护工程情况

日昇昌保护修缮工程从1995年至2009年，工程历时15年。1995—1996年，全面勾抿屋顶，补配脊饰，恢复原装修，于1996年10月试开馆；2002年，对中院临街五间铺面进行了落架维修；2004年，对东跨院进行修缮复原，并对马厩、北院厨房等建筑进行了维修。同时，复原各室门头匾，补配挂落、雀替、外窗、实门等；2008年，日昇昌安装了监控系统和消防设备；2009年，对隐避工程内木构件进行了防腐处理[7]。

2017年，平遥县文物局对日昇昌院、东跨院与日新中院三座院落共31座建筑，附属包括院面、围墙等进行保护修缮。现仍在修缮中。

（三）文物展示情况

中国票号博物馆就在平遥县西大街“日昇昌”票号上建立的。自1995年10月试开馆以来，以其深厚的文化底蕴吸引着大批中外游客。在这座占地两千多平方米的博物馆中，展出的票号历史是以整体的“日昇昌”票号建筑为主，并且在其中设置了许多与票号相关的经营处理流程，展出了中国整体票号发展历史上具有典型代表性的商用物品。除了其特有的晋中文化风格建筑外，另一引人瞩目的方面，当数陈列于里面一进进院落、一间间老屋中的各式各样票号、银号档案文献了。其中有会券、新式汇票三联单、兑条、藉券、小票、账册及有关信函等等。

四 研究综述

学界在中国早期银行建筑研究方面，一直以来对早期票号建筑的考察与研究的关注度较低，而且整体研究较为零散，对于以日昇昌为代表的我国早期本土性的金融建筑的关注较低。实际上，对于日昇昌这类金融建筑，研究文献与国内研究现状都有着一定进展。国内的研究中，主要可以从两个方面入手，一是对于中国历史上金融建筑的研究，另一方面是对于平遥“日昇昌”票号的具体研究方面，这一方面的研究较少。

对国内早期银行建筑的研究。国内的研究成果中多为关于银行建筑功能、风格的研究，浙江大学杨秉德教授的《中国近代中西建筑文化交融史》[8]等著作中有很多关于中国近代银行建筑的历史发展过程与建筑背景信息的相关研究成果，提出要基于中西方文化的交融对近代银行建筑做进一步研究。太原理工大学王晓华的硕士论文《中西文化影响下的太原近代建筑》[9]、西安建筑科技大学王芳的博士论文《历史文化视角下的内陆传统城市近现代建筑研究》[10]和任丽萍的《太原近代建筑掠影》[11]等对太原近代银行建筑山西省银行旧址所进行了介绍，但是仅局限于建筑背景与风格的简单介绍，未能从新的方面进行突破，对建筑功能、技术等方面没有涉及。前人的这些研究成果为山西近代银行建筑的研究提供了基础资料，为进一步的研究提供了启发。对于山西近代银行和银号建筑的研究比较少，但是全国各地对于近代银行建筑的研究已有丰富的成果。包括张复合的《北京近代银行建筑考略》[12]、李治镇的《武汉近代银行建筑》[13]、李之吉、高茜茜的《长春近代银行建筑遗存风格研究》[14]等文章，在对具体银行建筑研究的基础上指出了银行建筑的区域性特点，并且总结归纳了其中的历史因素。谢占宇、董庆辉、郝鸥的《沈阳传统金融建筑向近代银行建筑演进研究》[15]、天津大学兰巍的博士论文《设计技术评估：近代银行建筑历史性保护研究》等在近代银行与传统建筑的关系和近代银行历史性保护等方面也进行了相关的研究[16]。

而对于“日昇昌”票号的相关研究成果整体较少，相关的研究也比较分散。陶宏伟等人以日昇昌与合盛元为中心进行考察，探究山西票号分号的选址[17]。较为集中的研究在金融领域，河北经贸大学周建波与祁超基于市场营销视角分析日昇昌的兴衰[18]。其次还有一些对于日昇昌经营模式的探讨以及晋商精神的研究。

五 结 语

梁启超曾经评价山西票号，说他一度之中国金融界之牛耳，并且影响了中国金融界近一个世纪。“日昇昌”票号作为历史洪流中的一个小小的院落，在山西省平遥这样一个小县城里，从一家颜料庄不断发展壮大，走向了票号。可以说，“日昇昌”票号在历史中肩负起了中国金融业在特定历史时期的发展，代表着中国早期银行建筑的建设。日昇昌从清道光初年成立票号到歇业，历经一百多年，曾经“执中国金融之牛耳”，历史遗迹和历史文化价值较高，但由于商业和旅游业的发展冲击，日昇昌也在遭受着变故。

我们在不断倡导对具有历史文化价值的建筑遗迹进行保护的同时，更不能忽略这一行动最根本的出发点，以“日昇昌”票号建筑为例，我们把握了其作为早起银行的商业属性的同时，更要结合历史深度挖掘其价值。这代表着我们对于自身历史的关注，更代表着我们对自身文化的重视，以及对自身历史的不能忘却的怀念和自豪感骄傲感。“日昇昌”票号这样的存在，也不断提醒着我们，我们在自己的历史中有着开拓型的壮举。更因为有着这样的历史建筑的存在，让先辈们开拓的壮举有迹可循。“日昇昌”票号的保护与发展，在不断完善的古建筑保护中不断进步，在对日昇昌建筑进行坚定保护的同时，我们更要充分挖掘其历史价值与文化价值，发挥其在中国建筑史、中国金融史上的多重作用，把握历史建筑的深刻内涵，更要结合时代发展，赋予其崭新的精神内涵，真正让历史建筑既是历史的，也是现在的。

注 释

[1]、[2] 平遥县地方志编纂委员会：《平遥县志》（中华人民共和国地方志丛书），中华书局，1999 年，第 112 页。

[3] 杜拉拉：《平遥古城志》，中华书局，2002 年，第 60 页.

[4] 周延龄：《清末民初上海金融活动中的山西票号》，《钱币博览》，2008 年第 4 期，第 22—25 页。

[5] 佚名：《山西票号兴衰史》，《神州》，2012 年第 10 期，第 24—27 页。

[6] 郑孝燮、任志远：《山西平遥考察研究报告》，《城市发展研究》，1996 年第 9 期。

[7] 赵鹏图：《日昇昌票号总号旧址保护修缮工程述要》，《文物世界》，2013 年第 3 期，第 61 页。

[8] 杨秉德：《中国近代中西建筑文化交融史》，《华中建筑》，2004 年第 5 期，第 5—6 页。

[9] 王晓华：《中西文化影响下的太原近代建筑》，《太原理工大学》，2008 年。

[10] 王芳：《历史文化视角下的内陆传统城市近现代建筑研究》，《西安建筑科技大学》，2011 年。

[11] 任丽萍：《太原近代建筑掠影》，《文物世界》，2012 年第 5 期，第 69—71 页。

[12] 张复合：《北京近代银行建筑考略》，《华中建筑》，1999 年第 4 期，第 128—129 页。

[13] 李治镇：《武汉近代银行建筑》，《华中建筑》，1999 年第 4 期，第 130—131 页。

[14] 李之吉、高茜茜：《长春近代银行建筑遗存风格研究》，《门窗》，2016 年第 5 期，第 202—203 页。

[15] 谢占宇、董庆辉、郝鸥：《沈阳传统金融建筑向近代银行建筑演进研究》，《沈阳建筑大学学报》（社会科学版），2013 年，第 125—130 页。

[16] 兰巍：《设计·技术·评估》，天津大学博士学位论文，2009 年。

[17] 陶宏伟：《20 世纪 30 年代的山西民间私票》，《中国金融》，2021 年第 3 期，第 98—99 页。

[18] 周建波、曾江：《银行、票号兴替与清末民初金融变革》，《中国社会科学》，2020 年第 8 期，第 178—203 页。

平遥城隍庙

杨 洋

平遥古城由于其保存完整的古城规制以及极具特色的古建筑享誉海内外。与此同时，古城孕育千年的精神信仰亦未曾远离。岁月易逝，信仰不移，护佑着千年古城历久弥新，承载着一城人民繁衍生息的美好期许。古城信仰之核心，当属平遥城隍庙。平遥城隍庙创建已久，历史上屡次失火，此后重修，几经反复，反映了地方民间信仰的专一与延续。据记载，清咸丰九年（1859年）间，平遥城隍庙再次遭遇火焚，院内建筑十不存一，清同治三年（1864年）县令王佩钰设局募化，再次重修，故现存城隍庙为清代风格[1]。当前庙区由城隍庙、财神庙、灶君庙以及真武楼等组成，规模宏大，秩序井然，礼制意味颇浓，道家祠庙的典型风格蕴然其中。

五行中，东方为木，南方属火，西方为金，北方属水[2]，建筑的坐北朝南原则，是祖先对自然现象的正确认识，寄予了顺应天道，得山川之灵气，受日月之光华，颐养身体，人杰地灵的强烈愿望，作为信仰之核心的平遥城隍庙同样不例外。

一 文物概况

平遥城隍庙坐北朝南，前后共三进院落，以四合院为基本单元进行纵向排列，这种布局方式，既有利于宗教神祇的等级地位与建筑空间布置的柔性结合，又可以通过院落的组合，逐步引导，营造

图一 平遥城隍庙鸟瞰图（自南向北）

图二　平遥城隍庙鸟瞰图（自西南向东北）

图三　牌楼南立面图

出利于善男信女情感迸发的宗教场所氛围。历史上，为了凸显规模壮丽，抑或为了宣扬君权神授，再者体现宗教的无边法力，作为物质载体的城市、宫殿、坛庙、佛寺乃至皇家陵墓等无一不是采用这种方式，古代匠人对这一手法稔熟于心[3]（图一、图二）。

作为院落轴线的起点，三间四柱木构牌楼临街而立，在抱鼓石扶持下，柱头顶端与宽厚檐枋纵向交接，共同承托节节上升之斗栱，主楼斗栱十一踩，次楼九踩，上覆歇山屋顶。牌楼两边砌筑有八字墙，围合成引导空间。八字墙两边，有“天知”、“地鉴”两座砖券街门（图三）。

山门殿面阔五间，五檩六椽，硬山顶，以纵向中柱隔墙划分寺院内外空间（图四）。山门殿东西两侧，各为游廊十三间，廊内无分隔，旧时为庙会

图四　山门殿南立面图

图五　钟鼓楼与戏楼南立面图

图六　钟鼓楼与戏楼北立面图

商贩之摊点。一进院落以戏楼及两侧钟鼓楼为结尾，戏楼底层辟出门洞，作为沟通一二进院落的通道，门额悬傅山手书的“敢入”二字，画龙点睛，檐下斗栱五踩重昂，上覆重檐歇山顶（图五）。

两侧钟鼓楼与戏楼之间以通道连接，皆为二层，晨钟暮鼓，宁谧自在想象中（图六）。

进入二进院落，正中面阔五间的献殿即映入眼帘，献殿者，即为一个高规格的祭坛，是祭祀时用来摆放供品的场所。献殿为卷棚硬山顶，明间出歇山式抱厦，宋式谓之“龟头屋”[4]，檐下斗栱五踩重昂。献殿南北通透，东西以山墙维护，殿内设以香炉供桌以供使用。献殿两侧为灶君庙与财神庙，三者相连，同处东西轴线上。

献殿之后即为供奉城隍神的正殿。正殿面阔同

图七　献殿与城隍庙正殿鸟瞰图（自南向北）

献殿，均为五间，梁架结构为七檩悬山前廊式，悬山屋顶，檐下斗栱七踩重昂，柱础雕凿颇为精美。两侧廊心墙分别绘有“钟馗捉鬼图”，人物造型生动，笔法洗练。殿内正中神坛上城隍神正襟危坐，台下两侧为赏善、罚恶两位判官；两山墙绘有场面宏大，人物神态各异的“城隍出巡图”，与造像共同营造出城隍神公正无私的形象（图七）。

院内东侧廊庑为六曹府，西侧廊庑为土地祠，建筑形制均为单坡硬山前廊式，屋内以隔墙均分为三间，旧时以供礼拜。

第三进院落，即后院寝宫，寝宫分为两层，底层为三孔窑洞，正中神龛原奉祀有“城隍”，两山墙壁绘有平遥四十坊里户籍，二层为三间悬山式建筑，殿内原奉祀有城隍神和城隍娘娘像。后墙上绘有“城隍述职图”，东次间墙面满布壁画诗词，尤以正中的中堂对联功力突出。寝宫正殿屋顶均琉璃剪边布灰瓦，正脊脊刹及琉璃仙人走兽精致而生动，具有很高的艺术价值。

中轴线上的三进院落建筑分布情况大致如此，从第二进院落起，在中轴线旁各加一路，西一路为财神庙院落，坐北朝南，一进院落，以砖砌窑洞四孔为起点，东起第二间辟为走道；窑顶建四间卷棚硬山戏台，东次间出歇山式抱厦，台顶施八卦藻井，屋面覆琉璃瓦，创建于清康熙八年（1669 年）；东西两侧建有二层看楼；轴线继续延伸至卷棚硬山式献殿，其后为财神殿，面阔三间，殿内绘有“八蛮进宝”壁画，设木雕神龛，精美上乘，其上建有真武楼（图八）。

图八　财神庙戏台藻井图

东一路为灶君庙院落，二进院落，主殿是三间灶王殿，东西厢房各四间。灶君庙之后是道院（宽坐雨轩），道院由正房、东房、厨房及厕所组成，通过券门进入寝宫院。

从整体来看，中轴线上第一进院落强调纵深感，以较长的甬道进行引导，配合两侧对称的绿化，形成宁谧的前奏，为后续的空间高潮做好铺垫；二进院落平面近乎方形，台基之上高大的城隍庙，凸显出了其主导地位，将气氛引至顶点；正殿之后的三进院落，即寝宫院落，空间尺度相较前两进院落较小，尺度更加贴近人间居住空间，从神的空间回归人的空间，拉近了与善男信女的距离[5]。

二 历史沿革

城隍庙初创年代已无准确记载，现存清康熙四十六年《平遥县志》中，记录有明嘉靖三十四年（1555 年）平遥知县麻瀛撰写的《城隍庙记》，记载了平遥城隍庙被大火焚毁后重修的过程，这是平遥现存有关城隍庙的最早文字资料。

城隍庙于嘉靖甲寅（1554 年）五月至次年乙卯（1555 年）十一月进行了大规模的重建，新修大殿六间，东西廊庑二十余间，前后仪门四处，并彩绘了塑像。

清康熙年间，知县王绶带头捐俸，对平遥城隍庙做过局部维修。

乾隆三十六年（1771 年）知县蔡亮茂倡议，募资全面葺新，约历 10 年之久，直到乾隆四十三年（1778 年）蔡亮茂调升后，又经张大元、乔应发、陈训、吴逢圣四任知县继续努力而为之，平遥城隍庙的葺新工程才全面告竣。

咸丰九年（1859 年）庙会期间，遭火焚，除寝宫外庙区的殿宇、廊庑以及财神庙都烧成了灰烬，县令王佩钰自捐俸银并召集乡绅、富商设局募化，重修庙宇，自同治三年（1864 年）五月至同治八年（1869 年）九月重修了财神庙及寝宫一院，上楼五间，下窑五孔，东西房六间，卷棚一座……。城隍庙主庙正殿五楹，卷棚一座，左右庑六曹、土地祠十八间，转生堂、酆都城各二间，戏楼一座，左右门楼上加钟鼓楼二座，皆彻底新之。并增塑像 160 尊。

民国十八年（1929 年）庙内彩塑多数被拆毁。

新中国建立后，由县总工会、工人俱乐部所占用，期间，山门、牌坊、钟鼓楼等建筑被拆除。1973 年 11 月由平遥县革命委员会公布城隍庙财神庙为县级文物保护单位。

2003 年 1 月 15 日，晋中市人民政府公布城隍庙为市级文物保护单位。

2004 年 6 月 10 日，山西省人民政府公布城隍庙为省级文物保护单位。

2006 年 5 月，国务院公布平遥城隍庙为全国重点文物保护单位。

三 保护工程

1998—2000 年，拆除周边不协调建筑，对平遥城隍庙内险情严重的殿宇进行全面修缮，并复建部分主要建筑。因资料所限，本次修缮未能详述。

2002 年 4 月 20 日，平遥县文物局与平遥县建设局共同划定了平遥城隍庙的保护范围和建设控制地带。2004 年 11 月 3 日，晋中市人民政府公布平遥城隍庙的保护范围和建设控制地带。

保护范围：北至娘娘殿后墙内；东至六曹府后围墙延伸线以南，东厢围墙以东 32 米，南北 50 米（道院正房后墙以南）；西至米粮市街路西边沿；南距牌楼（山门）向南 20 米（原影壁后）。

建设控制地带（一类）：古城墙以内属建设控制地带。

2007 年 11 月 2 日，山西省人民政府《关于公布太原市王家峰墓群等 157 处全国重点文物保护单位保护范围及建设控制地带的通知》（晋政函[2007]191 号）公布平遥城隍庙保护范围和建设控制地带，保护区划与 2002 年公布的相同，未作调整。

2020 年 8 月，由山西运佳古建园林设计有限公司编制的平遥城隍庙部分建筑抢险工程设计方案指出，寝宫楼、献殿、城隍殿、土地祠、六曹府及财神庙真武殿、灶王庙东厢房 7 座建筑屋顶严重渗漏，寝宫因屋顶的渗漏导致东次间随檩枋折断、脊檩折裂，现临时用圆木抢险支顶；献殿也因屋顶的严重渗漏导致东山墙墙头歪斜；城隍殿正脊歪闪、脊刹构件跌落；钟鼓楼周檐檐口瓦件不定时跌落；土地祠、六曹府后檐墙排水不畅已导致墙体开裂、壁画残缺、背里土坯剥蚀塌落，殿内泥塑下脚因潮湿粉化、残失。另外城隍庙内电线老化、电气线路未穿管保护，直接敷设在梁、柱、檩、椽、栏杆、壁板、楼板等可燃木质材料上，不仅影响建筑外观，更存在安全隐患。依据《古建筑木结构维护与加固技术规范》（GB50165—92）进行评估，残损等级Ⅳ类5处，Ⅲ类8处，Ⅱ类9处，需进行抢险维修，目前方案正在报批中[6]。

四　相关研究情况

平遥城隍庙作为世界文化遗产平遥古城中的重要文化遗产之一，体现了平遥县的历史文化底蕴，诸多专家和学者从不同领域、不同角度进行了相关研究，相关的成果有：①董培良在《旅游纵览》2006年第7期上发表《平遥城隍庙》一文，对平遥城隍庙历史沿革、建筑布局以及民间信仰进行了介绍[7]；②焦洋在2006年重庆大学学报上发表《平遥古建筑大木构件装饰研究》，以平遥城隍庙献殿为清代调查与分析案例，对斗栱、梁架与彩画进行了分析研究[8]；③吕优在《艺海》2013年第6期上发表《平遥财神庙戏台藻井艺术特征考察》，文中指出，平遥财神庙藻井中绘有太极八卦图，是道教的典型标志。平遥财神庙戏台藻井的功能主要体现在两个方面，一是装饰作用，二是音效效果[9]；④华中师范大学王占华2005年硕士学位论文，论文题目为《城隍信仰与明清政治》，文中以平遥城隍庙为调查与分析案例，从政治角度分析了明清统治者对待道教的态度、城隍信仰在明清政治中地位以及民众的城隍信仰和对城隍信仰的利用[10]；⑤太原理工大学梅刚2009年硕士学位论文，论文题目为《平遥古城规划中的文化遗产保护经验研究》，文中对以平遥城隍庙为代表的宗教文化的保护规划进行了探讨，提供了古城保护的思路与见解[11]；⑥任舍在《今日山西》2001年第5期上发表《话说平遥古城》一文，文中对作为平遥古城重要组成部分的平遥城隍庙进行了简单介绍[12]；⑦太原理工大学续冠逸2015年硕士学位论文，论文题目为《城隍庙建筑的形制与空间布局分析——以山西省境内的城隍庙为例》，以平遥城隍庙为调查与分析案例，从分布与选址、建筑布局、空间特点、现状概况等方面进行了较为细致分析与研究[13]。

分析各位学者的研究成果与笔者实地踏勘，可以对城隍庙类建筑进行一番简单梳理：从社会管理角度而言，在中国传统社会中，通过官吏治理现实社会，通过各种神灵信仰约束百姓精神世界，两者并行不悖，共同发挥社会治理作用，城隍就是护佑城池、管理城市的神祇，城隍信仰则起到了指导民间弃恶扬善、塑造因果循环理念的作用。从发展历程而言，明代是城隍信仰全面发展贯彻的时期，洪武二年，明太祖下旨“封京都及天下城隍神”，此规制提出了城隍体系作为国家祭祀的一部分，是城隍制度的肇始。清代城隍信仰承明代之制，同时也融入了新特点，一是逐步统一庙内塑像陈设，主神与配神都有固定配置，城隍大神祀于正殿，两旁分列大将、判官、牛头、马面以及十殿阎王等。寺院内悬挂“浩然正气”、“护国庇民”等匾额与“善行到此心无愧，恶过吾门胆自寒”等楹联，可见吸收了佛教关于善恶、因果的哲学思想。二是城隍神显灵的故事频繁地出现在各种志怪小说中，增加了城隍信仰与百姓之间的互动，城隍神的“人格化”拉近了与百姓之间的距离。从建筑群体组合而言，院落是城隍庙建筑群体组合的基本单元，并通过赋予每个院落不同的功能，进而体现不同的神祇属性，营造不同的场所氛围，以期达到物质空间与精神空间的完美统一。院落以中轴线作为基本骨架，按照前朝后寝的原则，将牌坊、山门、正殿等一系列建筑沿轴线布置，结合两侧的配殿进行围合，塑造出多个既联系又分隔的院落，并通过体量控制，间距控制、高度控制、色彩控制、形体控制，营造出舒缓有致的祭祀与展示空间，层层递进，将情绪逐渐引导到高潮。

五　结　语

平遥城隍庙的建筑选址和建筑构思，充分体现了中国古代“礼制”思想下的县城建置格局，“前朝后寝”的格局又与古代社会的宫殿建筑如出一辙，是“人神共治”思想的具体体现；明清以后，受“三教合一”思想的支配，出现了多神居于一庙的现象。平遥城隍庙既有灶王，又有财神，也有真武，正是古代宗教逐渐世俗化的生动的实物例证，如实地反映了明清后宗教庙宇中“多神化”的趋势，有着明显的民众世俗化特点，平遥城隍庙的历史变迁，为研究中国古代政治生活和礼俗社会提供了翔实的资料。

城隍庙诸类的宗教文化，以信仰的形式体现着一个民族或群体的价值追求和伦理道德[14]。以当前语境来看，宗教文化与宗教信仰，也可以为社会提供积极的价值引导，并引导设定柔性的行为规范。这就需要宗教文化与宗教信仰努力发掘自身与时代发展相适应的思想，着眼于提升人们的精神生活，为广大信教群众提供符合当前社会主流的价值观念和伦理支撑[15]。以此为起点，将新的历史使命赋予城隍建筑，促使其孕育新的价值观念，在实体保护修缮之后仍能充分发挥自身功能，实为延续城隍建筑生命的不二法门。

注　释

[1] 清同治九年《重修平遥县城隍庙碑记》：“尝考城隍之祀始于六朝，……咸丰九年六月朔，为神庙会期，夜间不戒于火，除寝殿未焚外，自大门内至正殿暨两廊，前后神宇并庙之西院内真武楼、财神殿悉为灰烬，诚异灾也。……于是迁延者五年，至同治三年夏，各省军务稍息，连岁年谷又复丰稔，自当及时兴修以昭诚敬。”

[2] （汉）孔安国，（唐）孔颖达撰：《尚书注疏》卷12，第17页。

[3] 侯幼彬、李婉贞：《中国古代建筑历史图说》，中国建筑工业出版社，2002年，第129页。

[4] 建筑术语，是指在原建筑之前或之后接建出来的小房子。龟头屋在两宋曾经风行一时，宋人游记中常有“龟首四出”的描述，特别是应用于黄鹤楼、滕王阁等大型风景建筑，以及宋代名画《蓬壶仙侣图》中也可以见到。

[5] 续冠逸：《城隍庙建筑的形制与空间布局分析》，太原理工大学硕士学位论文，2015年，第51页。

[6] 山西运佳古建园林设计有限公司：《平遥城隍庙部分建筑抢险工程设计方案》，2020年，第1页。

[7] 董培良：《平遥城隍庙》，《旅游纵览》，2006年第7期，第62—63页。

[8] 焦洋：《平遥古建筑大木构件装饰研究》，重庆大学硕士学位论文，2006年，第57—60页。

[9] 吕优：《平遥财神庙戏台藻井艺术特征考察》，《艺海》，2013年第6期，第56页。

[10] 王占华：《城隍信仰与明清政治》，华中师范大学硕士学位论文，2005年，第26—42页。

[11] 梅刚：《平遥古城规划中的文化遗产保护经验研究》，太原理工大学硕士学位论文，2009年，第15—27页。

[12] 任舍：《话说平遥古城》，《今日山西》，2001年，第11—16页。

[13] 续冠逸：《城隍庙建筑的形制与空间布局分析》，太原理工大学硕士学位论文，2015年，第48—52页。

[14] 张强：《和谐社会视阈中的宗教文化建设》，《南京政治学院学报》，2010年第2期，第25页。

[15] 戴镇基：《当代中国宗教的社会功能及其对新阶层人士的影响》，《江苏省社会主义学院学报》，2013年第1期，第66页。

平遥市楼

曹方方

平遥县地处于山西省中部，属暖温带大陆性气候，一年四季分明。平遥古城是中国境内保存完整的明清时期古代县城的原型，有“龟”城之称。城内的交通脉络由纵横交错的四大街、八小街、七十二条蚰蜒巷构成。南大街为平遥古城的中轴线，古城内唯一的楼阁式高层建筑——平遥市楼，就位于南大街上，与城东清虚观、大成殿等文物建筑遥相呼应。古时是管理市场和颁布市场管理政令的场所，旧有“朝、午、夕”三市，市楼由此而得名，又因市楼南偏东有水井一眼，世传“水色如金”，固有“金井楼”的美誉。从南、东侧跨砖级而上，中层沿平座走廊围绕一圈，凭栏远眺，可眺全城景色，南北大街人流车行，店面屋瓦尽收眼底、城垣四围，青山隐隐，正如清代诗人赵谦德遗诗所云：“揽山秀于东南，挹清流于西北，仰视烟云变幻，俯临城中之繁华”[1]（图一）。

一 概 况

市楼坐北朝南，面阔、进深均为三间，平面呈方形，占地面积133.4平方米，现存市楼为清代建筑。砖木结构，高二层，三重檐楼阁建筑，通高18.5米，孔雀蓝、黄、绿三色琉璃瓦覆盖，并饰琉璃脊饰、宝刹和吻兽。一层南北向畅通，东西向砖砌高0.7米的台基，四角立通柱直承楼体，外包砖墙，四周围廊，檐下置斗栱，形制为一斗二升交麻叶。

图一 平遥市楼鸟瞰图（自南向北）

图二　平遥市楼二层南立面

二层挑出钩栏平座，平座斗栱五踩双翘，前后檐均施槅扇门，山墙存清代工笔淡彩“关公故事”壁画约 17 平方米。屋顶装天花板，上层檐下，斗栱七踩，平身科三攒，皆出翘，角科诸栱排比，均为清代特有的手法。楼顶施色彩琉璃瓦，嵌镶成南“喜”北“寿”的精美图案，极具装饰性。各层檐下共悬清代匾额 5 方。围廊内存清代维修碑 11 通（图二）。

二　历史沿革

平遥市楼始建年代不详。

据《平遥县志》载，重修于清康熙二十七年（1688 年）[2]。

据清乾隆二十二年（1757 年）《重修金井楼记》载，“邑宰李公施俸金整新之，增塑观音大士像，北向最上一层则奎光阁为人文启秀”[3]，重新修整市楼整体，增塑观音大士像。

清嘉庆十八年（1813 年）《市楼重修碑志》记载，“所修若四隅大柱，有本腐末裂者，相宜插接如附注，更束以铁箍数道。若各面旅楹，巨细栋榱，有细杪破损者，悉易以名材，较前更硕大。若栏槛窗棂，缺者补之，亏者完之，俱臻坚。若数层顶檐宝瓶、楼脊、兽、各种人物，尽易旧陶，饰以琉漓，晶晃光丽，不染浮埃。上下本植，雕刻砻错。又从而黝垩之。各座神像金妆端严，望之凛凛，俨然在上。”“因有余资，复将楼底石道重砌加长，而南北四个十字路为车骑辐辏之经，每逢夏秋雨冲，运转维艰，同心协议，悉砌以石，工费约四百余金”[4]。可知，嘉庆时期，市楼整修以铁箍加固四隅大柱，对市楼破损处进行修补，屋顶采用琉璃瓦进行装饰，金装各神像，市楼整修完成之后还有结余，所以还重砌加长楼底石道。

清道光十七年（1837 年）《重修市楼碑记》记载，“乃瓦，乃墁，既黝，既垩，茸之，颜之，不数月金焜耀碧辉煌也，费无虑千金有奇，合市捐输者七百余金，旧羡五百余金”[5]，从碑记中反映出这次对市楼进行了重新铺瓦、粉刷、着色，使市楼焕然一新。

图三　平遥市楼二层斗栱

清同治八年至九年（1869—1870 年）《整修平遥县市楼碑记》记载，“延至今楼虽盛、而日久栋梁不免衰朽，神灵而年深，像貌时见尘灰，有心人谓游赏晏观、尚厌亭台芜秽，栽花种柳不错筐篚倒，首肯而得欢心，于是此亦输将恐后、彼亦踊跃争先，不数月而整旧如新，未经年而参以碧”[6]。根据碑记反映出，人们认为市楼具有保佑商业繁荣的重要意义，商人们踊跃捐输，对市楼重加修整，以振“市气”。

清宣统三年（1911 年）《重修平遥县市楼碑记》记载，“于是合社同心捐资重葺开工于光绪三十一年春二月竣工于宣统元年秋九月物料新妍丹□”[7]，根据碑记记载可得出，光绪三十一至宣统元年对市楼重新修缮，焕然一新。

1973 年 1 月 15 日，平遥县革命委员会公布平遥市楼为县级文物保护单位。

1990—1995 年，平遥县文物部门利用省财政拨款与群众捐资，对市楼进行揭瓦翻修，替换糟朽构件，实施油饰彩绘。

1996 年 1 月 12 日，山西省人民政府公布平遥市楼为省级文物保护单位。

2013 年 3 月 5 日，国务院公布平遥市楼为全国重点文物保护单位。

三　文物保护及管理概况

明清时期，晋商雄称天下，平遥市面空前繁荣，商铺林立，当政者无不注重市容建设，且有商家争相资助，据现存市楼碑刻记载，乾隆二十二年（1757 年）、嘉庆十八年（1813 年）、道光十七年（1837 年）、同治八年至九年（1869—1870 年）、光绪三十一年至宣统元年（1906—1908 年），市楼均有过补葺。由此可见当时市楼在平遥的一个重要地位。

1990—1995 年，县文物部门利用省财政拨款与群众捐资，在对市楼情况进行深入研究和全面论证的基础上，运用传统工艺对市楼进行揭瓦翻修，替换糟朽构件，油饰彩绘，修缮之后的市楼整体结构更加稳固，尽可能多地保留了市楼历史价值、艺术价值、文化价值（图三）。

1994 年 12 月 28 日，平遥县人民政府公布市

图四　平遥市楼三重檐下斗栱及牌匾

楼的保护范围及建设控制带。保护范围：西至临街铺面 104 号院进深 22.1 米、105 号院 40.73 米，106 号院 43.67 米一线，东至临街铺面 67—69 号院 9.5 米，70—71 号院 14.1 米，74 号院 29.6 米一线，从北楼滴水往北 5 米与 11.7 米一线，南从楼滴水往南 15.78 米与 13 米一线。建设控制地带（一类）：市楼方圆 50 米处；建设控制地带（二类）：四至城墙内保护范围[8]。

1996 年，山西省人民政府将市楼公布为第三批省级重点文物保护单位，1998 年晋中行署建设局、晋中地地区文物局划定平遥市楼保护范围及建设控制地带。保护范围：南至市楼金井平行线，东距檐柱 6 米平行线，北距檐柱 7.2 米平行线，西至原市楼金社平行线。建设控制地带（一类）：东、南、西各距市楼底层砖砌体 50 米的平行线以内，北至东郭家巷、砖圈门巷。保护范围：南至市楼金井平行线，东距檐柱 6 米平行线，北距檐柱 7.2 米平行线，西至原市楼金社平行线。建设控制地带（一类）：东、南、西各距市楼底层砖砌体 50 米的平行线以内，北至东郭家巷、砖圈门巷[9]。

2013 年，国务院将市楼核定公布为第七批全国重点文物保护单位，市楼建设项目控制更为严格。2014 年 10 月 9 日山西省人民政府对平遥市楼的保护区划进行了重新划定。保护范围：东至赵思益铺面前檐滴水边缘，南距檐柱 8 米平行线，西至律志亮铺面房前檐滴水边缘，西北至原金井楼社后墙基，北距檐柱 6 米平行线。建设控制地带：古城墙内[10]。

四　相关研究成果

市楼是平遥古城地标性建筑，具有过街交通、商贸聚集、祈福迎祥、城市象征等多种功能，相关机构对其进行了调查收录；相关人员也从空间布局、形制特征、历史价值等角度逐步开展研究，探讨平遥古城发展的演变和商业贸易的盛衰（图四）。

（一）调查记录

1988 年，按照国家文物局的统一部署，山西省文物局开始着手编制山西文物地图集，并组织调

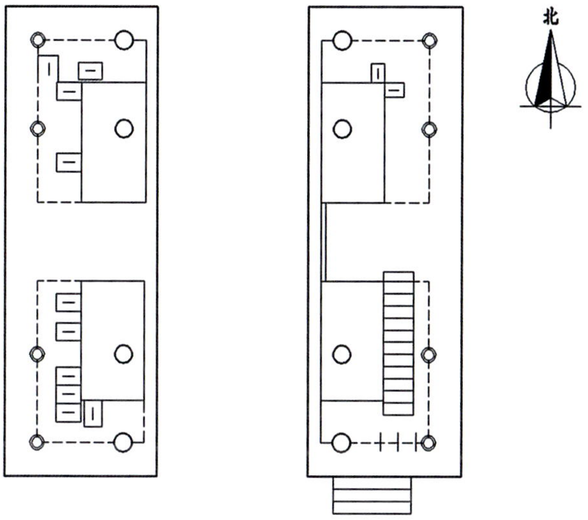

图五　平遥市楼平面图
（来源：山西省文物局内部资料《四有档案》主卷·图纸卷）

查小组，对包括平遥县在内的各级文物保护单位进行了调研，最终形成了《中国文物地图集·山西分册》，该书对平遥市楼有标注和收录。

2009年7月，国务院开展全国第三次文物普查，山西省文物局组织专业调查队伍，对全省不可移动文物进行全面普查。平遥县文物局组织技术人员和专业骨干，在省文物局专家组的指导下，对全县地面文物进行了调查，平遥市楼为重要调查对象之一。调查结束后，填写了《第三次全国文物普查不可移动文物登记表》一份，主要内容有不可移动文物登记表三张、GPS测点登记表一张、图纸册页、照片册页等。这为科学保护、科学研究市楼提供了全面系统的科学资料（图五）。

（二）相关研究探讨

平遥市楼围廊内存清代维修碑11通，记录着平遥市楼屡次重建、修葺等相关情况，对研究市楼的相关情况及晋商的兴衰史，都具有重要意义。2006年，乔南发表了《清代山西的商业市镇，平遥——以平遥市楼碑刻资料为中心的考察》，作者对平遥市楼现存碑刻资料调研，对清代平遥商业的发展脉络、流通概况分别进行了分析和研究。该论文对于研究平遥商业文化乃至晋商文化都具有较高的学术参考价值。

2015年，裴欣以明清时期山西的商业背景为前提，发表了《明清商业影响下的晋中地区市楼研究——以平遥为中心的考察》，以市楼为例，通过对空间布局、多次重修记载的分析和阐述，探讨明清时期商业影响下的晋中地区地方城镇形态、经济意义及其社会影响。创造性地提出了商业是影响晋中地区城镇内部空间形态变化的重要因素。

区别于中国其他地区建于城市中心地带的钟鼓楼，晋中地区城镇中心多为跨街而立的高大市楼，市楼作为城市中心的标志物，比较真实反映了晋中地区城市发展的历史格局和风貌，对于研究明清时期中国县级城市布局具有极高的历史价值。2018年，闫顺凯《以平遥为例谈晋中地区市楼与城市空间关系》，从城市格局、街巷空间、商业活动等角度分析市楼作为城市中心标志物对其所处城市空间的影响；2019年任春平《浅谈平遥市楼的历史价值与文化特色》，同样是从城市空间入手，通过市楼空间布局与楼阁结构功能的探讨与研究，深入挖掘平遥市楼的历史价值与文化特色。二位作者的研究探讨对提升人们对平遥古城的保护意识具有实际意义。

五　结　　语

平遥市楼不但是第七批全国重点文物保护单位，同时也是世界文化遗产平遥古城的重要文化遗存之一。明清时期随着晋商的蓬勃发展，市场空前繁荣，城镇内部空间布局被重新架构，跨街而立的市楼是这一时期的重要代表性建筑，它贯通南大街南北，不仅便于“司市”颁布市场政令，俯察市场，也兼具着缉盗、报时、登高望远的城市功能。市楼对研究平遥古城整体布局、风水取向及明清楼阁式建筑结构功能具有重要的科学参考价值。

作为古城内的高层建筑，市楼在建筑装饰艺术上十分考究，三重檐斗栱，孔雀蓝、黄、绿三色琉璃瓦，脊饰、宝刹、吻兽装饰，精致细腻，庄严美丽，与平缓的灰色民居屋顶构成古城起伏变化的优美轮廓，极具观赏性（图六）。

清朝年间，由当地商人、商铺集资对市楼进行

图六 平遥市楼脊饰

过至少五次大规模修缮，并立碑记传。展现出的是晋中商人对家乡商业昌盛的共同祈愿，见证的是平遥不同历史时期社会、文化、经济的发展和变迁。为研究明清时期晋商的发展史提供了重要实物见证。

目前，平遥市楼属于自然对外开放状态，在做好日常维护与保养的同时，可考虑由静态保护到动态保护，抓住转型发展的关键期，充分利用好平遥市楼这一晋商文化的重要载体，当好晋商文化的形象大使，开展形式多样的晋商文化相关展览及有关活动，让大众更好地了解晋商，认知晋商文化，感受晋商精神。只有保护和利用好平遥市楼，传承和发扬好晋商精神，才能使市楼价值得到充分的体现。

注　释

[1] 山西省文物局内部资料。

[2] 平遥县地方志编纂委员会：《平遥县志》（中华人民共和国地方志丛书），中华书局，1999 年，第 753 页。

[3] 乾隆二十二年（1757 年）《重修金井楼记》：邑宰李公施俸金整新之，增塑观音大士像，北向最上一层则奎光阁为人文启秀。

[4] 嘉庆十八年（1813 年）《市楼重修碑志》：所修若四隅大柱，有本腐末裂者，相宜插接如附注，更束以铁箍数道。若各面旅楹，巨细栋榱，有细杪破损者，悉易以名材，较前更硕大。若栏槛窗棂，缺者补之，亏者完之，俱臻坚？若数层顶檐宝瓶、楼脊？兽、各种人物，尽易旧陶，饰以琉璃，晶晃光丽，不染浮埃。上下本植，雕刻砻错。又从而黝垩之。各座神像金妆端严，望之凛凛，俨然在上。因有余资，复将楼底石道重砌加长，而南北四个十字路为车骑辐辏之经，每逢夏秋雨冲，运转维艰，同心协议，悉砌以石，工费约四百余金"

[5] 道光十七年（1837 年）《重修市楼碑记》：乃瓦，乃墁，既黝，既垩，葺之，颜之，不数月金焜耀碧辉煌也，费无虑千金有奇，合市捐输者七百余金，旧羡五百余金。

[6] 同治八年至九年（1869—1870 年）《整修平遥县市楼碑记》：延至今楼虽盛，而日久栋梁不免衰朽，神灵而年深，像貌时见尘灰，有心人谓游赏晏观、尚厌亭台芜秽，栽花种柳不错筐篚倒，首肯而得欢心，于是此亦输将恐后、彼亦踊跃争先，不数月而整旧如新，未经年而参以碧。

[7] 宣统三年（1911 年）《重修平遥县市楼碑记》：于是合社同心捐资重葺开工于光绪三十一年春二月竣工于宣统元年秋九月物料新妍丹□。

[8] 山西省文物局内部资料：《四有档案》，《平遥县人民政府关于公布平遥县第三批文物保护单位和第一批划定十一项文物保护单位保护范围及建设控制地带的通知》。

[9] 山西省文物局内部资料：《四有档案》，《关于第三批划定十八项省级重点文物保护单位的保护范围及建设控制地带的报告》。

[10] 山西省文物局内部资料：《四有档案》，《山西省人民政府关于公布太原市古交遗址等 181 处全国重点文物保护单位保护范围及建设控制地带的通知》。

平遥城墙

李小龙

一　文物概况

平遥古城位于山西省中部平遥县内，东经约112° 17′，北纬约37° 18′，属温带大陆性季风半干旱气候。古城地势东北高，西南低，东侧不远为惠济河，南邻柳根河，汾河自城西约7公里处流淌而过。

平遥古城东、西、北三面城墙平直，南城墙随柳根河（古中都河）蜿蜒而筑，整体略呈“龟形”，有“龟城”之称，反映着古时“因地制宜，以险制塞”的建城理念。目前，平遥古城墙周长约6162.68米[1]，墙高约为10米、顶宽3—6米、墙基宽8—12米。单就城周规模而言，在明代城池中已与部分州、府城相当[2]。古城墙外墙整体由青砖包砌，内墙用素土夯筑，底部用苇秆、素土和石灰混合夯实。整座城墙由墙体、马面、瓮城、城楼、挡马墙、角台、点将台、魁星楼等构成。城墙现有城门6道，分别为太和门（上东门）、亲翰门（下东门）、迎薰门（南

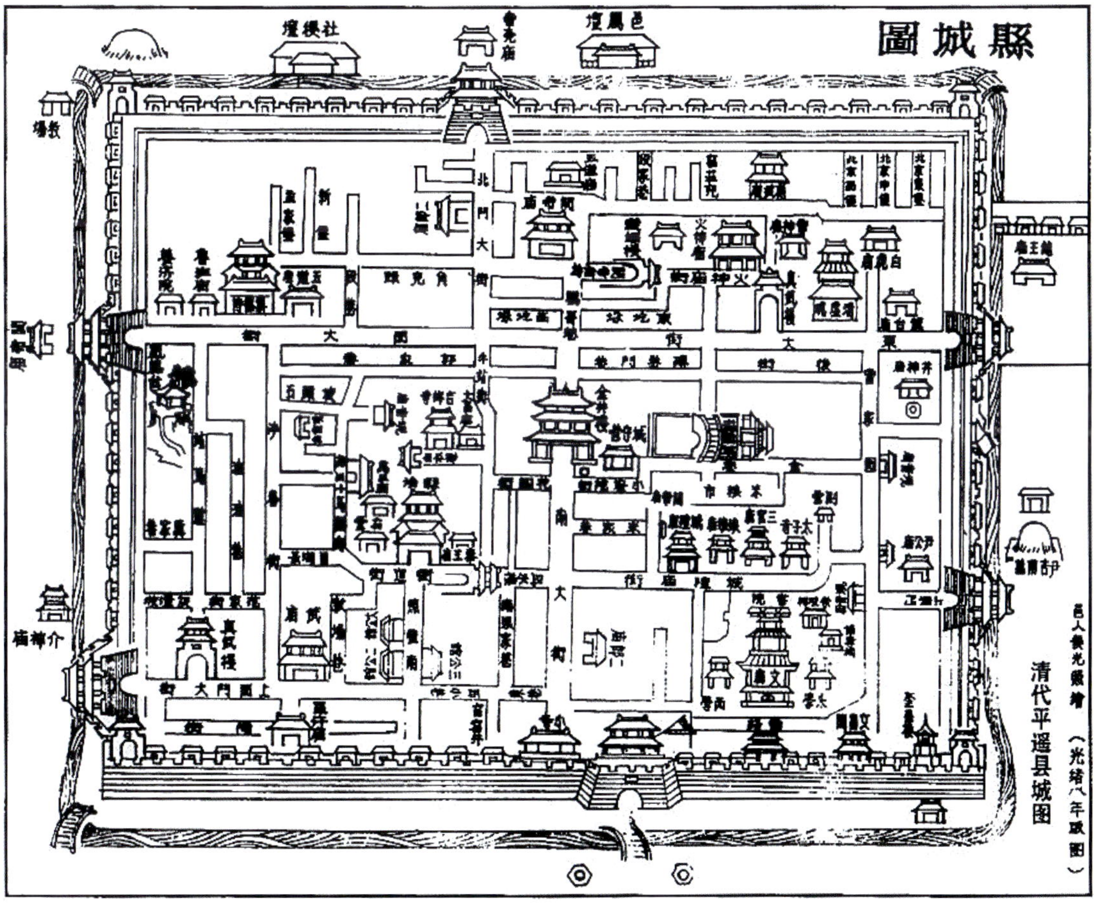

图一　清代平遥县城图

［来源：平遥县地方志编纂委员会《平遥县志》（中华人民共和国地方志丛书），中华书局，1999年，第77页］

门）、永定门（上西门）、凤仪门（下西门）和拱极门（北门）[3]，城门外均修建有重门瓮城。城墙上有72座敌楼、3000个垛口，象征孔子门下七十二贤人、三千弟子。护城河在城墙外环绕（图一）。

1965年，平遥城墙成为山西省人民政府公布的第一批省级重点文物保护单位；1988年，平遥城墙被国务院列为全国重点文物保护单位；1995年被评为山西省十佳旅游景点；1997年被联合国教科文组织列入《世界遗产名录》；2009年，世界纪录协会将平遥古城评为中国现存最完整的古代县城；2015年包括平遥城墙在内的平遥古城，成为国家5A级旅游景点。

二　历史沿革

平遥古称“平陶”，据明成化《山西通志·建置沿革》记载为帝尧初封地[4]。北魏始光元年（424年），因避太武帝拓跋焘名讳，更名为平遥县。后虽经时代变迁，境域归属更迭，名称再未变化。

关于平遥城墙的始建年代，目前尚存争议。中华书局1999年出版的《平遥县志》在梳理县城大事记时，采用了西周周宣王五年（前823年）尹吉甫建城的观点[5]，且明嘉靖十三年（1534年）《重修周卿士尹吉甫庙记》碑、平遥城墙东墙中段现存的“尹吉甫点将台”等遗物、遗迹也都印证着这样的说法。但《平遥县志》在其他章节，对建置（城池）、城区建设（古城墙）、古代建筑（城墙）、人文景观（平遥城墙）[6]等进行描述时，却都采用了“城墙始建年代无考”的叙述[7]。当然，还有学者对《诗经》中尹吉甫“薄伐猃狁，至于太原”的说法提出异议，认为平遥古城是根据郡县制的需要，在战国或秦汉时期依据礼制建造[8]等等。

现存平遥古城墙规制，是明洪武三年（1370年）为抵御外族南扰，知县殷进仁在旧有城墙基础上，经过增高、包砖、加厚、扩建而成，虽距今已有600余年，但格局基本未变。

据不完全统计，自重筑后，有明一代，平遥城墙先后在景泰、正德、嘉靖、隆庆、万历时期，经过10次修葺完善[9]。清康熙年间，平遥城墙修缮较为频繁，从康熙二十三年（1684年）到康熙四十五年（1706年），二十三年间累计修补城墙及附属设施11次[10]。然后直到一百四十余年后，道光三十年（1850年），才又开始大规模补葺工作，包括加高南门、补修东西北5门、增宽城壕、完善四隅敌楼等。咸丰、同治、光绪年间[11]，也都在不同程度上对城墙进行了维修。

由于历史、自然等原因，民国及建国初期，平遥城墙破损、坍塌日趋严重。特别是1977年的特大洪水导致平遥城墙大面积塌方。从1979年开始，国家拨发专项经费修缮平遥古城墙，并在1980年编制完成《平遥城墙施工组织设计方案》、《平遥城墙维修设计方案》。但平遥古城墙保护修缮的真正转机源于阮仪三先生等在1981年编制的《平遥县城市总体规划》，并由此确立的平遥古城“新旧截然分开，确保老城，开发新区”的建设方针。该规划妥善解决了古城墙保护与县城经济发展、城市建设的突出矛盾，起到了“刀下留城”的关键作用。此后13年间（1981—1993年），曾先后对古城四面墙体、敌楼、部分城门进行修复和加固[12]。截至2000年，又复原了四座角楼以及护城壕等[13]。

20世纪的前20年，古城主要进行抢险修缮[14]和保养性修缮[15]。秉持“不改变文物原状”、“最小干预”等原则，在严格控制工程量的前提下，有针对性的对内墙、外墙、马面等存在安全隐患的部位进行支撑加固和重点维修，并在此基础上逐步对城墙整体开展维护工作。2014年原山西省古建筑保护研究所编写《平遥城墙现状勘测报告》为城墙保护安全防范提供了科学判断和技术支撑。2018年山西省第十三届人民代表大会常务委员会第五次会议审议通过《山西省平遥古城保护条例》，将平遥城墙列为重点保护内容，所需经费列入财政预算。2019年平遥县古城墙管理处文物安全直接责任人公示，明确了保护范围和建设控制地带[16]。

三　平遥古城墙保护研究

平遥城墙的保护、研究、利用，一直是一个“常说常新”的课题。作为本体的城墙，也因为文物保护修复理念的更新，时代、功用的变化，对修缮提出着不同的要求。而且，不可否认的是，

图二　凤仪门城墙病害

（来源：山西省古建筑与彩塑壁画保护研究院，李小龙摄）

图三　城墙夯土结构及内侧夯土表面

（来源：山西省古建筑与彩塑壁画保护研究院，李小龙摄）

虽然全社会对平遥古城墙的保护已达成共识，但城墙不可避免地存在着种种的安全隐患（图二）。2004—2006 年，平遥古城墙连续三年发生部分外墙垮塌或内侧夯土层局部坍塌险情，无疑给我们敲响了警钟。事后有关部门组织专家、学者对城墙进行了全面、专业的调查检测，并完成了相关的调查报告和可行性报告[17]，提出诸如“灌浆与夯筑相结合”等许多切实可行的保护方法，为平遥古城墙日常的防护提供有益借鉴。

概括来说，古城墙墙体现在面临的病害主要包括以下几个方面：裂缝、膨胀、酥碱、地基下沉[18]、风化、散水失效、生物破坏等，而其中又以裂缝危害最大。现存平遥古城墙是在旧素土夯筑城墙的基础上改造、扩建而成（图三），主体结构以夯土结构为核心，外包砖砌体的形式[19]。对夯土结构而言，墙体建造时留下的坂筑层间隙，在日积月累的冻融、侵蚀中，极易发生渗水、漏水现象[20]，受到沉降、受力、温度影响，从而产生裂缝。《山西省平遥古城墙文物保护工程现状补充调查报告》中对古城墙探槽底部夯土体发育裂缝的统计数据显示，总裂缝发现率为 59.2%。这种裂缝反映在古城墙上，就是外包砖墙上及内侧夯土各类平行或垂直于墙面的裂痕，极大影响了城墙的整体稳定性。由于马面顶面及与城墙接触面受力较大，出现裂缝的概率相较城墙外墙和内侧夯土体更大。

当然，针对墙体裂缝这类问题，首要考虑的问题是引起墙体开裂的主要原因，通过分析研判，“对症下药”，采用原位加固亦或补夯[21]。2012年编制完成，并付诸实施的《平遥城墙岩土工程监测设计方案》对古城墙的裂缝、含水量、内部倾斜[22]等数据开展了长期的监测，为掌握城墙“动态”，及时“预报”险情提供第一手资料。

此外，在修缮过程中，还需要综合考虑，妥善处理好危墙的排险拆除、墙体的内外壁保护、新旧墙体的接茬砌筑、基础的补强加固、原夯土与回填夯土的连结，乃至墙体的外观做旧[23]等诸多问题。

其实学界现在对平遥古城墙的研究，已不仅仅局限在“就事论事”的补救措施，也在逐步探索很多“前置性”的保护方法，至少是提供了许多其他的观测角度。

比如，古城墙外墙面（砖包墙）破损的主因，是风化侵蚀[24]导致裂缝等，通过对城墙岩基的取样测定，可以发现南城墙受到的影响明显大于其他三个方向，北城墙被侵蚀度最小[25]。所以在防风化侵蚀方面，应把重心放到古城南侧城墙之上，探索城墙表面加热法、修复石膏法[26]等，控制城墙毛细水上升，强化防风化保护实际应用。

在对古城墙墙砖的检测中，清代砖和明代砖构成了砖砌体的主体[27]，由于砖的成分主要为氧化铝和氧化硅，易被砌筑城墙的灰浆（弱碱性）及排水沟中的水腐蚀[28]，故而在后期修缮中可采用煤矸石砖，用水泥混合砂浆砌筑替代，增强城墙耐久性等。

最后，还需说明的是，无论多么专业的修缮方式，都离不开日常对古城墙的有效保护。或者说在保护过程中，应该让“专业性”让位于“管理性”，把保护工作的重心放到日常的预防性维护中去，防患于未然。

四 结　语

平遥古城墙作为我国现存最好的四座古城墙之一，无疑承载着深厚的历史价值和研究意义。从单纯的军事防御，到“偃武修文”的文化传承；从传统的生活居住，到“旅游兴城”的身份转变，传递出的是交流交融的历史内涵，更是感悟中华文化、增强文化自信的过程。

如果我们把古城墙的“有效保护”和“永续利用”，作为古城墙研究的“出发点”和“落脚点”，那么不论是贯彻“保护为主、抢救第一、合理利用、加强管理”十六字方针，还是秉持“修旧如旧、不改变文物原状”的原则，都要求我们在对城墙的保护工作中，变被动为主动，逐步实现从对文物本体的抢救性保护向预防性保护的转变。建立完善的监测预警系统，使日常监测“可视化”，并采取适当措施，及时有效的消除隐患。从这个角度来说，平遥古城墙的保护或许就是一个永远“在路上”的状态，激励着我们不断探索、前行。

注　释

[1] 平遥县地方志编纂委员会：《平遥县志》（中华人民共和国地方志丛书），中华书局，1999年，第751页：东墙约1478.48米，南墙约1713.8米，西墙约1494.35米，北墙约1476.05米。

[2] 王贵祥：《明代城池的规模与等级制度探讨》，《建筑史》（第24辑），2009年，第103页。

[3] 贾莹燕：《平遥城墙的建筑文化与军事文化》，《中国文物报》，2012年5月23日第004版：“太和门”喻自然和谐、城池安宁之意；“亲翰门”喻浩然正气、捍卫古城之意；“迎薰门”隐含祥和美好、喜庆大吉之意；“永定门”取江山永固、城池永葆青春之意；“凤仪门”取凤凰来仪、祥瑞降临之意；“拱极门”寓意星光泽被、四方归附之意。

[4] 明成化《山西通志·建置沿革》：“平遥县，古陶地，帝尧初封于陶，即此。”

[5] 平遥县地方志编纂委员会：《平遥县志》（中华人民共和国地方志丛书），中华书局，1999年，第25页：“周宣王姬静派大将尹吉甫北伐

猃狁，驻兵于今之平遥筑城。时城墙低矮且狭小。”

[6] 平遥县地方志编纂委员会：《平遥县志》（中华人民共和国地方志丛书），中华书局，1999年，第75、307、750、798页。

[7] 2020年11月，平遥古城东墙外发现一座东周竖穴土坑墓和金代砖室墓，是迄今为止，在平遥古城附近发掘的年代最早的地下文物遗存。

[8] 杨丽燕：《平遥古城墙的历史探析》，《文物世界》，2020年第6期，第51页。

[9] 景泰元年（1450年）、正德四年（1509年）、嘉靖十九年（1540年）、嘉靖三十一年（1552年）、嘉靖四十年（1561年）、嘉靖四十一年（1562年）、隆庆三年（1569年）、万历三年（1575年）、万历五年（1577年）、万历二十三年（1594年）。

[10] 康熙二十三年（1648年）、康熙三十五年（1696年）、康熙三十六年（1697年）、康熙三十七年（1698年）、康熙三十九年（1700年）、康熙四十年（1701年）、康熙四十一年（1702年）、康熙四十二年（1703年）、康熙四十三年（1704年）、康熙四十四年（1705年）、康熙四十五年（1706年）。

[11] 咸丰元年至六年（1851—1856年）、同治六年（1867年）、同治十二年（1873年）、光绪六年（1880年）。

[12] 平遥县地方志编纂委员会：《平遥县志》（中华人民共和国地方志丛书），中华书局，1999年，第308页。

[13] 冯亮：《平遥城墙的保护暨维修技术简述》，《文物世界》，2011年第6期，第50页。

[14] 山西省古建筑保护研究所：《平遥城墙南瓮城坍塌段抢险保护修缮工程方案》，2004年12月；

山西省古建筑保护研究所：《平遥城墙49号内墙抢险修缮工程设计方案》，2012年11月；

山西省古建筑保护研究所：《山西平遥城墙27、64、90、92、97、98号内墙抢险修缮工程方案》，2013年5月；

山西省古建筑保护研究所：《平遥城墙外墙52号等14段墙体抢先修缮工程设计方案》，2016年12月；

山西省古建筑保护工程有限公司：《平遥城墙内墙69号、72号抢险修缮工程方案》，2016年；

山西省古建筑保护工程有限公司：《平遥城墙内墙51号抢险修缮工程方案》，2020年。

[15] 例如2015年平遥古城管理委员会对北门城楼、下西门城楼和南门城楼连同相关路段等进行保养性修缮。

[16] 保护范围：1）墙体内侧自墙根10米，外侧自马面散水边起东与南各24米，西与北各30米；2）瓮城内侧正侧三面各35米，外侧正侧三面各50米；3）角台，内侧10米，外侧正侧两面各30米。

[17] 中冶集团建筑研究总院：《平遥古城墙可靠性鉴定报告》，2005年5月；

总装备部工程设计研究总院：《山西省平遥古城墙文物保护工程现状补充调查报告》，2006年7月；

中国文物研究所、山西省古建筑保护研究所：《山西省平遥古城城墙结构加固工程可行性研究报告》，2006年9月；

中国文物研究所、山西省古建筑保护研究所：《山西省平遥古城城墙结构加固工程总体设计方案》，2007年8月。

[18] 朱剡、朱正阳：《论古城城墙的安全——以平遥古城为例》，《中国建设信息》，2011年9月，第72页。

[19] 徐华：《山西平遥古城城墙结构承载力影响因素分析》，北京交通大学硕士学位论文，2008年，第9页。

[20] 马成理：《平遥古城墙可靠性墙体探测》，《山西建筑》，第37卷第16期，2011年6月，第50页。

[21] 戴仕炳、李宏松：《平遥城墙夯土面层病害及其保护实验研究》，《建筑遗产》，2016年创刊号，第126页。

[22] 刘兴龙、孙志民：《山西平遥古城墙变形监测设计方案探讨》，《中国西部科技》，2013年第8期，第6页。

[23] 孙树鹏：《平遥古城墙坍塌段抢险修缮工程技术措施述要》，《山西文物建筑保护50年》，2006年，第301页。

[24] 雷宏刚、吕建国、吴涛：《平遥古城墙加固技术研究》，《建筑结构》，第37卷增刊，2007年7月，第35页。

[25] 张中俭、杨志法、卞丙磊、张路青：《平遥古城墙基外侧砂岩的风化速度研究》，《岩土工程学报》，第32卷第10期，2010年10月，第1632页。

[26] 王立志、黄继忠、任建光、梁喜平：《平遥古城墙毛细水上升控制方法探索性研究》，《文物世界》，2016年第6期，第66页。

[27] 马成理：《平遥古城墙砖砌体强度可靠性探测》，《山西建筑》，第41卷第25期，2015年9月，第33页。

[28] 马成理：《平遥古城墙耐久性的试验研究》，《山西建筑》，第42卷第30期，2016年10月，第48页。

五台山圆照寺

雷 伟

圆照寺位于忻州市五台县台怀镇灵鹫山峰中部，是五台山核心寺庙群的组成部分，南与罗睺寺毗连，东北有广宗寺及菩萨顶之一百零八级台阶，北面紧靠灵鹫山峰峦，东面与显通寺相邻，昔为五台山最早的一座黄庙。圆照寺始建于元至大二年（1309 年），古称普宁寺，明永乐年间（1403—1424 年）重修，明宣德年间（1426—1435 年）再建，并更名为圆照寺，清代又予修葺。现存主体为明、清建筑。1986 年，山西省人民政府公布为省级文物保护单位。

一 文物概况

圆照寺坐北向南，占地面积 12600 平方米，一进三院布局，主要殿宇依南北中轴线铺开，寺院东西窄而南北深，中轴线上由南向北依次布列有山门、天王殿、大雄宝殿、舍利塔和祖师殿，左右建配楼、客堂、僧舍[1]（图一、图二）。

图一 圆照寺鸟瞰图（自南向北）

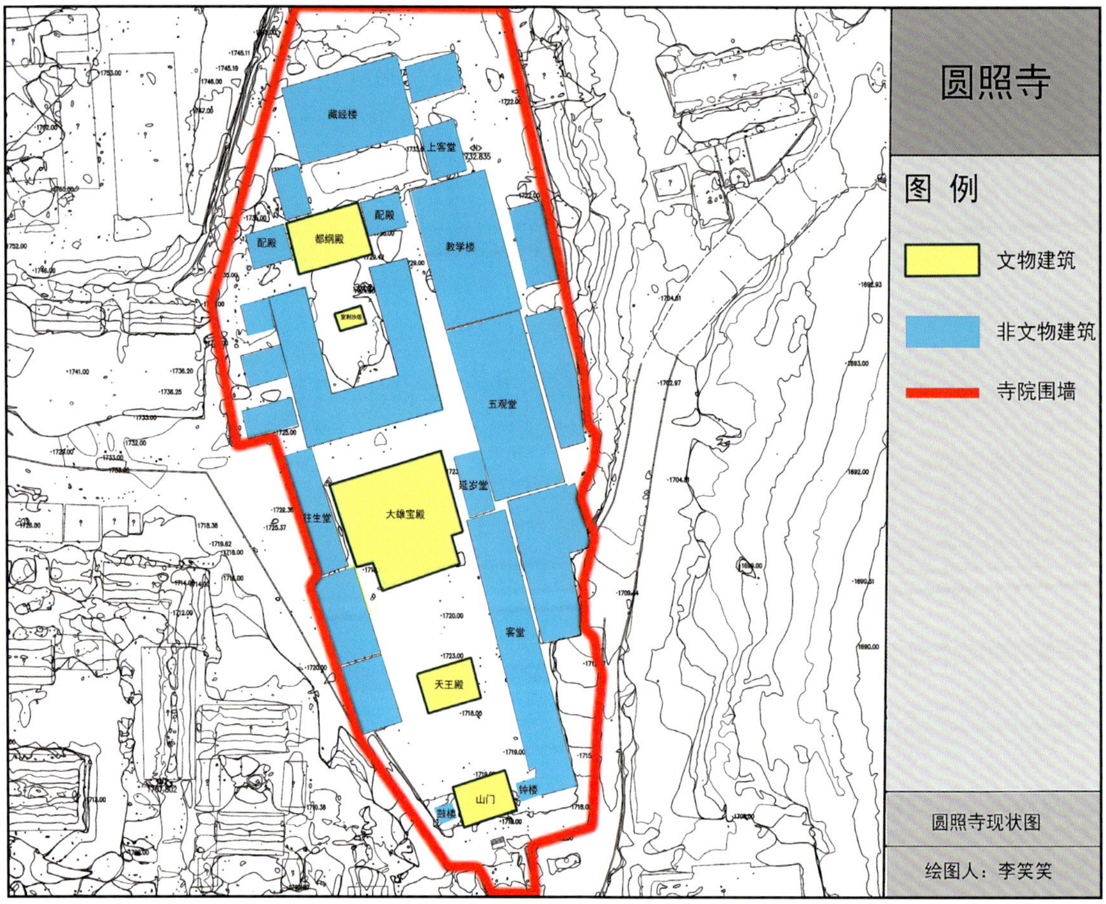

图二　圆照寺总平面图

图三　圆照寺山门

图四　圆照寺天王殿西北立面

图五　圆照寺天王殿“震那金界”御匾

图六　圆照寺大雄宝殿西北立面

寺院最南端为山门，三开间，四架椽，单檐歇山顶，前后出廊，并列三门。三门两旁，又有二道门，合计“五门”，故又称“五朝门”（图三）。

进入山门第二重建筑为天王殿，为明代建筑（图四）。该殿为三开间，单檐歇山顶。殿前悬清乾隆皇帝弘历御匾“震那金界”（图五）。殿两侧设两座旁门，左边门上书“吉祥门”，右边门上书“般若门”。

第三重建筑为寺内主殿大雄宝殿院。该殿为明代建筑，面阔五间，进深三间，重檐歇山顶，琉璃兽脊（图六）。殿建于高约 1 米的台基上，前面月台宽近 10 米。殿内主像为释迦、阿弥陀、药师“横

图七　圆照寺大雄宝殿内泥塑

图八　圆照寺实哩沙哩舍利塔南立面

三世佛”。释迦牟尼佛前，又置骑狮文殊像一身。殿两侧山墙及扇面墙后作悬塑，为天山琼阁、须弥境界、罗汉诸天。此殿前侧立有“文殊化贫女”之石碑（图七）。

大雄宝殿往北有后院，后院中有金刚宝座塔一座，为实哩沙哩舍利塔，建于明宣德九年（1434 年）。建于长约 12 米、宽约 11 米之台基上，塔身为覆钵形，塔底为束腰须弥座，高约 23 米。主塔四隅，各有一座与大塔形制相同的小塔（图八）。

实哩沙哩舍利塔北边，为第四重殿宇建筑祖师殿，该殿面宽五间，前置出廊，单檐硬山顶，内置宗喀巴、嘉曹杰、克珠杰像以及毗卢佛、释迦佛、药师佛、阿弥陀佛、四臂观音等尊像。此殿亦称“都纲殿”，原为供奉实哩沙哩之处，后亦为都纲住处[2]（图九、图十）。

二　历史沿革

（一）关于创立“普宁寺”之记载

（1）《清凉山志》卷三《高僧懿行》：“元释了性，号大林……初依安和尚薙发，登具戒……后遇真觉国师，启迪厥心。既而周游关、陕、河、洛、襄、汉，访诸耆德，从而学焉。如柏林潭、关辅怀、南阳慈诸公，皆以贤首之学，著称一时。性悉造其门，领厥玄旨。及归……乃从真觉至五台……至大间，太后创寺台山，曰普宁，延性居之……时元世宗尊宠西僧，其徒众甚盛，出入骑从，拟若王公。或顶赤毳峨冠，岸然自居。天下名德诸师，莫不为之致礼，抠衣接足，丐其按颅摩顶……性惟长揖而已……识者高之。至治元年九月三日示寂，塔于竹林之墟，谥曰宏教”[3]。

（2）《元史》卷二十二《武宗》载，至大元年二月癸巳“立皇太子卫率府，发军千五百人，修五台山寺”[4]；五月丙寅“御使台臣言：此奉旨罢不急之役，今复为各官营私宅。臣等以为，俟旺兀察都行宫，及大都、五台寺毕工，然后从事为宜”[5]；十一月庚申“太白昼见，以军五千人，供造寺工役”[6]。“至大”为元武宗年号，至大元年即公元 1308 年。故普宁寺建造时间，应主要在元至大元年。《元史》卷一一六《后妃二》：至大二年正月“太后幸五台山，作佛事，诏高丽王璋从之”[7]（元至

图九 圆照寺都纲殿藻井

图十 圆照寺都纲殿南立面

大二年为公元 1309 年），是年普宁寺建成，昭献元圣皇太后亲临此寺，大作佛事。

（3）《重修圆照寺碑记》又记：“……大金初，寺亦废。至世宗大定间复兴。大元至元二十一年，重修梵刹，现云桥。大德间，创大普宁寺、佑国二寺。至治二年，帝幸台，召诸名德论宗乘，复兴是山……”[8]（“大德”为元成宗年号，时在公元 1297 年至 1307 年）。

据上述记载可知：“普宁寺”开工兴建，是在元成宗铁穆耳大德年间（1297—1307 年），元武宗海山即位后，敕拨人马钱粮，加速寺院建设，于至大二年初（1309 年）落成。其后将此寺改作为其母昭献元圣皇太后祈福延寿之道场，元至大二年（1309 年）正月，元圣皇太后即亲临普宁寺作佛事，并延请了性法师为该寺第一代住持。

（二）明代敕建舍利塔之记载

（1）《清凉山志》卷二《伽蓝胜概》：“大圆照寺，显通之左，古称普宁寺。永乐初，印度僧室利沙者来此土，诏入大善殿，坐论称旨，封圆觉妙应辅国光范大善国师，赐金印，旌幢遣送台山，寓显通寺。至宣德初，复诏入京，广宣秘密。无何，辞归山，上未许。明日示寂，上闻，痛悼之。御祭火化，敕分舍利为二；一塔于都西，建寺曰‘真觉’；一塔于台山普宁基，建寺曰‘圆照’。”[9]

（2）《补续高僧传》卷第二十五：“实哩沙哩卜得啰，东印土拶葛麻国王之第二子也……年十六，请命出家……永乐甲午，入中国，谒文皇帝于奉天殿，应对称旨，命居海印寺。丁酉，奉命游清凉山。还都，召见武英殿，天语温慰，宠赉隆厚，授僧录阐教，命居能仁寺。岁甲辰，仁宗昭皇帝，举荐扬大典，师掌行，特授师号圆觉妙应慈慧普济辅国光范弘教灌顶大善大国师，赐金印宝冠，供具仪仗。乙巳，宣宗章皇帝举荐，亦命师掌行……将化，谓弟子不啰加实哩等曰：吾自西天行化至此，今化缘已周，行将逝矣……言讫，俨然而寂。实宣德丙午正月十三日也。讣闻，上悼叹之，收舍利于香山乡，遣命分藏清凉山，圆照寺亦建塔矣。”[10]

（3）清光绪版《山西通志》卷五十七《古迹考》八《寺观》：“大圆照寺，在显通寺左，古称普宁寺，明宣德初，因故基建，改名。永乐初，印度僧室利沙居显通寺，宣德初，召入京，无何示寂，依法荼毗，分舍利为二，一建寺都城，曰真觉，一即此。”[11]

据上述记载可知：实哩沙哩是来自尼泊尔的佛教高僧，明永乐年间来明朝京城，备受朝野礼遇。明宣德元年（1426 年）示寂，明宣宗朱瞻基敕其舍利一分为二，一于京西香山，建真觉寺藏之，一于五台山普宁寺建塔藏之。

（三）明代更名“圆照寺”之记载

（1）《皇帝敕谕五台山僧俗人等碑文》正面刻文：“……今以五台山新建寺宇，敕赐名曰‘圆照’。颁敕护持，听从本寺僧人自在修行。所在官员军民人等，并不许侮慢欺凌，以沮其教，违者必罚无赦。故谕。天顺二年五月二十八日”。[12]

（2）《皇帝敕谕护持山西五台山圆照寺》碑文正面刻文：“朕惟如来之教，清净圆明……自昔有国家者，皆尊其教……我朝尝于兹山建立寺宇，俾僧徒居住，以为祈祝之所。今仍令尔班麻孤麻啰代忙葛罗不辣加为都纲，住持圆照寺，与僧录司右觉义同铃澄存，同率所在汉番僧徒自在修行。上为国家祝釐，下为生民祈福。凡本山寺法像，遇有损坏者，俱听尔等自行提督修理。一应官员军民人等，不许生事欺扰，沮坏其教，违者罪之。此谕。天顺二年五月二十八日……”[13]

通过上述两碑文记载可知：作者均为明英宗朱祁镇，所刻立时间均为天顺二年（1458 年）五月二十八日，因此推断出在普宁寺址修建寺宇，普宁寺损毁时间不详，并将修建寺宇改名为“圆照寺”，是在明天顺二年（1458 年）；敕尔班麻孤麻啰忙葛罗不辣为圆照寺开山住持，并兼“都纲”。此外，在此期间，五台山“汉番”寺院僧人，或就“本山寺法像”而“有损坏者”的“修理”上有不同意见、方案或办法，所以在第二通碑文《皇帝敕谕》中特别敕令：此事“俱听尔等自行提督修理。”

（四）明代“火焚”及“重修”之记载

《行实碑》正面刻文：“铁林果禅师者，乃真定府晋州安平县博陵郡名家之子也。父张林……只今敕建大圆照寺近被火焚，而本寺老宿又礼请果公重修大佛阁五间。功力浩大，而不远年间已成大业，皆果禅师实行而所为也……弘治己未三月上浣。”[14]

根据上述碑文记载可知：弘治己未，是明弘治十二年（1499年），碑文记载是年秋，圆照寺遭遇火灾，铁林禅师重修该寺五间大佛阁。

（五）明清圆照寺“重修”“赐匾”之记载

（1）《重修圆照寺碑记》碑文：“太祖高皇帝遣侍臣往葛里麻斡之乌思藏国，迎板的达国师东归，师不赴。永乐十二年春至，诏上奉天殿，朕叹曰：……尔板的达安心寂静，保顺于朝廷，克敬承于天道……宣宗诏上殿，翻译诸佛坛仪，颁行于世。本年正月内，师将赐衣钵，付大国师短竹，及斋众留裔，俾其具奏，往五台山立塔，而入禅寂。至五更时，脱然而归。世寿九十二岁，僧腊七十一岁……著内府二十四衙门等官修斋荐悼；钦差太监杨英送师舍利数颗，五台山圆照寺立塔；遣内官监亦同山西太原府布政使司造塔复祭。于嘉靖丁未年数燃焚之，苟延岁月。自京城坚参师法王张、兼管台山提督口口玄公、高僧天玺，同协阜平县长者孙儒、弟孙孜昆季，金币躬诣台山凤林院彻天大师修建。胤曰：佛殿要盖，布施赖于居士。儒应曰：愿师成造。舍金五百两。胤领负募化，不过数载，殿宇圣像焕然光新……时隆庆三年岁次己巳凤林院德胤重立。”[15]

据上述碑文记载可知：此碑文由明穆宗朱载垕为重建圆照寺撰写，由五台山凤林寺住持德胤重新刊碑收存。因此，圆照寺在明隆庆三年（1569年）有过“重修”。大善国师之舍利，当年除分送京西之香山、台山之普宁外，还分送山西太原府一份，亦令“造塔复祭”，不过后一份已于嘉靖丁未（1547年）焚于“炊燃”之火灾。

（2）清光绪版《山西通志》卷五十七《古迹考》八《寺观》：“大圆照寺……圣祖仁皇帝御书匾额曰“胜幡西振”。高宗纯皇帝御书匾额曰“宏范三界”。[16]

据上述记载可知：“胜幡西振”为圣祖仁皇帝康熙御书匾额。“宏范三界”为高宗纯皇帝乾隆御书匾额。

民国年间，圆照寺寺庙冷落，香火萧条，寺院经济危机，僧人生活困难。

三　文物保护工程及管理

从中华人民共和国成立至今，政府部门成立了专门的保护管理机构，对圆照寺进行保护和管理。其中仅1984年对寺内大雄宝殿进行了落架大修和其他建筑复原和新建，其余只是进行日常养护。

保护管理机构变迁：

1953年，五台山文物管理委员会成立，省政府文物工作委员会另设五台山古迹保养所，负责五台山寺庙文物建筑的保护和维修。

1957年，五台山佛教协会成立，圆照寺寺庙管理委员会随之成立。

1983年4月，五台山管理局成立，下设民族宗教事务处，为五台山专职文物管理保护机构。

1989年，五台山风景名胜区政府成立，下设五台山宗教处，分管文物工作。

1990年，五台山宗教处改为五台山宗教分局。

1998年，五台县人民政府成立宗教局，负责管理全县宗教事务。

2002年6月，五台山风景名胜区宗教文物管理局成立，负责管理五台山宗教文物工作。

2016年9月，五台山风景名胜区文物和遗产保护局成立，负责五台山文物遗产保护工作。

现五台山圆照寺为宗教活动场所，圆照寺日常管理和保护工作由寺庙管理委员会具体负责，寺庙管委会主任释海信。

保护维修工程概况：

1984年，政府拨款落架大修大雄宝殿等；维修东西配殿24间，复原僧舍15间，全部油彩殿堂僧舍。砌围墙652米。清海法师被五台山佛教协会从广宗寺调来圆照寺，集资维修油彩塔院大殿、厢房，陈设殿堂，补塑圣像，洗刷明代高僧实哩沙哩舍利塔，启建了这座黄教的金刚道场。

2005年圆照寺管委会进行屋面局部换瓦维修。

四　相关研究综述

近年来，在对圆照寺的相关研究中既有对圆照寺建筑形制和塑像的研究，又有对圆照寺碑文、楹联牌匾的研究，还有对圆照寺佛教文化的研究等。

具体研究情况如下：

郑林发表于《五台山研究》1997 年第 1 期的《圆照寺佛教简史》[17]。文章详细地介绍了圆照寺佛教的历史起源及传播过程，从恢宏壮丽的华严道场、五台山最早的黄教寺庙、人才辈出的僧纲宝地、护国佑民的黄教道场等四部分内容讲述了佛教在圆照寺的演变及繁盛法人过程。

高明和、吕更美发表于《五台山研究》1997 年第 1 期的《圆照寺建筑与塑像概述》[18]。文章对圆照寺内建筑布局以及主要遗存山门、天王殿、大雄宝殿、实哩沙哩舍利塔、都纲殿等建筑概况和现状进行简述，并惟妙惟肖地对殿宇内外塑像进行了描述。

福生、周青梅发表于《五台山研究》1997 年第 1 期的《师徒三尊》[19]。圆照寺都纲殿中，供奉着宗喀巴大师及其二位弟子达玛仁勤和克主杰的肖像，人称其为“师徒三尊”或“宗喀巴三父子”。文章主要是对圆照寺都纲殿内三尊人物塑像的缘由进行了深入研究，体现了藏传佛教在此寺像设、像教中的并存与融合。

白宇清发表于《五台山研究》1997 年第 1 期的《圆照寺诗歌》[20]。记录了圆照寺内《追忆清海老和尚》、《访圆照寺住持海信法师》等诗歌。

杯茗发表于《五台山研究》1997 年第 1 期的《圆照寺碑文》[21]。记录了圆照寺内《皇帝敕谕五台山僧俗人等碑文》、《皇帝敕谕护持山西五台山圆照寺》等碑文，碑文记载了圆照寺的缘由。

尹樱发表于《五台山研究》1997 年第 1 期的《圆照寺楹联牌匾》[22]。记录了圆照寺山门、天王殿、大雄宝殿、都纲殿、五观堂、塔院、玲珑宝塔、罗汉堂、藏经楼等殿宇建筑的楹联牌匾。

肖雨发表于《五台山研究》1997 年第 1 期的《五台山与尼泊尔佛教文化交流》[23]。文章介绍了尼泊尔佛教与五台山佛教的渊源以及佛教文化的交流，而圆照寺中舍利白塔更是中尼友好的象征。

高明和《宣宗敕建的圆照寺》[24] 发表于 2000 年山西人民出版社《五台山文物集锦》。文章全方位地介绍了圆照寺的历史沿革、总体布局、寺内殿宇建筑形制以及殿宇内外塑像、石碑、牌匾、楹联等概况，是对圆照寺各方面研究较全面的研究论文。

2001 年，五台山风景名胜区政府指示五台山宗教文物管理处对五台山所有寺庙附属文物进行全面调查，具体调查项目如下：佛经、佛像、法器、供器、石碑、牌匾、楹联、佛塔、梵钟、石狮、牌楼、石雕、壁画、悬塑、古树名木、幡杆。现场调查时间从 2001 年 6 月开始，8 月底结束，内业整理工作历时三个多月，于 11 月底结束。最终汇集文物登记簿 1 本[25]。

通过上述文献资料，当前对圆照寺的研究主要包括圆照寺的历史沿革、总体布局、寺内殿宇建筑形制以及殿宇内外塑像、石碑、牌匾、楹联以及圆照寺佛教文化等几方面。这些研究成果给未来圆照寺的研究打下了坚实的研究基础。

五　结　语

圆照寺基本保持了明清时期建筑格局，主要文物建筑在形制特征、材料和工艺特点等方面保留了历史原状，留存不同时期的历史活动信息，周边环境能够反映寺院选址与地形地貌关系，具有鲜明的地方特色，由碑刻等记载的寺院历史和物质遗存可以相互印证，同时寺院仍保持了佛教宗教活动场所的功能。

通过对圆照寺现状情况的调查和相关文献的梳理研究，笔者有以下几方面的思考：①关于本体保护。1984 年对大雄宝殿进行落架大修，而后，没有制定过相关的文物保护规划，没有具体的保护措施。建议对圆照寺进行整体勘察，根据勘察结果制定相应的保护措施，确保文物建筑的延年益寿。②加强环境整治。圆照寺内除山门、天王殿、大雄宝殿、实哩沙哩舍利塔和都纲殿为文物本体外，其余为新建和复原的非文物本体建筑，应对影响历史风貌的非文物建筑进行改造或拆除，确保整体风貌的协调性。③深入研究。目前对圆照寺研究成果较少，应加强同时期同区域文物本体建筑以及附属文物的比较研究，从而总结地方建筑特色。

注　释

[1] 2018 年 11 月 26 日《第八批全国重点文物保护单位推荐资料》中参考文物描述部分。
[2] 崔元和：《五台山寺院稽考（下）》（未发表），第 104—114 页。
[3] （明）释镇澄：《清凉山志》，中国书店，1989 年，第 79、80 页。
[4] 上海古籍出版社、上海书店编：《元史》卷二十二《本纪》第二十二《武宗一》，《二十五史》第 9 册《元史》，1986 年，第 67、68 页。
[5] 上海古籍出版社、上海书店编：《元史》卷二十二《本纪》第二十二《武宗一》，《二十五史》第 9 册《元史》，1986 年，第 67、68 页。
[6] 上海古籍出版社、上海书店编：《元史》卷二十二《本纪》第二十二《武宗一》，《二十五史》第 9 册《元史》，1986 年，第 67、68 页。
[7] 上海古籍出版社、上海书店编：《元史》卷一一六《列传》第三《后妃》，《二十五史》第 9 册《元史》，1986 年，第 339 页。
[8] 五台山佛教协会《清凉文化丛书》编委会：《五台山碑文》，三晋出版社，2016 年，第 150 页。
[9] （明）释镇澄：《清凉山志》，中国书店，1989 年，第 36、37 页。
[10] （明）明河撰：《补续高僧传》卷二十五《大善国师传》，《卍新续藏》第 77 册 No.1524，《CBETA 电子佛典》，2014 年。
[11] 清光绪版《山西通志》第九册，三晋出版社，第五版，第 2824 页。
[12] 崔正森、王志超：《五台山碑文选注》，北岳文艺出版社，1995 年，第 9 页。
[13] 崔正森、王志超：《五台山碑文选注》，北岳文艺出版社，1995 年，第 11 页。
[14] 五台山佛教协会《清凉文化丛书》编委会：《五台山碑文》，三晋出版社，2016 年，第 358 页。
[15] 五台山佛教协会《清凉文化丛书》编委会：《五台山碑文》，三晋出版社，2016 年，第 15、151 页。
[16] 清光绪版《山西通志》第九册，三晋出版社，第五版，第 2824 页。
[17] 郑林：《圆照寺佛教简史》，《五台山研究》，1997 年第 1 期。
[18] 高明和、吕更美：《圆照寺建筑与塑像概述》，《五台山研究》，1997 年第 1 期。
[19] 福生、周青梅：《师徒三尊》，《五台山研究》，1997 年第 1 期。
[20] 白宇清：《圆照寺诗歌》，《五台山研究》，1997 年第 1 期。
[21] 杯茗：《圆照寺碑文》，《五台山研究》，1997 年第 1 期。
[22] 尹樱：《圆照寺楹联牌匾》，《五台山研究》，1997 年第 1 期。
[23] 肖雨：《五台山与尼泊尔佛教文化交流》，《五台山研究》，1997 年第 1 期。
[24] 高明和：《宣宗敕建的圆照寺》，《五台山文物集锦》，山西人民出版社，2000 年。
[25] 2018 年 11 月 26 日《第八批全国重点文物保护单位推荐资料》中参考保护管理工作沿革部分。

五台山菩萨顶

田　园

菩萨顶位于五台县台怀镇显通寺北侧的灵鹫峰上，左倚五台山之东台望海峰，右倚西台挂月峰，背靠北台叶斗峰，面向南台锦绣峰。是五台山规模最大最完整的一座藏传佛教寺院。1986年被确定为山西省省级文物保护单位。2006年5月，菩萨顶与显通寺作为五台山古建筑群，被国务院确定为第六批全国重点文物保护单位。2009年6月26日被正式列入《世界遗产名录》（图一）。

一　菩萨顶概况

菩萨顶依山势而建，坐北朝南，整体布局严谨且保存比较完整。占地面积8687平方米，建筑面积4621平方米。有殿、堂、楼、阁、禅房、僧舍等建筑62座（其中有43座为清代建筑，其余均为20世纪80年代之后新建）[1]。寺内附属文物现存明代石碑1通、铜锅2口、铁钟1口，清代塑像50尊、石碑8通、铜锅2口，以及民国时期石碑1通。全寺平面布局可以分为前院、中院、后院三个部分。前院部分呈上升态势，建有“佛字”影壁、108级石阶。山门前的平台上建有砖砌仿木结构牌楼以及东塔、西塔等。中院中轴线上有五进院落，主要建筑有天王殿、大雄宝殿、大文殊殿、文殊堂、藏经楼；中轴线东侧是由三个院落组成的方丈院，西侧是由两个院落组成的行宫院。后院呈逐步下降态势，由多个庭院组成，其中最主要的是“大锅院”（图二）。

图一　五台山菩萨顶全景图（来源：第三次全国文物普查照片部分）

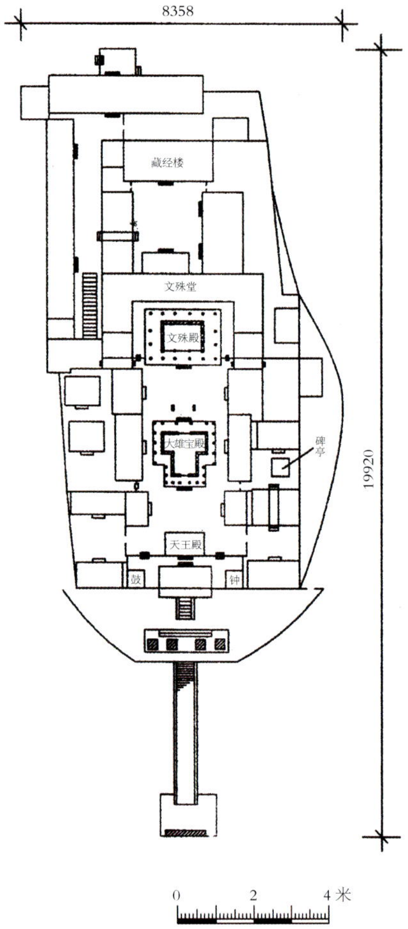

图二　菩萨顶布局平面图

（来源：第三次全国文物普查照片部分）

图三　天王殿正立面图

（来源：第三次全国文物普查照片部分）

图四　大雄宝殿正立面图

（来源：田园摄）

图五　大文殊殿正立面图

（来源：田园摄）

天王殿为清代建筑，面阔三间，进深四椽，单檐歇山顶，黄色琉璃瓦盖顶，正脊中间置铜制的莲花宝瓶，两端置鸱吻，五架梁通达前后檐（图三）。

大雄宝殿为清代建筑，作为菩萨顶的重要殿堂，是寺内喇嘛组织大型活动的主要场所。其建筑结构的主要特点是五架梁对前后单步梁，通檐用四柱，单檐歇山顶，周匝回廊。前置重檐抱厦，抱厦面阔三间，进深一间，后檐柱与大殿前檐柱共用，下层为半庑殿式，上层为卷棚悬山顶。大雄宝殿檐下设斗栱，斗栱形式五踩，抱厦回廊斗栱形式三踩（图四）。

大文殊殿为清代建筑，俗称“滴水殿”，是菩萨顶的主要殿堂，是一座典型的宫殿建筑。面阔三间，进深八椽。单檐庑殿顶，上施黄色琉璃瓦，梁架上悬有“人天尊胜”牌匾一块，正脊中间置铜制的莲花宝瓶，两端置鸱吻。四条斜脊都有一排栩栩如生的飞禽走兽，形状各异（图五）。

文殊堂为清代建筑，面阔五间，进深三间，前出廊，三架梁对前后单步梁，双坡硬山顶，板瓦覆盖，明间设槅扇门四扇，次、梢间设槛窗。

藏经楼为清代建筑，面阔五间，进深四椽，上下前出廊，三架梁对前后单步梁，单檐硬山顶，筒板瓦覆盖。

后院“大锅院”有铜锅四口，分别为明嘉靖三十四年四月（1555年），明万历二十九年（1601年），清嘉庆十二年九月（1807年），清嘉庆十二年腊月（1807年）所造。

菩萨顶创建时代较早，建筑本体及附属文物都具有较高的历史、科学、艺术、社会价值，特别是菩萨顶与佛教史一脉相承，充分展现了中国佛教建筑的传承和发展，是研究佛教发展、演变以及佛教建筑历史发展的重要实物例证。

菩萨顶在国内外有着十分广泛的社会影响，特别是每年的六月法会[2]和腊月初八，都是菩萨顶内举行的重要活动。

二 历史沿革

菩萨顶相传始建于北魏孝文帝时期（471—499年），为大孚灵鹫寺的十二院之一，自古被称为“化文殊台”，但直至唐初，却没有一尊文殊圣像。唐睿宗景云年间（710—711年）始建真容院、瑞相堂，同时修造了文殊菩萨骑金毛狮子像[3]。据北宋嘉祐五年（1060年）清凉山大华严寺坛长妙济大师编撰的《广清凉传》卷之《安生塑真容菩萨十》条说中记载[4]：“大孚灵鹫寺之北，有小峰，顶平无林木，岿然高显，类西域之鹫峰焉。其上祥云屡兴，圣容频现，古谓之化文殊台也。唐景云中，有僧法云者，未详姓氏，住大华严寺。每惟大圣示化，方无圣像。俾四方游者，何所瞻仰？”“有处士安生者，不知从何而至。一日，应召为云塑像，云将厚酬其直，欲速疾工。生谓云曰：‘若不目睹真相，终不能无疑。’乃焚香恳启。移时，大圣忽现于庭，生乃欣踊躄地祝曰：‘愿留食顷，得尽模相好。’因即塑之。厥后，心有所疑，每一回顾，未尝不见文殊之在傍也。再朞功毕，经七十二现，真仪方备。故以‘真容’目院焉。”这一史料记载了僧人法云请来塑像大师安生塑造菩萨像的原因和经过。最终塑成这座文殊菩萨骑金毛狮子像。后来这尊文殊菩萨像便被称为真容文殊菩萨，供奉它的大殿被称为真容文殊殿，大殿所在寺庙被称为真容院。

唐武宗会昌五年（845年），受武宗灭佛影响，五台山佛寺也遭到严重破坏。唐宣宗（846—859年）登基后重新尊佛，佛教才得以复兴，寺庙也逐渐得到修复[5]。北汉天会七年（961年），五台山一名高僧继颙广纳布施，修建了真容院四面廊庑[6]。宋太宗太平兴国五年（980年），宋太宗敕令内侍张廷训主持重修五台10寺，真容院就是其中之一，并铸造金铜文殊像，安置于真容院[7]。宋真宗于景德四年（1007年），敕五台真容院建重阁，设文殊像，并赐额“奉真阁”[8]。明永乐年间（1403—1424年），真容院“敕改建大文殊寺”，此后一直沿称“大文殊寺”，也被称作“菩萨顶”。“菩萨顶”的叫法从此流传开来[9]。明成化十七年（1481年），明宪宗下令重修真容院，并赐匾额“大文殊寺”。明万历年间（1573—1620年），再次对菩萨顶建筑进行修葺[10]。到了清代，由于清朝崇信喇嘛教，并且清政府特别重视利用黄教来加强中央政府与蒙藏地区的联系，因此在顺治十六年（1659年），将菩萨顶由青庙（和尚庙）改为黄庙（喇嘛

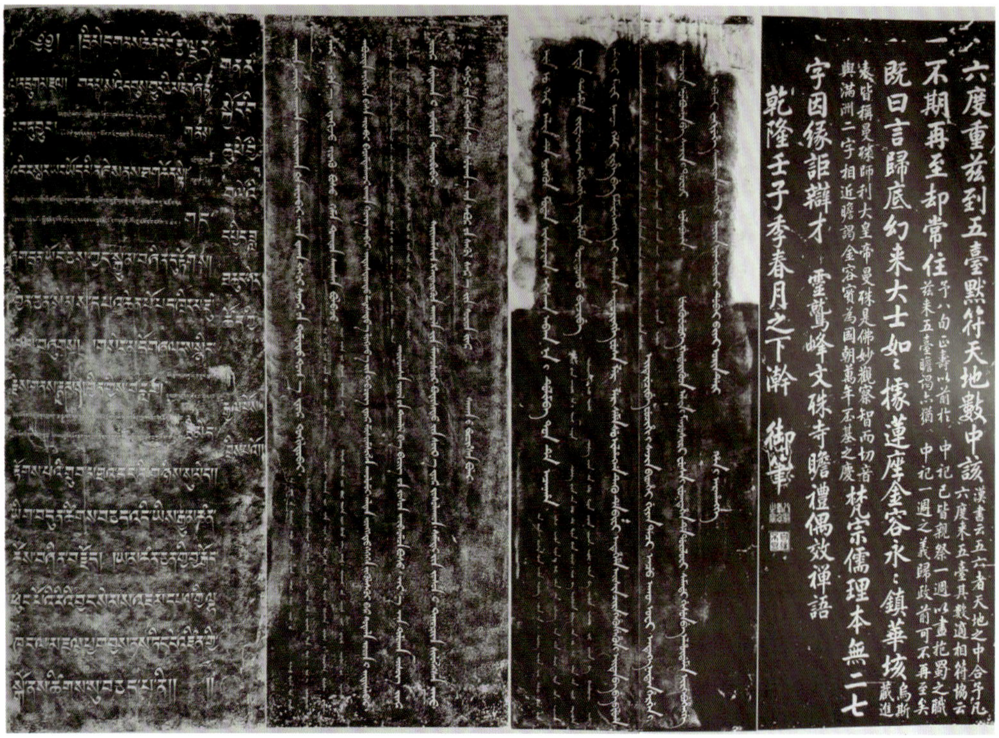

图六　清乾隆五十七年《灵鹫峰文殊寺瞻礼偶效禅语》碑文照片（来源：田国摄）

庙），并从京城派去住持喇嘛[11]。

康熙二十二年（1683 年）春，康熙帝敕命重修菩萨顶建筑，次年（1684 年）“易大殿瓦以黄色琉璃”[12]。康熙三十六年（1697 年）“于菩萨顶前后山门设官永镇”，并向该寺授“番汉提督印”[13]，山门前的牌楼也修成了四柱七楼的形式。自此，菩萨顶便成为清朝皇室的庙宇，这是清朝政府以黄教怀柔蒙古、西藏的重要体现，从而树立了菩萨顶在五台山黄庙中的统领地位。

康熙先后到菩萨顶朝拜五次[14]，木牌楼上的“灵峰胜境”、文殊殿前石牌坊上的“五台圣境”均为康熙亲笔题写。雍正时期（1723—1735 年），菩萨顶成为五台山 26 座黄庙的首庙，统管所有黄庙的一切事务[15]。乾隆也先后六次朝拜菩萨顶[16]，并于乾隆五十七年（1792 年）敕修菩萨顶文殊殿。寺中现存一块用汉、满、蒙、藏四种文字刻写的碑刻，记载了乾隆第六次游历五台山的感受与情怀（图六）。

由于明清两代最高统治者的大力扶持，菩萨顶藏传佛教在促进民族融合方面发挥了重要作用，并成为多民族文化交流的纽带。

三　相关保护项目的梳理

1949 年后，菩萨顶整体以及寺内古建筑和文物都得到了较为充分的保护。1969 年，当地政府对菩萨顶文殊殿等进行了补修。1976 年，又对菩萨顶 500 立方米护岸进行了维修。1978 年，政府投资 20 万元，加上菩萨顶自筹部分资金，对殿堂、殿内供奉佛像等进行了补修。随后又陆续修复了文殊殿、大雄宝殿、禅堂院、护法殿、带剑文殊殿、扎萨克大堪布名咒塔殿等六座殿堂。1984 年，山西省财政厅拨款 600 万元，对菩萨顶文殊殿、金阁寺、塔院寺等进行了维修。1986 年，寺内僧人自筹资金重修牌楼。1997 年，僧人自筹资金落架大修天王殿和钟鼓楼、山门。2003 年，山西省宗教局拨付资金 8 万元维修菩萨顶，僧人自筹资金维修大雄宝殿、客堂、念佛堂。2004 年，僧人自筹资金维修碑亭[17]。

2007 年，为申报世界文化遗产，原山西省古建筑保护研究所编制了《山西省五台山菩萨顶保护修缮与环境整治意见书》，并公布了菩萨顶的保护范围及建控地带。2009 年 7 月，国务院开展全国第三次文物普查，山西省文物局组织专业调查队伍，对菩萨顶进行了全面普查。2012年初，山西省有关部门组织专家根据菩萨顶古建筑保护方面具体问题进行了调查、论证和研究，最终确定由原山西省古建筑保护研究所对菩萨顶进行全方位的勘查并编制了《五台山菩萨顶现状勘查报告》。该《报告》明确提出，造成菩萨顶病害的主要原因是环境因素：高山气候温差较大，使得菩萨顶建筑本体的木构件常年处于热胀冷缩的状态，以致出现不同程度的弯曲、变形、糟朽等残损现象；多雨、多雾的潮湿环境，使建筑本体、墙体、彩绘壁画等出现起甲、局部泛碱、灰缝脱落、砖体破损、殿前台明下陷、房檐口腐蚀、筒瓦釉面局部脱落、捉节夹垄灰脱落、瓦件破损等问题。2013年7月起，由国家文物局和山西省文物局共同投资1700多万元，分两期工程对五台山菩萨顶等重点寺庙群进行修缮，历时三年，于2016年10月修缮完成。

近年来，按照文物保护工作“保护为主、抢救第一、合理利用、加强管理”的方针，原山西省古建筑保护研究所完整、彻底地排查了菩萨顶每一处院落建筑本体的病害位置，针对具体残损情况都提出了相应的解决方案和技术措施，诸如“对木构腐朽部分进行剔除，进行补贴加固，补贴木质与原构件材种相同。贴面内用传统骨胶粘贴，并加制木钉铆固，外表做旧”，“柱脚柱头残损采用截损接墩法”等[18]，尽最大可能保存原有材料、原有构件、原有工艺，以尽可能完整地保存历史信息、保持文物建筑原真性。

文物作为历史的物质遗存，是我国悠久历史文化的见证和重要载体，是不可再生、不可替代的宝贵资源，要始终把保护放在第一位。作为文物保护和管理部门，要以更新的思路、更好的举措、更高的质效，要深入的思考和研究来加强对古建筑的保护和管理。

四 相关研究综述

五台山菩萨顶作为五台山最大规模的黄教寺庙，一直受到社会各界专家学者的重视。许多专家学者以相关文献资料为基础，结合实地走访，从历史沿革、建筑结构、佛教历史、文化内涵等方面对菩萨顶做出全方位、深层次的分析研究，并针对保护修缮工作提出了专业的思路和举措。

古建筑的始建年代一直是古建筑研究工作的基础，确切的建筑纪年对于古建筑研究工作具有非常重要的现实意义。崔正森的《唐代著名的菩萨顶真容院是五台山第一座文殊祖庭》一文中，详细记载了唐睿宗景云年间（710—711年）菩萨顶始建真容院的经过，以及菩萨顶之所以成为文殊菩萨祖庭的原因[19]。赵利文的《乾隆帝西巡五台山考》一文基于中国第一历史档案馆所藏乾隆时期《军机处上谕档》《大清高宗纯皇帝实录》《乾隆帝起居注》《清宫内务府造办处档案总汇》等原始资料，尝试重新架构乾隆皇帝六次西巡至菩萨顶之史实[20]。王铁牛的《康熙皇帝与五台山》讲述了康熙皇帝巡视五台山的经历[21]。这些文章的论述均与菩萨顶碑刻等附属文物相互印证，阐明了菩萨顶为清代重修的原因及史实，为研究菩萨顶的历史沿革提供了实证。

关于五台山菩萨顶的建筑，也有不少相关研究，分别从不同角度、不同层面、不同空间的营造手法，深入分析了菩萨顶各建筑的风格、特点及整体布局。通过对寺庙空间构成的研究，以及对单个文物本体的具体描述，进一步展示了菩萨顶建筑的艺术价值。王崇恩、崔月辰的《五蕴视角下佛教寺庙空间意境营造——以五台山菩萨顶为例》[22]，明和、还玉的《菩萨顶的建筑与塑像特点》[23]，周祝英在《五台山佛寺影壁艺术初探》[24]一文中关于菩萨顶影壁的论述，都是研究菩萨顶建筑风格、艺术特色的典型代表。

五台山菩萨顶的宗教特色也是相关专家学者研究的重点。在赵改萍、侯会明的《简论清代前期的五台山藏传佛教》一文中[25]，对菩萨顶藏传佛教的传承作了系统的阐述。赵培成的《试谈五台山藏传佛教与金刚神舞》主要研究了菩萨顶从清顺治皇帝以来历任喇嘛的任命，以及藏传佛教在菩萨顶的发展历史和独特的宗教文化现象[26]。索美超的《五台山金刚舞仪式的文化空间建构与解读》一文中详细论述了菩萨顶金刚舞在整个仪式过程中，所建构的以俗人、喇嘛、神仙、恶魔为主体的多重空间，每个空间体现着不同的藏传文化内涵[27]。孙云的

《五台山菩萨顶"六月大法会"仪式音声探究》对菩萨顶的重要藏传佛教的活动做出了深入研究，既突出了藏传佛教的文化内涵，又可从中感受五台山藏传佛教的独特魅力[28]。这些研究表明，五台山菩萨顶是藏传佛教在内地发展的一个中心，具有非常浓郁的地方特色并在历史上产生了较为深远的影响。

通过近年来对于五台山菩萨顶的研究，形成了比较系统和显著的成果，这些都为我们做好古建筑保护工作积累了宝贵财富。但从目前已有的研究成果看，对于菩萨顶各个建筑本体具体建造年代的研究还不够全面，也缺乏具有说服力的研究成果。此外，对于菩萨顶病害特点及保护现状开展的针对性分析研究也不够深入，缺少做好古建筑保护修缮的具体思路和解决办法，这是我们今后工作的重点研究方向。

五　结　语

五台山菩萨顶以它独特的魅力体现了山西古建筑所蕴含的深厚文化内涵。经过数年的维修、保护和研究，其完整的建筑构造、优雅的建筑风格、精湛的建筑造诣才得以延续和传承。为我们科学地研究历史文化、建筑艺术提供了真实的实物资料，也为文物的保护，宗教的弘扬和五台山风景名胜区整体品质的全面提升创造了积极的条件，在我国新时期"文化产业的大发展和大繁荣"中做出应有的贡献。

注　释

[1] 第六批全国重点文物保护单位《四有档案》内部资料。

[2] 孙云：《五台山菩萨顶"六月大法会"仪式音声探究》，《五台山研究》，2019 年第 4 期，第 51—58 页。

[3] 崔正森：《唐代著名的菩萨顶真容院是五台山第一座文殊祖庭》，《五台山研究》，2021 年第 1 期，第 3—8 页。

[4] 陈扬炯，冯巧英：《广清凉传》古籍校注，《安生塑真容菩萨十》，山西出版传媒集团、山西人民出版社，2013 年，第 75—76 页。

[5] 肖雨：《菩萨顶的佛教历史》，《五台山研究》，1996 年第 1 期，第 5 页。

[6] 苏知：《文白对照〈清凉山志〉》，《五台山》，2010 年第 1 期，第 51—59 页。

[7] （宋）志磐撰，释道法校注：《佛祖统纪校注》，上海古籍出版社，2012 年，卷第四十三。

[8] 印光大师修订《清凉山志》卷五，民国 22 年（1933 年），弘化社排印。

[9] 第六批全国重点文物保护单位《四有档案》内部资料。

[10] 《重修五台山真容院记》碑刻，清康熙三十一年（1692 年），位于大文殊殿前西侧。

[11] 《敕封清凉老人碑记》碑刻，清康熙二十七年（1688 年），位于凤林谷祖坟。

[12] 《重修五台山真容院记》碑刻，清康熙三十一年（1692 年），位于大文殊殿前西侧。

[13] 《五台山清修禅师老藏丹巴碑铭》碑刻，清康熙四十五年（1685 年），位于凤林谷祖坟。

[14] 第一次为康熙十七年（1678 年），第二次为康熙二十二年（1683 年），第三次为康熙二十四年（1685 年），第四次为康熙三十六年（1697 年），第五次为康熙四十六年（1707 年），来源于菩萨顶碑刻记载。

[15] 赵改萍、侯会明：《简论清代前期的五台山藏传佛教》，《西藏民族学院学报（哲学社会科学版）》，2006 年第 1 期，第 28—32 页。

[16] 《清凉山记》碑刻，清嘉庆十六年（1811 年），位于大雄宝殿前东侧。

[17] 1969 年至 2004 年维修信息来源于第六批全国重点文物保护单位《四有档案》内部资料。

[18] 山西省古建筑保护研究所：《五台山菩萨顶修缮设计说明》，2012 年，第 4—5 页。

[19] 崔正森：《唐代著名的菩萨顶真容院是五台山第一座文殊祖庭》，《五台山研究》，2021 年第 1 期，第 3—8 页。

[20] 赵利文：《乾隆帝西巡五台山考》，《青海民族大学学报（社会科学版）》，2014 年第 4 期，第 46—57 页。

[21] 王铁牛：《康熙皇帝与五台山》，《五台山》，2006 年第 8 期，第 37—45 页。

[22] 王崇恩、崔月辰：《五蕴视角下佛教寺庙空间意境营造——以五台山菩萨顶为例》，《华中建筑》，2021 年第 2 期，第 133—136 页。

[23] 明和、还玉：《菩萨顶的建筑与塑像特点》，《五台山研究》，1996 年第 1 期，第 18—27 页。

[24] 周祝英：《五台山佛寺影壁艺术初探》，《五台山研究》，2015 年第 2 期，第 44—53 页。

[25] 赵改萍、侯会明：《简论清代前期的五台山藏传佛教》，《西藏民族学院学报（哲学社会科学版）》，2006 年第 1 期，第 28—32 页。

[26] 赵培成：《试谈五台山藏传佛教与金刚神舞》，《忻州师范学院学报》，2004 年第 4 期，第 38—40 页。
[27] 索美超：《五台山金刚舞仪式的文化空间建构与解读》，《当代舞蹈艺术》，2020 年第 1 期，第 73—76 页。
[28] 孙云：《五台山菩萨顶“六月大法会”仪式音声探究》，《五台山研究》，2019 年第 4 期，第 51—58 页。

五台山塔院寺

王　婷

塔是一种具有中国特色的佛教建筑类型，在寺庙建筑布局中，它与佛寺密切的联系在一起。塔院的形式起源很早，可追溯到唐[1]。五台山塔院寺原是显通寺的塔院，明永乐五年独成一寺。五台山塔院寺内最主要的建筑是大白塔，整个塔身高大挺拔，气势恢宏，是五台山景区的标志性建筑（图一）。

一　塔院寺历史沿革

关于塔院寺的创建，较早见于《山西通志》、《清凉山志》等志书。

成化版《山西通志·卷五》记载："在五台山显通寺南永乐五年初建，旧名大万圣佑国寺，寺中有舍利塔东有贫女塔故名塔院寺"[2]。《清凉山志》载："永乐五年（1407年），上敕太监杨升重修大塔，始建寺。万历戊寅圣母敕中相范江李友重建，恢魏壮丽，冠于清凉"[3]。嘉靖十七年碑载，明永乐五年（1407年）明成祖命太监杨升、杨忠等人对大白塔进行大规模重修。碑中记载永乐修复后的大白塔：高二百尺，阔十二丈，圆腹方基，焕然一新，视先有加[4]。据以上史料，塔院寺创建年代应为明永乐五年即1407年。

明嘉靖十五年（1536年）[5]，历时两年，对大白塔进行重修。

宰相张居正所撰《敕建五台山大塔院寺碑记》记载，明万历七年（1579年）至万历十年（1582年）李太后对塔院寺进行了重修："敕建大塔院寺，前

图一　塔院寺

（来源：自摄）

为山门、天王殿，内大慈延寿宝殿、大慈延寿护国佑民释迦之佛舍利宝塔、大藏经阁，旁为钟鼓楼、祖师伽蓝殿，外为十方院、延寿堂，诸围廊、斋舍、庖厨，罔不悉备，复赐园地以供常住之需”[6]。《清凉山志》更详细记录了此次重修后大白塔的形制，“群山中央，基至黄泉，高二十一丈（今为 60.81 米），围二十五丈，状如藻瓶，上十三级，宝瓶高一丈六尺，镀金为饰。腹盘围七丈一尺，币以垂带，悬以金铃。更造金银宝玉等佛像及诸杂宝安置藏中。海内皇宗宰官、士庶沙门景仰慈化造像书经如云而集，悉纳藏中”[7]。

此后历代对塔院寺都有不同程度的修缮。明万历十年（1582 年），重修文殊发塔[8]。顺治十四年（1657 年）重修大殿、牌楼、棚楼、风水楼、天王殿、伽蓝、祖师殿、钟鼓楼等，用时三年[9]。清康熙三年（1664 年），提督山西总兵官左都督柯永盛等人重修佛舍利塔[10]。清康熙二十八年（1689 年），昱光捐资三百两重修轮转藏阁[11]。清道光七年（1827 年），塔院寺住持昌乐，将乾隆五十四年（1789 年）火焚的五层青龙大楼重新建成现在格式的山海楼，历时二年[12]。清同治八年（1869 年），对大白塔等建筑物进行了大型维修，花银一万两[13]。清光绪六年（1880 年），住持登公，对大白塔进行了维修[14]。清光绪二十年（1894 年），哈拉汉施主，捐资一千八百两，整修大白塔[15]。清光绪三十年（1904 年），主持建公和尚，大库伦施主捐资一千两重修大白塔[16]。

二 塔院寺主要建筑概况

塔院寺位于山西省五台县五台山台怀镇显通寺南，地理位置在北纬 39° 00′ 31″ 与东经 113° 35′ 12″ 区域之间。寺院坐北朝南，占地面积 15625 平方米，建筑面积 7208 平方米。院内建筑高低错落，主从有致，中轴线上以影壁、牌坊为入口，由南向北依次有山门、天王殿、大慈延寿宝殿、佛舍利塔、藏经楼。大慈延寿殿两侧有钟鼓二楼、伽蓝殿、祖师殿及廊庑等建筑，方丈院、文殊发塔、青龙楼位于其东。现存建筑大多为明代建筑，保存完整（图二）。

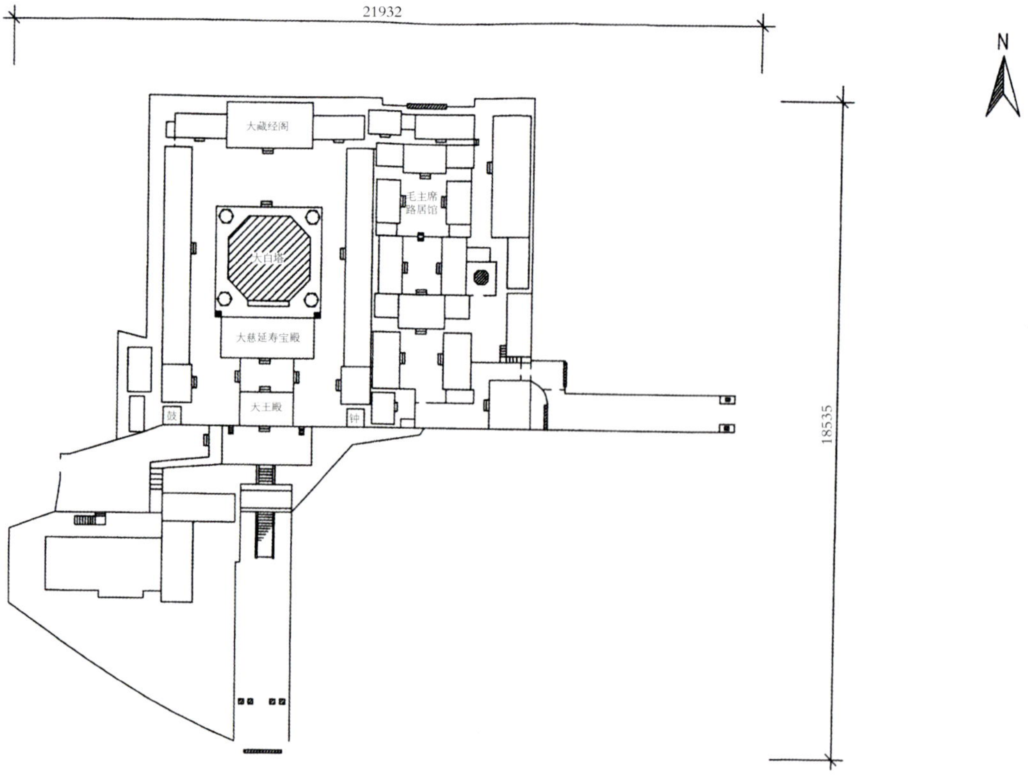

图二 塔院寺平面图

（来源：山西省古建筑与彩塑壁画保护研究院内部资料）

图三　塔院寺天王殿

（来源：自摄）

图四　塔院寺大慈延寿宝殿侧景

（来源：自摄）

天王殿面阔三间 25.3 米，进深二间六椽 9.7 米，单檐歇山顶。殿内正中供奉观音坐像 1 尊，两侧塑四大天王，殿前檐悬“敕建护国大塔院寺”木匾 1 方（图三）。

大慈延寿宝殿，又称大佛殿、大雄宝殿，明神宗为祝其母慈圣宣文皇太后延年益寿于万历七年至九年（1579—1582 年）而建。面阔五间 27.4 米，进深六椽 11.5 米，单檐歇山顶。殿基青石砌，高 1.20 米，四周设青石栏杆。殿内正中施佛台，上供释迦、文殊、普贤，两侧分塑天王、十八罗汉，共存彩塑 35 尊。殿内存清康熙、乾隆、嘉庆御书“景标清汉”、“揽妙曼云”、“尊胜法幢”木匾 3 方，殿前檐下悬“大慈延寿宝殿”木匾 1 方（图四）。

大白塔，原名为释迦文佛真身舍利宝塔，为覆钵式喇嘛塔，总高 56.3 米。正方形塔基高 1.7 米，四周设钩栏，基座上设束腰须弥座，底层围廊三十三间，内置法轮 120 枚。座南面向内收回，建有佛殿三间，殿内供三大士像。须弥座上为覆钵式塔身，状如藻瓶，藻瓶上下有宝装式莲瓣，刻工细致流畅，腹部隆起，但外形线条圆和，体形高大而不显呆滞。顶部塔刹形式繁华，束腰塔座上砌相轮十三重，顶设华盖式露盘，上冠仰月、宝珠，露盘直径约 8 米，沿边装檐板 36 块，板上饰有风铎 108 枚，腰间风铎 144 枚，全塔共计风铎 250 枚。华盖之上为风磨铜小塔式塔刹，高 4.52 米，四周以铁索拉固。极顶小塔分刹座、刹身、刹尖三部分组成，造型与大塔相同，刹身正南面有铜铸盘龙牌

图五－1 大白塔

（来源：山西省古建筑与彩塑壁画保护研究院内部资料）

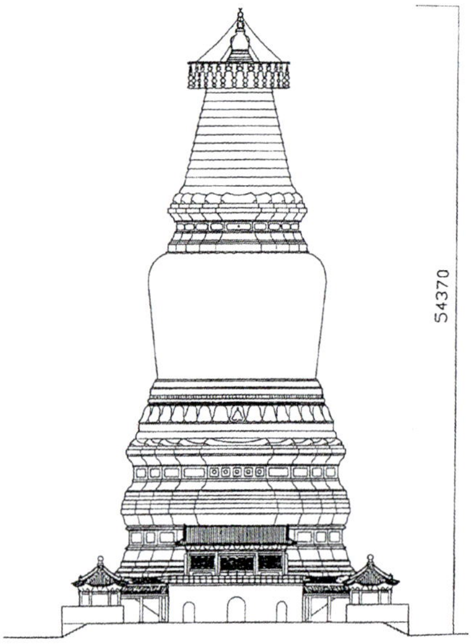

图五－2 大白塔正立面图

（来源：山西省古建筑与彩塑壁画保护研究院内部资料）

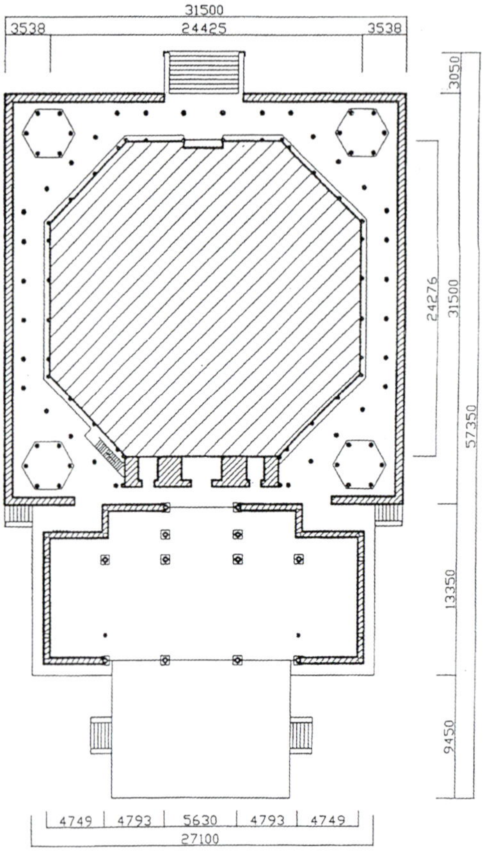

图五－3 大白塔平面图

（来源：山西省古建筑与彩塑壁画保护研究院内部资料）

匾一方，内镌铭文“慈圣宣文皇太后重建，释迦佛真身舍利宝塔，大明万历九年（1581 年）四月初八日造”，刹身南端铸有螭首龟座铜碑 1 通，上铸“寿阳长公主等四位潞王大明万历皇帝仁圣懿安皇太后慈圣宣文皇太后中宫皇后昭妃宜妃各宫九嫔端妃等万历壬午年孟秋吉日立”碑文（图五－1～3）。

方丈院，位于塔院东侧。方丈院位于大白塔之东，一进三院。1948 年 4 月 9 日毛泽东、周恩来、任弼时等老一辈无产阶级革命家从陕北转战西柏坡时，路居于此。毛泽东居于里院北屋东阁，周恩来总理居于里院东屋北阁，任弼时居于里院西房的左阁，中央机关工作人员住在中院和前院。1969 年方丈院被辟为毛主席路居馆。毛泽东和周恩来住室的方桌、椅子、铜壶、火盆等物系原件。被褥、床板等物件依据原样复制陈设。

藏经楼（即大藏经阁），砖石台基，高 1 米，殿身面宽五间，进深六椽，二层，单檐硬山筒瓦顶，前檐施槅扇门窗。殿内供转轮经藏，为一木制经架，平面六角形，三十三层，高约 10 米，中设转轴，每层设若干小格放置佛像、经卷，现供小佛像 1000 余尊，宋至清汉、满、藏文经藏 2000 余册。阁前一层檐下悬清康熙二十六年（1687 年）御书“金粟来仪”木匾 1 方，二层正中上方悬清乾隆“两塔今惟一尚存，既成必坏有名言，如寻舍利及丝发，未识文殊与世尊”诗匾 1 方（图六）。

文殊发塔，喇嘛式砖塔，通高 10 米，据传塔内收藏有文殊菩萨显灵时遗留的金发，故名。塔基

图六　塔院寺大藏经阁
（来源：山西省古建筑与彩塑壁画保护研究院内部资料）

平面八边形，高 0.20 米，每边宽 1.85 米，周边雕覆莲花瓣，塔座二层束腰须弥座，塔身覆钵式，上置束腰须弥座 1 层，塔刹由十三层相轮、华盖和铜制宝珠组成。

三　前人调查与研究

塔院寺作为我国重要的历史文化遗产，近代以来，学者们进行了系统的调查与研究，让我们更加深入了解塔院寺的价值及其所蕴含的历史文化信息。

（一）历年调查

民国十八年（1929 年），中国营造学社成立，对山西省古建筑进行了调查，开创了科学研究中国古代建筑的道路，为后人研究中国各代建筑提供了珍贵资料。梁思成先后到山西，对山西古建筑尤其是对五台山台内台外的古建筑进行了调查。林洙先生整理出版了梁思成先生的遗著《中国建筑史》一书，书中梁思成先生详细描述大白塔，“为巨大之瓶形。”[17]

新中国成立后，山西省展开了全面大规模的文物调查工作。

1988 年，按照国家文物局的统一部署，山西省文物局开始着手编制山西文物地图集，并组织调查小组，对包括五台县在内的各级文物保护单位进行了调研，最终形成了《中国文物地图集山西分册（中）》，该书对塔院寺有标注和收录[18]。

2009 年 7 月，国务院开展全国第三次文物普查，忻州市文物局组织技术人员和专业骨干，在省文物局专家组的指导下，对全县地面文物进行了调查，塔院寺为重要调查对象之一。三普结束后，忻州市文物局编著出版了《忻州文物荟萃》（上）和《忻州古塔》，对塔院寺和大白塔分别进行了收录和介绍[19]。

（二）前人研究

近年来，学者们从多个角度、多个方面对塔院寺的历史背景、文化内涵和价值有了全方位的研究，也取得了很好的成果，为日后塔院寺的保护和利用提供了可用的材料和研究。

关于大白塔的创建年代，学术界现在大都认同黄盛璋先生的观点。黄盛璋在《五台山大塔院寺白塔的来源与创建新考》中考证，五台山白塔与北京白塔寺白塔形制相同，是由尼泊尔伟大工艺家阿尼哥在元大德五年（1301 年）修造[20]。其考证依据为《楚国文宪公雪楼程先生文集》卷七《凉国敏慧公神道碑》："大德五年建浮图于五台。……最其（阿尼哥）平生所成，凡塔三。"

崔正森先生《五台山塔院寺大白塔》一文，在黄盛璋先生观点的基础上，用史证的方法，分析了北魏时期没有佛舍利塔；而武则天时期命妙胜所造的佛舍利塔应是大白塔内的佛舍利塔。[21]

悲心在《塔院寺碑文》一文中，列举了塔院寺收藏的所有碑刻，为研究塔院寺沿革提供了依据。[22]

司近仁的《塔院寺诗歌》较全面地收录了有关塔院寺诗歌艺文。[23]

高明和的《大白塔历代维修及其外貌简述》[24]、《塔院寺建筑与塑像概述》[25]两篇研究，详细梳理了塔院寺内建筑、历年修缮、文物等情况。此文是对塔院寺的文物及建筑的详细介绍。

廉考文《塔院寺拾零》一文中，详细梳理了塔院寺明代建寺至民国年间的寺史及沿革，运用地方志、正史及寺中多座碑刻等文字材料，研究了塔院寺建寺以来的佛事、经济来源等。此文应是塔院寺历史沿革的全面调查。[26]

萧宇《塔院寺佛教简史》研究了塔院寺在佛教中的历史地位。论述了塔院寺成为五台山著名的十大青庙和五大禅处的原因。[27]

侯雪《五台山塔院寺伽蓝殿关帝壁画艺术探析》文中，从壁画的位置、面积、颜色、构图、画法等方面详细描述了塔院寺伽蓝殿关帝壁画。此文是对塔院寺其他文物信息的补充说明。[28]

四　文物保护工作

新中国成立以后，党和政府对塔院寺的建筑、文物、古树以及环境给予了充分的重视，设立了保护单位，明确了其保护范围，组织开展了保护维修工程等措施。

1. 设立保护单位

1965 年，山西省人民政府公布塔院寺为省级文物保护单位。2006 年 5 月，国务院公布塔院寺为全国重点文物保护单位，公布年代为明代。2007 年 12 月，山西省人民政府公布塔院寺保护范围为：东至石板路；西至大路；南至照壁；北至石板路。

2. 保护维修工程

1952 年山西省人民政府拨款 16 亿元对塔院寺进行了维修[29]。

1969 年山西省人民政府拨款对塔院寺方丈院进行修整，并设为毛主席路居馆[30]。

1984 年山西省财政拨款 25 万元，本寺僧尼集资 20 万元翻修祖师殿；装修西配楼；维修僧舍 19 间、垂花门、钟楼、鼓楼；新建小山门 1 座，厕所 3 间；落架大修牌楼，殿堂僧舍予以全部彩绘。本寺住持寂度和尚主持金装佛像，复原明代花藏世界转轮藏，补塑千佛[31]。

1988 年 5 月至 1998 年 7 月，针对塔的表层部分严重脱落，局部砖块及顶部木结构腐蚀风化，塔身因年久积土而杂草丛生，直接影响着塔的寿命及容貌等病害，山西省文物局拨款 10 万元，寺僧众集资 20 万元维修大白塔[32]。维修工程由五台山古建公司承担。省、地古建研究所的古建专家、技术人员研究了白塔华盖木质腐烂、塔身灰皮脱落的原因，采用传统工艺并适当使用一些现代材料，对白塔进行维修保护[33]。

1995 年至 1996 年，居士和本寺出资 70 万元，山西省文物局资助 18 万元维修大白塔。施工工程由山西省古建筑保护研究所承担，由于采用了新的配方和技术，解决了白塔的起酥等长期难以解决的问题。

2003 年，经专家实地勘测，大白塔塔顶塔身基座部分有表面污染、外层灰皮脱落、空鼓、开裂等状态。2003 年 12 月，五台山塔院寺管理委员会委托山西古建筑保护研究所设计了大白塔修缮方案，2004 年 4 月，修缮方案经省文物局专家组论证通过。同年五月，五台山大白塔由五台山塔院寺管理委员会主持修缮，同时聘请省古建筑研究所进行技术指导，2005 年 8 月保护修缮工程竣工，历时 450 天。

2006年，山西省文物局拨款6万元，维修藏经楼。

2006年，塔院寺自筹资金75万元，局部维修山海楼、维修金刚殿、重换天王殿前旗杆。

2007年，为申报世界文化遗产，受五台山风景名胜区人民政府委托，山西省古建筑保护研究所承担了塔院寺文物建筑保护维修和环境整治工程任务，并完成《山西省五台山塔院保存现状评估与环境治理意见》。

五 结 语

塔院寺地处五台山中心区，佛事繁荣，香火旺盛，为历代皇家所重视。从初创到现在，一直是五台山青庙的重要道场。塔院寺依山而建，不但体现了山区山地建筑的建造技术特点，而且也反映了中国传统佛寺建筑选址和布局的文化特征。寺内大白塔体形高大，更为五台山的标志性建筑，表现了山西明代砖石结构高层建造技术的高超水平。

半个多世纪以来的有关大白塔和塔院寺的研究和保护，无论在内容还是方法上，都积累了丰富的成果和经验。但学术界对塔院寺的探求尚留有一定空间，一是对大白塔的史料研究和保护性调查比较全面，但缺乏对塔院寺的全面研究性调查。二是从建筑形成所依托的社会历史背景出发，全面审视物质、礼制、宗教、思想和政治环境，阐释作为文化载体建筑的确切文化内涵与历史地位，解释其社会中所具有的多重属性等尚待研究。

古建筑是有形的资产，也是无形的财富，是历史变迁的佐证，我们如何对待历史，历史也将如何对待我们，对塔院寺和五台山古建筑的保护，后继者肩负着拓展与深化的使命，任重道远。

注 释

[1] 李润海：《中国建筑史论文选辑（第一册）》，明文书局，1984年，第351页。

[2] （明）李侃 修：《山西通志·卷五》，山西省史志研究院、中华书局，1998年，第234页。

[3] （明）镇澄：《清凉山志》点校本，山西教育出版社，1989年，第52页。

[4] 寺碑 明嘉靖十七年（1538年）《五台山大塔院寺重修阿育王所建释迦文佛真身舍利宝塔碑并铭》。

[5] 寺碑 明嘉靖十七年（1538年）《五台山大塔院寺重修阿育王所建释迦文佛真身舍利宝塔碑并铭》。

[6] 寺碑 明万历十年（1582年）《敕建五台山大塔院寺碑记》。

[7] （明）镇澄：《清凉山志》点校本，山西教育出版社，1989年，第76页。

[8] 寺碑 明万历十年（1582年）《重修文殊菩萨发塔碑记》。

[9] 寺碑 康熙二十八年（1689年）《重修碑记》。

[10] 寺碑 清康熙三年（1664年）《重修五台山佛舍利塔碑记》。

[11] 寺碑 康熙二十八年（1689年）《重修碑记》。

[12] 寺碑 清道光八年（1828年）《山海楼匾记》。

[13] 寺碑 清同治八年（1869年）《重修塔院寺舍利宝塔碑文》。

[14] 寺碑 清宣统三年（1911年）《重修宝塔碑记》。

[15] 寺碑 清宣统三年（1911年）《重修宝塔碑记》。

[16] 寺碑 清宣统三年（1911年）《重修宝塔碑记》。

[17] 梁思成：《中国建筑史》，百花文艺出版社，2005年，第399页。

[18] 国家文物局：《中国文物地图集山西分册（中）》，中国地图出版社，2009年，第581页。

[19] 忻州市文物局：《忻州文物荟萃》，三晋出版社，2011年，第388页。

[20] 黄盛璋：《五台山大塔院寺白塔的来源与创建新考》，《晋阳学刊》，1982年第1期。

[21] 崔正森：《五台山塔院寺大白塔》，《五台山研究》，1987年第1期。

[22] 悲心：《塔院寺碑文》，《五台山研究》，1996年第4期。

[23] 司近仁：《塔院寺诗歌》，《五台山研究》，1996年第4期。

[24] 高明和：《大白塔历代维修及其外貌简述》，《五台山研究》，1990年第4期。

[25] 高明和：《塔院寺建筑与塑像概述》，《五台山研究》，1996年第4期。

[26] 廉考文：《塔院寺拾零》，《五台山研究》，1991年第2期。

[27] 萧宇：《塔院寺佛教简史》，《五台山研究》，1996年第4期。

[28] 侯雪：《五台山塔院寺伽蓝殿关帝壁画艺术探析》，《忻州师范学院学报》，2018年第6期。

[29] 五台县志编纂委员会：《五台县志》，山西人民出版社，1988年，第457页。

[30] 五台县志编纂委员会：《五台县志》，山西人民出版社，1988年，第458页。

[31] 高明和：《大白塔历代维修及其外貌简述》，《五台山研究》，1990年第4期。

[32] 张成元：《五台山大白塔动工维修》，《五台山研究》，1988年第3期。

[33] 高明和：《大白塔历代维修及其外貌简述》，《五台山研究》，1990年第4期。

五台山显通寺

古慧莹

显通寺，坐落于山西省五台县台怀镇北侧的灵鹫峰脚下，北纬 39° 00′ 31.8″，东经 113° 35′ 24.7″，坐北朝南，依山势而建，布局严整，层次分明，现存各类建筑 400 余间，占地面积 43000 平方米，中轴线上殿宇七重，左右配殿厢房分峙，是五台山规模最大的寺庙。因其规模宏大，建筑类型丰富，佛教文化悠久繁盛，1982 年被公布为第二批全国重点文物保护单位，1983 年被国务院列为汉族地区佛教全国重点寺院（图一）。

一 历史沿革

显通寺的始建年代有两说，一说源于宋代延一《广清凉传》中记载“大孚灵鹫寺者，世传后汉永平中所立。所以名灵鹫者，据《西域记》第九卷说，梵云结栗陁罗矩吒山，即释尊说《法华经》之地。唐云鹫峰，亦曰鹫台。接北山之阴，孤标特起。既栖鹫鸟，又类高台。空翠相映，浓淡分色。此山亦然。今真容院所居之基，岗峦特起，有类高台，势接中台、北台之麓，山形相似，故以名焉。寺依此山立名，

图一　显通寺山门正立面

（来源：晴天自摄，自西向东）

故云大孚灵鹫寺也”[1]。即显通寺创建于东汉明帝永平年间（58—75 年）。明释镇澄沿袭这一观点，在其所撰《清凉山志》中这样记载：天竺高僧摄摩腾、竺法兰“于永平十年丁卯十二月至洛阳，明年春，礼清凉山回，奏帝建伽兰。腾以山形若印度灵鹫山，寺依山名也。帝复以始信佛化，乃加大孚，孚即信也。始度僧数十居之”[2]。

另一说则认为其创立于北魏孝文帝时期（471—477 年），唐慧祥在《古清凉传》中记载：“从此东南行，寻岭渐下三十余里，至大浮图寺。寺，本元魏文帝所立，帝曾游止，具奉圣仪，爰发圣心，创兹寺宇”[3]。

武则天时期（690—704 年）由于新译的《华严经》中记载有五台山，故更名为大华严寺，唐大历十一年（776 年），澄观法师至五台山，在此注疏《华严经》，规模极盛[4]。

寺碑记载：“宋真宗驾幸，见寺南百亩杂花，遂敕建大花园寺”故宋代更名“花园寺”[5]。

明成祖时（1360—1424 年）“至国朝太宗文皇帝敕重建，感通神应，自息未有，故赐额大显通寺”[6]。

万历年间（1573—1620 年）敕建铜殿及七处九会殿，赐名“护国圣光永明寺”[7]。

清康熙二十六年（1687 年）复名“大显通寺”[8]延续至今。明清时期，显通寺深受统治者重视，根据寺内石碑记载，明天顺、万历、崇祯年间，清康熙、乾隆年间屡次御敕修建。

寺碑记载：民国九年，显通寺住持寂富主持金装水陆殿内佛像；民国十三年，于水陆殿两山创修藏经阁[9]。

中华人民共和国成立后，显通寺被选为五台山佛教协会所在地。

二　主要建筑的结构形制

显通寺中轴线上建有殿宇七重，自南向北依次为观音殿、文殊殿、大雄宝殿、无量殿（七处九会殿）、千钵文殊殿、铜殿和藏经殿（后高殿），两侧建伽蓝殿、地藏殿、五百罗汉殿、客堂、祖堂、厨库等各类建筑 400 余间，附属文物有石碑 17 通，明清塑像 337 尊。主要建筑如下（图二）：

观音殿：清代建筑，坐南朝北，面阔五间，进深二间，台明为石条砌筑，由金柱和檐柱构成柱网，五架梁对前后单步用五柱，大梁出头雕作卷云头。单檐硬山顶，仰覆板瓦顶。正门上方悬挂乾隆皇帝御笔匾额，上书“霞表天城”。由于早年间显通寺的水陆道场设在此殿，故亦称水陆殿。殿内设佛坛三间，分别供奉木雕金身的文殊菩萨、观音菩萨和普贤菩萨塑像，前方两侧为胁侍泥塑善财、龙女及二护法金刚共四尊。

大文殊殿：重建于清乾隆十一年（1746 年），坐北朝南，面宽五间，进深二间，青石台明，梁架结构为六架梁对后单步通檐用三柱，单檐歇山顶，布灰筒板瓦覆盖，正脊中央置宝刹。殿内梁架上绘满彩画，富丽堂皇，明间悬挂清乾隆皇帝御笔“十地圆通”匾额。佛坛中央供奉六尊文殊像，正中为木雕金身大智文殊，像高 3 米，前侧为五方文殊，殿内两山佛坛上为十二圆觉菩萨。大智文殊的背光背后有一尊韦陀像，正对大雄宝殿。

大雄宝殿：是显通寺的核心建筑，于清光绪二十五年（1899 年）重修。建于高 0.9 米的石砌台基上，面阔七间，进深九椽，上为重檐庑殿顶，下为四出廊，108 根木柱围于四周，规模宏大，气势雄伟。殿身前檐通间用木雕雀替，雕饰龙凤图案，雕工精妙。殿内明间悬挂康熙皇帝御书的“真如权应”匾额，还有一块是光绪皇帝亲笔题写的“钦福铭恩”木匾。殿内中央三间设佛坛，分别供奉金身释迦佛、药师佛、阿弥陀佛。两山佛坛上置龛柜，供奉十八罗汉像，姿态各异，栩栩如生。后檐明间、次间置槅扇棂花门，门上方悬挂乾隆御笔“象教精严”牌匾（图三）。

无量殿：明代砖结构建筑，1957 年重修。由于是砖券仿木结构，并无梁柱，亦称无梁殿，又名“七处九会殿”。石砌台明，面宽七间，进深一间，从外观看为二层，实为一层，周身饰白色，清净壮丽。重檐歇山顶，屋顶为灰筒板瓦覆盖。二层雕出钩栏平座，各间装有棋券板门，门额上均饰有“陀化自在”、“夜摩天宫”、“普光明殿”、“法菩提场”、“仞щ天宫”、“兜率天宫”、“逝多园林”石匾。殿内六重砖置涩斗栱，中三间砌券洞，上置砖雕叠涩藻井，拱壁为山墙，墙上开砖砌拱门，

图二　显通寺全景图

［来源：山西文物地图集电子版（第二版）］

图三　大雄宝殿正立面

（来源：古慧莹摄）

以此联通七间。殿内明间供奉无量寿佛，东次间有一座元代雕刻的八角十三层密檐式木雕佛塔，工艺精巧，为元代木雕艺术珍品（图四）。

千钵殿：清代建筑，石砌台明，面宽三间，进深二间，单檐硬山卷棚顶，筒板瓦覆盖，出廊较浅。殿内主像为千钵文殊铜像，铜像五个佛头由小到大依次相叠，身侧千臂伸展呈扇形，其中一对双臂高高托起一尊释迦像于头顶，造型奇特，想象丰富。

铜殿：明万历三十七年（1609 年）年铸，青铜建筑，为明代妙峰师祖募化十三省青铜所铸，相传重十万斤。“妙峰法名福登，万历年间人，曾以舌尖之血和着朱砂书写《华严经》，万历皇帝的母亲曾拜其为师，称其为“人天师表”、“法门砥柱”[10]。铜殿面阔三间，进深三间，仿木构建筑，从外观看是两层建筑，实为一层，二层挑出钩栏平座。重檐歇山顶。上层四面，每面各有六幅槅扇，下层四面，每面各有八幅槅扇，分别雕铸着二龙戏珠、丹凤朝阳、喜鹊登梅、犀牛望月、牡丹出瓶、鲤鱼跃龙门、狮子滚绣球、老鼠盗葡萄等祥瑞图案。殿内供奉文殊像，内壁及梁柱上均铸有佛像，密密麻麻，排列整齐，象征着万佛朝拜文殊的场面。

铜殿南侧，原有铜塔五座，分别为：大圆智镜塔（东塔），平等性智塔（南塔），妙观察智塔（西塔），成所作智塔（北塔），法界体性智塔（中塔）[11]。其中，妙观察智塔（西塔）年代最早铸于明万历三十八年（1610 年），大圆智镜塔（东塔）铸于明万历三十九年（1611 年），其余三塔于日本侵华时被盗，现存塔身为 1989 年根据原塔照片及遗留塔座进行的重铸（图五）。

藏经殿：面宽三间，进深三间，位于显通寺最高处，亦名后高殿。石砌台明，二层砖木结构前出廊建筑，硬山顶。原为存放经书的殿宇，后作为佛

图四　无量殿局部

（来源：徐彦《中国佛教传统建筑景观的吉祥纹样研究——以山西五台山显通寺为例》）

图五　铜殿与铜塔
（来源：古慧莹摄）

教文物陈列室，保存有：华严经字塔、雷峰藏经塔、关公周仓画、苏武牧羊瓶及塑像、画像书屏等各类珍贵的佛教文物。

三　历史修缮情况

五台山的气候多变，冬季寒冷干燥，春季干燥多风沙，夏季高温潮湿多雨，导致建筑、塑像、石碑等有不同程度的腐蚀、风化。加之年久失修，墙体裂缝、酥碱，柱子下沉，梁架倾斜、走闪，彩画有不同程度的霉变、龟裂、起甲、脱色。这一现象引起了国家的重视，新中国成立后，国家陆续拨款 90 余万元进行修缮，到 1966 年共修缮各类建筑 117 处，新塑、补塑佛像 1171 尊[12]。

1956—1957 年翻修无量殿，为了方便工作成立了五台山显通寺无量殿修建委员会，由柴泽俊和郎凤岐共同负责[13]。由于年代久远，未收集到调查报告及修缮方案，仅依据几份当年的手稿大致了解工程情况［图六 –1–（1）、（2）、（3）］：无量殿修缮采取的是整体建筑全部拆卸翻修的方式，工程原定计划 1956 年 5 月开工，当年 7 月底完成台基及第一层墙体的砌筑，第二年完成剩余工程。不料遇到了重重困难：预算有误，经费不足；五台山雨季，阴雨连绵，施工受阻；薪资待遇和组织管理存在问题，工人们普遍有情绪，无法积极投入工作。修建委员会不得已向省里申请暂时停工，重新编制预算，申请追加材料费及工费还有殿顶复原费用共计 5 万余元（图六 –2）[14]，同时提高工人待遇，改换组织管理模式。最终，在省里的支持下，克服困难于 1957 年得以修缮完成［图六 –3–（1）、（2）］。此次重修除了经费和管理上的问题，还存在记录不够科学，没有测绘、拍照和记录，不失为一种遗憾。

1981—1983 年间，政府拨款 160 余万元，僧尼集资 30 余万元，对显通寺、塔院寺、圆照寺、罗睺寺、菩萨顶等 18 座寺庙进行修缮，共修殿堂 85 间，禅堂 18 间，楼阁 58 间，斋堂 12 间，钟鼓楼 7 座，补塑佛像 70 余尊，新塑佛像 2700 余尊[15]。

2007 年设计修缮方丈院。2009 年曾进行过五台山风景名胜区文物保护修缮及环境整治工程，显通寺包含在内[16]。

由于自然气候、院内排水不畅及年久失修等原因，文殊殿残损情况较为严重，山西省古建筑保护研究所受委托编制了《山西省五台山显通寺文殊殿保护修缮工程设计方案》[17]，方案显示文殊殿存在台基局部走闪，台明条砖破碎，梁架走闪，多处木构件糟朽，墙体硝碱、裂缝，屋面瓦片松动脱节，彩画霉变、龟裂、起甲等病害。此次修缮为揭顶不落架大修，修缮面积为 386.34 平方米。

明代铜塔由于长期日晒雨淋，空气污染物，毒

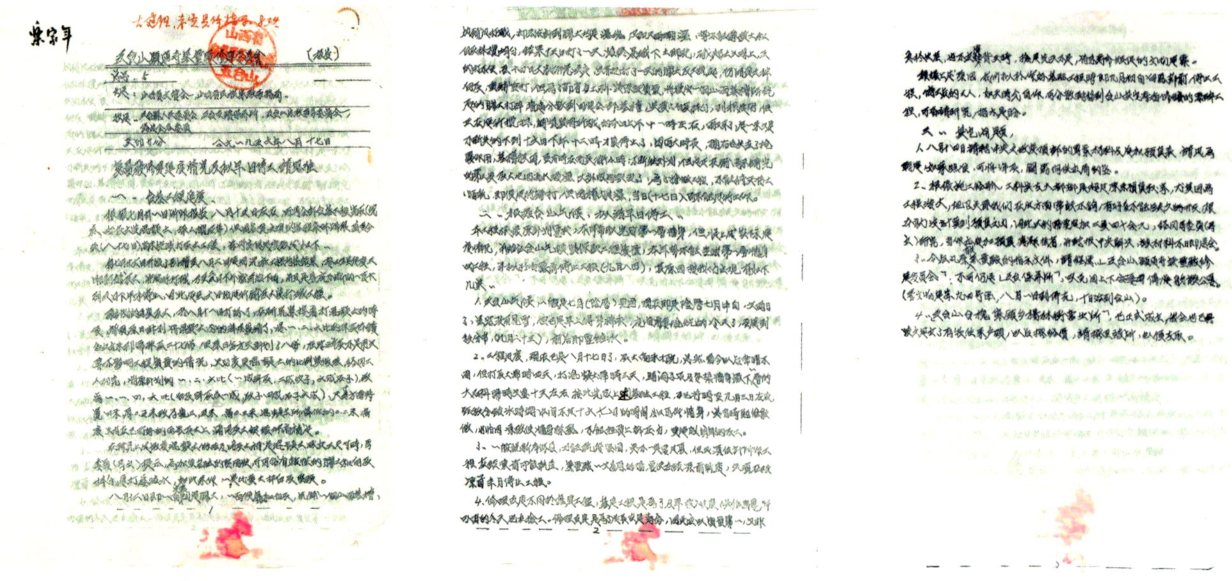

（1）　　（2）　　（3）

图六－1　五台山显通寺无量殿修建委员会工程进度报告手稿

（来源：五台山显通寺无量殿修建委员会，内部资料）

菌繁殖以及部分游客的随意触摸、涂刻等造成了塔身表面风化、锈蚀严重，佛像、文字及花纹图案模糊不清，石质须弥座表面高低不平，图案斑驳不清等病害。此次修缮使用了DX—95能谱仪对文物进行面锈蚀科学分析，确定了塔身采用的是鎏金工艺；收集塔身锈蚀和层样品进行进一步分析，以获取更多的文物、锈蚀与工艺方面的信息[18]。

除了历年来对建筑本体的修缮，2012年，山西省文物局启动了“五台山10＋4寺庙改造提升工程”，对五台山包括显通寺在内的14座寺庙进行了“建筑地基和墙体进行加固、梁架修整、彩绘修复；完善监控设施、排污和供热设施、安装烟尘感应器、改造和新建蓄水池等消防、技防、安防设施；寺庙厕所进行扩容改造、寺内外绿化、排水系统改造等情况，并分类成抢救性、科学性、预防性和永久性四大类保护工程”[19]等全方位的改造提升。此次提升工程在程序规范、方法科学的基础上，更加注重建筑文物的语境，将文物与周边环境进行了精妙的糅合，更好地展示了五台山世界文化遗产的精神风貌。

为了满足显通寺的载客需求，后人在原有禅堂后西侧新建了一座禅堂，新禅堂为二层钢筋混凝土的现代建筑，与寺庙原有神圣庄重、古色古香的氛

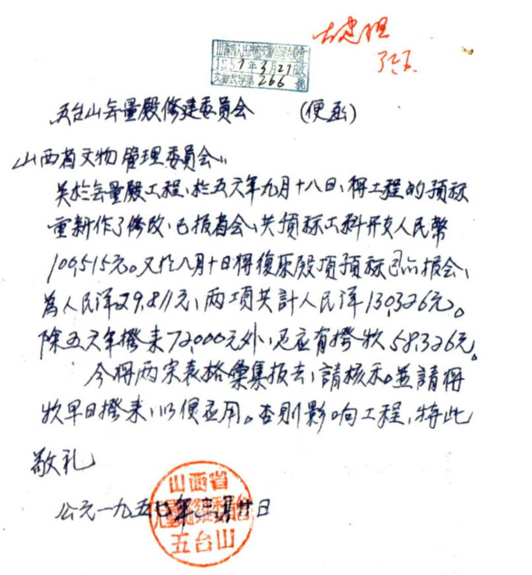

五台山无量殿修建委员会　（便函）

山西省文物管理委员会：

关於无量殿工程，於五六年九月十八日，将工程的预算重新作了修改，已报省会，共须材料开支人民币109515元。又於八月十日将復原殿顶预算已分报会，為人民币29811元，两项共計人民币139326元。除五六年拨来72000元外，尚应有拨款58326元。

今将两宗表格彙集报去，請核示。並請将款早日拨来，以便应用。否則影响工程，特此

敬礼

公元一九五七年三月廿日

图六－2　五台山显通寺无量殿修建委员会追加预算请示手稿

（来源：五台山显通寺无量殿修建委员会，内部资料）

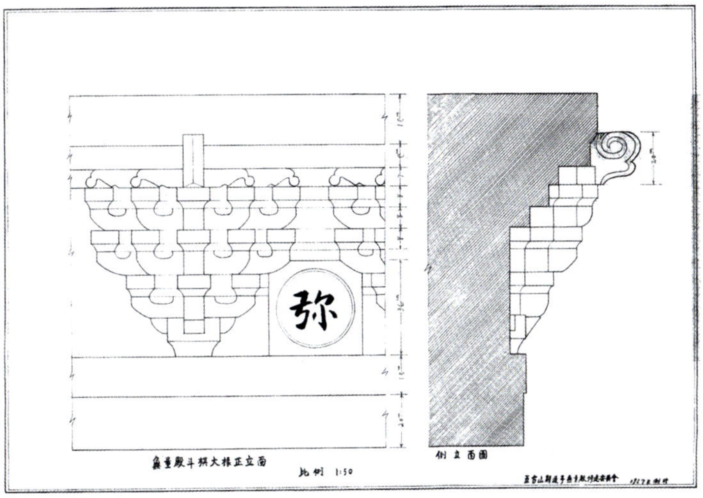

（1）

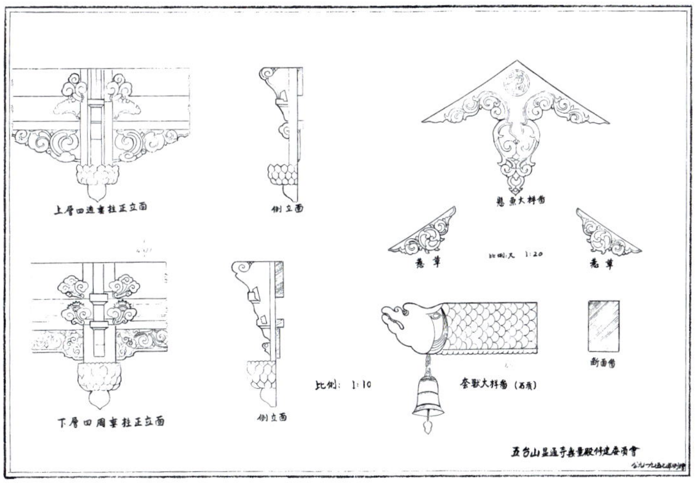

（2）

图六－3　无量殿部分构件实测图
（来源：五台山显通寺无量殿修建委员会绘，内部资料）

围格格不入。为了解决这一问题，2016 年五台山显通寺管理委员会委托山西省古建筑设计有限公司编制了《山西省五台山显通寺禅堂改造工程设计方案》[20]，项目负责人为史国亮。工程采用整体拆除的方式，将钢筋混凝土建筑改造为仿清代风格的二层硬山顶建筑，与寺院现存总体风貌保持高度一致，改善了寺院整体的展示风貌。

四　相关研究综述

巍峨壮观的显通寺作为五台山佛寺的开山之祖一直受到学术界青睐，诸多学者围绕其创立年代、释名考证、建筑特色分析、佛教史梳理及附属文物等方面进行了较为全面的研究。

创立年代的考证是各项研究的基础，在纷繁复杂的古籍中追本溯源、去伪存真也是显通寺研究的难点。廉考文的《显通寺创建考辩——试析〈古清凉传〉中的有关记载》[21]一文提出《古清凉传》中记载的显通寺名为“大孚图寺”存疑，他推断“大孚图寺”中的“图”字属传抄印刷过程中增添字，抑或显通寺在当时确实被一些人称作“大孚图寺”，但并不广泛，这一现象反映了今台怀镇地区早期佛教活动的民间性。同时，他认为北魏孝文帝立寺的说法为讹传，真正的建立寺庙的是台怀镇周围的“义邑”组织；崔正森在《五台山显通寺、佛光寺创建年代考》[22]中判断慧祥“魏文所立”说比较可信，原因有二：一是南朝梁僧慧皎《高僧传》中未有东汉明帝时立寺的记载，二是顾炎武在其《五台山记》中考证五台山得名清凉山源于北齐，摄摩腾、竺法兰立寺之说确为讹传。

对其佛教史的梳理则从一个侧面可以反映出显通寺在五台山的地位，萧宇的《显通寺佛教史略》[23]简述了历代高僧及其对显通寺产生的影响，陈楠的《释迦也失在南京、五台山及其与明成祖关系史实考述》[24]和《五台山与藏传佛教》[25]及尹航的《明代内地藏传佛教民间流布考述》[26]中分别记述了藏传佛教僧人：噶玛噶举和格鲁派的宗教领袖——大宝法王得银协巴、大慈法王释迦也失在五台山传教时均栖止于显通寺，尤其是释迦也失除多次在显通寺修行外，还出资修葺了寺院，反映出显通寺在五台山及佛教史上的重要地位，证明显通寺为藏传佛教内地的传播及汉藏间的其他交流起到了纽带作用，此类文章为显通寺佛教史研究提供了思路和资料。

在对显通寺建筑艺术特色的研究中，张繁荣等《山西“青庙”建筑色彩装饰艺术特征浅析——以五台山显通寺为例》[27]一文中对显通寺建筑及其相关装饰物进行了色彩分析，对山西青庙建筑色彩装饰艺术特征做了有益的探索；徐彦在其硕士论文《中国佛教传统建筑景观的吉祥纹样研究——以山西五台山显通寺为例》[28]介绍了显通寺的建筑中使用到的吉祥纹样，将其分为灵异吉祥纹样、动物吉祥纹样、植物吉祥纹样及佛教特有吉祥纹样几大类。

介绍显通寺部分建筑及附属文物的资料性文章有：楷峰的《康熙乾隆的显通寺诗》[29]一文，文中介绍了显通寺收藏的四块清乾隆皇帝的御制的诗匾，收录了康熙皇帝、乾隆皇帝所作五首赞颂显通寺的诗歌并做了详细的注释，分析了几首诗的历史和艺术价值，为日后研究提供了有价值的资料，这类文章还有韩旭的《五台山显通寺中的牌》[30]、王学峰的《显通寺铜塔》[31]、胡春良的《五台山显通寺明清铸造文物》[32]、赢莲的《显通寺楹联牌匾》[33]、悲明的《显通寺碑文》[34]等，此类文章是对显通寺文物信息的资料性总结。

此外还有，赵慧的《从显通寺建筑看汉地佛寺的平面布局演变》[35]，文章通过分析显通寺的建筑布局，总结出在不同历史时期汉地佛教寺院经历了以塔为中心、以殿为中心到以阁为中心以及注重建筑组群的平面布局形式的这一发展演变过程。

纵观前人对显通寺的研究，成果颇丰但也存在一些缺憾，主要表现在以下方面：介绍性、资料性文章居多，缺乏对其内涵、建筑特色、价值评估的深层次研究；在众多专题性研究中作为“配角”频繁出现，缺少立足于显通寺的系统的专题性研究；缺少运用考古学方法的精细测绘，构造细节与施工改造痕迹资料不足，难以还原未见于历史文献的更多信息。

五　结　　语

显通寺具有极高的历史价值、科学价值、艺术价值及社会文化价值——建筑上，风格多变，七重殿宇依山而上，观感层层递进；宗教上，香火旺盛，诸宗竞秀，是五台山的佛教中心；艺术上，各类塑像、绘画构思精巧，栩栩如生。因此，对显通寺的保护和研究更显得尤为重要，一方面要加强研究的深度和系统性，尝试建筑考古方法，探究其由建造伊始经历改造后呈现出如今面貌的关系脉络。另一方面我们应该坚持“在发展中保护，在保护中发展”不仅要注意建筑本体要修旧如旧，更应注意还原其原生环境和历史风貌，延续其佛国第一大寺千年不衰的熠熠光芒。

注 释

[1] （宋）延一：《广清凉传》卷上，《释五台诸寺方所七》。
[2] （明）镇澄：《清凉山志》卷之三，《第四，诸寺名迹》。
[3] （唐）慧祥：《古清凉传》卷上，《古今胜迹三》。
[4] （明）镇澄：《清凉山志》卷之三，《第四，诸寺名迹》。
[5] 寺碑《重修永明寺七处九会大殿碑记》，无量殿前。
[6] （明）镇澄：《清凉山志》卷之三，《第四，诸寺名迹》。
[7] 寺碑《重修永明寺七处九会大殿碑记》，无量殿前。
[8] 五台县志编纂委员会：《五台县志》，山西人民出版社，1988 年，第 453 页。
[9] 寺碑《金装水陆殿佛像兼修藏经阁序》。
[10] 五台县志编纂委员会：《五台县志》，山西人民出版社，1988 年，第 453 页。
[11] 王学峰：《显通寺铜塔》，《五台山研究》，1994 年第 1 期。
[12] 五台县志编纂委员会：《五台县志》，山西人民出版社，1988 年，第 453 页。
[13] 张传泳：《柴泽俊——中国文博名家画传》，文物出版社，2008 年，第 23—27 页。
[14] 五台山显通寺无量殿修建委员会：工程进度报告、追加预算请示、工程承包协议等，内部资料。
[15] 五台县志编纂委员会：《五台县志》，山西人民出版社，1988 年，第 486 页。
[16] 内部资料。
[17] 孙书鹏：《山西省五台山显通寺文殊殿保护修缮工程设计方案》，《山西文物建筑保护研究文集》，中国建筑工业出版社，2011 年，第 325—342 页。
[18] 乔云飞：《五台山显通寺铜塔的保护设计》，《文物世界》，2005 年第 5 期。
[19] 高峰毅、白永兴：《五台山 10+4 寺庙改造提升工程正式启动》，《五台山研究》，2012 年第 1 期。
[20] 史国亮、陈海荣等：《山西省五台山显通寺禅堂改造工程设计方案》，山西省古建筑设计有限公司，内部资料，2016 年 10 月。
[21] 廉考文：《显通寺创建考辩——试析〈古清凉传〉中的有关记载》，《五台山研究》，1994 年第 3 期。
[22] 崔正森：《五台山显通寺、佛光寺创建年代考》，《晋阳学刊》，1985 年第 3 期。
[23] 萧宇：《显通寺佛教史略》，《五台山研究》，1997 年第 2 期。
[24] 陈楠：《释迦也失在南京、五台山及其与明成祖关系史实考述》，《西藏研究》，2004 年第 3 期。
[25] 陈楠：《五台山与藏传佛教》，《全球化的佛教与民族——第三届两岸四地佛教学术研讨会论文集》，2009 年 12 月，第 359—365 页。
[26] 尹航：《明代内地藏传佛教民间流布考述》，中央民族大学硕士学位论文，2011 年 5 月。
[27] 张繁荣等：《山西“青庙”建筑色彩装饰艺术特征浅析——以五台山显通寺为例》，《装饰》，2013 年第 10 期。
[28] 徐彦：《中国佛教传统建筑景观的吉祥纹样研究——以山西五台山显通寺为例》，湖北工业大学硕士学位论文，2009 年 5 月。
[29] 楷峰：《康熙乾隆的显通寺诗》，《五台山研究》，1990 年第 4 期。
[30] 韩旭：《五台山显通寺中的牌》，《科学、技术与辩证法》，1987 年第 2 期。
[31] 王学峰：《显通寺铜塔》，《五台山研究》，1994 年第 1 期。
[32] 胡春良：《五台山显通寺明清铸造文物》，《铸造设备与工艺》，2019 年第 5 期。
[33] 赢莲：《显通寺楹联牌匾》，《五台山研究》，1997 年第 2 期。
[34] 悲明：《显通寺碑文》，《五台山研究》，1997 年第 2 期。
[35] 赵慧：《从显通寺建筑看汉地佛寺的平面布局演变》，《山西档案》，2016 年第 4 期。

五台山罗睺寺

林春杏

罗睺寺是五台山五大禅处之一，位于台怀镇杨林街，其中心点坐标为东经 113° 35′ 12″，北纬 39° 00′ 31″，其海拔高度为 1762 米，为五台山低山谷地区，四季气候变化直接受大气环流的影响，变化明显。明万历年间（1573—1619 年），台怀镇就形成“四峰、一河、五大禅处、一白塔”的景观结构，至今保留，建筑与山体、河流、山林绿化相间布置。

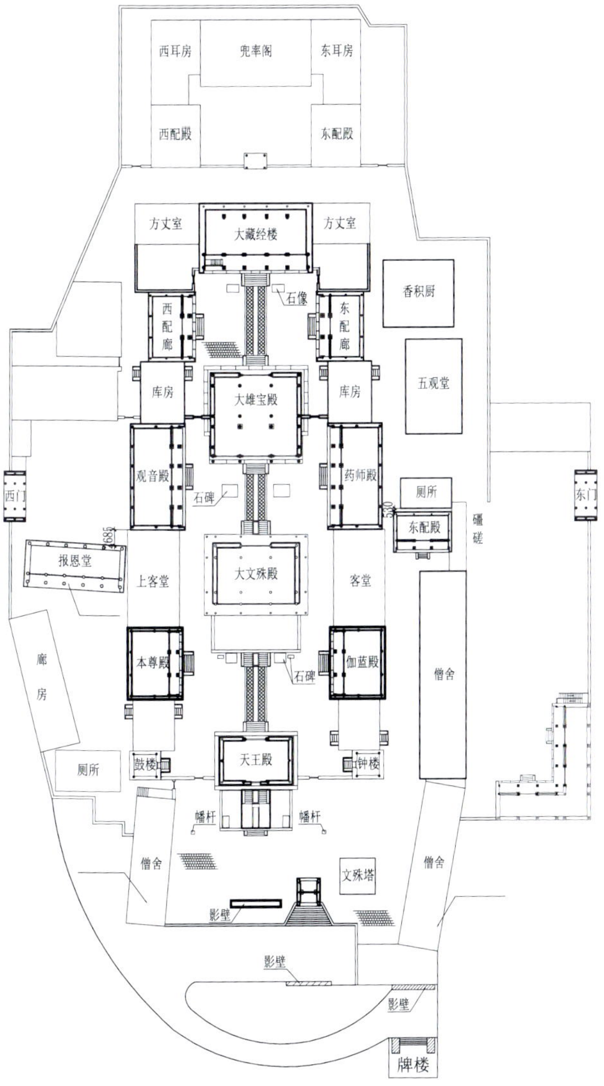

图一 罗睺寺总平面图

一 文物概况

罗睺寺在五台山众多寺庙中倍受瞩目是因为其悠久的历史和丰富的佛教文化内涵，1983 年，国务院将其列为汉藏地区佛教全国重点寺院。1986 年 8 月 18 日，山西省人民政府公布为省级重点文物保护单位。2013 年，被公布为第七批全国重点文物保护单位（图一、图二）。

罗睺寺坐北向南，平面布局呈“日”字形，占地面积 1.57 万平方米。三进院落布局，中轴线建天王殿、文殊殿、大佛殿（大雄宝殿）、后殿（藏经殿），两侧建钟鼓楼、伽蓝殿、祖师殿、金刚殿、僧舍等屋宇。寺内现在存有明、清塑像约 255 尊，此外还有 9 通明清时期的碑刻、3 只明清石狮，天王殿前的月台上置 1 只雕制于唐代的石狮，造型敦厚，是五台山最大的石狮。

大雄宝殿是罗睺寺的主殿，屋顶为庑殿顶，面宽三间，前设重檐抱厦。文殊殿面宽三间，进深八椽，四周设有围廊，单檐歇山顶。殿内佛坛上供藏式造像 25 尊，包括文殊及十八罗汉等清代塑像。后殿又称藏经殿，俗称现佛殿。石砌台基，殿身面宽五间，进深八椽，二层重檐硬山顶。前檐上、下层均出廊，殿正中砌有方形佛台，佛台中置圆盘，周围雕有波涛及十八罗汉过江像，圆盘上安木制莲花，内置方形佛龛。四方佛分坐其中，坛下置有绞盘，通过转轴可控制莲花花瓣的开合，称为“开花现佛”。

二 历史沿革

罗睺寺与显通寺、塔院寺、殊像寺和菩萨顶共

图二　罗睺寺全景（自南向北）

称为五台山著名的五大禅处。《清凉山志》卷二《伽蓝胜概·罗睺寺》条说："唐建。张天觉于此见神灯，有感，修饰。成化间，赵惠王重建"[1]。寺内有《重修清凉山罗睺寺碑文》上记载："创建于唐，显迹于宋，续修于胜国贤藩。迨我先朝，曾辟院以供十方。"在唐代时，罗睺寺是大华严寺（今名显通寺）的十二院之一，名称善住阁院，是专供罗睺罗的道场。

宋哲宗赵煦元祐二年（1087 年）、元祐三年（1088 年）及元祐四年（1089 年），丞相张天觉连续三年三次至五台山巡礼、朝圣并祈雨，自述在罗睺寺等多地见"圣灯"，并因此上奏北宋皇帝，对罗睺寺重加修葺[2、3]。

明成化年间（1465—1487 年），赵惠王重修善住阁院及罗睺罗殿，并把它从大华严中独立出来，改名罗睺寺。明万历年间（1573—1619 年），李彦妃为祈子登基许愿，拨巨款重修，从而使罗睺寺成了一处规模较大、建筑瑰丽的寺院[4]。

清康熙四十一年（1702 年）二月，圣祖带着其子第四次到五台山时，去罗睺寺瞻礼了白文殊和罗睺罗及"开花现佛"等圣像。为了加强对各民族的统治，在康熙四十四年（1705 年），敕修罗睺寺、菩萨顶等 10 座寺，并将其改为黄庙。从此，五台山有了汉喇嘛，黄教有了确定的道场。康熙四十九年（1710 年）二月，圣祖第五次巡游五台山，住宿在罗睺寺，故罗睺寺就成了五台山一座著名的黄庙。

高宗弘历倾仰五台山的佛教，曾至五台山 6 次。清乾隆十一年（1746 年）九月下旬，"奉皇太后"第一次瞻礼五台山时，赏赐了罗睺寺匾额，供奉了罗睺寺墨刻《心经》、水月观音、童子观音各一卷，并赏赐了罗睺寺住持老格隆蟒袍。乾隆二十六年（1761 年）二月，他第三次在五台山朝礼时，重葺了罗睺寺等 16 座寺庙。

民国元年（1912 年），高鹤年居士至五台山参观时写的《五台山游访记》，其中记载：罗睺寺内有历代御碑，各殿的铜像铜塔，精巧晃妙。清初大兴，今有房数百间，喇嘛二三百人。青衣僧由僧会会长管辖，黄衣僧由西藏派的驻台札萨克管辖，而章嘉活佛一年中亦恒驻台若干月，管理他所属的六座黄庙，而罗睺寺就是属于札萨克管理的蒙藏喇嘛所住的黄庙。

中华人民共和国成立后，五台山管理局落实了党的宗教政策，使五台山佛教恢复了正常的宗教活动。但在“文革”期间，罗睺寺也同五台山佛教一样，多数喇嘛还俗，文物古迹受到破坏流失。

1979年党的十一届三中全会之后，经过贯彻落实党的宗教政策，之前的僧人、喇嘛返回寺庙，重葺殿堂圣像，也恢复了正常的法事活动。1983年，素那达尔吉受五台山佛教协会的委派来到罗睺寺，担任了大管家。其间开始整修寺宇，庄严佛像，整顿僧纪，还先后与各佛教协会及各国朝圣团进行佛教交流，建立了友好关系，加深了相互的了解，使各民族大团结，促进了民族间、地区间、国家间的友好往来，在罗睺寺乃至五台山佛教史上谱写了光辉一页[5, 6]。

三 保护修缮

中华人民共和国成立以后，党和政府高度重视罗睺寺的文物保护工作，山西省政府、山西省宗教局和山西省文物局均拨款予以维修。

1998年，罗睺寺利用自筹资金的方式揭顶维修了天王殿、文殊殿及其配殿。

2007年6月，五台山申报世界文化遗产工作全面展开。受五台山风景名胜区政府委托，河南省文物建筑保护设计研究中心编制了《山西省五台山台怀镇广仁寺、罗睺寺、圆照寺、广宗寺保存现状评估与保护整治意见》。2007年8月，山西省文物局下发了《关于五台山台怀镇广仁寺、罗睺寺、圆照寺、广宗寺保护与修缮整治意见书的批复》。后由于五台山申遗方案的改变，罗睺寺未列入申报点，罗睺寺保护与修缮整治方案未能全部实行。但是作为五台山悠久历史寺庙之一，罗睺寺积极配合五台山“申遗”工程，进行了一系列修缮整治，对下沉的台明进行了归位修正，对墙体酥碱、裂缝、空鼓等进行了维修，去除了近代添加在文物建筑本体上的杂乱构件，对与寺院总体风貌不协调的临时房等进行了拆除；完善了水、暖、电等基础设施，规范了寺内电力线路布设；改善了文物展示设施，制定了合理的参观线路标识；此外还整治了寺内的卫生环境，增加了垃圾收集措施。通过这一系列的综合整治，罗睺寺的原真性、完整性和和谐性得到较好体现[7]。

2012年9月中下旬，受五台山风景名胜区政府委托，山西省古建筑保护研究所选派专业技术人员进驻现场，对罗睺寺范围内与建筑结构相关的内容及其存在的问题进行了全面而翔实的勘察、测绘，并在遵循与文物保护和维修相关法律、法规以及国际、国内公认的准则的基础上，整理出勘察结论，并依此制定了相应的保护性修缮设计方案。此次修缮范围包括天王殿、文殊殿、大藏经楼、报恩堂、伽蓝殿、本尊殿、西配楼、观音殿、钟鼓楼、南大门、围墙、石狮（天王殿前西侧）、大雄宝殿、药师殿、东配楼、东跨院厢房、影壁、幡杆、旱厕改造、院落排水等内容[8]。

四 相关研究综述

对罗睺寺的相关研究主要集中在寺名由来和寺内碑刻、建筑与塑像这三个方面。首先是关于罗睺寺寺名的由来。寺名的由来有多种说法，其中之一是“西方十六祖”说，寺内康熙十一年二月御制碑记云“维兹罗睺寺，其地近文殊现相处，其取义似皈依西方十六祖”，中国佛教禅宗所立古天竺佛教二十八祖中的第十六祖为罗睺罗多，故名为罗睺寺；第二种说法为“佛太子说”，相传释迦牟尼在俗时期有一子名为罗睺罗，后跟随释迦牟尼出家成为其十大弟子之一，后来罗睺罗在罗睺寺显圣，并留下足迹，故将寺名改为罗睺寺；第三种说法是“罗睺二姓说”，传说在乾隆五十七年（1792年）由姓罗和姓睺两位藏族人合修此寺，竣工后易名罗睺寺。因罗睺寺在乾隆之前已经存在，所以这种说法显然是不正确的[9]（图三）。

其次是罗睺寺寺内碑刻，其研究内容主要是大雄宝殿殿前院内的两方康熙御制石碑。其一是康熙十一年（1672年）二月制《重修清凉山罗睺寺碑记》，此为康熙皇帝巡礼五台山时，为罗睺寺撰写的碑文。由碑文内容可知，清顺治年间，曾新辟罗睺寺之十方院；康熙皇帝对此寺十分崇敬，曾赐笔墨翰宝于此寺，并规划更新此寺，使之更为辉煌壮丽[10]。另一方为《罗睺寺碑文》，此为清圣祖玄

图三　罗睺寺牌楼

图四　罗睺寺大雄宝殿前御制碑

图五　罗睺寺大雄宝殿

图六　罗睺寺藏经阁“开花现佛”

烨于康熙四十九年（1710 年）农历十月再次巡礼台山而下榻罗睺寺时，为该寺再次撰写的碑文[11]。这两方碑刻记载了罗睺寺创建年代以及康熙两次到罗睺寺的情况[12]（图四）。

1998 年高明和对罗睺寺建筑与塑像进行了概述，他按照罗睺寺中轴线自南向北的顺序，依次描述了天王殿、文殊殿、大雄宝殿、大藏经阁的建筑规制和殿内塑像。其中大雄宝殿院内建筑包括大雄宝殿、药师殿和观音殿。大雄宝殿殿内佛台上供有释迦牟尼佛、阿弥陀佛、药师佛，三尊佛像均呈结跏趺坐，分别代表娑婆世界、西方极乐世界和东方净琉璃世界；大藏经阁内中央装八瓣木制莲花，转动木盘之机关，木莲瓣可闭可合。莲瓣开时，现出其中所坐四方佛木雕造像。殿后壁原应塑有金刚手、观音、文殊组成的“仁智勇三尊像”，今“三尊”之中位的持瓶观音像，应为后世补塑[13]（图五、图六）。

2012 年 3 月 14 日至 16 日，由清华大学吕舟及山西省文物局、忻州市政府、五台县政府主要负责人等组成的五台山 10+4 寺庙改造提升工程考察团一行，深入五台山 14 座寺庙，进行了考察。从而，正式启动了五台山寺庙改造提升工程，罗睺寺也包含在这次工程范围内。这次工程，是为了改善文物与周围环境的关系，提升世界遗产的品质，促进资源的永续利用[14]。

五　结　　语

罗睺寺寺内各建筑经过唐、宋、明、清及近代多次修葺，现存建筑除明、清殿宇、楼阁、碑碣外，存近一百三十身明、清塑像，近十通明清碑刻，以及为数颇多的明、清匾额楹联等，是唐、宋以来，尤其是明、清之际五台山佛教文化演变发展的重要实物见证，是证实、订正和补充文献记载有关五台山佛教、佛寺发展的历史史实，为研究唐代以来五台山佛教、佛寺、佛教雕塑艺术提供了极为珍贵的资料。

注　释

[1] 《清凉山志》卷二《伽蓝胜概·罗睺寺》：罗睺寺：塔院寺东北隅，唐建。张天觉于此见神灯，有感，修饰。成化间，赵惠王重建。

[2] 《古清凉传·广清凉传·续清凉传》（陈扬炯，冯巧英　校注，山西出版传媒集团、山西人民出版社，2013 年）之《续清凉传》卷上：“金界之上，则罗睺足迹堂也。知堂曰：此处亦有圣灯。旧有浙僧请之，飞现栏杆之上。商英遂稽首敬祷。酉后，龙山见黄金宝阶。戌初，北山有大火炬，言‘圣灯’也。瞻拜之次，又现一灯。良久，东台、龙山、罗睺殿左右，各现一灯。浴室之后，现大光二，如掣电。金界南溪上现二

灯，亥后，商英俯视溪上。持灯者，其形人也。”山西人民出版社，2013 年版，第 143 页。

[3]《续清凉传》之《历代附录・后序》：“昔宋朝丞相无尽居士天觉，梦游紫府，既至无殊，见不思议之境界，睹无数之神光，具奏。帝闻，重加修葺，庄产土田，倍加先帝。山门荣耀，缁侣汪洋。”山西人民出版社，2013 年版，第 166 页。

[4]《赵府重修五台山罗睺寺碑记》：“……兹爰山西五台山有古刹曰罗睺寺者，其寺在清凉山，又名紫府山，最为胜概，菩萨修行之地，龙神变化之所也。自前代创基以来，年岁经久，虽有禅师，而肇业失于识纪。奈何岁月弥深，屡经兵燹，址迹虽存，唐然芜莽，殿宇、台砌、门廊、僧舍无从修建。宣德间，有敕封高僧苏麻纳室哩者，远来乞修。荷蒙先祖赵惠王，以覆载之量，照临之明，因闻其请，慨然兴念。扩博施之仁，济扶倾之惠，赒赐木材，助给砖石，又令使臣严工督匠，即时轮焉奂焉，气象聿新。……又蒙惠祖三世睿圣之君，以达孝之心，同先王之德，欲为其所未为，欲修其所未修，遣使捐金，恢宏旧制，鼎建聿新。不数月间，佛殿、山门、香积、方丈，及诸庄严妙相，规模壮丽，金碧辉映，飞云结雾，光天映日，高耸于崇峦峻岭之上，赫烜于名邦胜景之中……大明弘治五年岁次壬子夏四月初八日立。”《五台山碑文》，三晋出版社，2016 年版，第 107 页。

[5] 肖雨：《罗睺寺佛教史略》，《五台山研究》，1998 年第 1 期，第 6—13 页。

[6] 南阳：《罗睺寺管家素那达尔吉》，《五台山研究》，1998 年第 1 期，第 21—22 页。

[7] 高峰毅、白永兴：《五台山 10+4 寺庙改造提升工程正式启动》，《五台山研究》，2012 年第 1 期，第 34 页。

[8] 山西省古建筑保护研究所：《山西省五台山罗睺寺修缮工程设计方案》，2012 年 12 月。

[9] 树楷：《罗睺寺》，《五台山研究》，1987 年第 3 期，第 27—28 页。

[10]《重修清凉山罗睺寺碑记》刻文：“……尝一再至五台山，慨然于清凉真境，如游崆峒汾水之间。登眺五峰，俱赐扁（匾）额。维兹罗睺寺，其地近文殊现相处，其取义似皈依西方十六祖。创建自唐，显迹于宋，续修于胜国贤藩。迨我先朝，曾辟院以供十方，暨朕躬亦尝宠以翰墨。而日月既久，榱题倾圮，赤白漫漶，今住持僧元旦复规而新之，加丽焉……往闻罗睺击钟，集大众以别声、闻，而宋丞相张商英，尝见神灯兹寺中……康熙十一年二月日。”《五台山碑文》，三晋出版社，2016 年，第 112 页。

[11]《御制罗睺寺碑文》刻文：“万叠云山，北拱京畿；千里云峰，屏嶂西来。梵竺三天，惟文殊演化之场……既涉胜境之清凉……月之既望，遂抵台怀之前；日之方曛，爰憩罗睺之寺。罗睺寺者，灵鹫之精蓝，祇园之名刹也。在昔重修，焕金轮之宝相；于今信宿，现绀宇之神灯。临般若之泉，洁比水晶之域；历真容之院，香传薝蔔之林……康熙四十九年十月谷旦……”《五台山碑文》，三晋出版社，2016 年，第 114 页。

[12] 竹叶：《罗睺寺碑文》，《五台山研究》，1998 年第 1 期，第 30 页。

[13] 高明和：《罗睺寺建筑与塑像概述》，《五台山研究》，1998 年第 1 期，第 23—28 页。

[14] 高峰毅、白永兴：《五台山 10+4 寺庙改造提升工程正式启动》，《五台山研究》，2012 年第 1 期，第 34 页。